2024 山东航空航天科技大会论文集

崔 岩 编

北京航空航天大学出版社

内 容 简 介

《2024 山东航空航天科技大会论文集》是山东省航空航天学会 2024 年学术年会（山东航空航天科技大会）征集的优秀论文汇编，共收录学术论文 63 篇，集中展示了山东省航空航天领域的科技工作者取得的科学研究进展和技术创新成果，涉及飞行器电磁功能结构、卫星电子及测控、复合材料、飞行器检测、飞行器机构连接、航空航天材料、无人机和工程管理等领域，涵盖设计技术、仿真技术、试验技术、材料技术、工艺技术、测试技术、无人机技术和工程管理技术等专业技术，既有科技发展综述，又有具体技术创新、工程实践，可供航空航天及其相关领域的企事业单位人员和科技工作者参考。

图书在版编目（CIP）数据

2024 山东航空航天科技大会论文集 / 崔岩编.
北京 ： 北京航空航天大学出版社，2025.2. -- ISBN
978 - 7 - 5124 - 4612 - 0

Ⅰ. V2 - 53；V4 - 53

中国国家版本馆 CIP 数据核字第 2025 QQ712 号

2024 山东航空航天科技大会论文集

崔 岩 编

策划编辑 董 瑞　　责任编辑 董 瑞

*

北京航空航天大学出版社出版发行

北京市海淀区学院路 37 号（邮编 100191）　http://www.buaapress.com.cn
发行部电话：(010)82317024　传真：(010)82328026
读者信箱：goodtextbook@126.com　邮购电话：(010)82316936
北京富资园科技发展有限公司印装　各地书店经销

*

开本：787×1 092　1/16　印张：27　字数：708 千字
2025 年 2 月第 1 版　2025 年 2 月第 1 次印刷
ISBN 978 - 7 - 5124 - 4612 - 0　定价：268.00 元

前　　言

　　《2024 山东航空航天科技大会论文集》是山东省航空航天学会 2024 学术年会（山东航空航天科技大会）征集的优秀论文汇编。

　　山东省航空航天学会 2024 学术年会（2024 山东航空航天科技大会）是山东省航空航天学会打造的山东省航空航天及相关领域科技创新交流和产业发展合作的平台，主题为"科技创新引领新质生产力发展"，围绕山东省航空航天及相关领域的科技发展现状、前沿趋势、未来发展和重大工程等进行交流，支持山东航空航天科技工作者的创新实践，促进企事业单位科技创新，培育新质生产力，推动山东科技进步和产业升级，为中国式现代化山东实践贡献智慧，为航空强国、航天强国建设提供智力支撑。

　　本论文集共收录学术论文 63 篇，汇集了山东省航空航天及相关领域高等院校、科研院所、企事业单位的科研人员和工程技术人员在科学研究、技术创新、重大工程、智能制造、军民融合及相关领域最新的科研成果、创新成果、管理成果和工程实践，涉及航空航天设计技术、仿真技术、试验技术、材料技术、工艺技术、测试技术、无人机技术和工程管理技术等专业领域，突出新概念、新产品、新技术、新结构、新材料、新工艺、新测试技术等方面的科技进展及工程应用，可供航空航天及相关领域的企事业单位人员和科技工作者参考。

　　本届科技大会的成功举办和论文集的顺利出版，是山东省航空航天领域广大科技工作者辛勤工作的成果，在此衷心感谢所有论文作者的辛劳付出！同时，也衷心感谢承办科技大会的青岛前哨精密机械有限责任公司及协办科技大会的电磁功能结构技术创新中心和山东航天电子技术研究所的鼎力支持！

　　由于水平有限，疏漏和错误在所难免，希望广大读者提出宝贵意见和建议。

崔　岩

2024 年 10 月

目　录

设　计　技　术

仿真技术

试验技术

材料技术

工艺技术

测试技术

设计技术

基于协作机器人的抽芯铆钉
自动安装系统设计与应用

郝磊　高祥林　张聘　崔传祎

（中国航空工业集团公司济南特种结构研究所高性能电磁窗
航空科技重点试验室，山东·济南，250023）

摘要： 铆接作为一种常见的连接和紧固技术，是保障飞机装配质量和连接可靠性的最主要技术途径。为满足航空复合材料结构铆接效率与质量稳定性提升需求，开发了一种基于协作机器人的抽芯铆钉自动安装系统。系统通过快速建站技术建立机器人与工件位置关系，通过机器视觉精确定位安装孔位及法向，通过送钉系统完成铆钉输送及密封剂涂覆，以协作机器人为载体实现抽芯铆钉自动安装，并对铆接质量进行原位检测。基于典型样件进行自动铆接试验，验证了系统的有效性。数据表明，抽芯铆钉自动安装系统显著提高了铆接效率。

关键词： 抽芯铆钉；自动铆接；协作机器人；机器视觉

1 引 言

铆接作为一种常见的连接和紧固技术，被广泛应用于汽车制造、航空航天和电子等行业。飞机装配铆接具有强度高、连接稳定可靠、质量容易检测的特点，迄今为止仍然是飞机零部件最主要的连接方式。相关数据表明，铆接约占飞机装配工作总量的30%。铆接装配质量直接影响飞机的结构强度及疲劳寿命，相关数据统计表明，飞机疲劳事故中70%源于结构连接部位，其中出现疲劳裂纹概率占80%以上。传统的铆接过程通常依赖人工操作，不仅效率低下、工作强度大，而且存在一定的质量不稳定性和安全风险。为了应对这一挑战，研究人员和工程师们不断探索新的技术手段，以提高铆接工艺的自动化水平和稳定性。

随着工业机器人的快速发展，机器人自动钻铆系统在航空制造领域扮演着越来越重要的角色。EI 早在 2008 年就研制出一台用于波音 787 机翼后缘装配的自动钻铆机器人。此后又分别在 2012 年和 2014 年推出新型机器人自动钻铆系统，用于实现飞机机翼、机身部段、襟翼等其他飞机部件的高精度制孔、检测与铆接。优化设计后的多功能末端执行器，可实现工件单侧夹紧、自动法向调整、真空排屑、自动送钉、高精度制孔与铆接等先进功能，极大地扩展了机器人钻铆系统功能。我国于 20 世纪 70 年代初就对自动钻铆设备进行了相关研制工作，包括沈阳飞机工业（集团）有限公司、哈尔滨飞机工业集团有限公司及北京航空制造工程研究所等，当前均开发出了基于工业机器人的自动钻铆系统，并进行生产应用。由于自动钻铆系统将制孔与铆接工序集成在一个末端上，钻铆设备需依赖重型工业机器人提高制孔刚性，存在着占地面积大、成本高昂等缺点。

相比传统的工业机器人，协作机器人具有安全性高、灵活性强、易于编程等特点，能够在不需要安全围栏的情况下与人类协同工作，极大地拓展了其应用范围。为满足航空复合材料结构铆接效率与质量稳定性提升需求，本文开发设计了一种基于协作机器人的抽芯铆钉自动安装系统,用于实现抽芯铆钉的自动送钉、自动铆接工作。设备以协作机器人为载体,机器人与工件位置关系通过快速建站技术建立,孔位通过视觉拍照的方式精确定位找正,通过送钉系统自动将抽芯铆钉送至取钉口,并完成密封剂自动涂覆,通过末端执行器进给将钉装入孔中,通过伺服拧紧系统对钉进行旋转抽芯,实现抽芯铆钉高效率和高质量一致性自动安装。

2 抽芯铆钉安装工艺

抽芯铆钉结构如图 1 所示,该型抽芯铆钉由驱动螺母、钉体、环圈、钉套、芯杆等五部分组成。芯杆处设计有螺纹,铆钉安装时,通过固定驱动螺母并旋转芯杆,使螺母与芯杆发生相对位移。芯杆位移时会挤压钉套,钉套在芯杆与安装面的挤压下会产生塑形变形。由于驱动螺母的约束,芯杆会受到一个钉套变形产生的拉应力,当芯杆所受拉应力达到预设值时,芯杆会在断颈槽处断裂,铆钉留在安装孔处,螺母与部分芯杆与铆钉脱离,从而完成抽芯铆钉的安装。

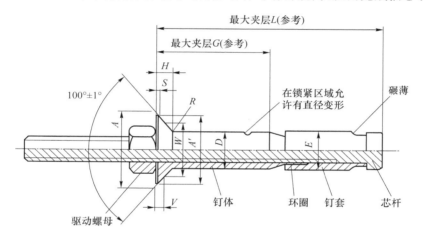

图 1 抽芯铆钉结构示意图

抽芯铆钉工作段直径 D 范围为 4.991～5.042 mm,而安装孔直径范围为 5.05～5.13 mm,即最小安装间隙为 0.008 mm。抽芯铆钉安装工艺为湿安装,即在安装前需在安装孔壁或钉杆四周均匀涂抹密封剂。密封剂为双组分,使用时进行配比混合,适用期 2 h。抽芯铆钉安装完成后的状态及关键质量指标如图 2 所示。其安装质量的关键指标为芯杆断口到钉套端面的极限距离 M,合格指标范围为 $-0.762～0$ mm。

3 抽芯铆钉自动安装系统设计

基于协作机器人的抽芯铆钉自动安装系统整体结构如图 3 所示,其主要包括移动平台、协作机器人、HMI 人机界面、末端执行器、送钉系统五部分。该系统可实现抽芯铆钉的自动送钉与自动铆接,并满足铆钉安装质量指标要求。

3.1 末端执行器设计

末端执行器设计是自动铆接系统工作的核心,直接决定了系统的工作效率和铆接质量。多功能末端执行器采用模块化设计理念,如图 4 所示,由双目相机、伺服拧紧枪、齐平度检测模块、插钉气缸、柔性连接装置、直线导轨和末端快换盘、铆钉夹头等组成。

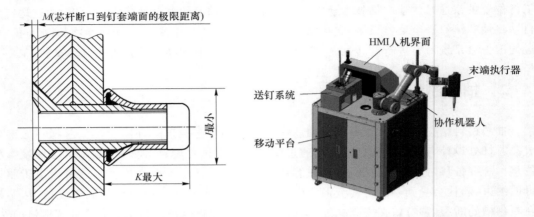

图 2 抽芯铆钉安装完成后的状态及关键质量指标 图 3 抽芯铆钉自动安装系统整体结构

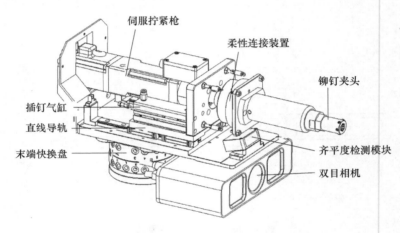

图 4 抽芯铆钉末端执行器

协作机器人绝对定位精度较低,不满足抽芯铆钉自动插钉的精度需求,故末端执行器具备视觉位置找正功能,通过双目相机输出检测对象空间三维坐标与姿态信息,引导机器人找正安装孔位中心坐标及法向。视觉找正的位置精度小于或等于 0.1 mm,法向找正精度小于或等于 0.5°。由于视觉找正精度大于最小安装间隙(0.008 mm),为使末端执行器顺利将抽芯铆钉插入安装孔,末端执行器进行了如下设计。

(1) 由于抽芯铆钉前端设计有圆角,直径较小,且安装孔位已进行锪窝,在双目视觉引导下,插钉气缸推动电动拧紧枪与插钉末端移动,插钉末端可将抽芯铆钉前端顺利插入安装孔。铆钉夹头处设计有 6 处弹簧波珠用于夹紧抽钉驱动螺母,弹簧波珠具有 0.5 mm 的伸缩量,当插钉末端进给方向与安装孔位法向不一致时,弹簧波珠可在外力作用下压缩或伸长,用于调整抽钉法向,以补偿位置偏差。

(2) 插钉末端设计了柔性连接装置,若插钉末端进给方向与安装孔位法向不一致时,插钉末端会受到反向作用力,此时,柔性连接装置可在作用力驱动下实现位姿自适应调整,插钉结束后,在归位弹簧作用下,柔性连接装置恢复至理论位置。

抽芯铆钉安装完成后,通过齐平度检测模块实现铆钉芯杆断面与钉头高度的检测。齐平度检测模块原理如图 5 所示,通过机器人平移,让齐平度检测模块的激光位移传感器检测平移过程中位移的变化,通过计算位移差值来判断铆钉芯杆断面与钉头之间高度是否合格。

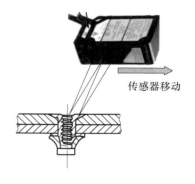

传感器移动

图 5　齐平度检测模块原理示意

3.2　送钉系统设计

送钉系统可实现抽芯铆钉定点、定时、定量自动输送,供末端执行器抓取,结构如图 6 所示。当末端执行器执行铆接作业时,送钉系统并行开展自动送钉动作。首先,送钉气缸 1 伸出,将送钉管路送至取钉中心位置,送钉气缸 2 伸出,将送钉管路移动至取钉位置,此时,压缩空气将抽芯铆钉吹出,送钉管路具备送钉检测功能,检测到有抽芯铆钉吹出时,送钉气缸 1、2 缩回,机器人移动末端执行器至取钉位置,夹紧气缸伸出,固定抽铆末端空间位置,并约束抽芯铆钉六角螺母姿态;随后,插钉气缸伸出,将抽钉插入末端弹簧波珠内,由弹簧波珠夹紧;然后,旋转气缸缓慢转动,注胶气缸伸出,密封剂由注胶机均匀涂抹在钉杆上;最后,夹紧气缸收回释放插钉末端,末端携带抽芯铆钉进行铆接作业。

3.3　移动平台快速建站

抽芯铆钉自动安装系统覆盖范围约 1.5 m,当铆接作业范围较大时,需要移动平台移动至不同工位。由于工位间移动定位为人工粗定位,每次入位后平台空间位置存在偏差。抽芯铆钉自动安装系统需要获取入位偏差信息,对加工程序做出补偿,以确保加工过程正常。

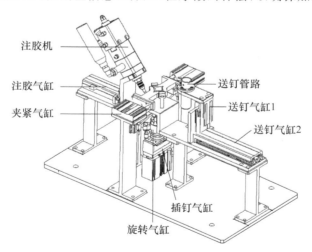

注胶机

注胶气缸

夹紧气缸

送钉管路

送钉气缸1

送钉气缸2

插钉气缸

旋转气缸

图 6　送钉系统结构

移动平台通过平台底面的视觉相机实现平台在多个工作站位之间的快速定位,以补偿入位误差。

首先,通过标定工装标定和计算获得相机 A 的视野坐标原点在机器人坐标系下的坐标 $O_A(X, Y)$、相机 B 的视野坐标原点在机器人坐标系下的坐标 $O_B(X, Y)$。

将标定工装放置到地面,标定工装 M、N、L 三个点的位置关系已知。如图 7 所示,用末端

执行器相机拍摄 L 点,获得 L 点在机器人坐标系下的坐标为 $L(X,Y)$,由于 M、N、L 相对关系已知,可以计算出 M、N 点的坐标 $M(X,Y)$、$N(X,Y)$。则相机 A 拍摄 M 点,M 点在相机视野的坐标为 $M'(X,Y)$,相机 B 拍摄 N 点,N 点在相机视野的坐标为 $N'(X,Y)$,则有

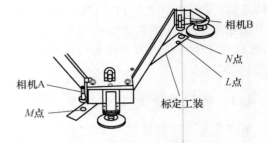

图 7　标定工装示意图

$$M(X,Y)=O_A(X,Y)+M'(X,Y) \quad (1)$$
$$N(X,Y)=O_B(X,Y)+N'(X,Y) \quad (2)$$

$M(X,Y)$、$M'(X,Y)$ 已知,可得出 $O_A(X,Y)$;$N(X,Y)$、$N'(X,Y)$ 已知,可得出 $O_B(X,Y)$;获取 $O_A(X,Y)$、$O_B(X,Y)$ 后,则相机 A、B 拍摄的靶标点均可以换算成机器人坐标。

系统第一次入位后,标定工件坐标系与机器人坐标系的相对关系确定,基于此关系,离线编程生成加工程序。此时,相机 A 镜头对应地面贴靶标点 1,相机 B 镜头对应地面贴靶标点 2。相机 A 拍摄靶标点 1,获取靶标点 1 在相机 A 坐标系下的坐标为 $A_1(X,Y)$,相机 B 拍摄靶标点 2,获取靶标点 2 在相机 B 坐标系下的坐标为 $B_1(X,Y)$,则 1、2 点在机器人坐标系下的坐标 $A(X,Y)$、$B(X,Y)$ 的计算过程如下:

$$A(X,Y)=A_1(X,Y)+O_A(X,Y) \quad (3)$$
$$B(X,Y)=B_1(X,Y)+O_B(X,Y) \quad (4)$$

抽铆系统再次入位后,相机 A 拍摄靶标点 1,获取靶标点 1 在相机 A 坐标系下的坐标为 $A_1'(X,Y)$,相机 B 拍摄靶标点 2,获取靶标点 2 在相机 B 坐标系下的坐标为 $B_1'(X,Y)$。则 1、2 点在机器人坐标系下的坐标 $A'(X,Y)$、$B'(X,Y)$ 为

$$A'(X,Y)=A_1'(X,Y)+O_A(X,Y) \quad (5)$$
$$B'(X,Y)=B_1'(X,Y)+O_B(X,Y) \quad (6)$$

设 $\boldsymbol{T}$ 为变换矩阵,则有

$$\{A_x \quad A_y \quad 0\}\begin{Bmatrix} T00 & T01 & T02 \\ T10 & T11 & T12 \\ 0 & 0 & 1 \end{Bmatrix}=\{A'_x \quad A'_y \quad 0\} \quad (7)$$

$$\{B_x \quad B_y \quad 0\}\begin{Bmatrix} T00 & T01 & T02 \\ T10 & T11 & T12 \\ 0 & 0 & 1 \end{Bmatrix}=\{B'_x \quad B'_y \quad 0\} \quad (8)$$

解方程可以得出矩阵 $\boldsymbol{T}$,则有离线编程的坐标 $PT=P'$ 应用加工产品的补偿。

4　试验验证与结果分析

4.1　双目相机精度测试

抽铆末端在完成取钉后由离线编程系统生成的孔位信息控制机器人将末端移动到待插钉孔位,由于理论数模和实际工件的形位偏差,离线编程软件生成的加工程序只能实现抽芯铆钉的粗定位,需要通过视觉实现精定位。同时,驱动螺母拧紧时需要找正钉杆法向,以确保拧紧时螺母端面垂直于顶杆轴线。因此,须对双目视觉系统的定位精度和法向找正精度进行测试,

以避免因插钉导致连接质量不合格问题,造成质量缺陷。

将激光跟踪仪测得的坐标(x_R,y_R,z_R)和法向$n_R(a_R,b_R,c_R)$认为是真实值,将之与双目视觉系统通过点云测得的坐标(x_L,y_L,z_L)和法向$n_L(a_L,b_L,c_L)$进行比较。根据式(9)与式(10)分别计算双目视觉测得同一孔位坐标与真实值的距离D、法向量与真实值之间的角度θ。

$$D=\sqrt{(x_R-x_L)^2+(y_R-y_L)^2+(z_R-z_L)^2} \tag{9}$$

$$\theta=\arccos\frac{n_R\cdot n_L}{|n_R||n_L|} \tag{10}$$

共进行 20 次测试,测试结果如图 8 所示。双目视觉系统位置精度最大偏差为 0.061 mm,法向找正精度最大偏差为 0.26°,满足位置度 0.1 mm、法向 0.5°的设计要求。

4.2　自动抽铆稳定性及效率测试

基于产品级曲面样件,连续进行 2 000 次抽芯铆钉自动送钉、自动插钉测试,测试场景如图 9 所示,共 1 998 次抽芯铆钉顺利插入孔位,插钉过程无阻塞卡滞,插钉成功率为 99.9%。

随后,进行了抽芯铆钉自动送钉、自动涂胶、自动插钉、自动铆接全流程测试。一个完整的抽芯铆钉安装时长统计如表 1 所列,完成一颗抽芯铆钉的安装全过程大约需要 20.4 s,较人工效率提升约 3 倍。

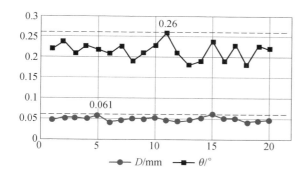

图 8　双目相机精度测试数据　　　　　图 9　抽芯铆钉自动安装测试

表 1　抽芯铆钉安装时长统计

流程动作	移动距离/mm	平均运行速度/(mm·s⁻¹)	用时/s
吹送钉	—	—	1.5
夹钉入位	50	100	0.5
涂胶	—	—	5
拧紧末端执行器运行至离线编程坐标点位	1 200	500	2.4
拧紧末端执行器视觉找正点位坐标与法向	—	—	5
拧紧末端执行器进给塞钉	50	50	1
拧紧用时	15 圈	180 r/min	5
一颗抽芯铆钉安装总用时			20.4
人工用时			60
效率提升			2.94～3 倍

4.3 抽铆质量检测

抽芯铆钉自动安装后，采用齐平度检测模块对抽芯铆钉芯杆断口到钉套端面的极限距离 t 进行检测，并记录在系统质量数据库中。检测数据如图 10 所示，20 颗抽芯铆钉芯杆断口到钉套端面的极限距离 t 在 $-0.63 \sim -0.4$ mm 之间，均值为 $-0.507\,5$ mm，均在合格指标范围 $-0.762 \sim 0$ mm 内。

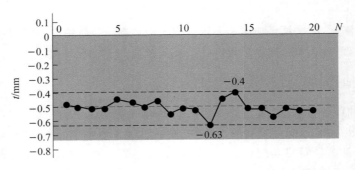

图 10   齐平度检测结果

5   结   论

本文针对飞机制造领域中铆接工艺的自动化需求，研究并开发了一种基于协作机器人的抽芯铆钉自动安装系统。通过对系统设计、关键技术研究及实现路径的深入探讨，成功解决了传统手工拧紧方式中的效率低、质量不稳定等问题，送取钉成功率高达 99.9%，安装孔位识别最大距离偏差为 0.061 mm，最大偏差角度为 0.26°，铆接质量满足芯杆断口到钉套端面距离为 $-0.762 \sim 0$ mm 的技术要求，安装效率较人工提升约 3 倍。

参考文献

[1] 李圣雄,李泽颜.数字化自动钻铆在飞机机身壁板上的应用研究[C]//第十届中国航空学会青年科技论坛论文集.北京:科学普及出版社,2022.

[2] 王禹,李岸.一种自动铆接末端执行器设计[J].机械管理开发,2022,37(11):18-20,23.

[3] 曹增强,张铭豪,谭学才,等.航空复合材料结构铆接技术综述[J].航空制造技术,2023,66(Z1):26-37.

[4] GRAY T,ORF D,ADAMS G. Mobile automated robotic drilling,inspection,and fastening[R]. Pennsylvania:SAE Technical,2013.

[5] 喻龙,章易镰,王宇晗,等.飞机自动钻铆技术研究现状及其关键技术[J].航空制造技术,2017(9):16-25.

[6] 杨亚鹏,赵安安,刘宇驰,等.飞机装配自动钻铆技术研究现状与展望[J].机械制造与自动化,2023,52(5):1-5.

一种新型的 EDU 电动进给钻的研制

孙承秋

(青岛前哨风动工具制造技术有限公司,山东·青岛,266000)

摘要:叠层(钛、铝、复合材料组合)装配制孔是影响飞机结构抗疲劳性能和可靠性的关键工艺环节。电动进给钻选择最佳的转速和进给量,在叠层的不同材料上钻出精度和粗糙度最佳的孔,正逐渐在航空制造领域推广。本文分析介绍了一种电动进给钻的动作原理、电气控制及模块化设计,并且详述几个模块的逻辑控制、产品性能及实例。

关键词:航空制造电动进给钻;模块化设计

1 引 言

随着新一代飞机的飞行性能不断提升,新型钛合金、高硬度高强度钢及复合材料等难加工材料在飞机制造中大量应用,传统的手工制孔工艺劳动强度大、制孔效率低,而自动进给钻作为典型的气动半自动制孔工具,可以满足各种不同材料和孔径的高精度、高稳定性加工需求。但叠层加工只能以一种转速和加工量进行加工,而钛合金、复合材料对转速的要求差别特别大,这就造成了高低速难以兼顾的问题。EDU 电动进给钻可以根据材料变化选择最佳的转速和进给量进行制孔,很好地解决了这一问题。本文详细介绍了一款电动进给钻的传动原理与电气逻辑控制技术,并展示了电动进给钻伺服模块、转速进给量的配方等,其实物已在飞机制造中初步应用。

2 电动进给钻设计

2.1 电动进给钻组成

电动进给钻主要由动力模块、控制模块、辅助模块 3 大模块组成,其中控制模块、动力模块通过 2 根线缆连接,避免了动力模块钻孔时震动对控制模块的影响,辅助模块由钻模板、钻套、钻头、气冷、油冷、吸尘等组成,其作用是辅助动力模块和控制模块完成制孔的工作,如图 1 所示。

2.2 动力模块设计

动力模块由双电机独立控制模块、齿轮传动模块、微啄模块、主轴模块、钻套模块等组成。EDU 工作时,控制模块控制双电机运动,驱动电机经行星减速后,末端驱动齿轮与主轴通过键连接;进给电机经行星减速后,末端进给齿轮与主轴通过螺纹连接。双电机按照逻辑实现 EDU 的正转、反转、空转、快进、快退。动力模块示意图如图 2 所示。

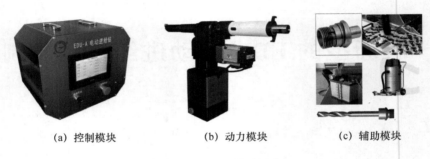

(a) 控制模块　　　　　　(b) 动力模块　　　　　　(c) 辅助模块

图 1　电动进给钻的组成

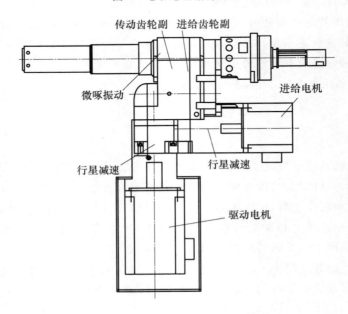

图 2　动力模块示意图

2.3　控制模块设计

　　控制模块由 PLC、触摸屏、马达驱动器、开关电源、急停、启动按钮等组成,触摸屏与 PLC 采用网口通信。工作时首先把动力模块通过钮锁式固定装置固定在钻模板上;然后在触摸屏上设置行程和转速进给和系统参数,行程参数有 L1、L2、L3、L4、L5,转速及进给速度(叠层为 Ti-CFRP-Ti)设置了 7 组转速及进给速度,系统参数包括进给马达减速比、主轴马达减速比、丝杠螺距、主轴转速、主轴进给量;最后在上位机工作界面选择自动,回零,点动主体单元的启动按钮,开始钻孔,结束后快速退回。以 EDU-A 电动进给钻参数设置为例,行程参数设置如图 3 所示。

2.4　辅助模块设计

　　辅助模块主要由钻模板、吸尘、冷却、刀具等功能模块组成。辅助模块配合动力模块与控制模块一起完成在 Al-CFRP-Al 及 Ti-CFRP-Ti 上的制孔工作;动力模块与辅助模块主体静置时放置在可移动的包装箱里。

2.5　控制逻辑

（1）主轴驱动轮转 1 转，主轴转 1 转，进给轮对应转 B 转。

$$f=(B-1)h \tag{1}$$

式中，f 是进给量；h 是导程（$h=2$）。

$$V_{进给轮}=V_{主}\,B=V_{主}(f/h+1) \tag{2}$$

式中，$V_{进给轮}$ 是进给轮转速；$V_{主}$ 是主轴转速。

（2）转速与减速比间关系如下。

$$i_{驱动}=i_{驱动工具内部}\,i_{驱动马达外置} \tag{3}$$

$$V_{驱动马达}=V_{驱动}\,i_{驱动}=V_{主}\,i_{主轴工具内部}\,i_{主轴马达外置} \tag{4}$$

$$I_{进给轴}=i_{进给工具内部}\,i_{进给马达外置} \tag{5}$$

$$V_{进给马达}=V_{进给轮}\,i_{进给}\,V_{主}(f/h+1)\,i_{进给工具内部}\,i_{进给马达外置} \tag{6}$$

以 EDU - A 电动进给钻为例，控制逻辑设置如图 4 所示。

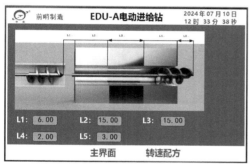

图 3　行程参数设置　　　　　　　　图 4　控制逻辑设置

3　电动进给钻验证

为了验证电动进给钻位移的准确性，PLC 输出的脉冲数（即驱动器接收的脉冲数）和 PLC 接收的驱动器反馈的伺服马达脉冲数与上位机显示的脉冲数一致，如图 5 所示。

4　电动进给钻执行的标准

电动进给钻执行以下标准：
（1）《用电安全导则》（GB/T 13869—2017）；
（2）《手持电动工具的管理、使用、检查和维修安全技术标准》（GB/T 3787—2017）。
参考 GB/T 13869—2017 和 GB/T 3787—2017，将 EDU 设计为二类电动工具。

5　产品实例

根据目前航空产品加工需求，已在几大主机厂对铝合金、复合材料、钛合金等材料制孔时应用了电动进给钻。产品参数如表 1 所列,加工工件及检测结果如图 6 所示,复合材料、钛合金、铝板上的制孔精度及粗糙度和出口毛刺都符合要求。

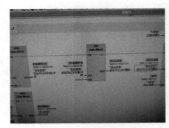

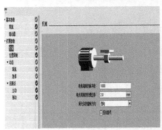

			设定范围	单位	标准出厂设定	相关模式
Pr0.11*	电机每旋转1圈输出脉冲数		1~2 097 152	P/r	2 500	P S T F
注意一→	通过OA、OB各自每旋转1圈的输出脉冲数设定脉冲输出分辨率					

图 5　钻孔位移验证

表 1　产品参数

序号	产品参数	参数值	序号	产品参数	参数值
1	功率	1.2~1.4 kW	6	行程	70 mm
2	最大转速范围	1 800~6 000 r/min	7	制孔精度	H8
3	额定扭矩一	3~8.5 N·m	8	重量	10 kg
4	进给速度	≥200 mm/min	9	一刀制孔能力(钛合金)	≥14.3 mm
5	额定扭矩二	1.3~2 N·m	10	电源	AC 220 V,10 A

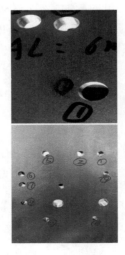

图 6　加工工件及检测结果

⌖	毫米	位置1-圆1						
AX		NOMINAL	+TOL	−TOL	MEAS	DEV	OUTTOL	
D		6.392 1	0.050 0	0.050 0	6.395 6	0.003 6	0.000 0	
⌖	毫米	位置2-圆4						
AX		NOMINAL	+TOL	−TOL	MEAS	DEV	OUTTOL	
D		6.401 1	0.050 0	0.050 0	6.401 5	0.000 4	0.000 0	
⌖	毫米	位置3-圆2						
AX		NOMINAL	+TOL	−TOL	MEAS	DEV	OUTTOL	
D		6.393 1	0.050 0	0.050 0	6.393 3	0.000 2	0.000 0	
⌖	毫米	位置2-圆4						
AX		NOMINAL	+TOL	−TOL	MEAS	DEV	OUTTOL	
D		6.392 5	0.050 0	0.050 0	6.393 4	0.000 9	0.000 0	
⌖	毫米	位置2-圆4						
AX		NOMINAL	+TOL	−TOL	MEAS	DEV	OUTTOL	
D		6.406 2	0.050 0	0.050 0	6.406 4	0.000 2	0.000 0	
⌖	毫米	位置2-圆4						
AX		NOMINAL	+TOL	−TOL	MEAS	DEV	OUTTOL	
D		6.413 9	0.050 0	0.050 0	6.414 0	0.000 1	0.000 0	

图 6　加工工件及检测结果(续)

6　结束语

本文介绍了一种电动进给钻的结构及工作原理设计。随着航空业对叠层材料的大量应用和制孔质量要求的不断提高,电动进给钻作为一个成熟的电动制孔工具,其产品结构可靠性高、适用范围广、制孔效率高,可满足不同材料、不同孔径的制孔需求,具有良好的市场应用前景。

参考文献

[1] 王伟,董卫萍,邢欣,等.飞机装配自动进给钻应用及精度控制[J].中国设备工程,2020(16):90-91.
[2] 马正,管黎明.浅析飞机装配自动进给钻应用及精度控制[J].科学与信息化,2021(2):93.
[3] 梁青霄.自动进给钻在飞机装配中的应用[J].西飞科技,2004(2):9-10.
[4] 唐法从,崔连信,甘作霖.风动工具的使用与维修[M].北京:国防工业出版社,1989.
[5] 全国电气安全标准化技术委员会.用电安全导则:GB/T 13869—2017[S].北京:中国标准出版社,2017.
[6] 全国电气安全标准化技术委员会.手持电动工具的管理、使用、检查和维修安全技术规程:GB/T 3787—2017[S].北京:中国标准出版社,2017.

基于 ANSYS 的卫星铝蜂窝板蒙皮厚度优化设计[①]

李文彬[1]　郝建伟[1]　张爽[1]　孙鹏[1]　高泽运[1]　周庆瑞[2]

(1. 山东航天电子技术研究所，山东·烟台，264670；

2. 钱学森空间技术实验室，北京，100094)

摘要：铝蜂窝夹层板具有比强度高、比刚度大、密度低、可设计性强等优点，是卫星结构设计中广泛采用的复合材料。卫星发射入轨过程中，要经历严苛的力学环境，卫星结构在保证自身刚度、强度的同时，还要为星上产品提供良好的力学环境，同时也要兼顾结构自身的轻量化设计。本文基于 ANSYS 力学分析软件建立了某卫星的有限元模型，从整星基频、静态加速度力学分析、正弦振动力学分析、随机振动力学分析等方面对卫星铝蜂窝夹层板蒙皮厚度进行了分析和优化，得出了铝蜂窝夹层板蒙皮厚度的优选方案，从而提高了卫星在发射过程中抗力学环境能力，并降低了卫星结构自身的质量，该优化设计在提高卫星可靠性和降低卫星发射费用方面具有重要意义。

关键词：铝蜂窝夹层板；轻量化；静态加速度；基频；正弦振动；随机振动

1　引　言

随着航天技术的发展，各种轻型复合材料被广泛应用，铝蜂窝夹层结构因具有比强度、比刚度高，密度低，材料结构的可设计性强等优点，在航天器主承力结构设计中被广泛采用。铝蜂窝夹层板主要由上下两层较薄蒙皮以及中间用来提供支撑的铝蜂窝芯组成，如图 1 所示。作为卫星舱板使用时，上、下蒙皮和中间芯材通常选用铝合金材料，铝蜂窝夹层板的力学性能主要由蒙皮的厚度和芯材的规格决定。

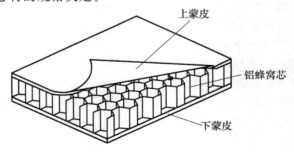

上蒙皮

铝蜂窝芯

下蒙皮

图 1　铝蜂窝夹层板

本文以某卫星结构舱板为例，研究了铝蜂窝夹层板蒙皮厚度对整星基频、静态加速度、正弦振动、随机振动等力学特性的影响，用以设计出既能满足卫星力学特性，又能兼顾卫星轻量化设计的铝蜂窝夹层卫星舱板。

①　本论文工作得到了山东省重大科技工程项目(2020CXGC010701)资助。

2　力学建模

本文以某卫星为例进行力学优化分析,该卫星包络尺寸为 1 000 mm×900 mm×950 mm,卫星质量约为 150 kg,卫星主结构舱板为铝蜂窝夹层板,初始蒙皮设计厚度为 0.5 mm。

使用 ANSYS 软件对结构模型进行简化和有限元建模,对卫星的设备组成、质量分布、连接固定等因素进行了综合考虑后,建立了整星的有限元模型,有限元建模流程如图 2 所示。

整星共划分了 760 253 个节点、208 926 个单元,设备的有限元模型及对应的坐标系如图 3 所示。

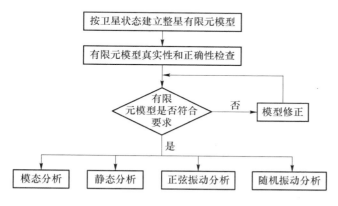

图 2　有限元建模流程　　　　　　　　图 3　卫星有限元模型及对应的坐标系

3　力学分析条件

整星力学载荷包括静态加速度载荷、正弦振动载荷、随机振动载荷。

(1) 静态加速度载荷要求见表 1。

表 1　静态加速度载荷力学条件

方　向	鉴定试验量级
横向(X、Z)	5 g
纵向(Y)	12 g

(2) 正弦振动载荷要求见表 2。

表 2　正弦振动载荷力学条件

频率/Hz	鉴定试验量级(o-p)	扫描率	加载方向
5～8	4.67 mm	2 oct/min	三个轴向
8～100	1.2 g		

(3) 随机振动载荷要求见表 3。

表 3　随机振动载荷力学条件

频率/Hz	鉴定试验量级(功率谱密度)	总均方根植	加载方向
20～200	+6 dB/oct		
200～1 000	0.02 g^2/Hz	5.23 g	三个轴向
1 000～2 000	−6 dB/oct		

4　力学分析和优化

该卫星铝蜂窝板蒙皮厚度初始设计值为 0.5 mm,整星铝蜂窝板总质量为 30.68 kg,本文以铝蜂窝板蒙皮厚度为参数变量,分析铝蜂窝板蒙皮厚度在 0.1～1 mm 间以 0.1 mm 的步长变化时,整星静态、模态、正弦、随机力学响应特性随蒙皮厚度的变化规律,并基于对该变化规律的归纳总结,得出整星铝蜂窝板蒙皮厚度的最优解,在满足整星力学可靠性的基础上,实现卫星结构的轻量化设计。

4.1　静态力学优化

根据表 1 所列的静态加速度载荷力学条件,分析了铝蜂窝板蒙皮厚度在 0.1～1 mm 间变化时,卫星在 X、Y、Z 三个方向最大变形和最大应力随蒙皮厚度的变化规律,具体变化曲线如图 4、图 5 所示。

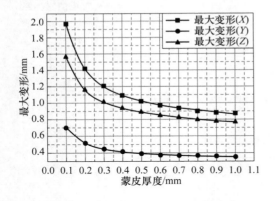
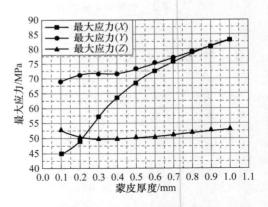

图 4　最大变形随蒙皮厚度变化曲线　　　　　图 5　最大应力随蒙皮厚度变化曲线

4.2　模态力学优化

当铝蜂窝板蒙皮厚度在 0.1～1 mm 间变化时,卫星一阶模态频率(基频)随蒙皮厚度的变化曲线如图 6 所示。

4.3　正弦响应优化

根据表 2 所列的正弦振动载荷力学条件,分析了铝蜂窝板蒙皮厚度在 0.1～1 mm 间变化时,卫星在 X、Y、Z 三个方向最大变形、最大应力和最大响应加速度随蒙皮厚度的变化规律,具体变化曲线如图 7、图 8、图 9 所示。

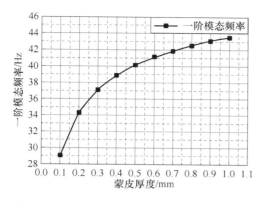

图 6　卫星一阶模态频率随蒙皮厚度变化曲线

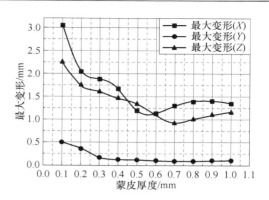

图 7　最大变形随蒙皮厚度变化曲线

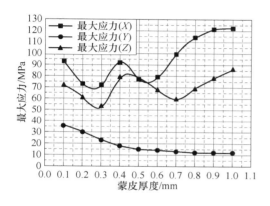

图 8　最大应力随蒙皮厚度变化曲线

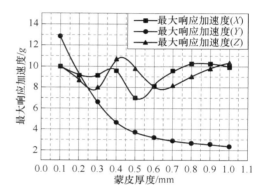

图 9　最大响应加速度随蒙皮厚度变化曲线

4.4　随机响应优化

根据表 3 所列的随机振动载荷力学条件,分析了铝蜂窝板蒙皮厚度在 0.1～1 mm 间变化时,卫星在 X、Y、Z 三个方向最大变形、最大应力和最大响应加速度随蒙皮厚度的变化规律,具体变化曲线如图 10、图 11、图 12 所示。

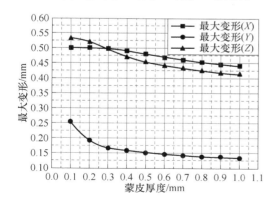

图 10　最大变形随蒙皮厚度变化曲线

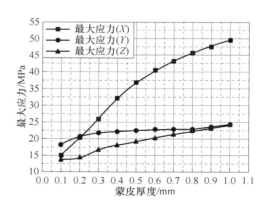

图 11　最大应力随蒙皮厚度变化曲线

4.5   卫星结构总质量随蜂窝板蒙皮厚度变化

当铝蜂窝板蒙皮厚度在 0.1~1 mm 间变化时,卫星结构总质量随铝蜂窝板蒙皮厚度呈线性变化,其变化曲线如图 13 所示。

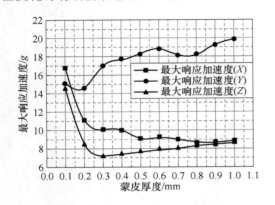

图 12 最大响应加速度随蒙皮厚度变化曲线   图 13 卫星结构总质量随蒙皮厚度变化曲线

4.6   力学优化结论

对卫星静态加速度、基频、正弦振动和随机振动分析结果进行综合对比,可得当铝蜂窝板蒙皮厚度设计为 0.2 mm 时,卫星一阶模态频率、最大变形、最大应力、最大响应加速度等力学指标均能满足整星力学需求,且和最初铝蜂窝板蒙皮厚度设计值 0.5 mm 相比,铝蜂窝板总质量减轻 6.8 kg,整星结构减轻 22.1%;优化前后的指标对比见表 4,其中变形、应力、加速度响应选 X、Y、Z 三个方向最大值进行比较。

表 4   铝蜂窝板蒙皮厚度优化前后指标对比

指标	蒙皮厚度/mm	蜂窝板质量/kg	静态变形/mm	静态应力/MPa	基频/Hz	正弦变形/mm	正弦应力/MPa	正弦响应/g	随机变形/mm	随机应力/MPa	随机响应/g
优化前	0.5	30.7	1.0	71.1	40.2	1.2	77.7	9.8	0.45	36.6	18.3
优化后	0.2	23.9	1.4	73.1	34.5	2.06	73.0	9.2	0.53	20.6	14.6

5   结   论

本文利用 ANSYS 软件,建立了卫星有限元模型,从静态加速度、基频、正弦振动、随机振动 4 个方面对卫星铝蜂窝板蒙皮厚度进行了优化分析,通过对优化分析结果的归纳和对比可知:该卫星铝蜂窝板蒙皮厚度选取 0.2 mm 为最优解,铝蜂窝板蒙皮厚度选 0.2 mm 时,能满足卫星发射过程中的各项力学指标,和最初 0.5 mm 的蒙皮厚度相比,卫星结构可以减轻 6.8 kg(占 22.1%),单颗卫星可节约发射成本 70 万元左右,且可以较大幅度提高卫星有效载荷在整星中的质量占比。

参考文献

[1] 袁家军.卫星结构设计与分析[M].北京:中国宇航出版社,2004.

［2］王博，郝鹏，田阔，等．航空航天结构轻量化设计与实验方法研究进展［J］．宇航学报，2023,44(4)：596-606.

［3］廖文和，戴宁．航空航天结构轻量化设计制造技术发展现状与挑战［J］．南京航空航天大学学报，2023,55(3)：347-360.

［4］肖潭，胡森，吴伟，等．蜂窝夹层铝建筑模板的几何优化与试验研究［J］．工程力学，2019,36(2)：195-204.

［5］李莺歌，关鑫，陈维强，等．蜂窝夹层结构及其埋件的力学性能研究［J］．宇航材料工艺，2018,48(4)：41-45.

［6］孙林峰，王冰松，王立凯，等．蜂窝夹芯结构剪切性能参数工程化计算方法研究［J］．工程与试验，2018,58(4)：8-11.

［7］石进峰，王炜，夏思宇，等．轻量化层叠式电子设备的振动分析［J］．振动与冲击，2019,38(19)：155-160.

［8］GONÇALVES D C,LOPES J D F,CAMPILHO R,et al. The radial point interpolation method combined with a bi-directional structural topology optimization algorithm［J］. Engineering with Computers,2022,38(6):5137-5151.

［9］郭金生，岳程斐，王峰．高载荷比卫星的结构轻量化设计方法［J］．哈尔滨工程大学学报，2021,42(10)：1535-1542.

［10］陈有梅，余成锋．卫星结构板优化设计［J］．计算机辅助工程，2018,27(3):54-58.

［11］陈昌亚，郑晓亚，姜晋庆．卫星结构优化设计的建模问题［J］．机械科学与技术，2005,24(1):66-69.

［12］罗震，陈立平，黄玉盈，等．连续体结构的拓扑优化设计［J］．力学进展，2004,34(4):463-476.

基于增材制造技术的机载刀形天线座优化设计

宋佳航　李明娟

（山东航空学院飞行学院，山东·滨州，256603）

摘要： 目前，民航客机的机载外部设备结构已经尽可能追求最低风阻及最大轻量化设计以满足经济效益最大化的目的。随着增材制造技术的发展，一些传统加工工艺无法完成或经济效益要求下舍弃的更优结构得以实现。增材制造技术凭借其独特的成型方式在航空领域的应用和发展成为研究的重点，本设计探讨了机载刀型天线结构设计的契合度和优势，以及如何通过增材制造技术对其外观结构进行优化设计，围绕机载刀型天线座（以 ATC/DME 天线为例）的结构设计进行了分析与探索，以增材制造技术为核心，在机载刀形天线座的轻量化与降低风阻方面进行优化。最后，根据确定的优化目标，本设计进行了结构优化结果的对比实验，由此验证应用增材制造为主的相关技术在机载刀形天线座结构方面进行优化的优越性。

关键词： 民航客机；刀型天线；增材制造；结构设计

1　引　言

机载刀形天线传统制造方法受限于加工手段，难以满足轻量化与风阻优化需求，促使研究转向新技术与设计方法。本研究结合结构拓扑优化与增材制造技术，针对 ATC/DME 刀型天线进行结构优化，旨在通过调整材料分布与形态，实现轻量化与风阻降低。增材制造技术以其高自由度、短周期、高材料利用率等优势，为复杂天线结构制造提供新路径。本设计中的 ATC/DME 天线主体为全铝合金，其传统生产方式采用铝合金翻模浇铸工艺，此工艺弊端在于能耗高、废品率高、对原料设备依赖性强及环境污染严重，增加了生产成本与环境压力。拓扑优化是实现工件轻量化设计的重要手段。该项技术的应用，为喷嘴的性能提升和制造效率的提高提供了有力的支持。传统的刀形天线结构往往存在着质量、风阻系数较大等问题，难以满足现代民航客机对于高性能、轻量化的需求。因此，本文旨在通过引入增材制造技术，对民航客机刀形天线结构进行重新设计，以达到更轻量、更高性能的目标。

2　机载刀形天线座设计参考依据

2.1　增材制造技术成型原理

本设计选择的成型材料为铸造铝合金粉末（AlSi10Mg），因而采用的增材制造成型技术为激光选区熔融成型技术（SLM）。

成型原理：首先，通过切片软件对三维模型进行切片分层，把模型离散成二维截面图形，并规划扫描路径，再转化成激光扫描信息，扫描前，刮板将送粉升降器中金属粉末均匀平铺到激光加工区（成型腔）；随后计算器根据激光扫描信息控制扫描振镜偏转，有选择性地将激光束照射到加工区,得到当前二维截面的二维实体;然后成型区下降一个层厚,重复上述过程,逐层堆积得到产品原型。

2.2 刀形天线座的三维图纸构建参考依据

2.2.1 平面图纸绘制参考依据

图纸绘制的参考资料主要有三个来源:业内手册信息、专业相关教材、退役航材。为了对工件有更加详细的了解,获得更加准确的尺寸参数,本设计参考了某公司正在销售的 ATC/DME 机载刀形天线,实物照片如图 1 所示,件号 P/N:2407-8X,并对其进行了结构分解得到了内部结构图样。参考的退役航材的退役原因为天线纤芯问题,并非外观结构损毁,因此可保证参考特征有效。

2.2.2 三维模型构建参考依据

为保证严谨性,本设计将对构建对象分别进行两次建模,首先根据相关尺寸进行还原的模型主观构建,作为结构优化的基础模型。此外,本设计还将对外观结构在适航状态下的机载天线进行三维扫描,进行逆向建模,客观构建,以作为后续实验的对照组。主观构建的同时,将结合增材制造技术的成型原理对模型进行初步结构上的优化。本设计客观构建过程采用的是逆向抄数建模技术。

2.2.3 拓扑优化流程

三维模型结构优化:在主观模型构建结束后,会对模型进行结构优化,结果处理后,模型导入结构拓扑优化程序后会有模型结构变动,须详细检查并再次确认工件不可优化的因素,包含必需的配合尺寸、天线槽是否被干预,以及预设紧固件孔位特征是否保持不变等。

本次优化设计将以轻量化和强度最大化为设计目标,采用结构优化设计方法中的结构尺寸优化。使用仿真模拟软件 ANSYS 对刀形天线的有限元模型进行仿真分析。优化设计及仿真流程如图 2 所示。

2.2.4 结构优化与实验软件选择

关于模型的结构拓扑优化和后续将进行的实验验证,本设计选择的模拟软件为 ANSYS 和 SOLIDWORKS。拓扑优化方面,采用 SOLIDWORKS 进行构建拓扑算例工程。SOLIDWORKS 中的 Simulation 插件具有进行多条件限制的有限元分析能力,能够根据所设夹具及自定义约束条件进行模型的结构拓扑优化。

风洞数值模拟实验方面,ANSYS 流体力学分析功能(FLOTRAN)可以满足本实验对工件所受风阻的模拟计算问题,并且可以通过后处理模块得到流畅的压力分布甚至翼型附面层的相关信息。

图 1 ATC/DME 机载刀形天线航材实物照片

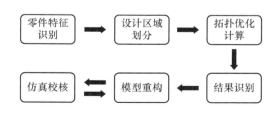

图 2 优化设计及仿真流程

3   机载刀形天线座的设计

3.1   模型构建思路

刀形天线主体的整体连续性较高,模型构建难度较低,但仍有需要反复测量确定的细节。从其外观上观察,天线主体为一近似刀刃状天线罩通过光滑的圆角组合在一异形法兰之上,通过螺栓固定在机身。

在对所购入的退役航材进行拆解后观察到天线罩刀刃状主体根部有一个 10 mm 宽、35 mm 长、厚度等同于连续变化刃部宽度的天线介质缺口。由于该缺口并不影响本设计所选取的增材制造技术的成型方案,也不会影响最终的模拟测试效果,因此关于天线模型的构建,将选择将该部分缺口构建为天线本体的一部分,采用 SLM 技术一体成型,方便后期进行模拟实验。

3.2   制图步骤实施

3.2.1   平面图纸绘制

参考相关图纸,确定构建对象的外观、结构、尺寸等绘图要素,绘制工件的三视图。为了保证平面图纸的准确性和可读性,在平面工程图绘制过程中还将考虑采用辅助设计软件(SOLIDWORKS),更加高效、准确地完成图纸的绘制和标注工作。

3.2.2   三维模型构建

1)主观模型构建

在三维建模软件 SOLIDWORKS 中对刀形天线座进行三维模型构建,需要注意的是,工件的倾斜角度、孔洞尺寸、螺纹参数等须与参考工件一致。由于本设计是针对刀形天线的受力结构、流线型本体进行结构优化,对于细节的要求较高,因此,在三维模型的绘制过程中,需要充分考虑天线的结构特点。具体来说,就是需要根据所绘制的平面图纸对所有特征进行完整的模型构建,如螺纹螺距、倒角角度、圆角半径、紧固件装配孔位、深度等。

2)客观模型构建

针对本设计所选取构建对象的结构复杂程度及整体尺寸大小,选取四目三维扫描仪,扫描精度可达到 0.02~0.05 mm。构建过程中,将工件本体放置在扫描台上,手持端匀速扫描工件外观,同时,观察显像窗口是否有遗漏扫描点,若有,须补充扫描,以保证逆向建模模型完整无缺面。

3.3   模型结构优化

优化前,将会对模型可优化部分进行约束。考虑到工件的工作环境,本工件在工作环境所受力只有阻力、重力,因而在工件结构拓扑优化过程中,对其预设条件将只包括运动中所受阻力以及其结构本身所需要约束的留出天线组件的尺寸约束。除此之外,还需要对计算域进行约束,将模型分为设计域与非设计域。其中透明部分为设计域部分,金属色泽部分为非设计域部分。前者为模型的可优化部分,在本设计中,该部分为天线的刃状部分;后者为模型的不可优化部分,即天线底座法兰部分。

为了简化设计分析过程,将天线本体简化为一个集中质量点,对集中质量点的质心和质量按照实际模型赋值,集中对质量点与法兰盘进行刚性耦合约束。对模型添加约束条件,以刚度优化为目标,拓扑优化后根据优化得到最佳传力路径,如图 3 所示。在此基础上进行模型重构,重构后的模型通过布尔运算工具构建出装配需求特征,然后得出最终将要进行增材制造的优化后模型,即优化结果模型。优化结果模型如图 4 所示。

图 3　优化后的最佳传力路径

图 4　优化结果模型

3.4　刀形天线座打印过程

3.4.1　打印设备参数设置

本次打印过程采用的设备型号为华曙高科旗下的 FS310M,成型尺寸为 305 mm × 305 mm × 400 mm(含基板厚度)。参数调整所采用的切片软件为华曙高科自研发的切片设计系统。本次打印所应用的部分基本参数设置如图 5 所示。

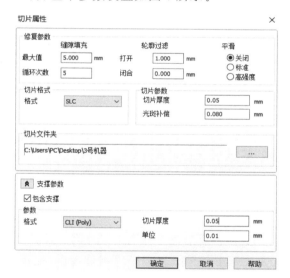

图 5　设备的部分参数设置

3.4.2　刀形天线模型打印结果

根据打印结果可以看到,天线外观可见优化部分避开了图 6 所示 ANSYS 模拟流场中工件应力云图中的受应力较为集中部分,即图 6 中的高亮部分。

图 7 所示为打印完成的刀形天线座复制模型和优化后模型,可以看出主要外观优化部分为天线座的异形法兰以及刃状厚度。

另外,在工件内部无法从外观观察到的部分,本次优化采用增材制造技术,可以完美实现点阵状填充,内部结构图为三维数字模型,如图 8 所示。这一举措旨在保持结构强度的同时对工件进行了轻量化设计。

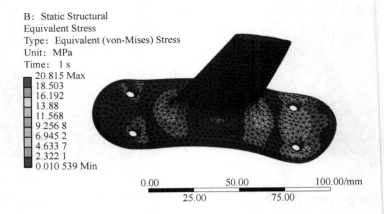

图 6　ANSYS 模拟流场中工件应力云图

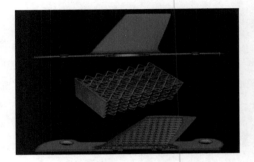

图 7　打印完成的复制品模型　　　　　图 8　模型内部点阵状填充结构及客观
　　（左一）和优化后模型　　　　　　　　　　构建模型内部结构对比

4　机载刀形天线座结构优化测试

4.1　风阻优化效果测试

在流场模拟过程中,分别对两组模型进行相同工况的流场模拟,将会得出的主要参考数据为整体所受风阻及部分高阻力部分阻值。基本环境条件设定:在不考虑压强、环境温度等条件,工件在 800 km/h(输入值为 222 m/s)的客机平均巡航速度环境下,模拟工件的受力情况。

本实验流程(以 SOLIDWORKS 软件模拟流程为例)包括导入本次模拟的模拟对象——机载刀形天线模型,并对其进行计算域划分。确定模拟计算范围后需要在软件中选中将要得到的模拟目标。在对模型进行有限元分析之前,需要选择分析力的表面特征然后定义有限元的相关特征。

至此,所有预设条件均已完成。接下来会对预设条件进行模拟前检查,检查内容包括有限元网格划分及预设状态条件。最后进行运算得出模拟目标值。

图 9 所示为在 ANSYS 软件中客观构建模型的流场模拟结果,可以看到本次模拟工件的主要受力(压强)部分为天线主体的刃状前缘部分及前缘根部。工件所受总阻力值为10.156 N。

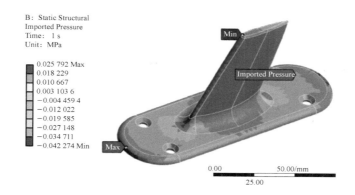

图 9　客观构建模型流场模拟结果

图 10 所示为优化后天线模型在 ANSYS 模拟流场实验中得出的模拟结果,可以观察到本次模拟主要受阻面基本不变。工件所受总阻力值为 10.009 N。阻力值降低 0.147 N。风阻优化结果有成效,但不够明显。

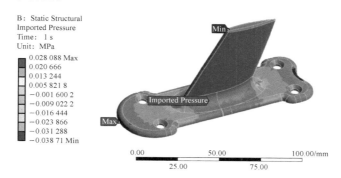

图 10　优化后模型流场模拟结果

4.2　轻量化效果测试

模型经过增材制造工艺打印,客观构建模型和优化结果模型由于参数预设上的区别,在质量上有着较大差别。为在最大程度上控制变量,即最大程度上还原工件在铝合金浇铸工艺下的状态,在客观构建模型的制作过程中,本设计选择将其进行实心打印处理,在最大程度上还原原件的密度、强度与外观状态。对于优化结果模型的打印参数中,预设了点阵状的内部支撑结构,如图 11 所示,这种结构在实际应用中被确认在保持工件结构强度的同时进行减重这一目标中切实有效。

图 11　点阵状填充支撑结构

在本环节中,分别对原件复制品和优化结果进行称重,原件复制品的净重为 84 g,优化结果净重为 69 g(未清粉重量),减重 15 g。数据表明结构拓扑优化和点阵状填充支撑结构对于实现优化结果的轻量化目标切实有效。

5　结　论

本设计围绕机载刀形天线座的结构设计,以增材制造技术为核心,在机载刀形天线座的轻量化与降低风阻方面进行优化。结果表明,增材制造技术在机载刀形天线的设计过程中可以有效完成轻量化设计,并且经过工艺流程验证,该方案切实有效。但在结构强度保持与拓扑优化的应用过程中,仍有许多问题亟待解决。

参考文献

[1] 许敬远,郭瑞洋,冯爱华,等.波音 737 刀形天线损伤研究[J].航空维修与工程,2023(1):33-36.

[2] 王维章.铝合金天线十字轴整体铸造工艺[J].航空工艺技术,1999(1):47-48.

[3] 王心怡.基于增材制造悬垂约束的结构拓扑优化方法研究[D].江苏:南京理工大学,2018.

[4] 赵志国,柏林,李黎,等.激光选区熔化成形技术的发展现状及研究进展[J].航空制造技术,2014(19):46-49.

[5] 周敏,杨勇,周平福.基于 SEREIN 600 Ⅱ 三维激光抄数机的逆向工程研究[J].机械工程师,2010(5):97-99.

[6] 王志辉.基于 FLUENT 的 1 号标准液在航空喷嘴内的流动特性及雾化特性的仿真研究[D].西安:长安大学,2020.

[7] 赖国泉,张晋华,刘双荣,等.一种异形天线支架的拓扑优化设计与仿真[J].航天制造技术,2022(2):33-37.

[8] 张鹏,马玉清.用 ANSYS 实现二维翼型风洞试验数值模拟[J].科学技术与工程,2008,8(2):570-574.

基于边缘检测的 RCS 二维像与数模配准方法

张成金　房新蕊　孟平

(中国航空工业集团公司济南特种结构研究所,山东·济南,250023)

摘要: 随着航空装备的发展,隐身能力在飞行器性能的指标中扮演着愈发重要的角色,而雷达散射截面积(RCS)测试则是评估航空装备隐身性能最直接的方式。隐身测试利用信号的带宽实现目标距离维的散射分布的获取,在方位维形成一定的孔径角从而实现方位维散射的获取,对测试目标进行 RCS 二维成像可以实现对目标在距离与方位维的散射分布的评估。为了获取被测目标在距离与方位维的二维平面上的散射分布与数模位置关系,需要将数模与成像进行配准。对于二维像与数模配准,可以通过 RCS 二维像与数模图像直接通过能量卷积的方式检测位置,而 RCS 二维像与光学像不同,其因为分辨率低且存在点拓展等不利因素,导致该方式检测及配准的位置不准确。本文根据 RCS 二维像特点,提出了一种配准数模与 RCS 二维像的方法,该方法首先对 RCS 测试数据使用滤波递投影算法进行二维 RCS 成像,然后提取 RCS 二维像及数模的边缘信息,最后对二维像与数模的边缘进行二维卷积,实现二维像中与数模位置的准确配准。结果证明本文所提方法对于 RCS 二维像与数模配准具有较好的鲁棒性,展现出了实际使用的价值。

关键词: RCS;成像;数模配准;边缘检测;卷积

1　引　言

隐身技术是电子对抗技术中的关键技术,随着雷达对目标检测的能力不断提高,装备的隐身能力也有了更高的要求。大量研究工作致力于降低武器装备的 RCS 大小,通过赋形、喷涂吸波材料等方式对 RCS 进行设计与改进,而相关研究的有效性则需要通过隐身测试进行评估。RCS 测试是评估设备隐身性能最直接的手段。精准的 RCS 测试多在紧缩场中测试,测试时需要将目标放置在转台上,通过转台转动而获取不同方位角度的测试结果。利用 RCS 数据二维成像,可以用来评估目标的散射分布情况。RCS 二维像反映目标在空间位置上的电磁反射强度,不同于光学图像,RCS 二维成像由于测试的带宽以及孔径限制,成像分辨率远低于光学像,并且会由于行波、多次散射等原因在目标实际物理位置之外存在伪影。

对于 RCS 二维像,为了判断目标二维像的散射点在目标上的物理空间位置,往往会使用数模与二维像进行匹配处理。对于图像匹配,目前大量研究致力于基于神经网络的相关理论方法,然而其需大量的数据进行训练,而 RCS 二维像数据存在小样本的问题,难以满足相关训练需求。因此,RCS 二维像通过传统方法实现二维像与数模的配准更具有实际意义。图像匹配相关研究工作中,研究者多通过设计特征点匹配从而实现图像的匹配。在雷达图像领域,也有相关研究致力于二维像的匹配。图像处理方法中,二维卷积作为一种最常用的图像处理方法,在图像匹配领域得到大量应用。图像卷积在数模配准上最直观的处理方式是利用数模与二维像直接进行卷积,通过寻找卷积结果的最大值来确定数模的匹配结果。然而,二维像中目标能量和分布并不均匀,并且点拓展以及伪影会造成二维像的目标外形与数模存在较大的偏差,因此通过数模与二维像直接进行能量的卷积往往会导致搜寻到的位置存在较大的偏差。本文提出一种方法,利用数模及二维像的目标边缘进行匹配,首先对数模及二维像进行轮廓提取,具体通过阈值处理、形态学操作、Sobel 算子提取相应的边缘,然后对提取的边缘通过形态学扩张增加边缘宽度,随后对上述处理的二维像边缘图像及数模边缘图像进行图像卷积,搜寻到的能量峰值即数模中心的匹配位置。实验结果表明,本文所提方法表现出较高的鲁棒性,相较于直接进行图像卷积,配准误差降低了 89.7%。

2 配准方法

2.1 转台成像

二维成像如图 1 所示,x–y 坐标系为固定于目标上的一组坐标,随目标转动而转动,u–v 坐标系与天线相对固定。目标随转台转动 θ 角度,目标中心到天线距离 R_0 为一常数。两组坐标之间的关系如下:

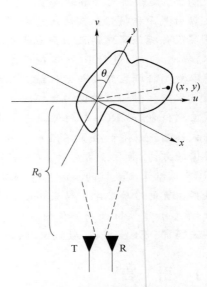

$$x = u\cos\theta - v\sin\theta \tag{1}$$
$$y = u\sin\theta + v\cos\theta \tag{2}$$
$$u = x\cos\theta + y\sin\theta \tag{3}$$
$$v = y\cos\theta - x\sin\theta \tag{4}$$

从雷达到目标任意一点的距离为

$$R(x,y) = \sqrt{(R_0 + v)^2 + u^2} \tag{5}$$

本所实验平台为紧缩场,目标位于静区,近似为平面波形式,即

$$R(x,y) \approx R_0 + v \tag{6}$$

图 1 转台成像示意

设目标的散射系数为 $g(x,y)$,经过定标与背景对消后,接收回波 $E(f,\theta)$ 的表达式为

$$E(f,\theta) = \int_{-\infty}^{\infty}\int_{-\infty}^{\infty} g(x,y)\exp\left(-\frac{\mathrm{j}4\pi f(R_0 + v)}{c}\right)\mathrm{d}x\mathrm{d}y \tag{7}$$

式中,c 为大气光速。

此处采用滤波逆投影法进行成像,其处理中令 $l = y\cos\theta - x\sin\theta$,$k = 2f/c$ 为波数,可得

$$g(x,y) = \int_{\theta_{\min}}^{\theta_{\max}} P_\theta(l)\mathrm{d}l \tag{8}$$

$$P_\theta(l) = \int_{k_{\min}}^{k_{\max}} kE(k,\theta)\exp(\mathrm{j}2\pi kl)\mathrm{d}k \tag{9}$$

2.2 二值化

成像归一化后将图像根据目标阈值 $T = 0.02$ 进行二值化处理,即二维成像矩阵中大于或等于 T 的像素设为 1,反之设为 0。

2.3 Sobel 算子

通过运用 Sobel 算子对二值化的图像进行边缘检测,其核心为通过算子与图像卷积,在存在边缘的位置处,会产生较大的梯度。

通过垂直与纵向的算子对图像 A 卷积,得到图像的横向以及纵向的梯度 G_x 与 G_y,即

$$G_x = \begin{bmatrix} -1 & 0 & +1 \\ -2 & 0 & +2 \\ -1 & 0 & +1 \end{bmatrix} * A \tag{10}$$

$$G_y = \begin{bmatrix} +1 & +2 & +1 \\ 0 & 0 & 0 \\ -1 & -2 & -1 \end{bmatrix} * A \tag{11}$$

对每个像素的横向与纵向梯度通过式(12)求和,获得该点的梯度大小。

$$G = \sqrt{G_x{}^2 + G_y{}^2} \tag{12}$$

因为成像结束之后进行了二值化,所以认为梯度 G 非 0 的地方都是边缘。

上述方法的处理流程如图 2 所示。

3   实   验

本文所使用的 RCS 数据在紧缩场测试所得,信号频段为 $7.8 \sim 12.2$ GHz,频率步进为 20 MHz,角度步进 $0.2°$。被测目标为一表面有金属覆盖的菱形平板,数模示意图如图 3 所示,实验目标摆放在泡沫支架上,图 4 为其合成孔径角 $20°$ 的归一化后的二维像,经过人工配准得到目标数模中心位置为 $(-0.06, 0.17)$。

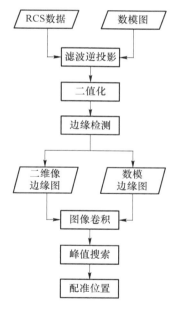

图 2   检测算法流程图

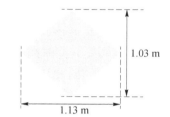

图 3   菱形平板数模示意图

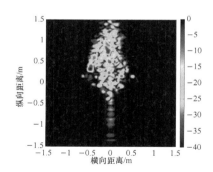

图 4   菱形平板二维像

3.1   图像卷积数模配准

直接利用图 3 所示的数模经过二值化后与图 4 所示的二维像进行卷积得到的图像卷积能量如图 5(a)所示。其能量峰值确定为数模中心位置,具体为 $(-0.15, 0.46)$,检测到的数模中心位置相较于标准位置相差 0.3 m。图 5(b)显示了平板的二维像及配准的数模边缘,数模边缘为图中的黑色

框。图 5(b)中可以看到直接采用图像卷积寻找能量峰值而确定的数模位置,其检测结果受到强散射点及远离来波方向的伪影影响较大,向图中的左上角产生了偏移,存在较大的偏差。

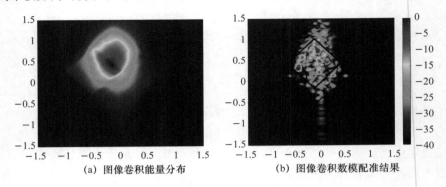

(a) 图像卷积能量分布　　　　　(b) 图像卷积数模配准结果

图 5　图像卷积能量分布和数模配准结果

3.2　边缘卷积数模配准

下面利用第 2 节所提方法进行二维像与数模配准,对上述同一数据进行处理。首先,对归一化的二维像图 4 进行二值化及形态学操作,获取具有连续边缘结构的目标的二值化图像,如图 6 所示。

然后对图 6 利用 Sobel 算子提取边缘,并利用形态学扩张使提取的边缘扩张 0.03 m,得到图 7(a)。对于数模图像进行同样的处理过程,提取的边缘图像为图 7(b)。对比下可以发现二维像靠近距离维负方向的边缘区域与实际物理边缘结构相近,这是本方法基于边缘卷积进行数模配准的基础,即在靠近来波方向的二维像边缘结构与实际物理边缘相似。

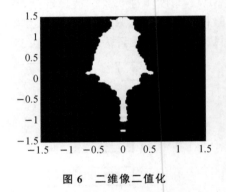

图 6　二维像二值化

将图 7(a)与图 7(b)进行二维卷积,卷积峰值对应边缘结构相匹配的数模中心位置。二维卷积结果如图 8(a)所示,其物理位置为(−0.03,0.18),将数模边缘使用黑色边框在二维像中标出,如图 8(b)所示,其配准结果位置误差为 0.031 m。

4　结　论

本文所提的基于边缘检测的 RCS 二维像与数模配准方法,相较于直接进行图像卷积进行 RCS 二维像与数模配准距离误差降低了 89.7%,与标准位置仅相差了 0.031 m。实验结果证明了本文所提方法对于 RCS 二维像目标与数模的配准问题的适用性,展现了其在二维像与数模配准问题上的鲁棒性。

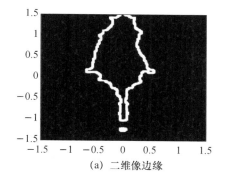 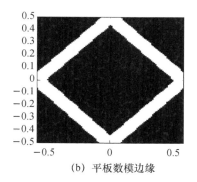

（a）二维像边缘　　　　　　　　　　（b）平板数模边缘

图 7　二维像边缘和平板数模边缘

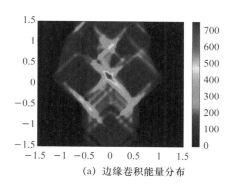 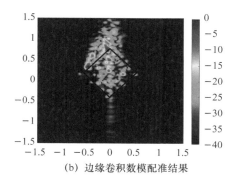

（a）边缘卷积能量分布　　　　　　　　（b）边缘卷积数模配准结果

图 8　边缘卷积能量分析和数模配准结果

参考文献

［1］王健，张扬，崔力，等. 新一代飞行器雷达隐身技术发展方向初步分析［C］//第八届中国航空学会青年科技论坛论文集. 广东：中国航空学会，2018.

［2］王龙，许可俊，汪刘应，等. 装备隐身技术的智能化发展［J］. 现代防御技术，2020（6）：96-102.

［3］潘宇虎，李小秋，牛宝君，等. 目标低频 RCS 的紧缩场测试研究［J］. 现代雷达，2011，33（12）：55-57.

［4］王保平，张麟兮，范九伦，等. 新的滤波-逆投影成像算法［J］. 计算机工程与应用，2009，45（32）：16-18.

［5］孔庆群，吴福朝，樊彬. 基于深度学习的图像匹配算法：方法、应用与挑战［J］. 计算机学报，2024，8：1-39.

［6］ROSENFELD A. Digital Picture Processing［M］. Oralando：Academin Press，2014.

［7］程红，陈文剑，孙文邦. 一种改进的快速归一化积相关图像匹配算法［J］. 光电工程，2013，40（1）：118-125.

［8］INBARNEA D，SILVERMAN H F. A class of algorithms for fast digital image registration［J］. IEEE Trans Computer，1972，21（2）：179-186.

［9］李俊山，谭圆圆，张媛莉. SSDA 的改进算法［J］. 计算机辅助设计与图形学学报，2005，17（5）：996-970.

［10］高珊，李鹏，王爱荣. 一种雷达成相匹配算法分析及应用［J］. 火控雷达技术，2024，53（2）：79-83.

［11］WU W，XIAN Y，SU J，et al. A siamese template matching method for SAR and optical image［J］. IEEE Geoscience and Remote Sensing Letters，2022，19：1-5.

［12］LV W，YU W，WANG J，et al. SAR image matching based on SIFT keypoints and multi-subregions information［C］//APSAR. Seoul，2011：1-4.

［13］翟逸伦，卿立，张迪，等. 基于图像卷积的地图匹配算法［J］. 飞控与探测，2021，4（2）：19-25.

一种星载高速网络技术[①]

许振龙[1]　韩笑冬[2]　朱杉[3]　马宗峰[1]　段维铭[1]

(1. 山东航天电子技术研究所,山东·烟台,264006;2. 中国空间技术研究院
通导部,北京,100094;3. 空军装备部驻青岛地区军事代表室,山东·青岛,266114)

摘要: 未来,智能化处理需要载荷与多个计算节点间进行高速信息交换,其速率高达几 Gbit/s,甚至几十 Gbit/s,要求图像获取设备与信息处理设备之间有高速的信息传输通道。现有高速接口大多为点对点,无法满足网络化的信息交换需求,已经应用的支持网络的总线(如 SpaceWire)速率最大只有 200 Mbit/s,也难以满足实际的应用需求。因此,需要从系统的高度研究升级总线模块,支持更高速的总线,解决现有总线及信息传输能力不足的问题,增加器间网络路由模块和器内高速交换模块,用于实现航天器间路由及航天器内高速数据交换。

针对当下航天智能数据处理系统向高速化、多层化、复杂化的发展,且存在现有高速接口点对点式、低速率等缺陷,本文提出一种一体化高速数据交换网络来较好地解决上述问题。基于本文设计网络架构,在高速数据交互网络协议实现、网络构建、网络中低速协议转换体系设计和标准化、可拓展、可测试设计四个方面进行了详细分析介绍与研究,为今后星载高速网络设计提供了较为有价值的参考。

关键词: 智能数据处理;高速数据交换;网络协议;标准化

1　一体化高速数据交互网络及协议实现

本文提出的一体化高速数据交互网络架构如图 1 所示。

整个高速数据交互网络以高速信息交换器为核心,各平台和载荷设备通过相应总线接口实现节点接入和数据传输。高速信息交换器与高性能计算中心设计了统一的交互路由,不同交换系统通过级联扩展,搭建一体化高速数据交互网络,利用 SRIO 交互通道可灵活组合并联的特性,实现单链路不低于 2 Gbit/s 的传输能力。其中,平台设备包括终端业务处理单元 N 和终端业务处理单元 R,实现平台终端遥测数据采集和指令执行等功能。

整个高速数据交互网络实现的功能如下。

(1)实现高、中、低速星载数据的灵活接入与扩展:通过源头数据接入缓存与重组帧转发机制,设计出星载高中低速总线—高速 SRIO 总线转换协议 IP 核,将不同类型、不同速率、不同用户的数据动态组织到一起,实现接入和扩展。

(2)实现交互节点安全隔离与信息统一:平台与载荷设备通过不同层级的 SRIO 交互路由接入网络,实现关键数据和一般数据的分层管理;不同路由又通过级联实现扩展和信息交互,做到信息既有序流通,又在物理上适当隔离。

(3)实现电子系统重构扩展及信息共享:以 SRIO 路由器和可重构总线协议转换 SIP 为核心的一体化高速交互路由,可根据应用需要配置总线类型和总线速率,实现灵活扩展。更重要的是,高速交互路由可作为整星电子设备互联的纽带,可将平台各设备、载荷设备甚至星间

---

①　文章由"十四五"民用航天技术预先研究项目支持,指南编号:D030302。

链路设备连接起来,实现平台数据和载荷数据甚至星间数据的灵活接入,并与星上高性能计算机内部的 SRIO 路由交换平面互联,实现星间数据、平台数据、载荷数据和计算机内部数据的交互,参与交互的数据既包括载荷数据、平台数据(含星务数据),也包括星载高性能计算机运算获得的载荷态势信息等数据,实现各种数据的信息共享。在高性能计算机及其他算力平台的支持下,可完成载荷数据在轨处理和态势分发、卫星在轨自主健康管理、自主任务规划等任务。信息共享如图 2 所示。

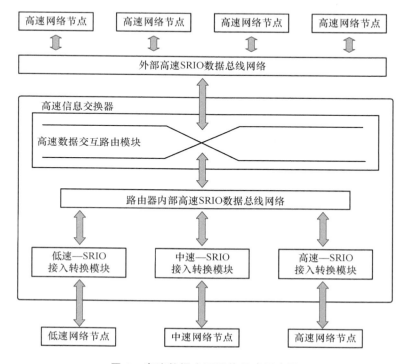

图 1   高速数据交互网络组成示意图

2   一体化高速数据交互网络构建

一体化高速数据交互网络采用高速串行总线(SRIO)搭建,满足载荷数据等高速海量数据传输需要。

SRIO 采用三层分级的体系结构,分级结构如图 3 所示。

由图 3 可见,SRIO 协议由逻辑层、传输层和物理层构成,最明显的一个特点就是 SRIO 采用了单一的公用传输层规范来相容、会聚不同的逻辑层和物理层,单一的逻辑层实体增强了 SRIO 的适应性。

2.1   SRIO 物理层设计

SRIO 规范中定义的最底层是物理层,串行物理层定义了器件间的全双工串行链路,在每个方向上支持 1 个串行差分对称为 1 个通道(1x),或同时支持 2 个并行的串行差分对称为 2 通道(2x)或同时支持 4 个并行的串行差分对称为 4 通道(4x),接口的电气特性采用成熟的 XAUI 接口,编码方式采用的是 8b/10b 编码,对链路的管理,包括流量控制,包定界和错误报告等使用专用的 8b/10b(即 K 码),接收端从链路上提取时钟信息,不需要独立的时钟线。

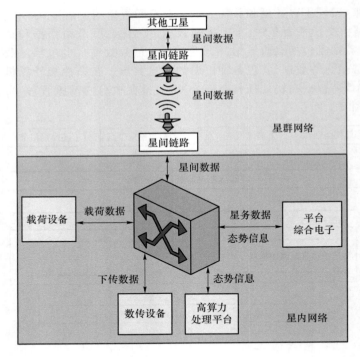

图 2 信息共享

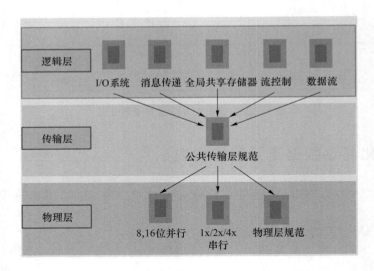

图 3 SRIO 分级体系结构示意图

SRIO 是一种基于可靠传送的协议,每一个数据包的传送均要求对端在物理层上响应一个控制符号包,此包是一个 4 个字节的数据包,表明了数据包的传送状态:数据包是否被对方接收,还是要求重新发送或是包未被接收。发送方和接收方均可以使用控制符号包来获得对方的状态。SRIO 包结构及物理层组成如图 4 所示。

2.2 SRIO 传输层设计

SRIO 的第二层是传输层,实现 SRIO 数据包的路由和传送。所有的逻辑层协议均使用单一的传输层实体来实现,这样无论逻辑层怎么变化,或是采用何种方式来封装应用,都可以用单一的传输层实体来实现,即使有新的逻辑层规范出现,也可以用这个单一的传输层来实现。

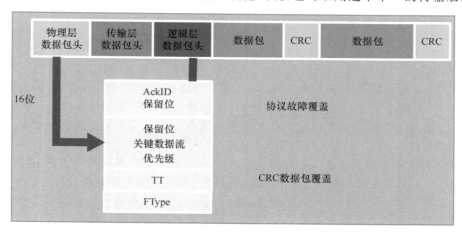

图 4　SRIO 包结构及物理层组成

SRIO 的路由和交换是通过每个终端设备的 ID 号来实现的。每一个终端都会分配一个唯一的 ID 号,当一个终端发出一个数据包时,在它的包头中包含有目的终端的 ID 号和发送源端的 ID 号。每一个交换器在它的每一个端口上都有一个交换路由表,根据此表就可以决定此数据包由哪一个端口送出。每个端口的路由表需要在系统初始化时进行配置,这与以太网相比,显得不是非常灵活和智能,但正是如此,使得系统的路由实现变得非常简单。同样对于组播功能的实现也变得简单,只是由单一的传输层就可以实现。SRIO 系统传输层如图 5 所示。

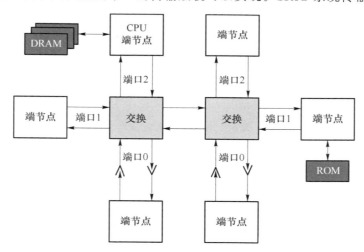

图 5　SRIO 系统传输层示意图

SRIO 传输层结构组成包括两类器件,一个是终端,产生数据包和接收数据包;另一类是交换器,实现数据包在各个端点间的路由和传送,且不对数据包作解释。

2.3　SRIO 逻辑层设计

在 SRIO 的体系结构中定义了 6 种基本操作,用来执行相应操作的事务和对操作的描述。这 6 种操作包括 NREAD(读)、NWRITE(写)、NWRITE_R(写操作,但操作结束前需要等待一个响应)、SWRITE(流写,面向大数据量 DMA 传送)、Atomic(原子操作:读-修改-写)、Mainte-nance(维护包,以 SRIO 专用寄存器为目标的事务,如系统发现、初始化、配置及系统维护)。

2.4 SRIO 交互网络实现

基于 SRIO 总线的高速数据交换网络采用交互路由器+交换控制单元的架构搭建,其核心是交互路由器。

本项目中,采用 IDT 公司最新的 RXS2448 芯片作为 SRIO 交互路由器,该芯片有 48 个双向数据差分对,最高支持 24 路 RapidIO 全交换,本设计中速率设置为 5 Gbit/s。RXS2448 有一个标准的 I2C 接口,由 FPGA 通过 I2C 总线实现其初始化配置及通过读取内部寄存器来监视其工作状态。

交换网络内使用 2 片 RapidIO 交换芯片(RXS2448),2 片交换芯片各对外提供 16 个 Port、64 对差分对,可以通过配置选择为 1×、2×或 4×模式,也可以配置每对差分对的速率可以设置成 5 Gbit/s、3.125 Gbit/s、2.5 Gbit/s、1.25 Gbit/s,获得不同的传输速度,达到高速 SRIO 总线传输速度按需配置的目的。另外有 1 个 Port 实现交换芯片之间的互联。整体结构如图 6 所示。

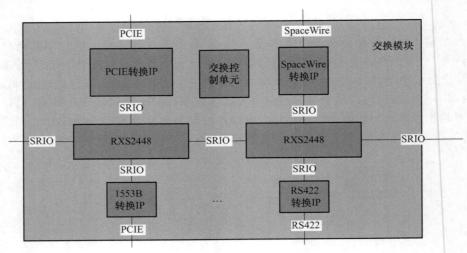

图 6 SRIO 交换网络设计

3 高中低速总线协议转换体系设计

高速交互网络需要实现各类高中低速总线数据的接入和交互传输。整个交互网络根据接口传输速率划分为高速域、中速域和低速域。高速域的传输通道为 RapidIO(SRIO)总线,中速域的传输通道为 SpaceWire(SPW)总线等,低速域的传输通道为 RS422、1553B 等。

总线协议转换体系结构如图 7 所示。

在高速数据交换网络中建立总线协议转换体系,完成不同接口和 SRIO 的转换;增加交换控制单元,实现数据转发控制和协议转换的控制。SRIO 接口通过交流耦合的方式连接到接插件。具体实现方式如下。

(1) 对于从中低速网络进入高速网络的数据,可以通过在传输层协议数据段重新封装包的形式实现,现有的 VCDU 格式也属于可以通用的范围,若数据传输量的差异较大,可通过填充数据的方式实现。

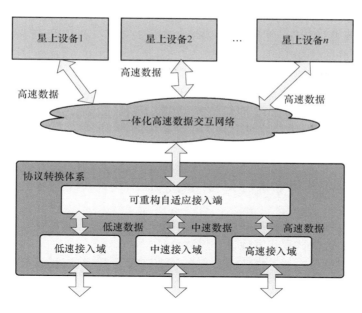

图 7　总线协议转换体系示意图

（2）对于从高速网络进入低速网络的数据,必须通过缓存传输的方式实现,若要求数据连续,则高速网络的数据不能全部传输。因此需要从高速网络进入低速网络的数据需要考虑其传输周期,对应的 SRIO 传输协议应当定制,发送到 SPW 交换机的 SRIO 数据应为可解析的形式,并设定适当的缓存空间。中速和低速网络的传输协议具有相对较高的时间冗余度,因此应当考虑数据稳定度和可靠性。SPW 可使用 RMAP 协议。

（3）在高速域不同接口之间也需要协议转换,需要设计一种不同接口之间的通用数据格式。具体实现方式如图 8 所示。

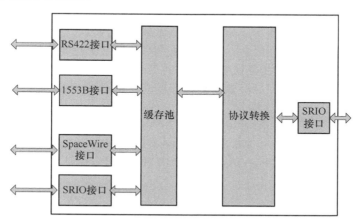

图 8　总线协议转换实现示意图

接口转换电路主要由协议转换、缓存和各种接口组成,接口主要覆盖 RS422 接口、1553B 接口、SpaceWire 接口和 SRIO 接口等。

（1）RS422 接口。通过 RS422 接口接收平台的数据,将数据缓冲到 FPGA 内部 RAM 中,然后再通过协议转换为 SRIO 信号,连接到一体化高速数据交互网络中。

（2）1553B 接口。通过 1553B 接口接收平台的数据,将数据缓冲到 FPGA 内部 RAM 中,然后再通过协议转换 IP 转换为 SRIO 信号,连接到一体化高速数据交互网络中,其中 1553B 物理层以外的部分在 FPGA 内部通过 IP 核的方式实现,物理层使用 1553B 接口芯片 HI-1573PSI。

（3）SpaceWire 接口。通过 SpaceWire 接口接收载荷的数据,将数据缓冲到 FPGA 内部 RAM 中,然后再通过协议转换 IP 转换为 SRIO 信号,连接到一体化高速数据交互网络中,其中 SpaceWire 物理层以外的部分在 FPGA 内部通过 IP 核的方式实现。

（4）SRIO 接口。SRIO 接口的实现方式与设备内部的 SRIO 交换网络相类似,通过 FPGA 的高速 Serdes 接口或路由芯片高速接口实现,通过交流耦合电容连接到内外接插件上。

4　系统标准化、可扩展、可测试设计

为了满足各种卫星平台和任务需求,高速数据交互网络的核心高速信息交换器设备硬件采用标准化、可扩展、可测试和兼容性设计思路。

高速信息交换器设备内部各模块和背板参照 VITA 系列标准设计,各功能模块采用标准尺寸的板卡实现,总线、供电、控制信号、指令信号通过背板传递,通过高速串行总线传输载荷数据,通过低速总线传输控制及状态信息。这一设计思路的优点是实现了设备的标准化和板卡化,各硬件模块可以按需定制,根据需求进行灵活配置,实现功能的扩展,并能使用标准测试工具和通用测试方法实现模块的测试。

高速信息交换器设备对外提供标准 SRIO 高速接口、SpaceWire 中速接口和其他低速接口,采用标准化总线接口协议,通过建立的协议转换体系实现总线的快速接入和扩展,完成多类型数据的快速交换,实现兼容性接入的目的。

5　结　论

针对星载网络速率较低、各自独立、不成体系的问题,创造性地通过一体化网络架构,将不同类型、不同速率、不同用户的异步数据动态地组织到一起,实现模块间、设备间的高速互联互通,贯彻了一颗星、一张网的设计理念。开展高速 SRIO 路由交互网络技术研究,结合低速-高速 SRIO 协议转换设计,实现了设备和组件灵活的接入、接出,接口的自适应动态重定向及不同速率、不同种类、不同传输服务质量数据传输。

参考文献

[1] 罗绍琴,张伟. 高通量通信卫星技术发展及其典型产业应用研究[J]. 数据,2021（07）:56-60.

[2] 任勇峰,多卉枫,武慧军. 基于 FPGA 的多通路 SRIO 数据传输设计[J]. 电子测量技术,2022（14）: 152-156.

[3] 张弟,江志东,高伟伟,等. 一体化 1553B 总线通信仿真平台设计与实现[J]. 电子设计工程,2022（10）: 139-143,149.

[4] 王军,陈天丽,夏荒生. SpaceWire 网络遍历及自主路由配置算法研究[J]. 数字通信世界,2021（05）: 127-128.

[5] 何健,兰立奇,唐顺晨. Synopsys 的 SRIO controller FPGA 原型验证方法[J]. 单片机与嵌入式系统应用, 2023（08）:24-27,31.

卫星多功能结构技术路径综述①

高泽运[1] 吴彤[1] 孙鹏[1] 张佳宇[1] 何世昆[1] 周庆瑞[2]
(1. 山东航天电子技术研究所,山东·烟台,264000;
2. 钱学森空间技术实验室,北京,100094)

摘要:卫星多功能结构技术是指融合很多平常独立的功能到卫星平台结构或承载结构上的技术,例如,将温度管理、能源储存、电气线缆和互连、电子机箱仅作为一部分子系统集成到卫星结构上。卫星多功能结构的优势是可以减少零件数量、增加使用空间、降低发射成本、增加有效载荷占比、扩展更多卫星任务。无论是大质量卫星平台还是立方星都在特定情境下对多功能结构有强烈需求。为补偿使用先进技术和功能嵌入结构带来强度再进行补强的成本增加,达到降低整体成本的目的,汽车电子、商业电池单元、增材制造是近年来可更大范围应用于卫星多功能结构的工业技术。最后提出了对多功能结构设计原则的思考。

关键词:多功能结构;低成本;增材制造(3D打印);复合材料;工业技术

1 引 言

卫星多功能结构技术是指融合很多平常独立的功能到卫星平台结构或承载结构上的技术,例如,将温度管理、能源储存、电气线缆和互连、电子机箱仅作为一部分子系统集成到卫星结构上。卫星多功能结构的优势是可以减少零件数量,增加使用空间,降低发射成本,增加有效载荷占比,扩展更多卫星任务。

最初卫星的发射成本偏高,对项目的研究造成很大的限制。为降低发射成本,两项技术在20世纪末被美国人提出。美国 AFRL/VS 及赞助商提出多功能结构的技术,该技术将温度管理、电池、能源生成和辐射防护集成到复合材料飞行器结构中。NASA 深空一号在 1998 年成功演示了多功能结构技术。1999 年由加州理工州立大学和斯坦福大学牵头提出立方星项目,通过制造 10 cm 立方卫星,为大众提供可行的低成本航天研究途径。近年随着 SPACEX 猎鹰系列火箭的研发及国内各商业火箭公司的发展,发射成本已经大大降低。卫星平台大承载、高热耗、电缆密布等情况更加明显。立方星编队甚至可以进行深空探测(或行星间探测),但这在受立方星内部空间受限的情况下,需要增加推进和较多的载荷。因此无论是大型卫星平台、小卫星、微小卫星还是立方星,对多功能结构需求都十分迫切,以显著提高卫星承载能力,有效降低卫星平台的费效比,大大拓展卫星任务数量。

下面将展开介绍卫星多功能结构技术的具体研究与发展。

① 本论文得到山东省重大科技工程项目(2020CXGC010701)资助。

2　卫星多功能结构组成

　　最简单的卫星多功能结构的形式为通过普通机械加工或者增材制造技术将多个支架合成一个结构零件,或者将多个支架与卫星平台舱板结构集成到一起(见图 1),众多应用场景更适合采用增材制造技术。较为简单且应用较多的多功能结构是集成热控硬件到结构上,如热管。热管通常会嵌入蜂窝夹层结构中或者粘在结构表面(见图 2)。而在多功能结构中通常会将热控系统集成到轻质量结构上,同时在表面安装分布式电子设备(见图 3)。近些年以塑料为打印基材的增材制造技术也应用到集嵌入电路、柔性连接、辐射防护、温度控制等功能为一体的多功能结构中(见图 4)。

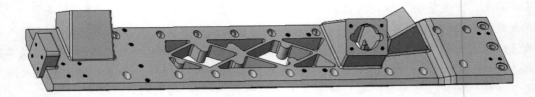

图 1　增材制造卫星多功能结构舱板

图 2　结构表面粘贴小型热管

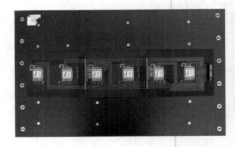

图 3　卫星舱板表面安装柔性印制板

　　更广义上的多功能结构至少包括以下两方面的组合,如图 5 所示,即先进的热控制(高/各向异性热导材料、嵌入式热控硬件、集成智能设备、分布式热管理)、轻质结构(先进复合材料、金属/碳泡沫、智能复合材料结构、功能分级材料)、先进电子设备(表面安装设备、柔性电路、嵌入式电路)、其他功能(诊断/控制系统、辐射和 EMI/EMC 防护)等。从兼顾成本、可靠性和小型化电路等方面考虑,多功能结构也应在汽车电子等工业上得到大量推广使用。

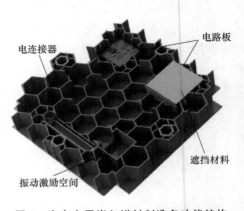

图 4　汽车电子嵌入增材制造多功能结构

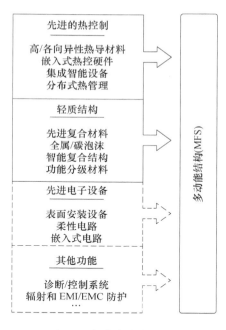

图 5 多功能结构组成

3　卫星多功能结构研究现状

　　美国 AFRL/VS 及赞助商提出多功能结构的技术,该技术将温度管理、电池、能源生成和辐射防护集成到复合材料飞行器结构中。NASA 深空一号在 1998 年成功演示了多功能结构技术。深空一号中的多功能结构技术涉及 MCM(多芯片组件)技术、无电缆连接技术、先进复合材料技术、热控制技术。图 6 所示为深空一号舱板正样件上的多功能结构,其中印制线路板既承担飞行器接口电路的功能,又包含管理试验的控制器。

　　中北大学梁炜设计研制 RTU 和中心程序器多功能结构样机,这两台结构样机设计中包含 MCM、无电缆连接、先进复合材料、MFS 热控制等技术的相关设计和仿真分析。与深空一号不同,这两台结构样机增加了机壳进行防护。两台样机总质量为 500 g,为原来单机质量的 1/6,功耗降低到 1.1 W,降幅达 45%,功能上完全实现了预定的指标。但是未就样机研制成本、体积与原单机进行比对。

　　多芯片组件由多个半导体集成电路元件以裸芯片的状态搭载在不同类型的布线板上,经整体封装构成。一个较为复杂的典型 MCM 是在多层布线基板上,采用微电子技术与互连工艺将电阻器、电容器和电感器等无源元件与 LSI、IC 裸芯片进行二维甚至三维组合并电气连接,再实施必要的有机树脂灌封或气密封装构成的部件级的复合器件(二维或三维多芯片组件)。多芯片组件实现了电路小型化,为将整机改为单板表面安装提供了技术支持。但是多芯片组件为定制器件,需要经过大量的试验验证来满足航天可靠性使用要求,研制成本和周期较难控制。

　　汽车上的电子器件为汽车部门的商业现货(COTS)器件,汽车上电子器件的集成密度一般明显高于传统航天器件。商业现货器件的优势,如更好的性能、更低的获得成本、更多的功能、更小的体积或者甚至更好的能源效率,可大大抵消其在可靠性方面的劣势。汽车电子在保证小型化的同时可节省成本。在航天任务中,需要关注器件的抗辐射特性、试验验证并提出可能的防护策略。参考文献[11]对汽车部门 ICs 方面的标准 AEC-Q100 和欧空局标准 ECSS-Q-ST-60-13C,参考文献[8]对汽车电子标准、美军标 MIL-PRF-38535 集成电路生产通用要求和 NASA 戈达德航天飞行中心 311-INST 中 EEE 部分选用、筛选、鉴定指南,从测试指南和容许极限的角度进行了比较和评价。参考文献[8]中的表 3 给出了汽车电子计算机 10 种功能器件的总剂量试验结果,结果表明汽车和工业电子具有客观的总剂量阈值(8.5 krad 及以上不等);表 4 给出了抽样任务中无防护的辐射剂量结果和薄层防护辐射剂量(1 mm 铝防护)结果,对比后可见带防护的辐射剂量比无防护的辐射剂量至少低 2 个数量级。根据任务寿命和轨道不同,星上电子设备采用汽车电子并辅助一定的防护措施,可高可靠、低成本地满足航天任务使用要求。图 7(a)所示为带航天器件的印制板在航天加工要求下的尺寸,图 7(b)所示为带汽车电子的印制板在航天加工要求下的尺寸,图 7(c)所示为带汽车电子的印制板在修正的加工要求下的尺寸。

图 6 深空一号多功能结构舱板正样件

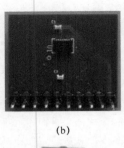

图 7 不同类型电子元件、加工要求下尺寸对比

王阳等提出一种多功能结构电池构型并对其进行热仿真分析,所选的嵌入电池单元为高能量密度和高工作电压的凝胶聚合物锂离子型(GPLI)电池单元,该电池单元由国防科大生产。如图 8 所示,将 GPLI 单元作为“三明治夹芯”的一部分,由电缆串联或并联的电池单元、电源控制模块,共同作为电源子系统嵌在三明治结构面板中间。

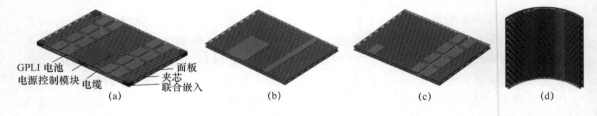

图 8 将 GPLI 单元蓄电池嵌入多功能结构

参考文献[14]提出将商业的塑料锂离子类型电池单元嵌入三明治夹层结构中(见图 9),以消除电池的次级结构质量。研究用电池具有较低的力学特性,通过有限元模型分析证明当选取合适的布局后,最大应力和变形小于传统电池设计的仿真结果,但这种类型的多功能结构

并不能适用于所有应用场景。

参考文献[4]提出对大承载、高热耗的大型卫星平台,采用被动式(结构传热特性、表面热物性参数、预埋热管)、主动式(强制对流、两相换热等)兼具热控和机械一体的多功能结构技术,可将高导热碳纤维复合材料作为可行、备选的技术手段。

程延礼研究了结构开孔导致的应力集中现象,对应力集中(板厚度、载荷)和应力集中叠加现象进行了分析。

高杨采用 SRIM 软件对屏蔽盒材料类型和厚度进行了分析,针对太阳同步的 700 km 轨道上卫

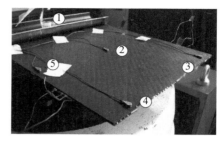

注:图中序号标注处为试验测点编号。

图 9　含塑料锂离子单元蓄电池多功能结构

星,以 2 mm 厚铝合金的屏蔽性能为基准,嵌入金属钨的碳纤维增强复合材料板(CFRP)可作为屏蔽盒材料的优化选择。

李莺歌等介绍了一种多功能结构及对应的制造工艺,将蜂窝夹层结构作为主体结构,除机械连接的结构埋件外,在其内部共预埋遥测遥控、供电、通信及热控等功能的器件,在进行防护措施和合理定位后组合胶接,通过传统的真空袋-热压罐法制造一体化多功能结构。通过特殊制备的碳-碳高导热复合材料板解决散热问题。但是未对该多功能蜂窝夹层板的承载、动力学性能给出说明。

碳芯夹层(CCL)在印制板结构中作为热传递层也可以用作电气接地平面。试验中用到的多功能结构箱形梁由含两层 CCL 的印制板平板构成。CCL 嵌入印制板平板的顶面和底面附近组成三明治构型。印制板横截面构造如图 10(a)所示,每块印制电路板长为 406.4 mm,宽为 31.75 mm,厚为 1.57 mm,4 块印制板平板通过高强度的结构胶在方波接口处互相紧锁,如图 10(b)所示。在实际的在轨飞行应用中,该电子设备位于多功能结构内部。三点弯曲试验中两个支点的距离为 381 mm。试验失效判据:倒装芯片互联失效定义为晶片损伤或焊球互联失效引起的开路。梁失效定义为电路走线失效。带碳芯夹层的多功能结构梁失效发生在 484 磅力[①],454 磅力对应平均变形为 5.54 mm,无碳芯夹层结构梁损伤发生时 626 磅力,566 磅力对应平均变形为 6.96 mm。

三点弯曲试验用来测试设备的弯曲刚度等,文献中试验结果证明了带碳芯夹层结构梁的弯曲刚度大于无碳芯夹层架构。用三点弯曲试验比较结构承载能力,需要结合两种类型结构梁黏接工艺过程和质量、表面摩擦等一致性情况进行详细分析。

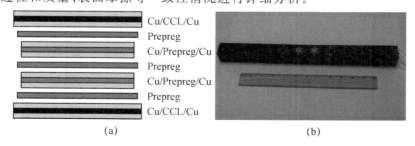

(a)　　　　　　　　　　　　　　　　(b)

图 10　碳芯夹层结构箱梁

① 磅力:名称符号为 lbf,1lbf＝4.448 N。

　　参考文献[5]提出了一种 3D 打印的铝合金立方星多功能结构,该设计将冷气 ACS 推进分系统融入卫星结构内部空闲空间。将推进储箱、反馈管路和推进喷嘴全部合到一个 3D 打印铝合金零件内,该零件同时包括与 PPOD 适配的铝梁以及与航电设备、太阳能电池板和有效载荷的连接点,即图 11 中黄色部分结构所示。图中橙色物体为主储箱及相连的管路,绿色物体为小储箱及相连管路,粉红色物体为 8 个喷嘴和相连管路。这种 3D 打印的多功能结构充分利用了能利用的空间,与现有的商业冷气推进相比,体现了更高的单位体积反冲。

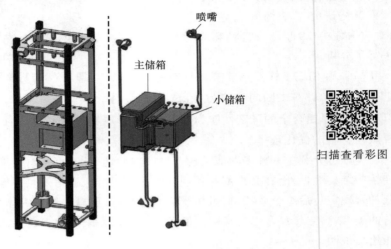

图 11　立方星增材制造推进系统多功能结构

　　增材制造多功能技术通常用于立方星设计,更大量级卫星使用增材制造技术生产主结构的文献很少。参考文献[6]提出了一种符合 ESPA 要求的 150 kg 量级的增材制造结构加工技术,最大化利用增材制造的优势,如几何优化、零件消除、加强定制和提高生产自动化能力等。通过结构星试验,获取了在大型结构上应用增材制造技术和结构设计优化的经验。

　　上述多功能结构的应用大多是将两个或多个独立的设备或功能融合到卫星结构平台中。文献[19]提出了利用一种名为姿态控制多功能结构(MSAC)的新型姿态控制系统(ACS),MSAC 利用星上结构提供主动噪声消除和大角度转动能力,减少甚至消除了对反作用轮和控制力矩陀螺的需求。文章还提供了 10 kg、100 kg、1 000 kg 三种不同质量量级飞行器设计中 MSAC 性能估计结果,并与传统 ACS 性能指标进行了对比。这种设计最适宜用于平板结构、有大的面积体积比的卫星。

4　关于卫星多功能结构技术的思考

　　卫星多功能结构技术的出现,实现了减少零件数量、增加使用空间、降低发射成本、增加有效载荷占比等目标。在立方星中结合增材制造技术,使多功能结构应用频率越来越高。

　　多功能结构概念提出的初衷为降低发射成本和人工介入时间。如果仅为了实现多功能结构,造成研制花费、人工参与时间超出常规设计和制造则得不偿失。降低成本的策略之一是采用大量生产的工业产品(如汽车电子、塑料锂离子电池单元等)和技术(增材制造技术)。在提高可靠性的同时也需考虑相关的防护措施。多功能结构在航空领域重复使用的产品中应用较广。在航天领域,应用多功能结构的制品仍为定制产品,无法满足大批量生产、适合所有场景的应用要求。

多功能结构的设计原则为以下几点。

（1）多功能结构须满足与单独的结构和航电设备同样的电气和结构要求，或者电气和结构至少保证满足航天环境占用要求。

（2）与传统方法相比，多功能结构综合设计须有更小的质量，或者在质量变化可控的范围内，有更小的占用空间。

（3）多功能结构设计、加工、集成增加的费用不能超过节省下的发射费用。

参考文献

[1] GUERRERO J，FOSNESS E，BUCKLEY S. Multifunctional structures[C]//AIAA Space 2001 Conference and Exposition，August 28-30，2001，Albuquerque，New Mexico.

[2] NOOR A K. Structures technology for future aerospace systems[M]. Reston，Virginia：American Institute of Aeronautics and Astronautics，Inc.，2000.

[3] GUTIERREZ C D. Three-dimensional structural electronic integration for small satellite fabrication[D]. El Paso：The University of Texas，2012.

[4] 刘百麟，董艺，魏巍. 卫星平台机热一体化设计探讨[J]. 航天器工程，2016，25(2)：25-31.

[5] STEVENSON T H，LIGHTSEY E G. Design and optimization of a multifunctional 3D-Printed structure for an inspector Cubesat[J]. Acta astronautica，2020，170(9)：331-341.

[6] COTE T，SPICER R L，KEARNS A，et al. Development and test of an additively manufactured ESPA class satellite[C]//AIAA Scitech 2020 Forum，January 6-10，Orlando，Florida. Reston，Virginia：American Institute of Aeronautics and Astronautics，Inc.，2020.

[7] GOTTERO M，POIDOMANI G，TAVERA S，et al. Development of light-weight multifunctional structures[C]//37th International Conference on Environmental Systems (ICES)，July 9-12，2007，Chicago，Illinois.

[8] MCDERMOTT S A，JACOBOVITS A，YASHIRO H. Automotive electronics in space：combining the advantages of high reliability components with high production volume[C]//2002 IEEE Aerospace Conference，March 9-16，2002，Big Sky，MT.

[9] BARNETT D M，RAWAL S. Multifunctional structures (MFS) technology demonstration on new millennium program (NMP) deep space 1 (DS1)[R]. Denver，Colorado，Lockhhed Martin，1999.

[10] 梁炜. 弹载多功能结构集成技术研究[D]. 太原：中北大学，2009.

[11] VAION R E，MEDDA M，MANCALEONI A，et al. From automotive to space qualification：overlaps，gaps and possible convergence[C]//IFPA 2018，July 16-19，2018，Singapore.

[12] ECHESL M，SPRINGER P，HUMBERT S. Production and planned in-orbit qualification of a function-integrated，additive manufactured satellite sandwich structure with embedded automotive electronics[J]. CEAS Space Journal，2021，13(3)：111-118.

[13] WANG Y，PENG C Y，ZHANG W H. Thermal analysis of multifunctional structural battery for satellite applications[J]. Applied thermal engineering，2015，78：209-216.

[14] ROBERTS S C，AGLIETTI G S. Structural performance of a multifunctional spacecraft structure based on plastic lithium-ion batteries[J]. Acta astronautica，2010，67(3-4)：424-439.

[15] 程延礼. 多功能结构在行星探测器中的应用[D]. 哈尔滨：哈尔滨工业大学，2006.

[16] 高杨. 航天器多功能一体化结构单元的设计与分析[D]. 哈尔滨：哈尔滨工业大学，2017.

[17] 李莺歌，王洋，张从发，等. 航天器多功能结构及其制造工艺[J]. 航天制造技术，2016(1)：21-24.

[18] SCHATZEL D V. Flip chip reliability on dynamically loaded multi-functional spacecraft structures[C]//2008 IEEE Aerospace Conference，March 1-8，2008，Big Sky，MT.

[19] VEDANT，HADDOX P，ALLISON J T. New mission and spacecraft design enabled using MSAC[C]//2023 IEEE Aerospace Conference，March 4-11，2023，Big Sky，MT.

一种基于三阶 Butterworth 滤波器
的隔离采集电路设计

解宝辉　李妍　薛瑞丽

（山东航天电子技术研究所，山东·烟台，264670）

摘要：针对航天产品模拟量采集，提出了基于三阶巴特沃斯（Butterworth）滤波器的隔离采集电路设计方案。基于模拟量常规采集方案，设计了隔离采集电路，解决了共地设计及长线传输带来的干扰风险；根据滤波器原理，设计了一阶反相输入低通滤波电路与二阶同相输入低通滤波电路级联的三阶 Butterworth 低通滤波器，并根据工程应用需求进行相应调整优化设计；结合航天工程应用需求，设计了滤波器的相关参数；通过工程实例，进行了仿真及应用验证测试，三阶 Butterworth 低通滤波器可以有效衰减电路中的纹波信号；产品经过飞行测试验证，达到了预期效果；基于三阶 Butterworth 滤波器的隔离采集电路设计方案，应用简单，是一种有效的隔离采集方案。

关键词：航天产品；模拟量隔离采集；Butterworth 低通滤波器；三阶

1　引　言

航天产品是指航天系统开发、研制或生产过程形成的硬件或软件。近年来随着我国综合国力不断增强、航天事业蓬勃发展，满足各项任务的航天产品不断研发、生产。

遥测技术是对相隔一定距离对象的参量进行检测，并把测得结果传送到接收地点的一种测量技术。能完成整个遥测过程的系统称为遥测系统，典型的航天遥测系统如图 1 所示。

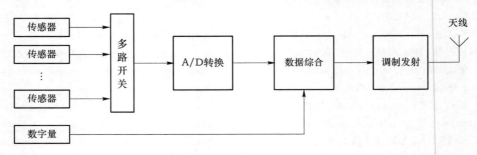

图 1　航天遥测系统组成框图

远程航天器需要测量的参数多达上千个，从待测参数的信号特征看，遥测参数分为时间参数、模拟参数和数字量 3 类。

2　模拟量常规采集设计

模拟参数包括缓变参数和速变参数，缓变参数最高频率一般在 10 Hz 左右，如加速度、压力、温度等;速变参数一般指振动、冲击、噪声等频带较宽且具有随机特性的参数。每种模拟参数的测量要求是不同的,同时要求较高的幅值测量精度。

模拟参数通过模拟量采集电路进行采集。本文设计的模拟量常规采集电路如图 2 所示,负责对来自传感器、变换器等 0~5 V 的 64 路模拟量信号进行采集处理。

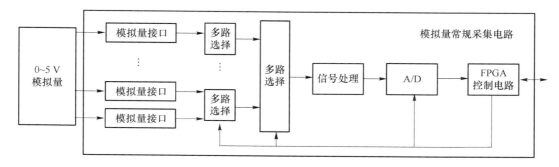

图 2　模拟量常规采集电路框图

模拟量常规采集电路功能主要是由模拟多路选择开关分时选通某一路模拟输入通道,通过采样/保持电路快速拾取模拟信号子样脉冲并保持幅值恒定进行信号处理,然后由 FPGA 控制 A/D 编码器进行编码转换。

参考文献[4]对多通道同步采集电路结构和多通道异步采集电路结构进行了对比分析论证,综合考虑设计复杂程度、成本等方面,采用多通道异步采集电路结构进行了设计及测试验证。

参考文献[5]实现了对飞行器在飞行过程中模拟电压信号采集,所有信号经过调理后进入 4 片多通道的模拟开关组,进行选择采集。

参考文献[6]对模拟量采集电路中的多路开关进行了分析与验证。

3　模拟量隔离采集设计

除了传感器、变换器送来的加速度、振动、冲击等模拟参数,还需要采集电池、二次电源电压、发动机等参数,为避免源端、传输、采集电路等共地设计及长线传输带来的易受干扰风险,考虑各分系统间安全及可靠性等因素,此类模拟参数需要采用模拟量隔离采集设计。

本文设计的模拟量隔离采集电路如图 3 所示,完成对 10 路−40~+40 V 模拟量的每路隔离、采集工作。

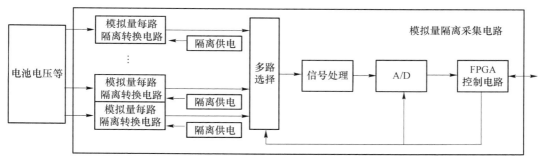

图 3　模拟量隔离采集电路框图

模拟量隔离采集电路对 10 路－40～＋40 V 模拟量进行每路隔离转换,同时对隔离转换电路进行隔离供电,再经过多路选择和信号处理后,通过 FPGA 控制 A/D 编码器进行编码转换。

参考文献[5]对遥测电压信号进行了调理隔离采集。

参考文献[7]采用一种高线性度模拟光电隔离器对 6 路模拟电压进行隔离,并进行相应分析及应用验证。

4　三阶 Butterworth 低通滤波器设计

随着模拟量隔离采集电路的应用,隔离转换芯片、隔离供电芯片被引入模拟量隔离采集电路。由于隔离特性,隔离转换电路中存在相应的信号纹波,图 3 所示的模拟量隔离采集电路存在 500 kHz、30 mV 的信号纹波,因此模拟信号滤波成为一种需求。

为有效去除隔离采集电路中存在的纹波,按照图 4 所示进行三阶低通滤波器设计。

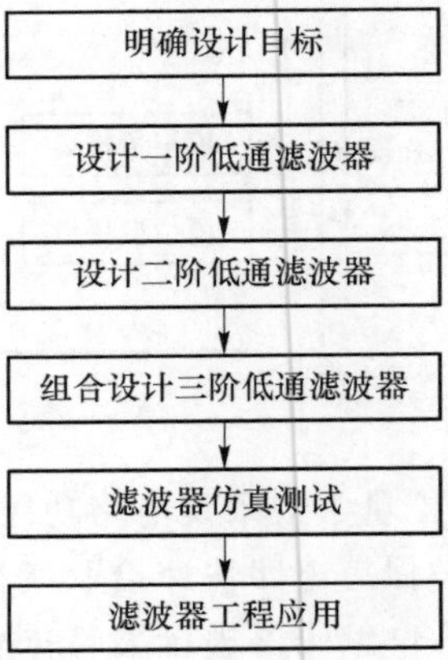

图 4　三阶低通滤波器设计流程图

4.1　明确设计目标

滤除模拟量隔离采集电路中的纹波,保证隔离采集准确。

滤波电路输入输出信号幅值不变,单位增益 $G=1$。

设计低通滤波器,允许低于截止频率的信号通过,但高于截止频率的信号不能通过。

4.2　一阶低通滤波电路设计

4.2.1　一阶同相输入低通滤波电路

参考文献[8]、参考文献[9]中对同相输入的一阶低通滤波器进行了详细的论证分析。

一阶同相输入低通滤波典型电路如图 5 所示,其核心特征如式(1)、式(2)所示。

放大倍数 $$A_0 = 1 + \frac{R_2}{R_1} \tag{1}$$

电路的传递函数 $$A(s) = \frac{1 + \frac{R_2}{R_1}}{1 + sR_3C_1} \tag{2}$$

4.2.2　一阶反相输入低通滤波电路

参考文献[8]中对反相输入的一阶低通滤波器进行了详细的论证分析。

一阶反相输入低通滤波典型电路如图 6 所示,其核心特征如式(3)、式(4)所示。

放大倍数 $$A_0 = -\frac{R_2}{R_1} \tag{3}$$

电路的传递函数 $$A(s) = -\frac{R_2}{R_1} \cdot \frac{1}{1 + sR_2C_1} \tag{4}$$

4.3 二阶低通滤波电路设计

4.3.1 二阶同相输入低通滤波电路

参考文献[8]、参考文献[9]、参考文献[10]中对同相输入的二阶低通滤波器进行了详细的论证分析。

二阶同相输入低通滤波典型电路如图7所示,其核心特征如式(5)、式(6)所示。

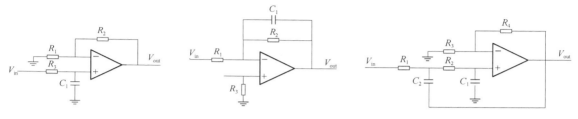

图5 一阶同相输入   图6 一阶反相输入   图7 二阶同相输入低
低通滤波电路图   低通滤波电路图   通滤波电路图

放大倍数

$$A_0 = 1 + \frac{R_4}{R_3} \tag{5}$$

电路的传递函数

$$A(s) = \frac{A_0}{7 + [C_1(R_1 + R_2) + (1 - A_0)R_1C_2]s + R_1R_2C_1C_2s^2} \tag{6}$$

4.3.2 二阶反相输入低通滤波电路

参考文献[8]中对反相输入的二阶低通滤波器进行了详细的论证分析。

二阶反相输入低通滤波典型电路如图8所示,其核心特征如式(7)、式(8)所示。

放大倍数 $A_0 = -\dfrac{R_4}{R_1}$ (7)

电路的传递函数

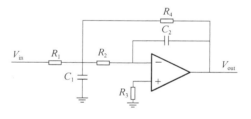

图8 二阶反相输入低通滤波电路图

$$A(s) = \frac{A_0}{1 + C_2R_2R_4\left(\dfrac{1}{R_1} + \dfrac{1}{R_2} + \dfrac{1}{R_4}\right)s + C_1C_2R_2s^2} \tag{8}$$

4.4 三阶 Butterworth 低通滤波器组合设计

低通滤波器有很多种,按照 $f = f_0$ 附近频率特性的特点,滤波器分为 Butterworth 滤波器、切比雪夫(Chebyshev)滤波器和贝塞尔(Bessel)滤波器等,参考文献[8]、参考文献[11]进行了详细论述。

Butterworth 滤波器的幅频特性无峰值,通过区域中没有增益起伏,在截止频率附近的幅频特性曲线为单调减。但是 Butterworth 滤波器的群延迟特性方面有波动,在阶跃响应特性中会产生上冲和波动。

Chebyshev 滤波器的截止特性最好,曲线衰减斜率最陡。但是 Chebyshev 滤波器的内部幅频特性却很不稳定,阶跃响应会产生较大上冲和波动。

Bessel 滤波器的过渡特性最好,相频特性无峰值,群延迟特性没有波动,阶跃响应达到最终稳定值的速度更快。但是 Bessel 滤波器的截止特性缓慢,在截止频率前后会形成明显的肩部。

根据三种滤波器的上述特性,综合选择 Butterworth 滤波器。

当多个低通滤波器串联起来时,就可得到高阶低通滤波器。本文设计采用一阶反相输入低通滤波电路与二阶同相输入低通滤波电路级联为三阶 Butterworth 低通滤波器,如图 9 所示。

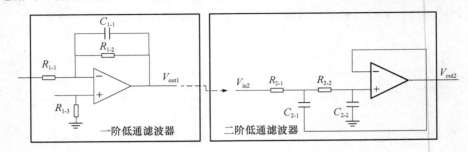

图 9　三阶 Butterworth 低通滤波电路图

根据工程应用需求,本文设计的三阶 Butterworth 低通滤波器对滤波电路细节进行了调整优化设计。

4.4.1　一阶反相输入低通滤波电路

放大倍数

$$A_0 = -\frac{R_{1\text{-}2}}{R_{1\text{-}1}} \tag{9}$$

电路的传递函数

$$A(s) = -\frac{R_{1\text{-}2}}{R_{1\text{-}1}} \cdot \frac{1}{1 + sR_{1\text{-}2}C_{1\text{-}1}} \tag{10}$$

$$f_0 = \frac{1}{2\pi R_{1\text{-}2}C_{1\text{-}1}}$$

设 $R_{1\text{-}1} = m_1 R_1$, $R_{1\text{-}2} = R_1$, $C_{1\text{-}1} = n_1 C_1$,则放大倍数为

$$A_0 = -\frac{1}{m_1} \tag{11}$$

电路的传递函数简化为

$$A(s) = -\frac{1}{m_1} \cdot \frac{1}{1 + sR_1 C_1 n_1} \tag{12}$$

$$f_0 = \frac{1}{2\pi R_1 C_1 n_1} \tag{13}$$

基于工程实际应用,设 $\left| A_0 \right| = \left| -\frac{1}{m_1} \right| = 1$,相应设置 $m_1 = 1$, $n_1 = 1$。

4.4.2　二阶同相输入低通滤波电路

放大倍数

$$A_0 = 1$$

电路的传递函数

$$A(s) = \frac{\omega_0^2}{s^2 + s(\omega_0/Q) + \omega_0^2} \tag{14}$$

经过详细推导计算如下:

$$A(s) = \frac{\frac{1}{R_{2\text{-}1}R_{2\text{-}2}C_{2\text{-}1}C_{2\text{-}2}}}{s^2 + s(1/(R_{2\text{-}2}C_{2\text{-}2}) + 1/(R_{2\text{-}1}C_{2\text{-}2})) + 1/(R_{2\text{-}1}R_{2\text{-}2}C_{2\text{-}1}C_{2\text{-}2})} \tag{15}$$

$$\omega_0^2 = \frac{1}{R_{2\text{-}1}R_{2\text{-}2}C_{2\text{-}1}C_{2\text{-}2}} \tag{16}$$

$$Q=\frac{\omega_0 R_{2-1}R_{2-2}C_{2-1}C_{2-2}}{(R_{2-1}+R_{2-2})C_{2-1}}=\frac{\sqrt{R_{2-1}R_{2-2}C_{2-1}C_{2-2}}}{(R_{2-1}+R_{2-2})C_{2-1}} \tag{17}$$

设 $R_{2-1}=m_2R_2$，$R_{2-2}=R_2$，$C_{2-1}=n_2C_2$，$C_{2-2}=C_2$，则

$$Q=\frac{\sqrt{m_2 n_2}}{m_2+1} \tag{18}$$

$$f_0=\frac{1}{2\pi R_2 C_2 \sqrt{m_2 n_2}} \tag{19}$$

基于工程实际应用，设 $Q=\frac{\sqrt{m_2 n_2}}{m_2+1}=1$，相应设置 $m_2=0.5$，$n_2=4.5$。

5 航天电子产品某模拟量隔离采集模块实例

本文以某模拟量隔离采集模块为实例分析，该隔离采集模块实现 10 路模拟量隔离采集，如图 3 所示的模拟量隔离采集电路框图，10 路模拟量每路隔离转换电路，经过多路选择进行信号处理，然后进行 A/D 转换。

图 3 中的模拟量每路隔离转换电路设置为图 9 所示的一阶低通滤波器，共 10 路，图 3 中的信号处理电路设置为图 9 所示的二阶低通滤波器，级联为三阶 Butterworth 低通滤波器。

5.1 明确设计目标

滤除模拟量隔离采集电路中的 500 kHz、30 mV 的信号纹波，保证隔离采集准确。
滤波电路输入输出信号幅值不变，单位增益 $G=1$。

5.2 一阶低通滤波电路设计

基于工程实际应用，设 $|A_0|=\left|-\frac{1}{m_1}\right|=1$，因此设置 $m_1=1$，$n_1=1$。初选

$$R_1=200\text{ k}\Omega，\quad C_1=15\text{ pF}$$

则
$$f_0=\frac{1}{2\pi R_1 C_1 n_1}=53.052\text{ kHz}$$

5.3 二阶低通滤波电路设计

基于工程实际应用，设 $Q=\frac{\sqrt{m_2 n_2}}{m_2+1}=1$，因此设置 $m_2=0.5$，$n_2=4.5$。初选

$$R_2=5.1\text{ k}\Omega，\quad C_2=120\text{ pF}$$

计算
$$f_0=\frac{1}{2\pi R_2 C_2 \sqrt{m_2 n_2}}=173.371\text{ kHz}$$

结合工程实际及器件实际，选择 $R_{2-1}=2.2$ kΩ，$R_{2-2}=4.87$ kΩ，$C_{2-1}=560$ pF，$C_{2-2}=120$ pF。则

$$m_2=0.451\,75，\quad n_2=4.666\,67$$

$$Q=\frac{\sqrt{m_2 n_2}}{m_2+1}=1.000\,138$$

$$f_0 = \frac{1}{2\pi R_2 C_2 \sqrt{m_2 n_2}} = 187.568 \text{ kHz}$$

5.4　三阶 Butterworth 低通滤波器组合设计

采用一阶输入低通滤波电路与二阶输入低通滤波电路级联为三阶 Butterworth 低通滤波器,满足工程应用需求。

5.5　仿真测试

对三阶 Butterworth 低通滤波器进行仿真测试,在电路源端加入 500 kHz、30 mV 纹波信号,经过三阶 Butterworth 滤波器后,幅值小于 1 mV,电路纹波衰减明显,如图 10 所示。

在电路源端加入 5 kHz、30 mV 信号,经过三阶 Butterworth 滤波器后,没有信号损失,可以正常通过,如图 11 所示。

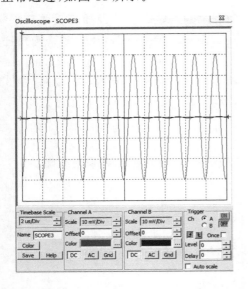

图 10　三阶 Butterworth 低通滤波电路仿真图 1

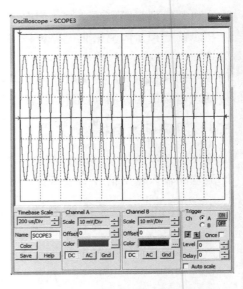

图 11　三阶 Butterworth 低通滤波电路仿真图 2

5.6　工程应用

基于上述设计的某模拟量隔离采集模块,经工程实测,产品工作正常,数据采集合理,没有纹波的干扰,采集精度满足总体指标要求,成功经过飞行试验测试。

6　应用讨论

(1)工程设计中,传递增益一般设置为 1,利于工程采集及后续数据处理。所选用的运算放大器设计为跟随器状态使用,其特性需保证工程应用,一般单位增益带宽优于 5 MHz,输出摆幅速率高于 10 V/μs;采用正负供电,保证零点采集。

(2)滤波电路存在试验延迟,需要在工程应用中考虑。本文设计的三阶 Butterworth 低通滤波器电路存在相位延迟 4 μs,如图 12 所示。

(3)针对高压输入情况,采用分压电路,调整高压输入值至采集范围。

（4）当不同应用时，可以根据实际运行工况，进一步优化参数，提升滤波器效果。如只采集 5 kHz 振动信号，f_0 参数可以优化到 20～50 kHz 滤波。同时，噪声信号可以进一步压缩小于 0.1 mV，但是相位延迟增加至 6 μs。

（5）在参考文献[11]中，对正反馈型增益的五阶 Butterworth LPF 进行了论证、分析。针对更高精度的应用需求，在本文的三阶 Butterworth 滤波器基础上再级联一个二阶滤波器，改进为五阶 Butterworth 滤波器进行工程应用，可以取得更优的效果。

（6）为进一步提高采集精度，可以进行软件滤波，多次采集平均值或其他方法进行软件处理。

（7）需要模拟量隔离采集的二次电源、发动机等，自身也会产生各类杂波干扰信号，采用本文基于三阶 Butterworth 低通滤波器的隔离采集电路针对性地调整参数，也可以滤除相应干扰。

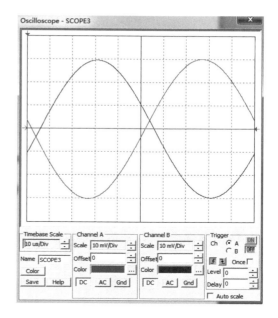

图 12　三阶 Butterworth 低通滤波电路传输延迟图

7　结　　论

本文提出了一种基于三阶 Butterworth 滤波器的隔离采集电路设计方案，实现了航天产品高精度有效隔离采集。三阶 Butterworth 滤波器有效衰减了隔离采集电路中的电路纹波。该电路设计简单、滤波器相关参数明确，可以根据不同工程应用优化。通过工程实例仿真及飞行试验测试表明，该电路合理可行，满足航天工程应用。

参考文献

[1] 袁家军. 航天产品工程[M]. 北京：中国宇航出版社，2011.

[2] 李邦复，郝建民，李秉常. 遥测系统[M]. 北京：中国宇航出版社，1987.

[3] 谭维炽，胡金刚. 航天器系统工程[M]. 北京：中国科学技术出版社，2009.

[4] 杨舒天. 基于 FPGA 的多通道数据采编器的设计与实现[D]. 太原：中北大学，2022.

[5] 张泽宇. 弹载遥测采编存储系统的设计与实现[D]. 太原：中北大学，2020.

[6] 王烁，郑鹏，吴雨翔，等. 基于多路开关的遥测故障分析与验证[J]. 国外电子测量技术，2013，32(2)：13-16.

[7] 张宝生，王念春. 基于高线性模拟光耦器件 HCNR200 的模拟量隔离板[J]. 仪表技术，2005(5)：59-60.

[8] 童诗白，华成英. 模拟电子技术基础[M]. 北京：高等教育出版社，2006.

[9] Mohd Faizul bin Md Idros, Siti Farisha bt Abu Hassan. A design of butterworth low pass filter's layout basideal filter approximation on the ideal filter approximation[J]. IEEE Symposium on Industrial Electronics and Applications，2009：754-757.

[10] ZHANG H Q, TANG B, WU H X, et al. Study of sallen-key digital filters in nuclear pulse signal processing[J]. Nuclear Science and Techniques，2019，10(30)：145.

[11] 远坂俊昭. 测量电子电路设计：滤波器篇[M]. 北京：科学出版社，2006.

商业编队小卫星远距离接近轨控设计

王菲　张众正　李明翔　韩飞　牟绍君

（山东航天电子技术研究所，山东·烟台，264000）

摘要：本文在地面测定轨获取卫星轨道平根数的基础上，提出了一种基于双脉冲修正，并结合霍曼转移的轨控策略，实现了编队小卫星远距离接近轨道控制。仿真结果表明，该远距离接近轨控算法可满足较为精确的工程应用需求，且易于实现。

关键词：商业小卫星；编队；远距离接近；轨控

1　引　言

随着商业航天的蓬勃发展，多颗商业小卫星形成编队在轨合作完成特定任务已成趋势。小卫星编队是指由若干个分散在特定区域内（一般距离在数十米到数十千米）的小卫星组成的特定飞行构型，编队小卫星之间物理上互不相连但共同完成特定空间任务，它具有单颗卫星无法比拟的集群优势。

目前小卫星编队的相对轨道控制研究主要聚焦于近距离的编队构型形成控制、构型维持控制以及构型重构控制等。但是，编队小卫星通过一箭多星发射入轨后，一般都需要先进行单星功能测试，在这期间由于分离偏差、大气摄动等因素的影响，编队小卫星之间会拉开较远距离，超过星间通信或测距设备可用距离。因此，在近距离编队控制前，需要通过远距离相对轨道控制将编队小卫星导引到星间通信或测距设备可用范围内。

本文在地面测定轨获取卫星轨道平根数的基础上，提出了一种基于双脉冲修正并结合霍曼转移的轨控策略，实现了编队小卫星远距离接近轨道控制。

2　坐标系定义

坐标系是描述航天器在空间中的位置和速度的基本参考和前提。在不同的应用场合下，

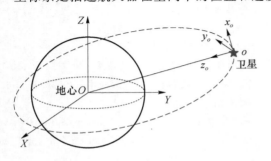

图1　常用坐标系示意图

我们需要选择恰当的坐标系以简化分析和计算过程。小卫星编队任务设计中需要用到非常多的坐标系，本文仅选择介绍地心赤道惯性坐标系、第二卫星轨道坐标系。

地心赤道惯性坐标系，记为 $O-XYZ$，如图1所示，定义该坐标系的坐标原点 O 为地心，$O-X$ 轴指向春分点的方向，$X-O-Y$ 平面为地球赤道平面，$O-Z$ 轴与地球的旋转轴一致，指向北方，$O-Y$ 轴位于赤道平面内，与 $O-X$ 轴正交，$OZ-OY-OZ$ 构成右手正交坐标系。

卫星第二轨道坐标系,记为 $o-x_o y_o z_o$。如图 1 所示,定义该坐标系的坐标原点 o 为航天器质心,$o-z_o$ 轴指向地心,$o-x_o$ 轴位于航天器的瞬时轨道面内,与 $o-z_o$ 轴正交指向卫星速度方向,$o-y_o$ 轴与航天器瞬时轨道平面的法线方向相反,$ox_o-oy_o-oz_o$ 构成右手正交坐标系。

3 轨控策略

3.1 轨道参数调整控制

考虑到编队小卫星通过一箭多星发射入轨后,受到分离偏差、大气摄动等因素的影响,编队小卫星各星之间的轨道参数会存在初始差异,这些差异会引起多星相对轨迹的振荡。因此,进行远距离接近之前需要修正 3 星的轨道参数(主要是半长轴、偏心率、轨道倾角),使它们基本保持一致。

设计双脉冲修正的方式修正半长轴和偏心率。双脉冲修正所需的速度增量计算如下。

近地点脉冲:

$$\Delta v_P = |h/4a \cdot (\Delta a/a + \Delta e/(1+e))| \tag{1}$$

远地点脉冲:

$$\Delta v_A = |h/4a \cdot (\Delta a/a - \Delta e/(1-e))| \tag{2}$$

设计单次法向脉冲修正的方式修正轨道倾角。修正所需的速度增量计算如下:

$$\Delta v_W = v \cdot \tan(\Delta i \cdot \pi/180) \tag{3}$$

3.2 远距离接近控制

远距离接近控制拟采用双脉冲霍曼转移的方式实施轨道机动。假定编队小卫星由 3 颗独立小卫星组成,初始状态下 3 星沿轨道方向从前到后依次是 02 星、03 星、01 星,设计以 03 星为中心点进行相对控制,如图 2 所示。远距离接近控制方案如下。

(1)当 01 星运行到轨道近地点 P 附近时,施加沿轨道系 $-X$ 方向的推力,使 01 星减速并运行于一个高度略低于 03 星轨道的转移轨道。

(2)当 02 星运行到轨道远地点 A 附近时,施加沿轨道系 $+X$ 方向的推力,使 02 星减速并运行于一个高度略高于 03 星轨道的转移轨道。

(3)3 星在轨运行一段时间后,距离逐渐拉近,大约 2～3 轨后达到目标距离,在同样的位置施加反方向的推力,使 01 星和 02 星回到与 03 星基本一致的轨道上,此后 3 星的相对距离基本保持在目标距离附近。

计算初始轨道的轨道周期:

$$T_0 = 2\pi \sqrt{a_0^3/\mu_e} \tag{4}$$

式中,a_0 为初始轨道半长轴;μ_e 为地球引力参数。

计算轨道机动起点处的速度:

$$v_0 = h_0/a_0 = \sqrt{\mu_e a_0}/a_0 \tag{5}$$

计算转移轨道轨道周期:

$$T = T_0 + \Delta t \tag{6}$$

式中,Δt 为单轨期望转移时间。

计算转移轨道轨道半长轴:

$$a = \sqrt[3]{T^2 \mu_e/4\pi^2} \tag{7}$$

计算转移轨道轨道偏心率:

$$e=(r_a-a_0)/(r_a+a_0) \tag{8}$$

式中，$r_a=2a-a_0$，r_a 为转移轨道远地点半径。

计算转移轨道机动起点处的速度：

$$v=h/r_0=\sqrt{\mu_e a_0(1+e)}/a_0 \tag{9}$$

计算进入调相轨道的速度增量：

$$\Delta v=v-v_0 \tag{10}$$

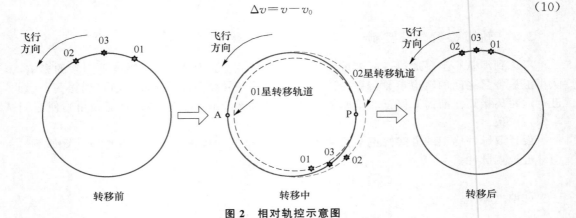

图 2 相对轨控示意图

4 数学仿真

4.1 初始参数

卫星初始轨道参数见表 1。卫星本体参数见表 2。

表 1 卫星初始轨道参数

	01 星	02 星	03 星
历元时刻（UTC）	1 Jul 2024 00:00:00.000 UTCG		
半长轴/m	6 887 713.770	6 887 434.328	6 887 622.686
偏心率	0.001 474	0.002 966	0.002 834
轨道倾角/(°)	97.395	97.400	97.401
升交点赤经/(°)	243.290	243.290	243.290
近地点幅角/(°)	162.043	86.776	24.235
真近点角/(°)	196.832	274.091	335.631

表 2 卫星本体参数

	01 星	02 星	03 星
卫星质量	130 kg	130 kg	135 kg
推力大小	4 N	4 N	4 N
燃料比冲	200 s	200 s	200 s

4.2 仿真结果

不控情况下 03 星与 01 星和 02 星之间的相对距离变化如图 3 所示。

由地面定轨获取各星初始轨道的轨道平根数如表 3 所列。

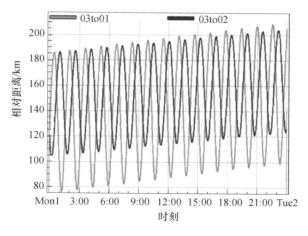

图3　不控情况下03星与01星和02星之间的相对距离变化

表3　地面定轨获取各星初始轨道的轨道平根数列表

	01 星	02 星	03 星
历元时刻(UTC)	1 Jul 2024 00：00：00.000 UTCG		
半长轴/m	6 878 310	6 878 000	6 878 137
偏心率	0.002	0.001 8	0.002 1
轨道倾角/(°)	97.40	97.38	97.406 5
升交点赤经/(°)	243.29	243.29	243.29
近地点幅角/(°)	200	100	0
平近点角/(°)	158.918	261	0

　　由地面计算各星轨道参数调整所需的速度增量和轨控时刻如表4所列。通过计算发现法向位置实际偏差较小,但若要修正需要较大的速度增量,考虑后决定不施加法向控制。

表4　卫星轨控施加参数列表

	01 星	02 星	03 星
第一次速度增量/(m·s⁻¹)	1.923	1.691	1.994
第一次推力施加时刻	1 Jul 2024 02：25：57.000 UTCG	1 Jul 2024 02：00：12.000 UTCG	1 Jul 2024 01：34：37.000 UTCG
第一次推力施加时长/s	63	55	67
第一次推力施加方向	减速	减速	减速
第二次速度增量/(m·s⁻¹)	1.883	1.735	2.003
第二次推力施加时刻	1 Jul 2024 03：13：17.000 UTCG	1 Jul 2024 02：47：30.000 UTCG	1 Jul 2024 02：21：55.000 UTCG
第二次推力施加时长/s	61	56	67
第二次推力施加方向	加速	加速	加速
第三次速度增量/(m·s⁻¹)	1.923	1.691	1.994
第三次推力施加时刻	1 Jul 2024 04：00：35.000 UTCG	1 Jul 2024 03：34：49.000 UTCG	1 Jul 2024 03：09：13.000 UTCG
第三次推力施加时长/s	63	55	67

	01 星	02 星	03 星
第三次推力施加方向	减速	减速	减速
第四次速度增量/(m·s^{-1})	1.883	1.735	2.003
第四次推力施加时刻	1 Jul 2024 04:47:55.000 UTCG	1 Jul 2024 04:22:07.000 UTCG	1 Jul 2024 03:56:31.000 UTCG
第四次推力施加时长/s	61	56	67
第四次推力施加方向	加速	加速	加速

施加轨道参数调整控制后 03 星与 01 星和 02 星之间的相对距离变化如图 4 所示。

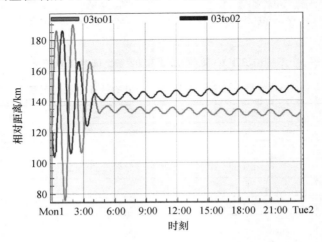

图 4　施加轨道参数调整控制后 03 星与 01 星和 02 星之间的相对距离变化

由地面定轨获取第一次轨控后,各星轨道平根数如表 5 所列。

表 5　第一次轨控后地面定轨获取各星的轨道平根数列表

	01 星	02 星	03 星
历元时刻(UTC)	1 Jul 2024 09:00:00.000 UTCG		
半长轴/m	6 878 202	6 878 194	6 878 236
偏心率	0.000 182	0.000 061	0.000 163
轨道倾角/(°)	97.399	97.404	97.406
升交点赤经/(°)	243.665	243.665	243.665
近地点幅角/(°)	279.517	49.566	327.091
平近点角/(°)	331.562	203.828	285.105

将抵近的目标定为 40 km,由地面计算 01 星和 02 星相位调整所需的速度增量和轨控时刻如表 6 所列。

表 6　卫星轨控施加参数列表

	01 星	02 星
第一次速度增量/(m·s^{-1})	1.453	1.595
第一次推力施加时刻	1 Jul 2024 10:42:05.000 UTCG	1 Jul 2024 11:15:40.000 UTCG

续表 6

	01 星	02 星
第一次推力施加时长/s	47	52
第一次推力施加方向	减速	加速
第二次速度增量/(m·s⁻¹)	1.453	1.595
第二次推力施加时刻	1 Jul 2024 12:16:42.000 UTCG	1 Jul 2024 12:50:17.000 UTCG
第二次推力施加时长/s	47	52
第二次推力施加方向	减速	加速
第三次速度增量/(m·s⁻¹)	1.453	1.595
第三次推力施加时刻	1 Jul 2024 13:51:19.000 UTCG	1 Jul 2024 14:24:54.000 UTCG
第三次推力施加时长/s	47	52
第三次推力施加方向	加速	减速
第四次速度增量/(m·s⁻¹)	1.453	1.595
第四次推力施加时刻	1 Jul 2024 15:25:56.000 UTCG	1 Jul 2024 15:59:31.000 UTCG
第四次推力施加时长/s	47	52
第四次推力施加方向	加速	减速

施加调相机动控制后 03 星与 01 星和 02 星之间的相对距离变化如图 5 所示。从图 5 中可看出,机动完成后 03 星与 01 星和 02 星之间的相对距离可以保持在 35～45 km。

5 结 论

通过远距离相对轨道控制将编队小卫星导引到星间通信或测距设备可用范围内,是实现商业小卫星编队构型控制的前提和基础。本文在地面测定轨获取卫星轨道平根数的基础上,提出了一种基于双脉冲修正并结合霍曼转移的轨控策略,实现了编队小卫星远距离相对轨道控制。仿真结果表明,该控制策略可实现编队小卫星远距离接近控制,控后相对距离误差在 ±5 km 以内,具有良好的工程可实施性。

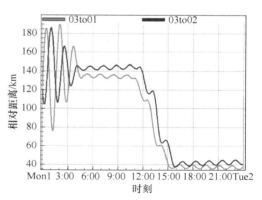

图 5 施加调相机动控制后 03 星
与 01 星和 02 星之间的相对距离变化

参考文献

[1] 韩樾夏,张丽艳,陈状,等.美国商业航天发展带来的启示[J].科学(上海),2023,75(1):23-28.
[2] 蔡润南.全球商业航天产业发展简析及启示建议[J].中国航天,2023,(1):57-61.
[3] 陈小前,袁建平,姚雯,等.航天器在轨服务技术[M].北京:中国宇航出版社,2009.
[4] 杨希成.卫星编队自主规划与控制方法研究[D].天津:天津大学,2020.
[5] 王倩.小卫星编队轨迹规划与控制方法研究[D].哈尔滨:哈尔滨工业大学,2020.
[6] 崔文豪.J2 摄动下的卫星编队队形重构与队形保持方法研究[D].哈尔滨:哈尔滨工业大学,2019.
[7] 许诺.主从式卫星编队队形保持的预测控制研究[D].南京:南京邮电大学,2020.

一种气动液压式拉铆枪的原理与设计方法

丛林　钟毅　韩大尧　秦星航

（青岛前哨风动工具制造技术有限公司,山东·青岛,266000）

摘要：拉铆是一种常用于两个金属件连接的方法,具有结构简单、操作方便、连接强度高和抗震动能力强等优点,广泛应用于航空航天、汽车、船舶等需要高强度连接的行业;拉铆枪作为拉铆工具,根据工作原理可分为气动式和气动液压式两种。本文介绍了一款气动液压式拉铆枪,并且系统地解释了其拉铆过程、结构、气路和工作原理、拉力计算等内容。可供相关行业的技术人员参考。

关键词：抽芯铆钉;拉铆枪;拉铆

1 引　言

拉铆枪作为拉铆工具主要用于环槽铆钉和抽芯铆钉的连接。拉铆钉最早应用于飞机领域。在 20 世纪 40 年代,为了解决第二次世界大战中美国 B－24 轰炸机在航空母舰上降落时产生的重压和强烈震动的问题,Louis Huck 发明了第一代哈克拉铆钉。

由于出色的性能,拉铆钉被广泛应用于铁路车辆、矿山设备、钢结构、重型汽车、桥梁、建筑等领域。我国拉铆钉的应用最早也是飞机领域,随着时代的发展,目前已在各个行业应用开来,如上海植物园的铝合金空间网架结构、大连轻轨工程等。目前市面上的拉铆枪大部分为分体式结构,壳体材料为工业塑料,而真正适用于航空航天领域的拉铆枪主要还是以 cheery 品牌为代表的一些国外拉铆枪产品。本文提出的这款拉铆枪主要是基于航空航天需求开发的产品,它标志着我国相关行业竞争力与欧美国家的差距正在逐步缩小。

2 拉铆枪的拉铆过程

该拉铆枪采用的是抽芯铆钉,具体过程如图 1 所示。

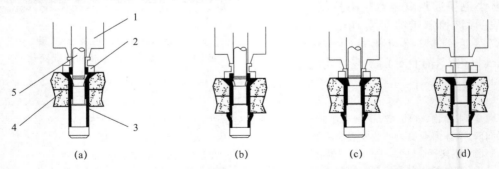

(a)　　　　(b)　　　　(c)　　　　(d)

1—拉铆头；2—抽芯铆钉垫圈；3—抽芯铆钉钉套；4—被连接板件；5—抽芯铆钉钉杆

图 1　抽芯铆钉的拉铆过程

（1）将抽芯铆钉钉套 3 插入被连接板件 4 的孔中,抽芯铆钉钉杆 5 插入拉铆头 1 中,用拉铆枪的拉铆头 1 夹住钉杆的尾部,使拉铆头 1 紧紧顶住抽芯铆钉垫圈 2,如图 1(a)所示。

（2）抽芯铆钉钉杆 5 部分拉入被连接板件的孔中,造成一定的干涉量(指干涉配合抽芯铆钉),并同时消除被连接板件 4 的间隙,如图 1(b)所示。

（3）拉头继续拉钉杆尾部,抽芯铆钉钉杆 5 的头部挤压抽芯铆钉钉套 3,使之产生收缩变形,与此同时,抽芯铆钉垫圈 2 在拉铆头 1 的挤压下发生变形并使抽芯铆钉钉套 3 的部分材料卡入槽内,使其紧密的啮合在一起,如图 1(c)所示。

（4）拉头施加在抽芯铆钉钉杆 5 尾部上的拉力持续增大,最后在钉杆中部的细颈处将钉杆尾部拉断。当钉杆尾部拉断时拉铆枪自动脱离抽芯铆钉,抽芯铆钉垫圈 2 脱落。此时松开扳机,拉铆枪的拉头回位,拉铆结束,形成完整的抽芯铆钉的接头,如图 1(d)所示。

3   拉铆枪的结构与原理

3.1   结   构

该款拉铆枪主要由拉头组件、按钮组件、换向阀组件、缸体、活塞、增压油缸等组成。图 2 所示为气动液压式拉铆枪的整机结构。图 3、图 4、图 5 分别是拉头组件、按钮组件、换向阀组件的结构。

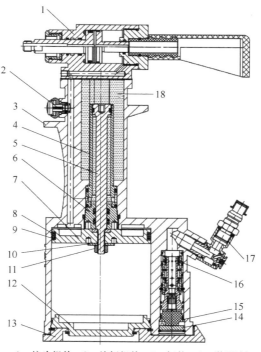

1—拉头组件；2—按钮组件；3—缸体；4—增压油缸；
5—活塞杆；6—隔离塞；7—活塞；8—星形密封圈；
9—聚四氟乙烯垫圈；10—垫片；11—防松螺母；
12—气缸盖；13—气缸底盖；14—滤气堵；
15—塑料盖；16—换向阀组件；17—万向接嘴；
18—液压油

图 2   气动液压式拉铆枪结构

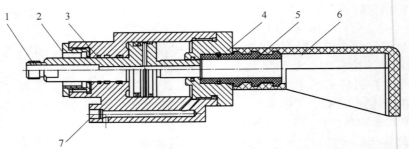

1—活塞轴；2—螺套；3—拉头壳体；4—六方堵；5—转接套；6—导钉套；7—紧定螺钉

图 3　拉头组件结构

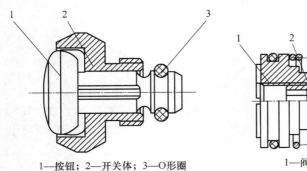

1—按钮；2—开关体；3—O 形圈

图 4　按钮组件结构

1—阀体；2—螺堵；3—滤芯；4—弹簧；5—阀套

图 5　换向阀组件结构

3.2　气路和工作原理

该款拉铆枪依靠活塞在气缸中获得的推力经油缸增压放大后在拉头的夹头上产生较大的拉力来完成拉铆动作。其气路结构如图 6 所示。

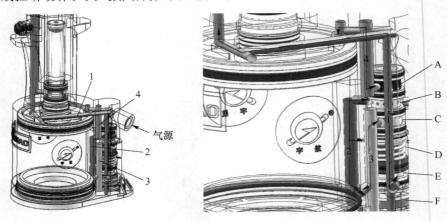

1, 2, 3, 4—气路；A, B, C, D, E, F—气腔

图 6　拉铆枪气路结构

气路 1 通过缸体连通按钮组件和 E 腔；气路 2 连通 B 腔、D 腔和 F 腔；气路 3 连通 C 腔和活塞的下腔；气路 4 连通 A 腔和活塞的上腔。

当没有接通气源时，阀体在弹簧的作用下复位，如图 7(a)所示。

接通气源后，压缩空气经万向接嘴进入换向阀组件且分别进入 A(通过阀套上的 4 个小孔)、E 两腔,由于 E 腔的压力大于 A 腔,E 腔的压缩空气克服弹簧的压力推动阀体上行,D 腔的空气由气路 2 排至大气,当阀体推至接近阀套端面时,A 腔关闭,如图 7(b)所示。

阀体上移后气路 3 被打开,此时 E 腔充满压缩空气;压缩空气通过 C 腔和气路 3 进入活塞下腔,活塞上行复位,如图 7(c)所示。

进行拉铆时,用手指按住缸体上的按钮不放,此时气路 1 打开且连通大气,E 腔的气压消失,阀体在弹簧的作用下复位;A 腔打开,压缩空气通过 A 腔和气路 4 进入活塞上腔且推动活塞向下移动;而此时活塞下腔的压缩空气通过气路 3 进入 C 腔,再由 C 腔进入 B 腔,接着通过气路 2 进入 F 腔,最终排至大气。具体参见图 6、图 7(d)和图 7(e)。

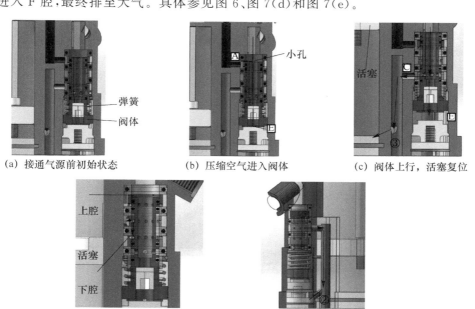

(a) 接通气源前初始状态　　　(b) 压缩空气进入阀体　　　(c) 阀体上行,活塞复位

(d) 阀体复位,活塞下行　　　(e) 活塞下腔空气排至大气

注:箭头表示气体流向。

图 7　拉铆枪气路原理

在活塞处于复位状态时,与活塞连接的活塞杆和活塞轴的位置如图 8 所示;当按住按钮进行拉铆时,随着活塞下行,活塞杆也同向移动,此时增压油缸里的液压油被活塞杆通过 G 腔压入油路 5,液压油通过油路 5 和油路 7 进入拉头壳体,并且推动活塞轴向箭头方向移动(见图 8),随着活塞轴移动,在活塞轴和六方堵之间的空气经过气路 6 和气路 1,并最终通过按钮的排气槽排至大气;当活塞轴工作行程终了时,拉头将铆钉钉杆尾部拉断,拉铆枪脱离环槽铆钉;松开按钮,气路 1 关闭,压缩空气再次通过 C 腔进入气路 3 使活塞复位,活塞杆和活塞轴也回归初始状态,拉铆结束。

4　拉铆枪的缸体设计

拉铆枪的缸体相当于一个气液增压缸,主要是利用气源压力推动气缸里的大活塞运动,推力 F 大小保持不变,再由增压油缸里的增压杆推动液压油,液压油受力后推动拉头组件的小面积活塞做轴向移动,从而达到输入低气压力产生高压拉力的增压目的。其尺寸设计主要是由拉铆钉所需求的拉力决定的,通过增大和减小活塞的截面积从而改变增压比并最终满足拉铆钉所需要的拉力。

拉铆枪拉力的计算过程如下。

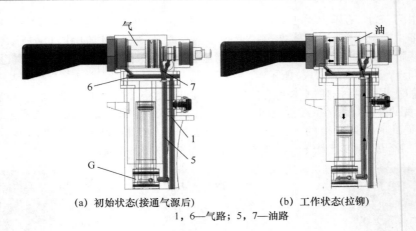

(a) 初始状态(接通气源后)　　　　(b) 工作状态(拉铆)

1, 6—气路；5, 7—油路

图 8　拉铆枪工作原理

气缸里的大活塞推力为

$$F = P_1 A_1 = P_2 A_2 \tag{1}$$

式中，P_1 为气源压强；A_1 为气缸大活塞有效截面积；P_2 为油压；A_2 为增压杆的有效截面积。

因此，

$$P_2 = (A_1/A_2)P_1 \tag{2}$$

式中，A_1/A_2 为增压比。

因为增压油缸处的油压 P_2 和拉头壳体内的油压相同，得出

$$F_3 = P_2 A_3 = (A_1/A_2)P_1 A_3 \tag{3}$$

式中，F_3 为最终输出拉力；A_3 为油缸有效截面积。

具体的计算如下：

已知气源压力为 0.63 MPa，大面积活塞直径为 86 mm，活塞杆直径为 9.5 mm，增压油缸面积为 16 mm，拉头壳体缸体直径为 30 mm，活塞轴直径为 12.6 mm。因为，有效面积＝活塞面积－活塞杆面积，根据式(2)得出油压

$$P_2 = (A_1/A_2)P_1 = (43^2 - 4.75^2) \div (8^2 - 4.75^2) \times 0.63 \ \text{MPa} \approx 27.8 \ \text{MPa};$$

所以拉力

$$F_3 = (A_1/A_2)P_1 A_3 = 27.8 \times (15^2 - 6.3^2)\pi \text{N} \approx 16\ 179 \ \text{N}$$

5　结束语

总的来说，拉铆枪是一种常用的手持式铆接工具，通过合理设计结构、改进工作原理和正确使用，能够有效完成金属件的铆接工作。对于航空领域来说，一架飞机有 100 万～200 万个连接，其中超过 60％是铆接，所以拉铆枪在航空领域的应用前景较好。

参考文献

[1] 唐法从,崔连信,甘作霖. 风动工具的使用与维修[M]. 北京:国防工业出版社,1989.

[2] 丁玉兰. 人机工程学[M]. 5 版. 北京:北京理工大学出版社,2017.

[3] 张海平. 白话液压[M]. 北京:机械工业出版社,2018.

[4] 杨红涛,唐伟,宋巨玲,等. 机械设计基础[M]. 徐州:中国矿业大学出版社,2013.

[5] 杨培元,朱福元. 液压系统设计简明手册[M]. 北京:机械工业出版社,2017.

[6] 宁辰校. 气动技术入门与提高[M]. 北京:化学工业出版社,2020.

[7] 赵杰,陈继龙. 拉铆钉与拉铆枪[J]. 凿岩机械气动工具,2018(1):42-45.

TSN 技术在航空航天领域上应用[①]

王素辛[1] 安剑[1] 韩笑冬[2] 杨宁[1] 刘志远[1]

(1. 山东航天电子技术研究所,山东·烟台,264000;2. 中国空间技术研究院通导部,北京,100094)

摘要:近年来,网络传输技术飞快发展,以太网技术在日益复杂的应用环境中已不满足实际需求,TSN 和 TTE 技术的出现改进了以太网技术,确保数据实时、确定和可靠地传输,提高了数据传输效率。本文深入探讨了 TSN 技术通信原理和 TSN 关键技术,并将 TTE 与 TSN 在故障容错上进行对比,最后对 TSN 芯片在航空航天领域上的应用进行总结,并对未来的发展进行了展望。

关键词:网络传输技术;TSN 技术;TTE 技术;TSN 技术通信原理;故障容错

1 引 言

随着计算机技术和网络技术的快速发展,由通信电缆、光缆、无线信号等组成的通信传输介质组成了一个大的传输网络,这些传输网络延伸到世界各处,满足了不同用户信息交流的不同需求。在航空航天领域上,以太网是目前应用最广泛的网络传输技术,其结构简单、扩展性强,能满足航天大部分应用的网络通信需求。以太网在发明之时并未考虑实时信息的传输问题。尽管人们熟知的广泛应用于视频会议系统、IP 电话产业的实时流媒体协议(RTP)能够在一定程度上保证实时数据的传输,但由于网络传输路径的不确定性和设备处理的并发机制导致不能按顺序传送数据包来提供可靠的传输机制。如若需要排序,就需要设置缓冲区来处理数据,但是一旦采用缓冲机制就会引入新的问题——延迟,即当数据包在以太网中传输的时候从不考虑延时、排序和可靠交付,其最大的缺点是不确定性或称为非实时性。这种不确定性导致传统以太网并不能满足准确定时通信的实时性要求,一直被视为非确定性的网络。尽管传统二层网络已经引入了优先级(Priority)机制,三层网络也已内置了服务质量(QoS)机制,仍然无法满足实时性数据的传输。随着航天高性能计算对数据实时性需求越来越高,实时通信已成为航天器热门网络传输技术,因此时间敏感网络(Time – Sensitive Networking,TSN)和时间触发以太网(Time Triggered Ethernet)为实时网络传输技术发展提供了方向。

2 TSN 核心技术研究

TSN 技术是以标准以太网为基础,在数据链路层提供了确定性数据传输服务的标准化以太网网络技术,为了实现确定性传输,满足网络流量对传输实时性的要求,补充和增强了时间同步技术、流量调度及流量整形技术、资源管理技术、可靠性技术,以确保数据实时传输。TSN 技术在 IEEE 802.1 标准下持续完善时间敏感技术,主要工作包括持续完善时间同步协

① 文章受"十四五"民用航天技术预先研究项目支持,指南编号:D030302。

议、完善流量调度机制、引入路径管理机制、
完善网络配置与管理。TSN 技术架构体系
如图 1 所示。TSN 技术在数据链路层中增
加了一系列技术,确保数据流在实时网络传
输过程中实现数据传输的可靠性与实时性,
提高网络传输的灵活性与可靠性。

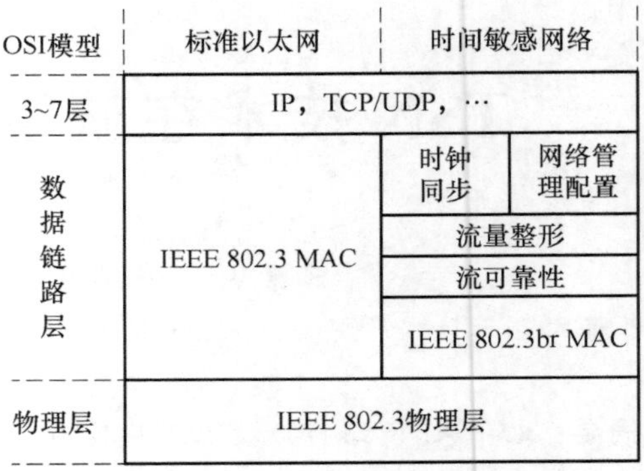

OSI模型	标准以太网	时间敏感网络		
3~7层	IP, TCP/UDP, …			
数据链路层	IEEE 802.3 MAC		时钟同步	网络管理配置
			流量整形	
			流可靠性	
		IEEE 802.3br MAC		
物理层	IEEE 802.3物理层			

图 1　TSN 技术架构体系

2.1　时间同步技术

　　TSN 技术实现系统时间同步的方式为
时间网络同步协议,不同于高精度原子钟与
卫星全球网络授时系统,该时间同步技术成
本较低,实现难度较低,精度能够满足实际使用需求。在一般的网络环境中,往往使用时间同
步协议如 NTP、IEEE 1588、IEEE 802.1AS 来进行网络时间同步。NTP 是一种用于广域网时
间同步的协议,它是一种互联网标准协议,能够实现毫秒级别的精度,不过它的精度受到网络
延迟和抖动的影响;精确网络时间协议(Precise Time Protocol,PTP)是一种用于局域网内时
间同步的协议,PTP 要求设备支持硬件时间戳,而且要使用专用的 PTP 时钟,其中每个设备
都可以成为时钟源并向网络广播时间戳信息,其他设备根据接收到的时间戳信息进行校准,能
够实现微秒级别的精度。TSN 技术采用广义精确时间同步协议(Generic Precision Time Pro-
tocol,gPTP),gPTP 是对 PTP 协议的扩展和增强,包括支持时钟级联,可以将多个时钟设备
组合成一个时钟网,从而更好地支持大规模的网络部署和管理;通过使用更高的时间戳精度,
可以提供更高的时间同步精度;使用备用路径和重复数据包过滤等技术,可以更好地应对网络
故障和拓扑变化等情况,具有更好的容错性;提供了更多的可配置选项,可以更好地满足不同
网络环境和应用场景的需求;gPTP 还具有更好的扩展性,可以支持新的功能和扩展,如多主
时钟、动态链路聚合等。总的来说,gPTP 相对于 PTP 在多方面进行了扩展,提供了更高精
度、更好的容错性和可配置性,更适合大规模、复杂的网络环境和应用场景。TSN 技术为实现
时间同步的拓扑图如图 2 所示。

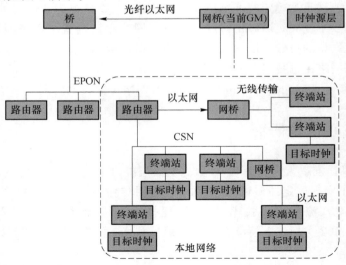

图 2　TSN 技术为实现时间同步拓扑图

在这个网络系统中,由于所有的设备都具有 gPTP 能力,因此这个网络是一个 gPTP 域。虽然系统中存在网桥、路由器、终端站等多种设备,但对于 gPTP 域来说只有两类:PTP 终端节点(PTP End Instance)和 PTP 中继节点(PTP Relay Instance)。当网络出现故障时,例如,外网与本地网络连接中断,本地网络中的所有设备会重新选择一个主时钟设备,gPTP 域中的时间修正通过发送和接收特定报文实现,首先确定主时钟节点和时间同步生成树,然后该节点会沿生成树方向发送时间同步报文,中继节点将报文转发至下游节点,最终实现将 GM 时钟信息传递给域内所有节点。

2.2 流量调度与流量整形技术

流量调度与流量整形技术旨在为不同类型的流量提供不同的质量服务,确保数据有序且可靠地传输。实现该技术的方式为在 IEEE 802.1Qav 流量调度协议的基础上,提出了 IEEE 802.1Qbv 时间感知整形器(Time - Aware Shaper,TAS)、IEEE 802.1Qbu 帧抢占、IEEE 802.1Qch 循环排队转发、IEEE 802.1Qcr 异步流量整形器(Asynchronous Traffic Shaper,ATS)等,以更好地适应不同场景下对流量的带宽分配和调度。IEEE 802.1Qav 定义了一种基于信用的整形器(Credit - Based Shaper,CBS),可实现毫秒级的延时上限保证;IEEE 802.1Qbv 中定义了基于队列的 TAS,实现类似时间触发的通信,可保证延时上限和抖动达微秒级甚至亚微秒级;IEEE 802.1Qch 是一种包括 IEEE 802.1Qbv 在内的协议组合,定义了一种循环队列转发(Cyclic Queuing and Forwarding,CQF)的整形机制,旨在构建具有固定延时上限和抖动的传输环境;IEEE 802.1Qbu 协议定义了帧抢占(Frame Preemption,FP)功能,可以进一步减少关键流量的延时,配合 IEEE 802.1Qbv,IEEE 802.1Qch 使用可以提高网络带宽利用率;IEEE 802.1Qcr 定义了 TSN 交换机和端系统的异步流量整形机制。

2.2.1 TAS

TAS 是时间敏感网络中的一种关键组件,它通过在各个转发节点上进行帧级别的发送时间控制,能有效保证时间关键帧的有限延迟。使用门控列表(Gate Control List,GCL)来设计队列的打开、关闭时间,避免了其他业务流量对时间关键帧造成影响,即使在拥塞的网络条件下,也能有效保证时间敏感流量的低时延、低抖动、零丢包等。TAS 的框架如图 3 所示,它包含 8 个缓存队列,对应 8 种类型的业务流量,每个队列通过一个门控单元来控制队列的开关状

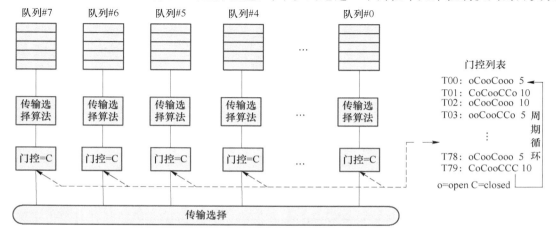

图 3　TAS 框架图

态,只有当门控打开时才能从对应队列中取出数据包进行发送。每个队列的开关状态由门控列表决定,门控列表通常由一个流量调度系统根据网络中时间敏感业务的流量信息计算得到,门控列表具有多个条目,每个条目记录了 8 个队列门控的状态,以及每种状态持续的时间。在运行时按照门控列表的顺序依次切换,并按周期循环,即 GCL 的最后一个状态结束后,将切换到 GCL 的第一个状态,重新开始顺序切换。TAS 根据门控列表通过打开和关闭属于不同队列的门来传输不同的业务流,门控列表必须预先对网络中存在的时间敏感业务进行调度生成,且只适用于周期性的业务流量。为了保证低延迟,这个调度还需要在网桥之间进行协调,这也意味着使用时间感知整形需要整个网络进行精确的时间同步。

2.2.2　ATS

TAS 虽然可以在理论上为时间敏感业务提供确定性的时延、零丢包、超低的抖动等服务,但它仅适用于周期性的时间敏感业务,并要求设备间能够进行高精度的时间同步。此外,由于保护带的存在,使用 TAS 会降低整体的带宽利用率。为了解决这些问题,TSN 工作组在 IEEE 802.1Qcr 标准中提出了 ATS,该整形器能够处理周期性和非周期性的时敏业务,并且不要求设备间进行时间同步。ATS 是一种基于紧急度设计的调度器,它通过对每条流进行整形,获得平滑的流,并按照严格优先级队列来优先处理紧急的数据,其整体框架如图 4 所示。ATS 是由多个优先级队列组成,不同类型的业务流分别在不同的队列中排队。其中控制数据流(CDT)具有最高优先级,尽力而为(BE)流的优先级最低,这两类流都不进行整形与限速。由于 ATS 是按照严格优先级进行转发,因此 CDT 流总是可以及时地发送,而 BE 流只有当其他高优先级的流不存在或不满足发送条件时才能进行转发。Class A、B 等时间敏感业务流都需要经过 ATS 整形算法处理,ATS 整形算法是由令牌桶算法变形而来,它的两个控制参数为承诺信息速率(Committed Information Rate,CIR)、承诺突发大小(Committed Burst Size,CBS);它通过考虑了整个队列帧的情况和令牌桶的情况,并对每一个帧设置了帧合格时间,用以判断是否可以发送帧,该算法在每个时间节点维护一个令牌桶为空的时间来计算令牌桶中令牌的数量,即认为从令牌桶为空的时刻到当前时刻是没有帧到达消耗令牌的,根据时间差和令牌积累速率就可计算出当前令牌桶中令牌的数量。ATS 算法主要通过计算帧的合格时间,然后判断帧的合格时间是否在最大停留时间内选择是否丢弃帧,而帧的合格时间与帧完全到达时间、令牌桶令牌数量以及前一个帧的合格时间相关。

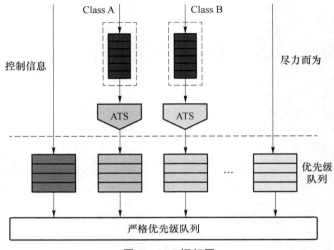

图 4　ATS 框架图

2.3 资源管理技术

网络管理配置的主要功能包括获取网络拓扑和节点信息,为 AVB 流预留带宽,为 ST 流计算调度所需的门控列表,以及管理和配置各个节点等。涉及协议有 IEEE 802.1Qat、IEEE 802.1Qcc 和 IEEE 802.1Qcp,这些协议定义了 TSN 网络的资源管理协议和配置策略。IEEE 802.1Qat 定义了 TSN 的资源预留协议,主要应用在分布式网络中可以静态或动态进行,主要配合 IEEE 802.1Qav 使用;IEEE 802.1Qcc 对 IEEE 802.1Qat 进行了改进和升级,协议中描述了三种网络模型,除分布式模型外,增加了混合式集中模型和全集中式模型,增加了集中网络配置(Centralized Network Configuration,CNC)和(Centralized User Configuration,CUC)实体,CNC 和 CUC 用于集中管理和配置各个交换节点和端节点;IEEE 802.1Qcp 定义了一个标准化模型(YANG 模型),该模型用于描述 TSN 网络中设备的能力与配置信息,以便于网络中交换节点与 CNC 的交互。

2.4 可靠性技术

流可靠性的主要功能是通过冗余的方法解决关键数据传输的可靠性的问题。为此,TSN 发布了独立标准 IEEE 802.1CB 帧的复制和消除可靠性(Frame Replication and Elimination for Reliability,FRER)标准,其中定义的 FRER 机制通过备份数据并发送至不同链路的方法实现空间冗余,对物理链路故障以及帧丢失都具有鲁棒性,即使某些位置发生故障,其他路径仍可正常工作,从而提高数据传输的可靠性。IEEE 802.1CB 标准定义了 FRER 机制,FRER 通过帧的复制和消除实现空间冗余传输,但这种不加区分的帧复制方法对网络资源有很大的消耗。

2.5 TTE 与 TSN 技术故障容错对比

对于 TTE 和 TSN 的优缺点和差异,故障容错对比图如表 1 所列。

表 1 TTE 和 TSN 技术故障容错对比

对比角度	TTE(SAE AS6802)		TSN (IEEE 802.1AS)	
	优 点	缺 点	优 点	缺 点
同步策略	分布式容错平均,时钟同步可靠性更强	算法复杂,需要握手、协商、计算等	主从式授时,原理相对简单。不涉及设备之间的协商以及复杂的流程	时钟同步可靠性相对较差,且未给出失效保障策略
故障隔离域(FCR)	每个设备可以看作是一个 FCR	缺乏链路延时测量策略,链路延时需要实现测量	协议逐跳同步,包括相关参数的自动测量,扩展灵活	单一设备并不是一个 FCR
故障模式	定义了高完整性配置,将故障模式转化为静默故障	①协议中某些关键参数并未给出。②增加了设计复杂性	仅检测超时,复杂度较低	对失效模式的容忍能力低
故障容忍	①定义了最大可以容忍的失效轮次,能够在一定程度上容忍和抑制瞬时失效。②不会形成多个同步集团	当网络中失效设备超过阈值后有可能导致整个网络无法同步	网络同步与失效设备数量无关	①瞬时失效会对网络同步造成影响。②有可能因为个别设备的故障形成多个集团
故障探测延时	最多两轮次内一定能够发现故障,并形成一致的故障视图	协议没有给出 PCF 帧广播策略的具体说明,冗余帧会延长到达网络稳定的时间	自定义故障检测方法	①协议未定义故障检测间隔。②协议未定义时间精度误差上限。③无法形成网络一致的故障视图
故障恢复间隔	冷启动阶段的总时间内一定能完成重同步	多平面切换时时钟可能发生跳变	Announce 报文的心跳机制在一些场景下有利于快速恢复	恢复时间可能与故障设备在时钟树的位置与优先级有关

TTE 和 TSN 均属于 DN(Data Network)网络,都基于以太网,在网络全局时间同步的前提下为关键性的业务提供确定性传输保障,是未来工业、机载、车载通信场景下的关键网络技术。从同步策略、故障隔离 FCR、故障模式、故障容忍、故障探测延时、故障恢复间隔进行了定性的讨论。从整体而言,TTE 采用的分布式容错平均策略复杂度更高,但带来了同步更加稳定可靠的优势,且 TTE 的时间同步故障检测、恢复、容忍能力相对 TSN 更强。TSN 的优点在于同步策略复杂性和成本较低,易部署和扩展,且协议簇更加丰富和完善,除了 IEEE 802.1AS 时间同步外,还包括 PSFP、FRER、TAS 等机制来保证网络的正常运转,但带来了大量的参数、变量,对这些参数和变量的高效、准确配置也是当前 TSN 研究的热点之一。

3　TSN 技术在航空航天领域应用研究

虽然 IEEE 已经为 5G 前传、服务提供商网络、工业自动化和汽车车载通信定义了配置文件,但还没有为航空电子设备定义类似的配置文件。然而,航空电子领域是一个可以从 TSN 技术发展中大大受益的细分市场。航空电子设备与汽车车载通信有着类似的挑战,因此可以用类似的方式使用 TSN 来简化航空电子设备网络,并提供一个单一的、具有成本效益的通信网络。今天的航空电子网络使用时间触发以太网,这是航空电子全双工交换以太网(AFDX)的一个时间关键型网络演化。它在 SAE AS6802 中被标准化,并根据离线计划表和全球同步提供严格的数据定时传输。2019 年 10 月,SAE 标准组织成立了一个名为 Aerospace TSN Profile(AS6675)的工作组,以开发适用于航空电子案例的以太网 TSN 配置文件。SAE 组织正在与 IEEE 802.1 合作开发航空领域的 TSN 配置文件。

3.1　TSN 在航空航天领域上的应用挑战

航空航天业专用协议包括 AFDX、ARINC 等,这些协议带宽较低且供应商稀少,又由于多网络的平行传输,因此没有一个特定的协议能够适用于一架飞机的所有系统,组网成本高昂,系统布线也很复杂。航空航天网络需要一个通用的网络框架,布线简单、供应商多、组网成本相对较低,同时满足确定性传输、低延时、低抖动、冗余机制和高带宽的要求。TSN 网络拓扑架构如图 5 所示。

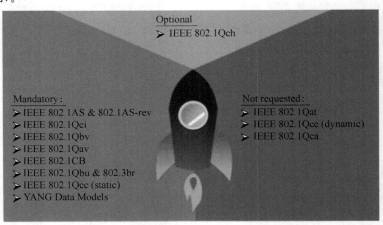

图 5　TSN 网络拓扑架构图

航空航天领域的许多公司正在合作研发一个项目来确定他们未来的通信架构形式，ADCSS 2019/2020 会议均讨论了此议题。在确认采用 TSN 技术前，需要对其进行测试，ESA 委托 Relyum 进行了前期的 TSN 网络搭建和测试，测试要求定义并规划一个 TSN 网络拓扑架构进行验证。

3.2　TSN 在航空航天领域上的应用测试

针对航天应用的挑战测试，业内提出了 TSN 应用测试架构，如图 7 所示。该拓扑结构有着严格优先级的传输机制，可以兼容旧有网络，实现异构网络的融合传输。RELYUM 展示了 RELY - DDS - TSN - KIT，这是一个将 TSN 和 DDS 结合在一起的评估套件。该套件可评估基于 IEEE 1588AS 同步的共同时间感知的重要性。利用 TAS，可以确定性地交付实时流量。通过基于信用的整形器在流量类别之间进行带宽分配和预留。TSN（时间敏感网络）和 DDS（数据分发服务）是在关键系统中提供确定性、可靠性、可伸缩性和可用性的完美组合。DDS 满足了数据总线级别上这些系统的需求，而 TSN 负责保证网络级别上的确定性。在对时间敏感的应用程序中，将两个标准合并后，将在设备、维护、分析服务的无缝集成和供应商依赖性方面节省大量资金。这就是 DDS 与 TSN 融合成为自动驾驶、国防、医疗保健、航空航天等领域的理想解决方案的原因。

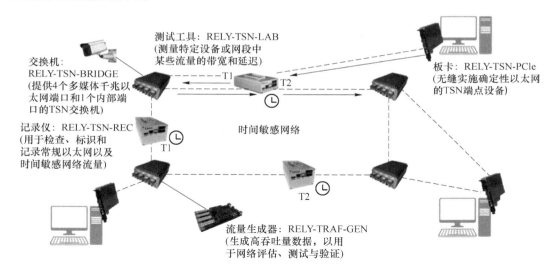

图 6　TSN 技术应用测试

上述 TSN 应用测试方案支持 Qbv YANG 数据模型，并且可以由 IEEE 802.1Qcc（完全集中式配置）定义的 CNC 工具或设备使用 NETCONF 进行配置。在图 6 中，实线代表的是以太网，虚线代表的是 TSN 网络，TSN 网络主干由四个 RELY - TSN - BRIDGE 设备组成。这些设备是 TSN 交换机，每个都有四个 TSN 端口。这些设备将允许配置基于 IEEE 802.1CB 标准和 RSTP 协议的不同冗余拓扑结构，提供一个灵活的测试平台，也可以将 REC 记录仪连接在 TSN 网络中以用来记录保存 TSN 数据流，记录时间戳等。

3.3　TSN 在航空航天领域上的应用实例

应用实例 1：整合 TSN 交换机与 TSN 终端。

在航空电子设备中,通常由旧有应用以及认证的专用网络栈＋端站(如 ARINC664 终端硬件)组成航电设备,外部通过航空交换机进行数据通信。将 LRU 与 TSN 交换机结合,对于航空交换机而言,采用 TSN 机进行替代,其中 TSN 交换机使用组播 DMAC 来执行流量监管和转发,TSN 交换机需要具备 Null Stream Identification 能力。通过将 TSN 端点的功能集成到航电设备当中,外部依旧采用旧有航空交换机,终端系统使用组播 DMAC 执行流量整形和帧复制消除 FRER,TSN 端点须具备 Null Stream Identification 能力,应用架构如图 8 所示。

应用实例 2:TSN 终端集成进航空电子设备。

通过将专用网络协议栈和 TSN 协议堆栈相结合,如图 8 所示,在航电设备当中添加 TSN 终端网卡 MAC,实现 TSN 终端在航电设备中的集成,外部依旧采用航空交换机进行通信,此时交换机使用组播 DMAC 来执行流量监管和转发,TSN 端点需要具备 Null Stream Identification 能力。

通过操作系统和协议堆栈的方式,进行 TSN 端系统功能的添加,此时堆栈进行帧的产生,并且 L2＆L3 的报文头遵循寻址约定,以符合集成商网络惯例,对于交换机需要具备 Null Stream Identification 能力,同时 TSN 端点需要具备 IP＋Active MAC Identification 的能力。

图 7　TSN 交换机应用架构图　　　　图 8　TSN 终端集成应用架构图

4　TSN 技术在航空航天领域中的应用方法研究

目前 TSN 技术在航空航天领域飞速发展,在航天领域应用也逐渐增强,TSN 技术在航天中应用时,协议会适当减少以增强其稳定性,目前 TSN 在实际运用中有两种方式:① 使用 IP 核构建 TSN 平台,利用 TSN IP 核和 ZYNQ 构建出 CPU＋FPGA 框架,实现网桥的功能;② 使用 TSN 芯片构建 TSN 平台,利用芯片加 FPGA 构建出 TSN 平台实现 TSN 通信。

4.1　用 IP 核构建 TSN 平台

TSN IP 核是全面的 TSN 解决方案,能够实现多种 TSN 协议规范,是一个灵活的 HDL 代码,可用于实现网桥的功能。该 IP 提供了一组丰富的通用参数,以获得最佳的功能资源权衡。由于 Vivado IP 提供了 GUI 界面,因此可以在 VHDL 级别或以图形方式配置这些通用项目。TSN IP 核应用架构框如图 9 所示。

该 TSN IP 核为虹科公司对外提供,实现 TSN 的功能有 IEEE 802.1AS(rev):时间同步;IEEE 802.1Qav:基于信用的整形器;IEEE 802.1Qbv:时间感知整形器;IEEE 802.1Qcc:网络管理;IEEE 802.1Qci:流过滤和切分;IEEE 802.1AB:链路层发现协议;IEEE 802.1w:快速生成树协议;IEEE 802.1s:多生成树协议;IEEE 802.1CB:帧复制和消除;IEEE 802.1Qbu/802.3br:帧抢占机制。

该 TSN IP 核在实际应用中使用 FPGA 完成单个节点的搭建,将多个节点搭建完成之后

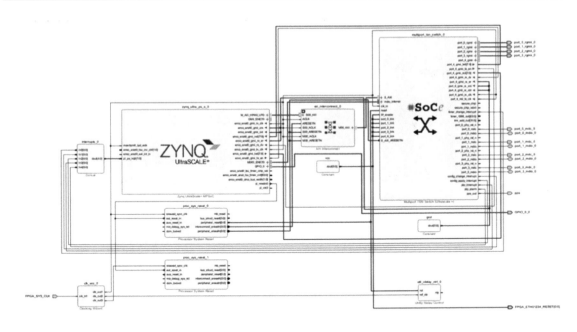

图 9　TSN IP 核应用架构框

形成一个 TSN 平台,在此平台中可实现以太网通信和 TSN 通信,并且在两种网络传输方式可切换。用户可根据实际需求自行搭建网络,使用以太网测试分析仪对其进行测试与验证。使用 IP 核搭建 TSN 平台的优势是不需要专门的芯片,使用 FPGA 代替 TSN 芯片,灵活性强且可通过 FPGA 加载程序的方式快速改变 TSN 技术的架构。但其缺点为可靠性低,FPGA 程序被空间单粒子打翻之后可能造成 TSN 技术 IP 核失效。

4.2　用 TSN 芯片构建 TSN 平台

近年来,国内许多高校、企业和研究机构都在跟踪 TSN 技术,如湖南华信通、北京 772 研究所、中电 58 所等,并且 TSN 芯片也被研发出,TSN 技术从理论走向了实际应用。目前国内市场上的 TSN 芯片以及所支持的标准如表 2 所列。

表 2　目前的 TSN 芯片以及所支持标准

序号	厂家	产品型号	所支持的协议 IEEE 802.1							
			AS	Qbv	Qbu	Qci	Qcc	Qav	Qat	CB
1	InnoRoute	IRTN16R	√	√		√				
2	Broadcom	BCM53570	√	√	√	√	√			√
3	中电 58 所	JTSN5601	√	√	√	√	√			√
4	物芯科技	KD5630	√	√	√	√	√	√	√	√
5	华为	AR550E	√	√	√		√		√	
6	Cisco Systems	IE 400 系列	√							
7	研华	EKI-8510GTSN	√		√					√

使用 TSN 芯片设计硬件单机平台,TSN 硬件交换单板如图 10 所示。

图 10 为基于 FPGA 的 10 口 TSN 交换机,其特点和优势为基于 FPGA 架构国产化 TSN 交换机;最多支持 10 个 Gigabit 口;紧凑、灵活的外壳设计,支持 DIN 导轨安装;支持 TSN 标准协议:IEEE 802.1AS、802.1Qbv、802.1Qav、802.1Qbu、802.1CB、802.1Qci;基于 Web/Tel-net/SSH,可轻松进行设备配置和管理;IP40 等级防护;系统解决方案基于 FPGA 电路+CPU 方式实现,具备高集成度及自主可控能力;全套系统包括交换设备和端设备;系统可以提供星

图 10 TSN 硬件交换单板

形、环形、混合型组网方式;支持丰富的接口形式。TSN 技术应用架构如图 11 所示。

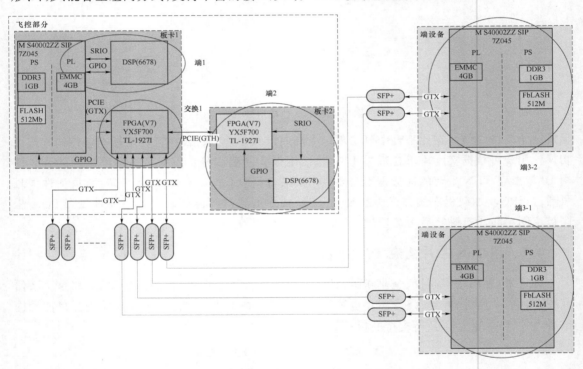

图 11 TSN 技术应用架构图

该套 TSN 平台采用的是 JYX700TL-1927 型 FPGA 电路,电路包含了 693 120 个逻辑单元(Logic Cell)、3 600 个 DSP48 Slice、52 920 Kb 的可编程 Block RAM、集成高性能(HP)用户可编程接口、CMT(MMCM+PLL)时钟管理系统、PCIE 3.0 和 GTH 高速收发器等硬核模块,可插拔替换 Xilinx 公司的 XC7VX690T-1FFG1927,封装兼容,但 JYX700TL-1927 功耗更低。

5 结束语

TSN 技术除了具有低延时、低抖动以及高可靠性的优势外,还继承了标准以太网技术的部署成本低、兼容性强的优势,凭借这些优势,TSN 有望成为航空航天领域主流网络传输技术。航天领域 TSN 技术是对 TSN 技术进行删减与优化,提高了网络传输的可靠性,TSN 技术在航空航天领域上的应用还在快速发展阶段,其在该领域运用虽然存在一定困难,但现代 FPGA 和可重构平台的长期供应、灵活性和集成能力使 TSN 技术成为航空航天和国防市场中新型嵌入式器件的首选技术。

参考文献

[1] 邱爱华,张涛,顾逸东. 航天器可应用实时以太网分析[J].空间科学学报,2015,35(3):368-380.
[2] 吴少康.面向航天器的时间触发以太网关键技术研究[D].长沙:国防科学技术大学,2016.
[3] 伍晨邦.航天时间触发以太网容量分析及拓扑优化方法研究[D].天津:天津大学,2021.
[4] 冯忠伟,姜爽,曾发,等. TTE/TTP 技术在航天器中的应用分析[J].宇航计测技术,2018,38(2):51-54. DOI:10.12060/j.issn.1000-7202.2018.02.11.
[5] 郑智海. TTE 端系统测试方案的设计与实现[D].陕西:西安电子科技大学,2022.
[6] 赵国锋,卢奕杉,徐川,等. 面向航天器有线无线混合场景的流调度机制研究[J].电子与信息学报,2023, 45(2):464-471. DOI:10.11999/JEIT211391.
[7] 杨航.卫星时间敏感网络跨域通信关键技术研究[D].成都:电子科技大学,2023.
[8] 刘晨阳. 准动态平台时间敏感网络调度与测试技术研究与实现[D].西安:西安电子科技大学,2021.
[9] 曾磊. TSN 帧抢占及循环队列调度研究[D].陕西:西安电子科技大学,2020.
[10] 严锦立. 场景驱动的时间敏感网络定制关键技术研究与实现[D].长沙:国防科学技术大学,2020.
[11] 张彤,冯佳琦,马延滢,等. 时间敏感网络流量调度综述[J].计算机研究与发展,2022,59(4):747-764. DOI:10.7544/issn1000-1239.20210203.
[12] 李珂.时间敏感网络交换调度机制研究与实现[D].西安:西安电子科技大学,2019. DOI:10.7666/ d.D01905367.
[13] 卢奕杉. 星载 TSN 有线无线融合调度算法研究及 FPGA 实现[D].重庆:重庆邮电大学,2022.

星载标准化存储盘技术

康旭辉 王瑞 王春霞

(山东航天电子技术研究所,山东·烟台,264670)

摘要:随着卫星计算机系统、数据存储系统的发展,卫星数据存储速度和存储规模越来越大,同时,星载设备对低成本、标准化及快速组装、快速测试的需求越来越强烈,根据每颗卫星的需求定制固态存储器的传统设计方式已经逐渐不能满足需求。采用标准化存储模块组建存储系统是后续发展的必然趋势,而直接采用商业固态硬盘不能满足宇航使用的需求,标准化固态硬盘的设计是存储系统标准化的核心。本文通过对卫星存储系统需求的分析,结合传统存储系统的设计方式,提出了满足星载应用的固态硬盘的设计方案,并针对宇航应用的特殊需求,设计了相应的硬件旁路备份和数据可靠性保证方案。本设计实现的宇航应用的标准化固态硬盘,实现了 NAND Flash 操作的标准化封装,方便存储系统测试和性能扩展,实现了存储系统操作与底层物理操作的隔离,是后续高性能计算机系统或存储系统的优秀选型方案。

关键词:固态硬盘;SATA;坏区管理;纠检错编码;可靠性控制

1 引 言

随着卫星平台及载荷技术的迅速发展,星上平台及载荷数据的容量和速率快速提高,星上数据存储速度和存储规模要求越来越高。目前各国航天界都已把星载固存的存储介质从静态随机访问存储器(SRAM)、同步动态随机访问存储器(SDRAM)转变为与非型闪存(NAND Flash)。NAND Flash 具有吞吐率高、容量大、成本低、非易失等显著优势,但是由于 NAND Flash 工艺特性也存在一些问题:① 写入时必须进行纠检错编码以纠正其读出时的错误比特;② 出厂时一般有坏块,擦除和写入时也可能会产生新的坏块,须进行坏块管理和替换;③ 擦写寿命有限,一旦达到寿命周期,其存储稳定性将无法保证,因此在使用中要注意损耗均衡,不对局部进行过于频繁的擦写而导致其过早达到寿命末期。因此以 DAND Flash 为介质的存储器的控制算法复杂、物理地址与逻辑地址需要动态映射。目前在轨、在研的星载存储设备均需要解决 NAND Flash 的固有特性,以满足对数据可靠性的要求。

为了满足不同卫星、不同平台对数据吞吐速率、存储容量的不同要求,现行做法都是采用 FPGA 作为控制器,直接挂接不同规模和数量的 Flash 芯片组成存储阵列,实现存储功能,由此导致存储系统模块化程度极低,每个平台独立设计,形状、体积都完全不一致,硬件上没有继承性和通用性。而且由于单个 FPGA 既要实现存储区的物理管理又包含存储系统的文件管理,层次关系不清楚,导致底层 Flash 管理不细致、文件系统不通用,这极大地增加了控制算法的复杂性,而且不同平台文件管理方式不同,导致控制软件无法通用、反复修改,导致研制周期和研制成本迅速增加。

近年来,基于 SATA 接口的固态硬盘(Solid State Disk,SSD)技术经过多年发展已十分成熟,其具有集成度高、功耗低、价格便宜、可靠性高的特点,并且解决了上述 NAND Flash 直接作为存储介质的软件复杂度高和通用性差的问题,采用 SSD 作为存储模块不需要关注 Flash

芯片的控制细节,只需要与 SATA 接口进行通信,在地面作为新兴硬盘技术已经在高端个人计算机、网络服务器等环境中得到了广泛应用。

为提高星上存储系统的标准化、通用化,满足存储系统快速组装、快速测试的需求,可借鉴地面 SSD 设计方式,以标准 SATA 接口和协议作为存储体的数据和控制接口,完成 NAND Flash 底层操作的封装,并针对宇航应用的特殊需求,设计硬件旁路备份和数据可靠性保证方案,设计满足星载应用需求的固态硬盘。实现 NAND Flash 操作的标准化封装以及存储系统操作与底层物理操作的隔离,是后续高性能计算机系统或存储系统的发展趋势。

2　星载固态硬盘设计

星载硬盘的设计中,采用 NAND Flash 作为存储介质,以 FPGA 作为控制核心,外配 DDR3 数据缓冲。整个硬盘的接口控制、Flash 读写控制、阵列管理、缓存调度都在 FPGA 中完成。硬盘的设计中,既要完成 Flash 底层接口控制调度,又要根据 Flash 的自身特性,解决读写不对称性、误比特、坏区管理、擦除磨损等问题。

硬盘接口选用 SATA 标准。SATA 串行存储总线标准目前已经在个人计算机、服务器、网络存储以及独立磁盘冗余阵列(RAID)等诸多领域普及,而且 SATA 接口形式简单,每个接口与主控 FPGA 的连接仅占用 1 组(双向)GTX,特别适合星上存储系统扩展。因此,在星载固态硬盘设计中选用 SATA 3.0 标准接口,既兼容了地面系统,便于功能性能测试,又减少了接口连接,方便星上扩展使用。

设计中采用颗粒间 RAID5、全路径数据保护、关键数据多备份、磨损均衡、坏页管理等专用技术,提高存储访问寿命和访问可靠性,以适应宇航应用需求。针对宇航应用环境中存在的栓锁问题,SSD 控制器增加了坏片旁路替换功能,可以保证不因单只 Flsah 芯片故障导致整个 SSD 失效。SSD 硬盘原理框图如图 1 所示,设计单只 SSD 上装 20 片 128/256 GB 的 SLC NAND Flsah 存储颗粒,每两只存储颗粒组成一组,共 10 组,其中 8 组存储工作,单盘有效容量 2～4 TB,另外两组冗余替换。当存储阵列中 Flash 组出现故障时,启动替换流程及旁路故障存储区,采用冗余替换阵列进行替换,保障硬盘的存储容量和存储速度不受影响。

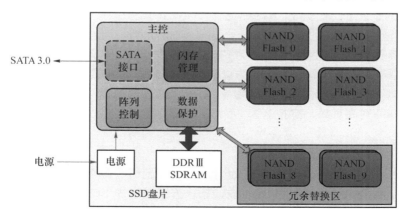

图 1　星载标准化 SSD 原理框图

SSD 控制器是整个硬盘的核心,设计中采用宇航存储控制器开发方式,借鉴商用 SSD 控制器研制与测试的方法完成控制器系统构建。SSD 控制器原理框图如图 2 所示。

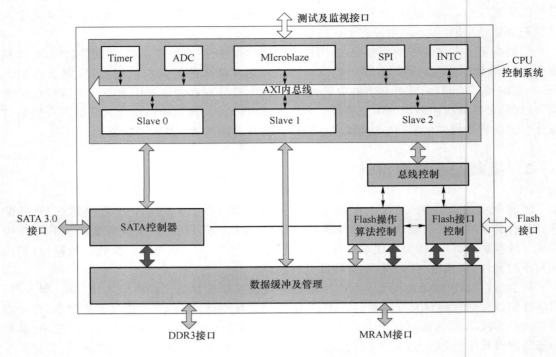

图 2　SSD 控制器原理框图

　　控制器总体架构采用 FPGA 内置软核的方式进行控制,各控制挂接在内部总线上,并预留 3 个 Slave 接口,用于 CPU 访问其他模块。各模块间采用标准 AXI 总线,总线又分为控制总线和数据总线。SATA 控制模块完成 SATA 总线控制,工作于 device 模式,包括 SATA device 控制 IP、底层 PHY 和上层的适配控制等,采用稳定可靠的第三方 IP 完成。Flash 控制模块与 Flash 操作算法模块联合完成数据向 Flash 的写入与读出控制流程。硬盘上数据交互通过外置 DDR3 SDRAM 完成,数据的交互流程由控制器内的数据缓冲及管理模块完成。

3　星载硬盘的关键技术实现

　　标准化固态硬盘从 NAND Flash 颗粒本身的特性出发,读、写、擦等典型操作按照选定 NAND Flash 型号规定流程操作即可。为保证固态硬盘稳定可靠工作,设计中须采用错误检查和纠正(ECC)纠检错、磨损均衡、坏区管理、随机化处理等技术手段,提高控制器的可靠性,实现标准化存储阵列高可靠稳定控制。

3.1　纠检错

　　极少量的 bit 翻转问题是 NAND Flash 自身特性,随着存储颗粒擦写次数的增长,bit 翻转的概率会越来越高。对于该问题,最有效的解决方案是增加 ECC 纠错功能。

　　控制器内部采用 BCH ECC 纠错算法来解决 Flash 存储介质可能存在的原始误码,纠错能力的选择取决于对存储设备的 UBER(User Bit Error Ratio)以及所选择的存储介质的 RBER(Raw Bit Error Ratio),并参考存储介质提供厂商给予的建议值。UBER 和 RBER 的对应关系为

$$\mathrm{UBER} = \frac{\sum_{k=0}^{l} k \times \mathrm{Pr}(k)}{l} = \frac{\sum_{k=t+1}^{l} k \times \mathrm{Pr}(k)}{l}$$

其中,l 为编码长度,k 为纠错 bit。在产品设计时选择 1 KB 纠正 12 bit 的编码长度。当前 RBER 在 10^{-4} 量级的情况下 UBER 大约在 10^{-17} 量级,可靠性较高,能够满足恶劣环境下存储需求。

采用 FPGA 设计实现 ECC 纠检错算法,提高编解码及纠错速度,使纠检错速度与 SATA 数据带宽保持一致,确保数据的可靠性。实际设计中,编码多项式为 gen_poly = bchgenpoly (2^14−1, 2^14−1−14 * 16)

3.2　磨损均衡

对于 NAND Flash 颗粒而言,擦写次数是衡量其寿命的绝对指标。实际使用中,各块之间的磨损程度相差很大,Flash 的块被反复使用会导致寿命提前耗尽变成坏块,当坏块数超过一定量时,整个 NAND flash 存储单元将无法继续使用,从而影响到 SSD 的整体使用寿命。为防止闪存所有物理存储空间的磨损情况不一致,需要对局部存储区域的磨损均衡到全部区域,使 Flash 各块的擦写次数基本相当,从而提高整盘的擦写次数,能够最大化地延长 SSD 的使用寿命。磨损均衡技术介入后,将存储区分为冷区和热区,冷区和热区存在使用次数差异,通过交互冷区和热区的物理位置来进行补偿,因此,整个盘片内部颗粒的磨损次数基本相当,如图 3 所示,从而保证了整体产品的可靠性。

实际设计时,磨损均衡是在用户写操作过程中同步完成的,使用擦写次数相对较少的空白块保存热数据,使用擦写次数相对较多的空白块保存冷数据。按磨损等级组织空白块,空白块结构与垃圾回收中使用的基于有效数据量构建的 link – list 结构相同。为实现此功能,与之对应的数据块也应当按磨损等级组织,这样数据块就会同时存在于有效数据量和磨损程度两种组织维度的 link – list 中。更新较热数据时从磨损等级最低 link – list 取空白块使用,相反地,更新较冷数据时从磨损等级最高的 link – list 中取空白块使用。

3.3　坏区管理

NAND Flash 颗粒以块为单位进行擦除操作,以页为单位进行读取和编程操作,一个块由 128 个、256 个、512 个页组成。传统的控制方法中,当一个页失效时,整个块都当成坏块处理。通过对 NAND Flash 的深入研究测试,发现 SLC NAND Flash 各页之间的互相影响较小,ECC 增长趋势无明显差异,见图 4。

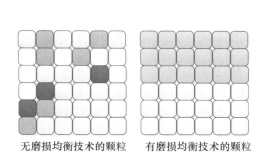

无磨损均衡技术的颗粒　　有磨损均衡技术的颗粒

图 3　磨损均衡效果示意图

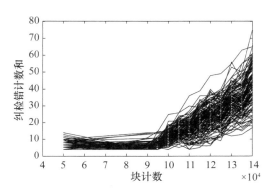

图 4　存储颗粒内部纠检错趋势页差异实测图(85 ℃)

　　基于此测试结论,可以采用坏页管理算法,当页失效时只处理失效页,该块中的其他页继续正常使用,闪存冗余块的消耗速度降低为坏块管理的 1/8,极大地提升了 SSD 的使用寿命。

3.4　垃圾回收设计

　　由于 NAND Flash 只能在事先擦除过的块上进行编程,而且以整块进行擦除,当已编程

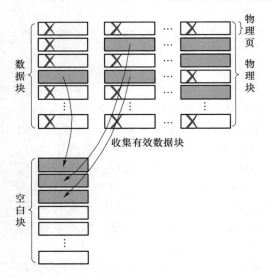

图 5　存储器垃圾回收示意图

块中的部分数据失效而其他部分数据有效时,如果不作处理,整块都会被全部占用。经过一段时间后,用户数据在 NAND Flash 中呈现如图 5 所示状态,数据块中同时包含有效数据和无效数据,其中无效数据占用了大量的存储空间,为保证后续写操作可正常执行,需对无效数据占用的存储空间进行回收。

　　启动回收时,剩余空白块数越少,冗余空间利用越充分;选取回收数据块中的有效数据越少,引入的后台数据搬移也越少,这正是回收所期望达到的效果。因此,回收只须保证剩余空白块能够应付后续的主机写、垃圾回收写、磨损均衡写以及异常消耗即可。垃圾回收控制分主动回收和被动回收两种方式:主动回收是硬盘空闲时后台处理,适合于随机写压力较小的应用场景;被动回收由主机写操作触发回收,并根据冗余比来严格控制主机写与垃圾回收写之间的比例,保证空间消耗与释放趋于平衡,适用于随机写压力较大的应用场景,一旦启动回收便会实时调整主机写与垃圾回收写之间的执行比例,确保空白块数在回收触发条件附近上下浮动,无论随机写压力大小,性能总是保持稳定。

3.5　随机化处理

　　NAND Flash 中执行数据存储的最小单位是 cell,其呈现的数据 0 和 1 是通过其电压和读取门限电压进行比较而得。因此让颗粒中的 0 和 1 尽可能地均匀分布,能很好地避免某块区域出现电压的偏置,从而提高数据保存的持久性。但硬盘使用过程中,不会考虑数据的分布问题,很有可能出现大量 0 或 1 连续出现的情况,不利于颗粒中数据的长时间存储。因此,需要使用随机化技术,以一定的映射关系,将主机下发数据中的数据予以重排,让真正写入颗粒中的数据尽可能保持 0 和 1 均匀分布。

　　将数据随机化处理,尽可能让 NAND Flash 中的数据保持 0 和 1 均匀分布后,对于数据的保持能力有了明显的提升。随着擦写次数的增加,随机化技术的优势逐渐加大,在 2 000 次擦写次数时,ECC 数下降了 25%,在 3 000 次擦写次数时,ECC 数下降了 33%,说明随着产品的正常使用,随机化技术在产品寿命中后期为数据可靠性提供了有力保障。

4　硬盘可靠性提升策略

　　通过纠检错编码、磨损均衡、坏区管理、垃圾回收、随机化的操作配合典型的读、写、擦操作,可完成固态硬盘的存储颗粒的底层驱动的封装,要满足星上应用,还需采用全路径数据保

护、颗粒间 RAID5、关键数据多备份、核心元器件可靠性提升等技术,防止因空间环境影响造成的器件失效、数据错误文件信息错误等异常情况发生,提高系统可靠性。

4.1 全路径数据保护技术

由于空间存在单粒子翻转等特殊情况,而空间存储产品对数据存储的可靠性要求极高,在各种情况下均要尽力保证数据的正确性,且绝不允许出现数据不一致的情况,因此,设计中采用全路径数据保护技术,在 SATA 接口处接收到数据的同时,即开始数据保护,直至把数据返回给主机为止,确保了存储数据的正确性。数据保护措施如图 6 所示,SATA 接口及数据接收过程中采用 CRC 防护,数据的缓存、DDR3 存储、Flash 存储过程中都采用 ECC 纠检错方法,可有效防止空间环境造成的单 bit 数据错误。

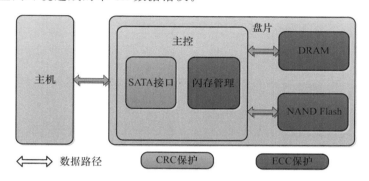

图 6 全路径数据保护技术全景框图

4.2 颗粒间 RAID5 技术

总剂量等空间环境可能会造成 Flash 某一区域内的数据出现大量错误,当错误数据量较少时,ECC 纠检错可完成数据恢复,当超过 ECC 检错门限时,ECC 算法就会失效,因此除了单片内数据 ECC 纠检错外,还须在颗粒间进行数据可靠性防护。颗粒间 RAID5 技术可以有效解决部分 ECC 单元快速失效的问题。颗粒间 RAID5 分布如图 7 所示。

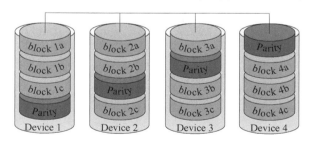

图 7 颗粒间 RAID5 条带分布示意

由于条带分布在不同的颗粒上,因此当某一个颗粒的数据出现超过 ECC 引擎的能力时,可以通过其他颗粒上的数据将其恢复出来。结合颗粒特性的实际测试,该技术对于小部分恶化较为迅速的数据单元有着非常好的纠错效果。同时,Parity 分布于不同的颗粒上,当单一颗粒出现问题时,仍然可以通过其他颗粒将出错颗粒的数据予以恢复,保证了整个盘片的数据可靠性。

4.3　关键数据多备份技术

从盘片的层面看,存储在 NAND Flash 上的数据,除了用户数据外,还有维护其自身工作的各项管理数据。管理数据是用户系统不可见的,因此对于这部分管理数据,选择其中的关键数据,设计中进行了多重备份,当一个备份出现问题的时候,还可以从其他备份进行恢复,保证了盘片自身系统运行的可靠性。

管理数据备份如图 8 所示,关键数据多备份技术向外提供相应关键数据的有效索引,其内部会根据当前颗粒的实际状况确定当前可用的关键数据,如果出现数据失效的情况,会建立新的备份数据以保证该机制的有效性。

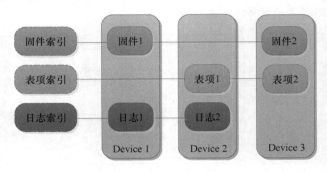

图 8　管理数据设计示意图

4.4　核心元器件可靠性提升技术

4.4.1　核心 FPGA 抗单粒子防护技术途径

硬盘控制器采用大规模的 FPGA 实现,目前能够采用的大规模高性能 FPGA 大都基于 SRAM 结构,易受空间粒子影响造成系统功能故障。因此,控制器的抗单粒子设计是星载固态硬盘可靠运行的关键保障。由于引起器件发生单粒子翻转的粒子是重质子或重离子,对其进行硬件屏蔽防护并不能起有效作用,必须从软件上对其采取措施。为降低资源开销,在设计过程中划分控制模块和数据处理模块,对控制模块进行三模冗余,确保关键的控制模块的可靠性;设计中采用可靠性的编码,通过编码方法(如去除半锁存状态、不使用移位寄存器等)减少单粒子翻转;对 FPGA 内部数据缓冲区采用纠错编码方式,防止数据或寄存器单比特反转。图 9 给出了具体的实现结构图。为了节省用于保存校验信息的存储空间,设计选择 H$(40,32)$的 BCH 码进行存储信息保护。生成后序列信息 32 位,校验位 8 位,数据 32 位中的任 1 位发生翻转,都可以有效予以纠正,达到了抗单粒子翻转的目的。

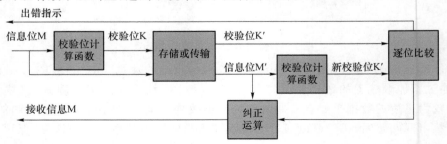

图 9　内部存储器处理框图

4.4.2 低等级器件保障措施

由于采用高等级存储器件会使数据存储器研制成本迅速增加,目前,国内针对大容量高速率存储应用的 NAND Flash 大多选用工业级,须对其制定相应的质量保证措施并进行升级筛选,以适应宇航空间环境应用需求。低等级元器件质量保证包括结构分析、筛选试验、考核试验、抗辐照能力评估和可靠性设计及应用五个方面。升级筛选试验包括器件级筛选和板级筛选试验:器件级升级筛选一般包括器件外观检查、器件抗辐照能力评估、温度循环试验、器件 X 光检测、器件声扫描;板级筛选一般完成板级元器件高温老炼试验和元器件寿命考核试验。

5 测试验证

通过软媒磁盘大师这款第三方硬盘测速工具,对所设计的 256 GB SLC 宇航应用标准化固态硬盘进行读写测试,测试结果如图 10 所示。

图 10 SSD 测试结果

6 结束语

基于 NAND Flash 的星载标准固态硬盘的设计实现了对 NAND Flash 操作的标准化封装,模块内采取了数据保护、颗粒间 RAID、关键数据备份等措施,适应宇航环境使用需求。该设计接口标准统一,连续写入速度稳定、可靠,实现了存储系统操作与底层物理操作的隔离,是星上存储系统性能扩展的一种新的高效途径。

参考文献

［1］朱岩.基于闪存的星载高速大容量存储技术的研究［D］.北京:中国科学院空间科学与应用研究中心,2006.
［2］FABIANO M，FURANO G. NAND Flash storage technology for mission-critical space applications［J］. IEEE Aerospace and Electronic Systems Magazine,2013,28(9):30-36.
［3］彭兵,步凯,徐欣. NAND Flash 坏块管理研究［J］.微处理机,2009,30(2):113-115.
［4］Serial ATA International Organization. Serial aTA revision 2. 6［S］. Beaverton:Serial ATA International Organization，2007.
［5］袁飞.固态硬盘的研究与应用［D］.成都:电子科技大学,2012.
［6］田芳,唐玮,黄嫦蓉.普通固态硬盘在广播级硬盘播出上载服务器中的应用［J］.大众科技,2013(7):27-30.
［7］廖宇翔.基于 NAND Flash 主控制器的 BCH 纠错算法设计与实现［D］.哈尔滨:哈尔滨工业大学,2014.
［8］步凯.基于 RAID 技术的固态存储阵列系统的研究与设计［D］.武汉:华中科技大学,2008.
［9］Flash-based Storage Devices［C］. IEEE Transactions on Consumer Electronics, 2009, 55(3):1392 – 1400.
［10］KIM H J，LEE S G. An effective flash memory manager for reliable flash memory space management ［J］. IEICE Trans. Information & System,2002，E85D(6):951-964.

固定翼飞机航磁测量数据改正方法

宋晓林　史钰峰　肖婷　曲亚楠　任文冠　高爽

(山东航天电子技术研究所,山东·烟台,264000)

摘要: 固定翼飞机凭借其高稳定性、高效率等显著优势,成为航磁测量的重要飞行平台。为提升固定翼飞机航磁测量系统的数据质量,本文基于固定翼飞机航磁测量系统的安装特性,提出了适用于固定翼飞机的航磁测量数据改正方法。通过垂起固定翼飞机航磁试验验证了数据改正方法的有效性,结果表明,改正后航磁数据的动态噪声为 0.045 2 nT,总精度为 2.561 2 nT,满足航空磁测技术规范要求。

关键词: 固定翼飞机;航磁测量;数据改正

1 引　言

航磁测量技术是一种快速、高效的地球物理勘探方法,该技术通过测量地球磁场的变化,可以有效地探测地下矿产资源,主要应用于地质填图、地球内部结构探测、工程勘察等领域,同时也广泛应用于军事领域,如水下目标的探测、水雷的识别等,在地质调查、工程勘察、军事国防领域发挥着重要作用。

固定翼飞机在航磁测量方面具有显著的优势,具有长续航能力,高飞行稳定性,以及大区域、高效率的测量等优势,使其成为航磁测量的重要飞行平台,如 Y - 12 飞机、Cessna208、P750 飞机等均成功应用于航空地球物理勘探领域。固定翼飞机航磁测量系统包括标量磁力仪、矢量磁力仪、导航定位系统、高度计、姿态传感器等。为削弱飞行平台对测量磁场的影响,磁力仪安装时需远离飞行平台的磁性材料。目前,固定翼飞机航磁系统的磁力仪主要通过无磁探杆固定于机头前端或机尾后端。

无论磁测系统采用何种安装方式集成,均不可避免地引入平台磁干扰,同时受磁力仪与导航定位系统的位置差异、地磁场日变等因素影响,导致无法直接使用测量数据进行数据解释。因此,在进行数据解释前,需要对观测磁场进行数据改正。本文基于固定翼飞机航磁测量系统的安装特性,提出了适用于固定翼飞机的航磁数据改正方法,并通过实飞数据验证了数据改正方法的有效性,结果表明,改正后的数据满足航磁测量一级水平。

2 固定翼飞机航磁测量数据改正方法

航磁野外作业结束后,需要对原始数据进行修正,处理跳点、缺失、重复、掉格、尖峰信号灯异常数据的影响,该方法为航磁测量数据修正的标准方法,此处不再赘述。数据修正后,即可开展航磁测量数据改正工作,固定翼飞机航磁测量数据改正流程如图 1 所示。

固定翼飞机航磁测量数据改正流程包括:① 磁干扰补偿,采用软补偿方式削弱飞机平台机动对磁测数据的干扰;② 方向差改正,用于消除航磁仪器在不同方向上的测量误差;③ 磁日变改正,用于消除测量期间地磁日变带来的误差;④ 空间位置改正,用于消除导航系统与磁力仪安装位置不一致带来的影响;⑤ 滞后改正,用于消除导航系统与磁测数据采样不同步带来的影响;⑥ 正常场改正,用于去除地磁正常场,获取磁异常场。下面分别介绍各类改正的具体方法。

2.1 磁干扰补偿

航磁测量系统本身存在铁磁性材料,其在地磁场中形成的干扰磁场会随飞行方向、姿态发生变化,可采用磁补偿方法改正磁干扰。通过在磁场平稳区域进行补偿飞行,实测磁干扰特性,并提供一组与磁干扰量大小相等、方向相反的补偿场,从而抵消掉平台磁干扰,使磁探头仅输出有用磁信号。

在首次飞行前进行补偿飞行,采用四航向的"口"字形机动补偿飞行路线,补偿飞行路线示意图如图 2 所示。补偿飞行应在天气好、风速小、能见度好、静磁日、地磁场梯度较小的区域开展,补偿飞行前后,飞机上的仪器仪表、电源线路等不能改动,确保飞机磁场特性不变。为了避免地表磁场的干扰,补偿飞行可在高空开展。

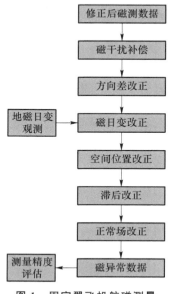

**图 1 固定翼飞机航磁测量
数据改正流程**

补偿飞行的磁测数据包含了飞机在不同方向角、俯仰角和摇摆角时飞机平台对磁测数据的磁干扰信息,通过 Tolles‑Lawson 模型或其他改进的磁补偿模型可求得磁补偿系数。

Tolles‑Lawson 模型中将无人机平台磁干扰分为三类:剩余磁场、感应磁场和涡流磁场。无人机平台磁干扰及标量磁力仪测量值可表示为

$$B_d = \sum_{i=1}^{3} p_i U_i + B_e \cdot \sum_{i=1}^{3} \sum_{j=1}^{3} a_{ij} U_i U_j + B_e \cdot \sum_{i=1}^{3} \sum_{j=1}^{3} b_{ij} U_i U_j'$$
$$B_t = B_e + B_d$$

式中,B_t 为光泵探头测量值;B_d 为无人机平台磁干扰大小;B_e 为地磁场大小;$U_i (i=1,2,3)$ 为地磁场在无人机平台坐标系中三个坐标轴的方向余弦,即

$$U_1 = \cos X, \quad U_2 = \cos Y, \quad U_3 = \cos Z$$

$p_i, a_{ij}, b_{ij} (i=1,2,3; j=1,2,3)$ 为待求解的模型参数,可采用最小二乘方法进行解算,并计算平台磁干扰,从磁测总场数据中去除即可完成磁补偿改正。

若飞机平台搭载了磁补偿器,则磁干扰补偿可在数据采集过程中同步完成,不需要地面后处理。

2.2 方向差改正

方向差改正用于消除磁测设备在不同方向上的测量误差。该项改正需要在磁干扰补偿后开展,选取地磁场平稳区域开展四航向的航磁测量,可采用"十"字交叉往返飞行的方式进行方向差测定,"十"字线布设方向平行于主测线和切割线。"十"字交叉飞行路线示意见图 3。

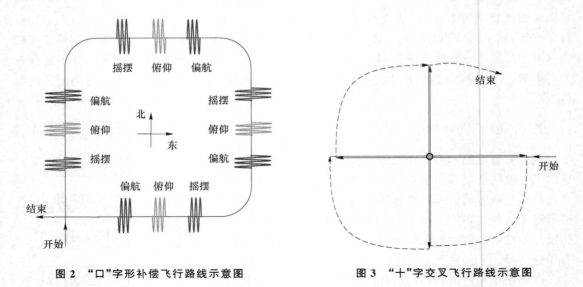

图 2　"口"字形补偿飞行路线示意图　　　　图 3　"十"字交叉飞行路线示意图

利用四航向数据经过交叉点的磁场值可计算方向差,先求取四航向磁测数据在交叉点处的磁场平均值,再将四航向磁测数据在交叉点的磁场值分别与平均值做差,即可获取到四航向的方向差改正值。

2.3　磁日变改正

地磁日变是指地磁场随时间的改变而变化,在一天内的变化幅度高达数十 nT,在高精度航磁测量过程中必须在地面同步监测地磁场随时间的变化,从而进行磁日变改正,消除磁日变带来的误差。

在测区正式飞行前,应在选定的磁日变站,在静磁日进行 24 h 连续观测,求出该日平均值(称为日均值),即为该站的磁场基值(TD)。磁场基值按下式计算:

$$TD = \left(\sum_{i=0}^{N} TD_i \right) / N$$

式中,TD_i 为第 i 个磁场值;N 为采样总数。

磁日变监测在整个测线作业期间连续不间断工作,以保证对每个磁测原始数据进行逐点改正。首先从磁日变记录中去掉人文磁干扰和其他非磁日变成分,再减去磁日变站磁场基值,即可得到磁日变改正值,将磁日变改正值从航磁总场数据中去除可进一步得到磁日变改正后的航磁数据。

2.4　空间位置改正

由于全球导航卫星系统(GNSS)接收机天线相位中心与磁力仪的安装位置存在偏差,即实际测量的位置数据与磁力仪中心位置并不一致,因此,需要对磁测数据进行空间位置改正。在飞机姿态、速度变化较大的情况下,须通过载体坐标系与地理坐标系间的转换矩阵进行空间位置改正,固定翼飞机在测线飞行过程中飞行速度与姿态均较稳定,且磁力仪与 GNSS 接收机的相对位置为一固定值,则可简化空间位置改正方法。

首先,系统集成时,确保 GNSS 接收机天线与磁力仪安装在飞机中轴线上,并测量 GNSS 接收机天线相位中心与磁力仪的位置差,然后通过位置差与飞行速度、系统采样率间的关系,可得到空间位置改正后结果。

假设磁力仪采用尾杆方式固定于机尾,磁力仪与 GNSS 接收机间距离为 d,航磁系统采样率为 F_s,飞行速度为 S_p,则航行时 GNSS 接收机在前,磁力仪在后,磁力仪相对空间位置滞后点数可表示为

$$\text{Lag} = F_s \cdot d / S_p$$

因此,可通过将 GNSS 数据滞后或航磁数据前移的方式将位置数据与磁测数据对齐。磁力仪采用头部伸杆方式固定时同样适用,该方法数据处理简便,改正后效果较稳定。

2.5 滞后改正

由于 GNSS 采样与磁测数据采样无法完全同步,对反航向的两组数据进行处理时,方向的差异会放大 GNSS 采样与磁测数据采样之间的偏差,导致计算总精度时引入误差。此时,需要利用反航向的两条重复线进行数据的滞后校正。滞后改正的过程如下:

(1) 对经过上述一系列改正后的数据进行规格化处理,将等时间分辨率的数据转化为等空间分辨率,通常空间分辨率为两个采样点间的空间距离;

(2) 对两条重复线上等空间分辨率的数据进行整个序列的相关性分析,并进行小范围移动,找到两个序列相关性最强时移动的点数 N;

(3) 将两条重复线上等空间分辨率的磁场数据分别移动 $N/2$、$-N/2$ 即得到改正后的数据。

2.6 正常场改正

正常场改正用于消除地球主磁场的影响,以便更好地识别和解释由地质体引起的磁异常。地球主磁场是一个稳定的磁场,它掩盖了由地质体产生的较小磁异常。使用国际地磁参考场(IGRF)模型或其他地磁场模型计算正常场值,在上述改正后的结果中减去地球正常磁场,即可获取当地磁异常值。该项改正仅在获取磁异常情况时使用。

3 数据评价方法

航磁数据质量评价方法参考《航空磁测技术规范》,通过动态噪声与航空磁测总精度指标进行数据质量评价。

3.1 动态噪声

对航磁测量数据改正后的结果按照测线进行分割,通过计算每条测线的动态噪声对航磁测量数据质量进行评价。取整条测线数据(舍掉水平梯度大于 600 nT/km 的异常测点值),按下式计算 S_i 值,如果航磁系统采样间隔小于 0.5 s,采用抽点的方式等效为 0.5 s 间隔。

$$S_i = \frac{1}{\sqrt{70}} \sqrt{\frac{1}{n-1} \sum_{i=1}^{n} (B_i - \overline{B})^2}$$

$$B = T_{i-2} - 4T_{i-1} + 6T_i - 4T_{i+1} + T_{i+2}$$

$$\overline{B} = \frac{1}{n} \sum_{i=1}^{n} B_i$$

式中,n 为参加计算的测点数;T_i 为测线上第 i 个磁测数据;B_i 为第 i 点磁测数据 T_i 的四阶差

分值。航磁系统动态噪声一级水平为 $S_i \leqslant 0.08$ nT。

3.2 总精度

航空磁测总精度是由航空磁力仪系统的测量和定位误差及各项改正不充分或不准确等误差的总和组成。在经过各项改正后,航空磁测总精度采用计算切割线与主测线交点上磁场差值的中误差 m 来衡量。计算公式如下:

$$m = \sqrt{\frac{1}{2n} \sum_{i=1}^{n} \delta_i^2}$$

式中,δ_i 为第 i 个切割线与测线交叉点上磁场差值;n 为参加计算的切割线与主测线交叉点的个数。

4 试验验证

本报告以垂起固定翼无人机为例,进行固定翼飞机航磁测量数据改正方法的验证,见图4。试验飞行有效范围为 9 km×4 km,东西方向有效测线 9 条,每条测线长为 9 km,测线间距为 500 m,南北方向有效测线为 10 条,每条测线长度为 4 km,测线间距为 1 km,测线航迹见图5。

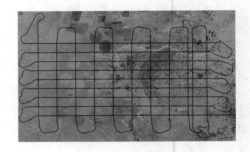

图 4　垂起固定翼无人机航磁作业　　　　图 5　测线航迹图

首先,对此飞行数据依次进行磁干扰补偿、方向差改正、磁日变改正、空间位置改正、滞后改正、正常场改正等得到改正后的航磁数据;然后,对改正后数据进行测线分割处理,依次统计每条测线的动态噪声水平;最后,根据飞行区域内 90 个交叉点统计了航空磁测总精度。

统计结果如下:① 19 条测线的动态噪声最大值为 0.061 6 nT,动态噪声最小值为 0.029 3 nT,动态噪声平均值为 0.045 2 nT,均满足《航空磁测技术规范》中动态噪声一级水平要求;② 试验数据航空磁测总精度为 2.561 2 nT,达到国内领先水平。

5 结 论

本文基于固定翼飞机航磁测量系统的安装特性,提出了适用于固定翼飞机的航磁数据改正方法,通过实飞数据验证了数据改正方法的有效性。对实测数据依次进行磁干扰补偿、方向差改正、磁日变改正、空间位置改正、滞后改正、正常场改正等得到改正后的磁测数据。经统计,动态噪声平均值为 0.045 2 nT,航空磁测总精度为 2.561 2 nT,满足《航空磁测技术规范》要求。

参考文献

［1］王金龙,谢汝宽,梁韧,等.高海拔山区航空地球物理飞机选型与飞行性能分析［J］.物探与化探,2017,41(3):556-559.

［2］李江坤,武雷超,张伟,等.基于 P-750 固定翼飞机的自动化航放/航磁测量系统研制［J］.铀矿地质,2023,39(1):143-152.

［3］TOLLES W E. Magnetic field compensation system:US 2706801［P］.1955-04-19.

［4］吴文福.16 项自动磁补偿系统［J］.声学与电子工程,1994,4:14-21.

［5］周普志,汤民强,刘迪仁,等.新型国产无人机航磁系统的应用研究［J］.海洋测绘,2022,42(1):30-35.

［6］中华人民共和国国土资源部.航空磁测技术规范:DZ /T 0142—2010［S］.北京:中国标准出版社,2010.

卫星轻量化结构设计与短周期集成制造技术研究

吴彤　高泽运　吴奉轩　王磊

（山东航天电子技术研究所，山东·烟台，264000）

摘要：近年来，卫星轻量化结构设计和短周期集成制造作为制约卫星制造及影响发射成本与效率的重要因素，已经成为新一代航空航天装备发展的关键。卫星轻量化结构设计是指在使卫星结构满足平台功能的前提下，通过对材料、构型和制造工艺等方面的优化，减小卫星结构质量，使卫星的载荷与平台的质量比最大，实现卫星轻量化、高承载；卫星短周期集成制造是指通过改进卫星设计、制造与总装、集成与测试（AIT）工艺，将卫星生产线模块化、机械化、自动化，实现卫星快速集成制造，满足快速响应任务需求和卫星星座批量化需求。本文首先分析了轻量化结构设计的必要性，以及各领域对轻量化快速集成卫星的应用需求，梳理了卫星轻量化结构设计技术与制造技术的发展历程、实现方式和优势经验；然后，从设计原理、集成方式和优化方法的角度，介绍了卫星短周期集成制造技术的发展方向和可借鉴的经验；最后，讨论了轻量化结构技术面临的挑战和未来的发展方向，展望了未来卫星结构生产及制造产线的发展前景，为未来研究工作和装备研发提供参考。

关键词：卫星结构；轻量化结构设计；短周期集成制造；卫星快速响应；卫星批产

1　引　言

随着深空探测、大型卫星星座规划布局等航天战略任务的需要，航空航天装备朝着多功能、星座化、高承载和高机动等方向发展，新一代航空航天装备对结构平台轻量化与短周期快速集成制造提出了更为严苛的要求，如何实现航天器轻量化、高承载、短周期制造、大批量生产，已成为航空航天行业亟须解决的关键问题。

卫星轻量化设计应用需求已越来越多地体现在军事、科研以及商业航天应用等领域。

（1）军事需求：在特殊事件或战争期间，国家军事部门需要应急卫星执行战术侦察、短期监视、战术通信、战略打击等单项任务。

（2）科学研究：大学和科研院所由于经费限制，需要低成本教学实验卫星及技术实验卫星等。

（3）商业应用：商业航天领域考虑用多颗近地轨道卫星组网，覆盖包括南北两极在内的全球地区，缩短无线电信号延迟，弥补地球静止轨道卫星的不足等，如"星链""黑杰克"等微小卫星星座，如图1所示。

2　卫星轻量化结构设计方法

卫星轻量化结构设计是指为了实现卫星轻量化、高承载，通过对材料、卫星构型和制造工艺等方面的优化,使卫星结构在满足平台功能的基础上,载荷与平台的质量比最大,即平台尽量轻,承载率尽量高。卫星的发展越来越趋向多功能化,即在卫星平台一定的基础上,卫星所要完成的功能越来越多。在这种情况下,要求卫星轻量化、高承载、短周期、批产化是卫星产业发展的趋势,它将带动大卫星向模块化、平台化、自动化方向发展,带动小卫星向更多、更快、更省的方向发展。卫星轻量化结构设计主要朝整星一体化结构设计、多功能结构应用和新材料研发等方向进行优化。

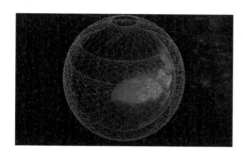

图 1 "星链"星座和"黑杰克"星座

2.1 整星一体化结构设计技术

2.1.1 整星总体布局结构优化

整星结构优化是从系统观点出发,根据任务需求和任务约束,针对卫星构型和总体布局进行的设计优化,通过合理选用七大平台子系统,同时合理布局系统与单机配置,将整星结构进行一体化设计,使其对空间、时间、物质、能量和信息的利用率最高,最大化实现平台的轻量化与高承载。卫星是由许多彼此相关的分系统所组成的,这些分系统之间依存关系非常复杂,彼此间存在着耦合和迭代,因此航天器的总体布局优化必定是一个多分系统、多学科的优化过程。以卫星总体布局为例,不仅必须同时考虑整星力热特性、有效载荷和姿控分系统对视场角要求,还需要考虑卫星能源、空间环境影响、电磁兼容性(EMC)特性等要求,卫星总体布局优化流程如图 2 所示。

"星链"卫星是通过整星总体布局优化实现轻量化与批量生产的典型特例,图 3 所示为"星链"卫星的构型方式。"星链"卫星打破了传统的箱式构型,采用独特的平板式构型(类似办公桌大小,约为 2.8 m×1.4 m)以减少外包络尺寸与质量,安装有单翼式太阳能电池板,电池板展开后约为 4 m×15 m,卫星质量设计为 100~500 kg,上面集成了丰富的机、电、热接口。由图 3 可以看出"星链"卫星整星大框架采用一体成型加工,通过合理分析与布局,星上单机拆分后直接安装在整星框架中。这种结构形式减少了各单机设备机壳的结构质量,且不同单机可通过板间接插件、柔性印制板等方式连接通信,大幅减少了星上电缆,既实现了整星结构轻量化,又便于卫星短周期快速集成。

2.1.2 星上组件结构优化

星上组件结构优化需要综合考虑结构的性能、材料及加工工艺等约束条件,通过有限元分析,在卫星构型和结构形式确定后,对其截面尺寸、材料参数等设计变量进行优选,采用轻量化的结构设计,如中空夹层结构、薄壁加筋结构、镂空点阵结构、一体化结构等,优化整星组件结构形式,减轻结构质量。图 4 所示为某立方星星上支架组件通过有限元分析进行轻量化设计之后的结构形式。

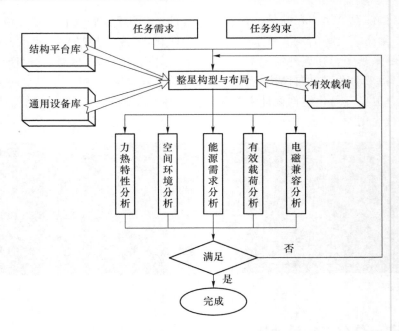

图 2　整星总体布局结构优化

图 3　"星链"卫星平台构型

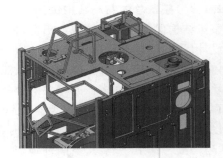

图 4　某立方星上支架轻量化设计后结构形式

2.1.3　模块化

卫星模块化设计技术最初起源于小卫星。为适应微纳卫星多、快、好、省的发展需要，NASA 启动了小卫星发展计划并组织实施了多项新技术，其中就包括卫星模块化技术。卫星模块化技术包括整星模块化技术和单机模块化技术。整星模块化技术是指在卫星分系统之间进行模块化设计，将多种功能进行集成，如将星上运算、星务数据存储与处理、电源控制及遥控遥测等多个功能集成在某一模块，不同功能模块可自由组合。单机模块化技术是指利用专用集成电路技术（如多芯片模块技术），将卫星综电系统的诸多电路板集成在一枚小芯片，并将集成后的器件采用层叠方式进行连接，使整星可根据不同任务需求，采用即插即用的不同单机模块。图 5 所示为应用于立方星上的高集成、轻量化模块组件。

2.2　卫星多功能结构技术

多功能结构技术也是起源于小卫星，最初由美国洛克希德·马丁（Lockheed Martin）公司提出并进行试验。多功能结构（Multifunction Structure，MFS）是指以夹层结构舱板为载体，将机械连接件及电子器件等嵌入在夹层结构内，通过合理防护和有效定位后组合为一体化结

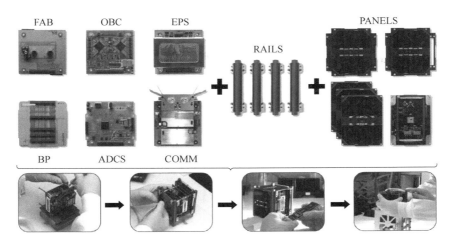

图 5　立方星高集成、轻量化模块组件

构,把数据传输、配电网、测控、数据管理和热控等分系统都集成在结构上,使结构兼有数据传输、配电、热控等多种功能,使航天器结构件实现结构与电子多功能一体化集成设计制造,建立集机、电、热等为一体的标准卫星平台,减轻卫星质量,提高卫星有效载荷比,增加星内可利用空间。图 6 所示为嵌有电子芯片的多功能蜂窝结构示意图,图 7 所示为铝蜂窝夹层基体多功能结构舱板组成。

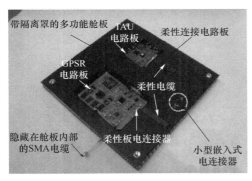

(a) 嵌入芯片的蜂窝夹层板

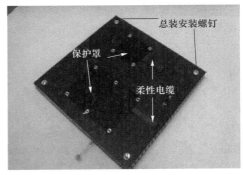

(b) 用面板进行封口

图 6　嵌有电子芯片的多功能蜂窝结构

多功能结构技术包括先进复合材料技术、无电缆连接技术、芯片模块技术、异种材料连接技术等,能够有效减轻卫星质量并显著提高卫星内部体积的使用率,是实现卫星轻量化、高承载的重要方式,对深空探测器的研发具有十分重大的意义。

2.3　新材料

卫星结构可采用轻质合金材料减轻质量,常用的卫星结构材料有钛合金、铝合金、镁合金、铝蜂窝夹层板、碳纤维复合材料等。随着科技发展,近年来也开发

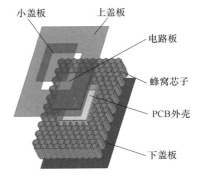

图 7　铝蜂窝夹层基体多功能结构舱板组成

出一些新型轻质合金材料,如高强镁合金、碳化硅复合材料、形状记忆复合材料和二氧化硅气溶胶复合材料等。

(1) 高强镁合金:该材料密度为 1.8 g/cm³,是铝合金密度的 2/3,具有极高的比强度、比刚度和良好的导热导电性能,并兼具电磁屏蔽、减振等功能和易于切削加工等优点。

(2) 碳化硅复合材料:该材料密度轻,相比铝合金结构可减轻25%以上。碳化硅具有良好的热稳定性、寿命长、不易受损、不受近地空间和深空间恶劣环境温度中变化的影响,可用于结构连接件和紧固件。

(3) 形状记忆复合材料:该材料是将记忆材料导入到复合材料内,利用记忆材料的特性实现具有记忆效应、伪弹性以及高阻尼的新型复合材料。该材料在卫星上多应用于可展开铰链机构、桁架、天线以及太阳电池阵部分结构等。该材料是在国际智能材料与结构领域的共同努力下才研发出的复合材料,可用于高效地处理卫星尺寸在火箭整流罩空间的部分问题,以及研发体积大、质量轻、收缩宽度小、展开效果优质的空间行动结构。

(4) 二氧化硅气溶胶复合材料:该材料密度低、导热系数小,是一种很有前途的轻型结构材料,目前已用于火星巡视器的电子仪器箱,能满足深空探测器对结构的轻质量和强热适应能力的要求。

3　卫星短周期集成制造技术研究

卫星短周期集成制造是指通过优化卫星结构设计、制造与 AIT 工艺,将卫星生产线模块化、机械化、自动化,实现卫星快速集成制造,满足快速响应任务需求和卫星星座批产量化需求。

3.1　优化卫星结构设计与制造工艺

通过优化卫星舱板结构及星上组件结构,改善卫星结构加工与制造工艺,如优化卫星框架结构,对批产卫星采用铸造、冲压、钣金成型、3D 打印等方式取代传统机械加工工艺,其中三维点阵材料是国际上认为最有前景的新一代先进轻质超强韧材料。金属 3D 打印作为一门先进的成形技术,实现了通过结构设计和轻质材料使用达到轻量化的可行性。激光选区熔化(SLM)是金属 3D 打印技术的重要研究方向,可以直接成型镂空点阵、中空夹层、一体化等复杂轻量化结构零件。而轻量化的结构设计结合轻质材料的使用,两者相辅相成可以实现零件质量的更大限度优化。图 8 所示为 3D 打印蜂窝板,图 9 所示为通过 3D 打印技术制造的"千乘一号"卫星。

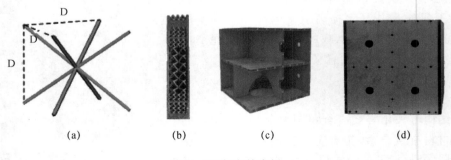

(a)　　　　　(b)　　　　　(c)　　　　　(d)

图 8　3D 打印蜂窝板

"千乘一号"卫星整星结构尺寸超过 500 mm×500 mm×500 mm,主结构是目前国际首个基于 3D 打印点阵材料的整星结构。点阵材料与泡沫材料相比,具有微结构有序的几何特征,可设计性更强。"千乘一号"微小卫星的整星结构质量占比降低至 15% 以内,整星频率提高至 110 Hz,整星结构零部件数量缩减为 5 件,设计及制备周期缩短至 1 个月。

图 9   通过 3D 打印制造的"千乘一号"卫星

3.2   优化整星研制流程

为适应低轨小卫星星座体系化应用需求,设计、实践出一套面向批产的小卫星研制模式。某批产小卫星星座通过整星仅一次合板即最终状态,产品交付即落焊,裁剪、简化环境试验,用投产管路模板实现卫星结构装配与管路焊装并行实施,发射场带翼运输,全无线测试等批产创新策略,构建了小卫星批产体系,实现了年出厂 20 颗以上 500 kg 级小卫星的目标,为建设高密度小卫星星座奠定了基础。批产策略与方法均经实际验证,与传统小卫星研制相比,将批产星总装、集成与测试(AIT)周期由 1 年以上缩减为 3 个月以内,将发射场工作周期由 35～50 天缩减为 20 天,实现了快速研制、快速发射与快速在轨应用,有效促进了低轨小卫星星座高效规模化部署。

4   关于卫星轻量化结构设计和短周期集成制造的思考

根据本文研究,得出关于卫星轻量化结构设计与短周期集成制造的几点思考:

(1)卫星采用模块化设计、各单机适应性结构(平板构型或集成在星体结构上),实现大规模批量制造("星链"卫星每月可制造 120 颗);

(2)改进各分系统互联方式,实现整星无缆化,便于卫星短周期集成;

(3)借鉴车船行业制造方式,改进整星研制流程,实现专人专岗 AIT 流水作业和卫星批量制造;

(4)通过星箭一体化设计保证卫星结构刚度和强度,便于一箭多星批量发射。

参考文献

[1] 郭金生,岳程斐,王峰. 高载荷比卫星的结构轻量化设计方法[J]. 哈尔滨工程大学学报,2021,42(10):1535-1542.

[2] GUO JINSHENG, YUE CHENGFEI, WANG FENG. Lightweight structure design method for satellites with high payload ratios[J]. Journal of Harbin Engineering University,2021,42(10):1535-1542.

[3] 李应典,张红英,王智磊. 某卫星平台轻量化、高承载设计技术研究[J]. 卫星与网络,2008(3):62-65.

[4] 吴林志,熊健,马力,等. 轻质夹层多功能结构一体化设计[J]. 力学与实践,2012,34(4):8-18.

[5] 陈昌亚,郑晓亚,姜晋庆. 卫星结构优化设计的建模问题[J]. 机械科学与技术,2005,24(1):66-69.

[6] CHEN CHANGYA, ZHENG XIAOYA, JIANG JINQING. On some modeling problems in the optimization of satellite structures[J]. Mechanical science and technology, 2005,24(1):66-69.

[7] Space Exploration Technologies Corp. Satellite constellations:US10843822B1[P]. 2020-11-24.

[8] 姚骏,谭时芳,李明珠,等. 一体化、轻量化卫星承力筒的研究[J].航天返回与遥感,2010,3(1):55-63.

[9] 陈有梅,余成锋. 卫星结构板优化设计[J]. 计算机辅助工程,2018,27(3):54-58.

[10] 胡帼杰,陈余军,王敏,等. 模块化热控技术及其在低轨卫星中的应用[J].宇航学报,2021,42(11):1396-1423.

[11] 刘飞,王炜,李金岳,等. 3D 打印技术在空间飞行器研制中的应用研究[J].航天制造技术,2018(6):58-62.

[12] 杨延蕾,江炜.在轨 3D 打印及装配技术在深空探测领域的应用研究进展[J].深空探测学报,2016,3(3):282-287.

[13] 段晟昱,王潘丁,刘畅,等.增材制造三维点阵结构设计、优化与性能表征方法研究进展[J].航空制造技术,2022,65(14):36-48,57.

[14] DUAN SHENGYU, WANG PANDING, LIU CHANG, et al. Research progress on design, optimization and performance characterization of additive manufactured 3D lattice structures[J]. Aeronautical Manufacturing Technology,2022,65(14):36-48,57.

一种支持批量测试的微系统自动老炼测试装置设计[①]

许振龙[1]　郭清源[1]　张庆利[2]　郭郑金[1]　李振宇[1]　韩笑冬[3]

（1. 山东航天电子技术研究所,山东·烟台,264006;

2. 空军装备部驻青岛地区军事代表室,山东·青岛,266114;

3. 中国空间技术研究院,北京,100094)

摘要：本文提出并设计了一种面向批量测试的微系统自动老炼测试装置,旨在满足我国航天与军用设备领域对元器件高质量与高可靠性的迫切需求。鉴于传统老炼测试设备普遍存在信号频率受限、在线监测能力薄弱、自动化程度低及运行稳定性不足等缺陷,这些设备难以有效支撑大规模集成电路在长时间内进行的批量老炼测试任务。因此,本研究创新性地开发了一种专用于系统级封装(SiP)微系统的自动老炼测试装置,该装置具备对多台设备进行同步老炼与测试的能力。

装置的设计涵盖了电源管理系统、接口设计优化、功能电路的创新布局以及监控软件的专项开发,共同构建了一个能够自主完成老炼测试流程、实时记录测试数据并显著提升测试效率的体系。在实际生产环境中的部署与应用验证了该装置的可靠性与实用性,不仅极大地提高了微系统老炼测试的效率,而且为航天工业领域内微系统可靠性的保障提供了强有力的技术支撑。

关键词：自动老炼测试装置;SiP微系统;批量测试;硬件设计;可靠性筛选

1　引　言

随着我国科学技术的飞速发展,军用和宇航级设备对元器件的质量可靠性、功能性能与环境适应性提出了更高的要求。为保证质量,在制造过程中尽早剔除带有潜在缺陷的元器件显得十分重要。

理论上讲,通常半导体集成电路的失效要比设备整机失效晚,但是在生产过程中,由于工艺、流程、材料等原因,不可避免地会留下缺陷(包括质量缺陷或潜在缺陷),使元器件的可靠性水平达不到设计指标。质量缺陷用一般的测试手段可以剔除,而潜在缺陷则需要随整机设备使用一段时间后方能暴露。老炼筛选试验是可靠性筛选的主要项目,其目的是通过对试件施加适当的温度应力及电应力,最大限度地暴露试件的工作故障。实验证明,提高元器件内部温度或偏压,能加速元器件潜在缺陷出现。根据可靠性工程理论,半导体电子产品从寿命开始到结束,其总的失效率符合标准浴盆曲线。为了缩短老炼时间,提高生产效率,需要施加适当的温度应力或电应力,诱发出元器件可能存在的潜在缺陷。

目前国内集成电路老炼设备与国外同类设备相比,存在着老炼信号频率低、无法做到在线

---

① 文章由"十四五"民用航天技术预先研究项目支持,指南编号:D030302。

监测与判断、单机老炼容量小、设备自动化水平低、长时间运行不稳定等问题，已经无法满足大规模集成电路大批量长时间的老炼测试需求。本项目设计了一种适用于 SiP 微系统的自动老炼测试装置，能够自动对同一温箱内的多台设备同时进行老炼和测试。在完成装置连接和加电后，使用上位机初始化，只需要人工设置元器件批次编号、老炼时间等初始参数，即可实现自动化老炼和测试。本设计解决了该类微系统老炼测试装置中人工手动测试依靠人工手动定时测试并记录导致的效率低下的问题，在保证了产品质量的同时提高了测试效率。

2 老炼试验方案

2.1 老炼理论

集成电路的整个生产工艺流程包括晶体生长、晶圆制备、光刻、腐蚀、离子注入、金属电镀、封装、打标等数百道工序。由于原材料、工艺和晶化环境等因素的影响，不可避免会产生一些局部微缺陷。根据可靠性工程理论，集成电路在使用寿命周期中总的失效率符合标准的浴盆曲线，分为三个阶段，即早期失效期、偶然失效期和损耗失效期。

如果不进行老炼试验，有缺陷的电路在使用过程中会出现初期致命失效或早期寿命失效。早期失效期的特点是集成电路在使用初期失效率较高，但随着使用时间的增长，失效率逐步下降。集成电路在失效率达到稳定状态并保持低失效率之前发生的失效都属于早期失效，该失效与集成电路的潜在缺陷有关。

应对早期失效的有效手段就是对集成电路进行老炼，通过老炼试验对电路施加合适的激励和应力，加速电路内部的物理、化学反应，以剔除具有栅氧化层介质击穿、热载流子效应以及金属电迁移等缺陷的电路，使电路尽早进入失效率较低的偶然失效期，从而提高电路的可靠性。

集成电路失效的反应速率与温度的关系可以用阿伦尼乌斯（Arrhennius）公式，即式（1）表示：

$$\frac{\mathrm{d}M}{\mathrm{d}t} = A\exp\left(-\frac{E}{kT}\right) \tag{1}$$

式中，$\mathrm{d}M/\mathrm{d}t$ 表示温度为 T 时的反应速率；E 表示物质在温度为 T 时的激活能；k 为玻尔兹曼常数（$k = 8.617 \times 10^{-5}$ eV/℃）；A 为常数。

2.2 试验方案

集成电路老炼的效果与老炼时间和老炼试验中施加的温度应力、电应力有关，其中电应力与施加的电压偏置、时钟频率和测试向量等相关。

老炼试验分为静态老炼和动态老炼两种，静态老炼仅给集成电路施加恒定的温度应力和直流电压偏置，内部晶体管不进行翻转，电路处于静态工作状态，老炼过程中无法监测电路的工作状态。

动态老炼除了对集成电路施加恒定的温度应力和直流电压偏置外，还对电路内部逻辑单元施加激励信号，使电路内部的晶体管得到翻转，即使电路所有功能运行起来。动态老炼能更有效地暴露集成电路潜在的缺陷，同时可以输出测试结果，实时监测电路工作状态。

为了实现老炼试验过程的实时监控与数据记录，设计了基于 RS422 或 CAN 总线通信的上位机监控系统。该系统能够定时执行老炼巡检任务，巡检周期为 10 min，巡检结果显示在上位机上，老炼过程监测项目和监测结果如表 1 所列。

表 1　动态老炼过程监测内容

序号	测试项目	监测方式	显示状态
1	定时 DDR3 存储器读写比对测试	上位机显示	DDR3 测试正确
2	CAN 总线通信	上位机显示	CAN 通信正常，显示巡检结果
3	结温、环境温度采集	上位机显示	显示温度信息
4	FPGA 配置完成指示	LED 灯	LED 灯亮起
5	电源电流测试	外接直流电源显示	各电源电压、电流在正常范围内，具体数据需要实测后确定

3　老炼系统设计

3.1　老炼试验基本布局

老炼试验装置由结构框架、老炼试验板（包含老炼测试插座）、测试计算机、测试电缆和温箱构成。其中，测试计算机、测试电缆和温箱是通用设备。

结构框架的作用是在老炼试验中固定老炼板，如图 1 所示，水平面上设计可以放置 6 个老炼板的框架，老炼板通过螺钉安装在边框上。边框上留有电缆捆扎和约束的装置，框架横向设置两个把手用于握持。

垂直方向如图 2 所示，设计四层支架用于放置 6 个一组的老炼板支撑框，可将多个老炼板安装在支架上进行批量试验。

单板布局如图 3 所示，包含一套供电和功能测试电路。单板使用外部直流电源供电，并留有两路 CAN 和一路 RS422 接口与调试机进行通信。

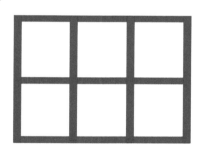

图 1　老炼板结构边框数量划分

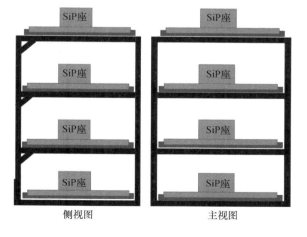

图 2　老炼板组合支架

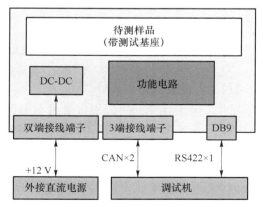

图 3　单板布局

3.2　硬件设计

单个老炼板硬件电路设计如图 4 所示。

3.2.1　板上供电设计

整板器件工作所需 1.05 V、1.2 V、1.5 V、1.8 V、2.5 V、3.3 V、5 V 电压由板上 LTM4644 变换或者电源分压而来,电源引脚附近加解耦电容,外接电源电压为 12 V, LTM4644 工作温度范围为－40～125 ℃,满足老炼试验要求。

单老炼板可以单独外接＋12 V 电源供电,也可以与其他老炼板串联,减少外接直流电源数量。供电或接插件时使用双端接线端子 MR30PB30 - F,接线和加工简单,可靠性高。电源串联接法如图 5 所示。

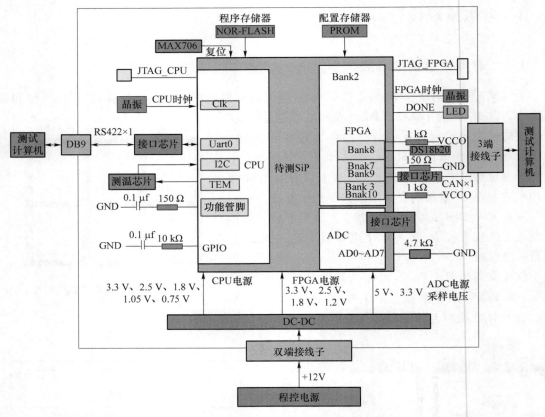

图 4　老炼板硬件电路设计框图

3.2.2　配置及接口设计

单个 SiP 老炼电路对外引出 1 路 RS422、1 路 CAN,作为调试和状态监测用,其中 RS422 由 CPU 引出,CAN 由 FPGA 端引出。RS422 用于板级调试,并作为老炼监视备用接口;1 路 CAN 口与 CAN - USB 盒连接,用作老炼过程状态监视接口,同时也连接到其他 SiP 老炼板,实现若干老炼板串列巡检。对外 RS422 接插件使用 DB9 接插件,CAN 通信接插件使用 3 端接线端子 XT30UPB30 - M,接线和加工简单。FPGA 通过读取外接电阻组合实现单板 ID 的识别。CAN 接口如图 6 所示。

该老炼测试装置已在生产中成功应用,完成了大量芯片的生产老炼及测试,大幅提高了生

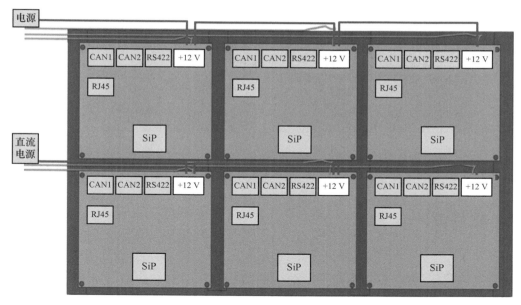

图 5 老炼板电源串联接法

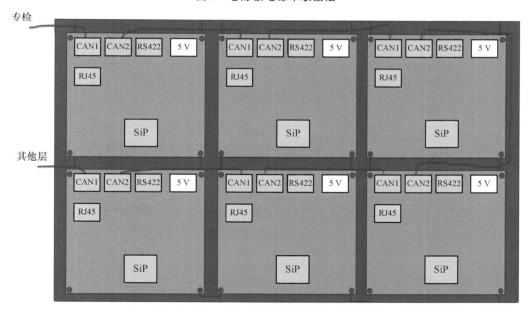

图 6 老炼板组合 CAN 接口

产效率。老炼装置实物连接如图 7 所示,以两块板串联供电和通信为例,CAN 盒一端连接测试计算机,一端连接至老炼板 1 上,同时通过电缆也连接到其他老炼板上,实现若干老炼板串列巡检;供电上采用老炼板串联供电的方式减少外接直流电源的数量,经由电缆同时给两块老炼板供电。

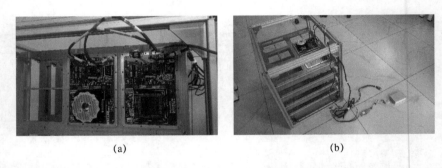

图 7　老炼装置实物连接

4　软件设计

4.1　监视软件设计

老炼过程中,SiP 运行状态由软件监视,并通过 CAN 总线与上位机通信,进行定时老炼巡检,巡检结果通过 CAN 显示在上位机上,老炼过程监测项目和监测结果如表 2 所列。

表 2　动态老炼过程监测内容

测试项目	测试方法	监测方式	显示状态	软件类型
DDR3 巡检	上位机发出 DDR3 测试指令,CPU 接收指令后对 DDR3 存储器进行读写比对,比对结果作为遥测返回	上位机显示	显示 DDR3 读写比对结果正确。	CPU 软件
NOR-FLASH 巡检	上位机发出 NOR_FLASH 测试指令,CPU 接收指令后读取 NOR-FLASH ID 号,并将 ID 号作为遥测返回。	上位机显示	显示 ID 数值,且与预设数值相同	CPU 软件
ADC 巡检	上位机发出 ADC 测试指令,CPU 接收指令后读取 8 通道数值,测量值作为遥测返回	上位机显示	显示通道采集数值,且与预设相同。	FPGA 软件
CPU 结温巡检	上位机发出结温采集指令,CPU 接收指令后测量 CPU 结温,采集结果作为遥测数据返回	上位机显示	显示结温数据,且与预设相同。	CPU 软件
环境温度巡检	上位机发出环境温度采集指令,FPGA 接收指令后测量环境温度,采集结果作为遥测数据返回	上位机显示	显示温度数据,且与预设相同。	FPGA 软件
CAN 通信	监测单板 ID,识别老炼板在线情况;与上位机通信,接收控制指令,发送遥测数据	上位机显示	CAN 通信正常,且显示巡检结果	FPGA 软件
电源电流测试		外接直流电源显示	电源电压、电流在正常范围内	

4.2 上位机设计

上位机通过 CAN 总线与老炼板通信,监视状态并显示遥测数据,具备以下功能。

(1) 具有手动输入元器件批次号、编号功能。

(2) 具备手动输入试验时长和试验倒计时功能。

(3) 具备添加批次号和编号后,单击"建立"按钮,可直接生成对应文件夹功能,文件夹名称为元器件型号+批次号+编号。

(4) 具备手动输入测试指令功能,可以手动或定时发送指令(默认定时 10 min,时间可修改);遥控指令发送累计次数记录在循环次数界面;可以选择单独某一路、几路或全部发出指令。

(5) 具备 CAN 通信异常或者遥测数据异常报警功能。

(6) 具备遥测数据手动和自动保存功能,每次轮询测试后自动保存一次遥测数据,也可以随时手动保存数据,数据自动保存到 txt 文档中,命名为元器件型号+自动更新的时间戳。

4.3 上位机软件页面设计

上位机软件页面设计如图 8 所示,上位机软件由四个区组成:菜单栏用于设置软件的工作模式,老炼实验时用到主菜单下的"一键连接"按钮与"一键断开"按钮,其他功能均为调试开发用;配置区用于配置老炼的时间等参数;显示区显示通过 CAN 总线采集到的老炼板状态;导航区用于单独的调试与开发。

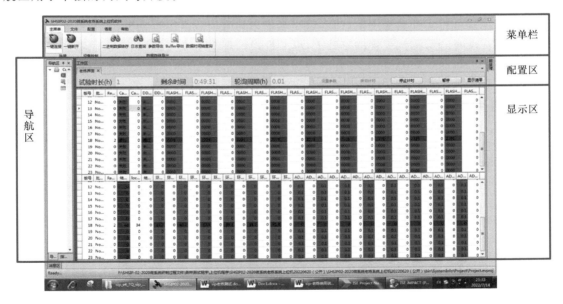

图 8 上位机软件页面设计

5 测试验证

测试验证结果如图 9 所示,在实物连接完成后,启动上位机软件,单击左上角"一键连接"按钮。随后选择"设置参数"选项,输入试验时长、轮询周期、板号等基本信息后,单击"启动计时"按钮即可开始自动化老炼测试。软件将按照设定的轮询周期,依次对各板进行轮询测试,若结果测试结果正常,则对应数据框会显示为绿色;若测试结果异常,则会显示为红色并报警。所有测试结果都会存储在对应文件夹下的 txt 文件中。

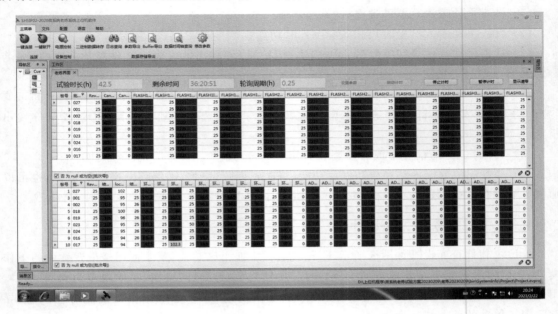

图 9　测试验证结果

后续将继续进行多种老炼周期试验,并对老炼中的测试数据进行分析,评估该老炼装置的具体性能。在现有老炼测试装置的基础上,以柔性设计理念不断完善该装置,使其能够支持更多类型的芯片进行老炼和测试,并将分散的各老炼装置形成互联,实现统一的控制和监测。

6　结束语

本文针对 SiP 微系统的自动老炼试验和测试进行研究,设计了一种支持批量测试的微系统自动老炼测试装置,通过实际生产试验应用,验证了其能够满足航天工业行业标准的需求。本设计解决了微系统的自动老炼问题,规范了老炼装置的设计标准,并推动了微系统老炼装置的发展,具有重大的工程实践意义。

参考文献

［1］赵臣龙.电子元器件可靠性测试与评估分析[J].集成电路应用,2024,41(6):50-51.DOI:10.19339/j.issn. 1674-2583.2024.06.022.

［2］刘龙超.电子元器件质量保证技术的现状和发展综述[J].电子技术,2024,53(4):357-359.

［3］詹家强.电子元器件老炼筛选方法研究[J].电子制作,2024,32(3):85-87,69.DOI:10.16589/j.cnki.cn11-3571/tn.2024.03.025.

［4］张洪俞,朱刚俊,董泽芳.一种芯片的参数温度变化率批量测试方法[J].集成电路应用,2024,41(3):10-12.DOI:10.19339/j.issn.1674-2583.2024.03.005.

［5］唐海洋,刘波,顾林.1553B 芯片老炼试验方法研究及其自动化实现[J].电子设计工程,2021,29(4):84-87.DOI:10.14022/j.issn1674－6236.2021.04.019.

[6] 王涛,钱昀莹,韦凯,等.DSP 芯片动态老炼系统设计与实现[J].电子设计工程,2024,32(1):15-18,23.
   DOI:10.14022/j.issn1674-6236.2024.01.004.

[7] 应旺.大规模集成电路老炼的分析与研究[D].南京:南京理工大学,2011.

[8] 王茉.军用集成电路老炼筛选技术研究[D].哈尔滨:哈尔滨工业大学,2012.

[9] 吴宏丽.可编程逻辑器件 CPLD 的高温动态老炼试验设计[J].山西电子技术,2023(2):55-59.

[10] 刘鑫.基于 FPGA 的数字滤波及国产化芯片动态老炼实现[J].电子设计工程,2023,31(4):183-187,
   193.DOI:10.14022/j.issn1674-6236.2023.04.038.

[11] 李军求,刘天照.高速模数转换器动态老炼技术探讨[J].电子产品可靠性与环境试验,2019,37(5):
   44-48.

[12] 李小亮.DDR3 芯片基于 XR8238A 全地址全功能老炼过程测试[J].电子与封装,2020,20(2):63-66.
   DOI:10.16257/j.cnki.1681-1070.2020.0212.

基于软件策略的抗空间环境辐照容错技术

赵雪纲[1]　邱化强[2]

（1. 山东航天电子技术研究所，山东·烟台，264003；

2. 北京神舟航天软件技术有限公司，北京，100094）

摘要：安全可靠是航天装备的最根本要求，也是对装备计算机系统的基本要求，目前航天计算机系统的容错方法主要采用抗辐照芯片设计、TMR、EDAC、ECC 等，存在执行灵活性低、数据隔离性不足、容错成本高等问题，尚缺乏使用操作系统进行软硬件协同的"软加固"容错方法研究。本文在综合国内外航天计算系统的抗辐照容错技术基础上，概述了四项基于软件定义的抗空间环境辐照的"软加固"容错技术：基于双内核的数据管理实时操作系统内核级容错技术、基于软硬件协同的应用数据完整性保护技术、基于冗余编码的关键应用数据检错与纠错技术和基于动态加载的可靠性增强技术，以期能丰富基于软件策略的抗空间环境辐照容错技术成果。

关键词：软件定义；容错技术；软加固

1 引 言

在宇航领域应用的电子设备中，因空间环境辐照而引起的器件失效是导致设备性能下降或失效的主要原因之一。空间环境中的辐照是由太阳系内外各种辐射源发射出的粒子如电子、中子、质子等形成，这些粒子通常具有很高的能量，其产生的辐射效应不仅能够引起电子元器件的性能退化，而且还会导致设备失效。

根据影响方式不同，空间辐射效应大致可分为总剂量积累效应和单粒子效应两大类。总剂量积累效应是电子设备长期处于高强度辐照环境下而逐渐老化的一种效应，导致设备性能缓慢且不可逆的退化，最终使得设备彻底损坏；单粒子效应是指单个的高能粒子导致的电子器件状态改变或异常，主要包括单粒子翻转事件（SEU）、单粒子锁定事件（SEL）和单粒子烧毁事件（SEB）等。

据统计，在过去几十年中美国平均每年有两颗人造卫星的部分任务或整体任务的失败，这都是因为电子零件受辐射影响造成的，其中 71% 是由空间辐射效应引起的，而单粒子效应导致的故障占总故障的 55%；我国的"风云一号"气象卫星由于多次发生单粒子事件，致使其姿态控制系统失效而过早退役；美国的"旅行者 2 号"探测器也在 2010 年由于发生瞬时故障而导致系统失效，在对硬件重启后才得以恢复。一般来说，SEL 和 SEB 难以通过纯软件的方法解决，一般需要采用重新断电或启用备份系统才能继续正常工作。而 SEU 导致的是瞬时故障，可以通过软件的方法在很大程度上避免，且单粒子效应中 SEU 占绝大多数，因此使用软件容错方法可以很大程度上减少单粒子效应对星载计算机系统的影响。

采用"软加固"容错方法应对空间单粒子效应问题，能有效应对航天计算机系统内存中数据受单粒子效应的影响导致的突变，是保障航天计算机系统可靠性的重要技术手段。

2　应用需求

安全可靠性是航天装备的最根本要求,也是对航天计算机系统的基本要求。航天装备运行在严酷的空间环境中,需要具备较强的容错能力。

(1)航天计算机系统对设备的可靠性要求非常苛刻,通过使用冗余和容错等可靠性设计技术来实现错误的自动屏蔽或自动修复,提高系统的可靠性,延长系统的使用寿命。

(2)目前航天计算机系统在设计上只能对预定的故障进行容错,而在实际运行中的故障具有很大的不确定性,如何能实现对未知故障的容错是新一代航天装备亟须解决的问题。

(3)目前航天计算机系统的容错方法主要采用抗辐照芯片设计,硬件自身的错误检测和校正(EDAC)、纠错码(ECC)、奇偶校验,以及三模冗余容错(TMR)等容错方法,存在灵活性低、数据隔离性不足、容错成本高等不足,尚缺乏使用操作系统进行软硬件协同的“软加固”容错方法应用。

(4)容错技术的高度灵活需求。“软加固”的技术手段相对硬件修改的实现有较大的灵活性,可以根据实际需要采用不同程度的加固策略,并能很方便地进行修改和移植,也可以在系统部署完成之后对某一软件模块单独实施加固。另外,“软加固”技术作为独立的技术手段,还可在硬件提供一定抗辐照能力的基础上进行“再加固”,进一步提高系统的可靠性。

3　研究设计

3.1　基于双内核的数据管理实时操作系统内核级容错

容错内核基于数据管理实时操作系统(OS)超核的双内核——高性能控制核(High Performance Control Core,HPCC)和高可靠控制核(High Reliability Control Core,HRCC),内核容错守护线程以及软件容错守护线程构成,具体说明如下。

(1)双内核容错模块。OS超核是整个系统的控制核心,它监控由用户任务定义的整个系统的行为。OS超核为双内核的形式——HPCC和HRCC。HPCC用于保证系统的实时性,HRCC用于保证系统的可靠性。一旦HPCC控制系统发现故障,则由HRCC接管系统,系统进入容错处理状态,容错处理完成以后,恢复由HPCC控制系统。

(2)内核容错守护线程的第一个功能是作为对实时任务双内核容错的故障决策模块,判断实时任务是否发生了故障;其另一个功能是对硬件永久性故障进行处理,当发现硬件故障后(如空间环境下由SEL引起的故障),首先中断当前系统中的所有用户任务,然后对系统进行降级与重组,重组后的系统可以较低的性能运行;其最后一个功能是发现并处理内核自身故障,在确定内核发生了故障后,守护线程使用软件重新恢复技术来对内核进行重新恢复。

(3)软件容错守护线程的功能是为用户任务提供容错过程。其根据用户提供的策略(或系统默认的策略)和相应的容错辅助例程,对用户任务调用对应机制或策略接口,并监控整个容错过程的执行,并且在任务发生故障时候,运行相应的策略对任务代码进行恢复。

通过采用基于数据管理实时操作系统的双内核机制进行容错,主要针对空间辐照环境下的数据和代码进行防护,实施的基本思路如下。

(1)数据保护。

① 通过编译器静态分析目标码,提取数据敏感区读写指令,自动嵌入数据保护代码,支持系统运行时的数据安全保护。

② 在系统运行过程中,当操作系统对敏感数据区域进行写操作时,数据保护代码将访问的敏感区数据存入数据备份表 MUST。

③ 当读数据操作时,首先对读取的数据进行正确性校验,若校验结果正确则直接读取,否则访问 MUST 表读取备份数据,恢复被空间辐照破坏的数据。

(2) 代码保护。

① 在系统装载阶段,对关键代码区进行备份。

② 当关键代码因空间辐照被破坏时,系统将捕获到处理器读取指令异常,并启动代码修复流程。

③ 代码修复过程为:保护系统运行上下文,并通过 PC 指针定位出错代码段地址,由备份代码中提取代码片段,或者采用模块动态加载方法(见 3.4 节介绍)恢复到指定区域,恢复上下文并重新执行指令。

3.2　基于软硬件协同的应用数据完整性保护

基于软硬件协同的应用数据完整性保护技术是通过优化操作系统的内存管理模块,将系统关键数据进行跨分区的三冗余备份,即在保证冗余内存块之间的地址分布性和数据之间有效隔离的基础上,结合利用 EDAC 电路异常捕获机制,在 EDAC 报告内存异常时对冗余内存块进行比对,而不是在每次取数据时都进行比对,从而有效提高数据容错的执行效率。通过操作系统实现跨分区的空间单粒子翻转容错技术原理示意如图 1 所示。

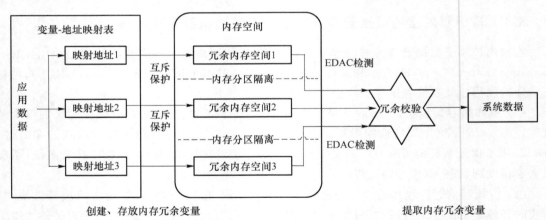

图 1　通过操作系统实现跨分区的空间单粒子翻转容错技术原理

基于软硬件协同的应用数据完整性保护技术的应用流程如图 2 所示。

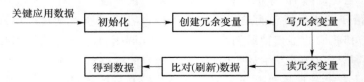

图 2　基于软硬件协同的应用数据完整性保护技术的应用流程

3.3 基于冗余编码的关键应用数据检错与纠错

采用汉明码来对内存进行冗余编码,可以提高数据的检错和纠错能力。用汉明码来进行冗余编码纠错,如果要纠正 d 个错误,则编码集的汉明距离至少应为 $2d+1$。设计采用 8421 汉明纠错码,每 8 位数据有 4 位冗余编码信息,能够纠正 8 位数据位中的 1 位错误,纠错率为 12.5%,具有很高的纠错率。

设计使用了一个检错/纠错结构来联系被监护数据和冗余信息,由于监护数据要参与后续运算,因此必须将被监护数据和冗余信息分开存放,系统提供特定的操作供用户检错/纠错。检错/纠错的设计原理示意如图 3 所示。

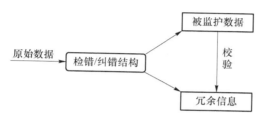

图 3　检错/纠错设计原理示意图

当系统需要监护某些关键数据的时候,首先初始化内容冗余编码机制,系统将根据用户提供的数据块大小分配内存,该内存用来存放冗余信息,大小为数据块的一半,同时系统还须分配一个结构用于保存被监护数据和冗余信息间的逻辑关系。随后执行一次校验运算,将与当前数据块对应的冗余信息计算出来存入校验码内存中。内存中被监护数据和校验码之间的关系如图 4 所示。

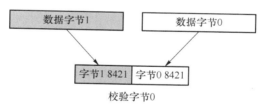

图 4　被监护的关键数据与校验码之间的关系

被监护的关键数据块中的 2 字节长度对应校验区中的 1 字节,按照顺序从高位到低位。计算的时候从数据字节 0 可以计算出 4 位 8421 的汉明校验码,这 4 位汉明校验码存放在校验字节 0 的低 4 位,而字节 1 的 8421 校验码则通过计算之后放在校验字节 0 的高 4 位。校验码计算之后,可按内存冗余编码结构对关键应用数据进行检错与纠错。

内存冗余编码结构流程如图 5 所示。

系统首先初始化汉明校验过程,指明监护某数据块,并且创建相应的监护结构和冗余信息空间。然后计算汉明校验码,当被监护的数据块发生改变时,原先的校验码就已经失效,用户就需要重新计算数据块的汉明校验码,存入冗余信息空间中。用户读取数据时,根据校验结果检测用户所监护的数据是否发生了非预期的改变。如果发生改变,系统可用校验码来纠正被监护数据块的 1 位数据错误。当任务决定取消对某数据块的守护时,系统就释放汉明校验码的内存空间和检错/纠错结构,被监护数据块仍由用户进程本身管理,此时整个检错/纠错过程就已经完成。

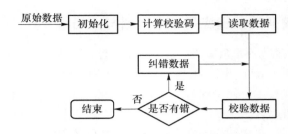

图 5　内存冗余编码结构流程

3.4　基于动态加载的可靠性增强

动态加载机制是操作系统中广泛采用的一种软件加载方式,它强调将应用和所需的代码库分离,只有当需要时才从文件系统中加载目标代码,强调运行时加载。利用动态加载机制,构建基于模块的嵌入式软件结构,能够解决航天计算机存储资源受限的问题。一般来说,普通的嵌入式系统开发时需要把应用所需的所有库编译进系统,启动时一次全部加载到内存中。而按模块组织航天计算机的软件系统,利用动态加载机制,把暂时不需要调用的模块先存放在外存设备上,需要时再进行加载,能够在节约计算机嵌入式系统内存空间的同时降低系统耗能,并且当模块被判定不再使用时,可以进行卸载,回收内存空间,这对内存资源紧张的航天嵌入式系统十分必要。此外,在系统运行时将程序读入内存,还能够使计算机的软件系统配置变得更加灵活,以支持其他各种功能和应用设计。

动态加载机制作为系统容错技术之一,为航天计算机的故障检测和恢复机制提供一系列支持,其主要工作流程包括如下内容。

(1) 通过硬件检测或"软加固"技术中故障检测方法获得故障内存单元地址,并由该地址能够定位到相应的故障模块。

(2) 通过故障模块原有的内存映像重新加载模块,实现对故障内存单元的重写,从而恢复内存单元的瞬时故障。

(3) 通过重新运行故障任务以及依赖于该模块的其他任务,实现故障恢复。

在航天计算机的故障检测和恢复中,基于模块动态加载机制进行可靠性增强的应用场景主要包括如下几个方面。

(1) 单粒子翻转故障恢复。单粒子翻转是一种瞬时故障,能够通过对故障内存单元的重写实现故障的恢复。利用动态加载机制不仅有助于系统确定重写的内存区域,还能够通过在系统运行时动态加载模块到内存空间,实现这一内存的重写过程。

(2) 重启自动恢复。系统的重启是解决一些软件和硬件故障的最终手段,但是重启前系统的动态配置将在重启后丢失,需要实现相应的恢复机制。通过动态加载机制能够将故障的恢复转换为模块的自动加载,从而提高系统的恢复效率。

(3) 航天计算机的故障检测。航天计算机的故障检测流程通常是循序渐进的,针对不同的检测结果产生下一步的检查方案。将不同的检测方案以模块的形式存储在文件系统中,通过动态加载机制进行动态的调用,而不需要将所有策略同时读入内存,能够有助于航天计算机的可靠运行,提高检测效率。

(4) 设备容错运行。航天计算机在运行中可能发生各种设备故障,但是远离地面的太空环境使得设备的维护和更换变得特别困难。通过动态加载机制一方面能够支持系统切换到冗余设备,继续正常工作;另一方面,对于无法替换的设备,执行尽量运行的容错策略,隔离设备故障,保证其他任务的正常运行。

此外,通过动态加载机制引入基于模块的软件设计,还能够用以实现其它可靠性设计策略,增强航天计算机的扩展性,主要包括以下几点。

(1)软件系统的动态配置与升级。航天计算机在运行中有动态配置与升级的需求,然而在通常的计算机嵌入式系统设计中,软件系统固化在外存中,在运行时不能发生任何更改,难以应对复杂多变的系统任务。通过动态加载机制能够构建基于模块的软件系统结构,从模块的角度出发,实现系统的动态配置与升级。

(2)任务的动态定制。针对航天计算机的动态任务需求,基于动态加载机制为系统带来的灵活性,能够实现相应的任务动态定制技术,支持系统的动态扩展。

综上所述,动态加载机制能够在满足航天计算机资源受限的约束条件下,支持航天计算机的容错设计和动态配置,能够在不影响其他可靠性设计的基础上,为航天计算机提供额外的可靠性增强支持。

4 结 论

与一般的地面计算机嵌入式系统相比,工作在复杂空间环境下的航天计算机系统既受到整个航天器对质量和功耗的基本设计约束,又承受复杂空间环境的强辐射等影响,由于其故障发生概率较高,且一旦出现故障其维修极其困难,因此必须要求更高的可靠性。一般来说,航天计算机的故障因素主要源于太空中的辐照,因而通常采用抗辐照电子元件和冗余结构等硬件设计进行防护。但近年来,直接采用加固后的、具有更高性能、更低成本的商用现成产品(Commercial Off-The-Shelf,COTS)芯片已成为计算机设计的一种新趋势,采用"软加固"容错方法已经成为保障航天计算机嵌入式系统可靠性的重要技术手段之一。

本文概述了四项基于软件定义的抗空间环境辐照"软加固"容错技术,包括基于双内核的数据管理实时操作系统内核级容错技术、基于软硬件协同的应用数据完整性保护技术、基于冗余编码的关键应用数据检错与纠错技术和基于动态加载的可靠性增强技术,以期能丰富基于软件策略的抗空间环境辐照容错技术成果。

参考文献

[1] MAZUR J E. An overview of the space radiation environment[J]. CrossLink:The aerospace corporation magazine of advanas,2003,4(2):10-14.

[2] SCARPULLA J,YARBROUGH A. What could go wrong? The effects of ionizing radiation on space electronics[J]. CrossLink is aerospace technology,2003,4(2):15-19.

[3] 丁义刚. 空间辐射环境单粒子效应研究[J].航天器环境工程,2007,24(5):283-290.

[4] 王长河. 单粒子效应对卫星空间运行可靠性影响[J].半导体情报,1998,35(1):1-8.

[5] 胡文瑞. 中国空间科学进展(文集)[M]. 北京:国防工业出版社,1995.

[6] 孟宪凯. 面向航天应用软件的源代码级软加固技术研究[D]. 长沙:国防科学技术大学,2014.

[7] 孙鹏. 星载计算机系统软件容错技术研究[D]. 合肥:中国科学技术大学,2007.

[8] YURCIK W,DOSS D. Achieving fault-tolerant software with rejuvenation and reconfiguration[J]. IEEE Software,2002,18(4):48-52.

[9] 卜雷雷. 基于FPGA的星载RAM抗SEU的研究与设计[D]. 成都:电子科技大学,2010.

[10] 邓岸华. 空间操作系统动态加载机制的设计与验证[D]. 西安:西安电子科技大学,2022.

宽带频率选择极化转换超表面研究

张雪伟　王豹　刘鹏　赵生辉　庞晓宇

（中国航空工业集团公司济南特种结构研究所高性能电磁窗航空科技
重点实验室，山东·济南，250023）

摘要： 本文将带通型频率选择表面和极化转换器相结合提出了一个可用于缩减后向雷达散射截面的新型频率选择极化转换器。所提出的 FSPC 结构由上层的弯折双箭头型反射极化转换层和下层的切角 FSS 层级联组成，其中用来产生极化转换功能的弯折双箭头型反射层和 FSS 的切角贴片层均打破了 x 和 y 方向的对称性，具有各向异性。仿真结果表明，3 dB 传输窗口范围为 $8.9 \sim 14$ GHz，相对带宽 45%，同极化反射系数小于 -10dB 带宽 135% 范围为 $3.9 \sim 20$ GHz，所设计的 FSPC 在通带两侧 $4 \sim 7.9$ GHz 和 $16.3 \sim 20$ GHz 两个频带范围内的反射极化转换率均大于 90%。此外，将设计的 FSPC 进行 1 bit 棋盘式排布构成的频率选择极化转换超表面实现了 $3.5 \sim 23$ GHz 宽带范围的后向散射能量缩减。与传统极化转换器相比，所设计的 FSPC 具有一个宽带传输窗口的频率选择性能，可应用于隐身雷达罩设计，在带内保持信号高效传输的同时实现带外低后向 RCS。

关键词： 频率选择表面；编码超表面；低后向散射；雷达散射截面

1　引　言

频率选择表面（Frequency Selective Surface，FSS）是一种周期性排列的人工电磁结构，因其优良的频率选择特性被广泛用于隐身天线罩设计。带通 FSS 雷达罩可以在通带内具有很好的电磁传输性能，而不影响雷达的工作，在雷达工作频带外，FSS 雷达罩可以视为金属罩，结合隐身形状的一体化设计可以减少后向雷达散射截面（Radar Cross Section，RCS），达到带外隐身的效果。

相梯度超表面及编码超表面是常用的降低 RCS 的方法，通过调整各单元的反射相位，使入射电磁波通过漫反射向周围散射，降低目标的镜面反射和后向 RCS。近年来，研究者采用多种各向异性结构来设计极化转换器，如双箭头结构、开口环共振器、鱼骨结构、V 形结构等。参考文献[6]中利用二维相梯度超曲面实现了 $8 \sim 17$ GHz 的宽带后向 RCS 减小。在参考文献[7]中，通过对相梯度超曲面的单位相位编码，在同一反射超表面上实现了宽带 RCS 减小和单频镜像反射。目前，很少有文献能够集成设计 FSS 的频率选择特性和超表面散射特性，通过单一结构实现不同频率范围的高效传输和宽带后向散射减少相融合。本文根据隐身雷达罩高传输和带外隐身的需求，提出了一种新的频率选择极化转换超表面结构，可以实现高效的带内传输和带外后向散射缩减。所提出的频率选择极化转换器（Frequency – Selective Polarization Converter，FSPC）由一个多层 FSS 结构和一个双箭头型极化转换层组成。多层 FSS 的第一层进行切角处理，实现了高效传输窗口和通带高频侧的极化转换。双箭头型结构层用来实现通带低频侧的极化转换。结果表明，3 dB 传输窗口范围从 $8.9 \sim 14$ GHz，同极化反射系数小于 -10 dB 带宽 135%。此外，所设计的 FSPC 实现了两个极化转换率超过 90% 的极化转换带（4~7.9 GHz 和 16.3~20 GHz）。进一步利用所提出的 FSPC 结构进行了 1 bit 棋盘式编码超表面，实现了 3.5~23 GHz（相对带宽为 122%）范围内 RCS 缩减。该研究可应用在具有带内高效传输带外低后向散射的隐身雷达罩设计。

2　FSS 结构设计

图 1(a) 为典型三阶带通 FSS 结构，由上下层的金属贴片和中间的缝隙层组成，三层金属层之间通过两层介电常数为 2.2 的介质层隔开。图 1(b) 为三阶带通 FSS 同极化透射和反射系数，图 1(c) 为三阶带通 FSS 交叉极化透射和反射系数。$r_{xy} = E_x^{\mathrm{Ref}}/E_y^{\mathrm{Inc}}$，$r_{yy} = E_y^{\mathrm{Ref}}/E_y^{\mathrm{Inc}}$ 分别为 y 极化入射 x 极化反射的交叉极化反射系数和 y 极化入射 y 极化反射的同极化反射系数，$t_{xy} = E_x^{\mathrm{Trans}}/E_y^{\mathrm{Inc}}$，$t_{yy} = E_y^{\mathrm{Trans}}/E_y^{\mathrm{Inc}}$ 分别为 y 极化入射 x 极化透射的交叉极化透射系数和 y 极化入射 y 极化透射的同极化透射系数。由图 1 带通 FSS 仿真结果可以得到 1 dB 传输通带范围为 9.2~14.8 GHz，同极化和交叉极化的透射与反射系数均低于 -60 dB。

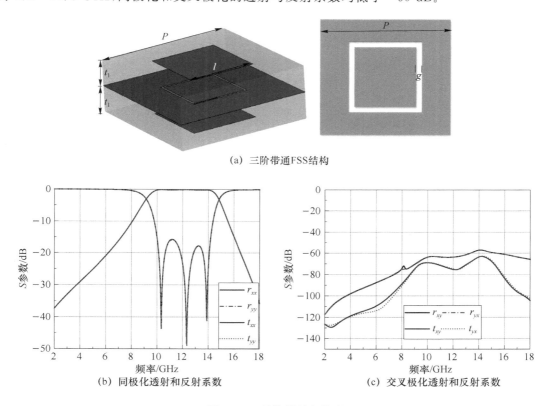

(a) 三阶带通FSS结构

(b) 同极化透射和反射系数　　　　　(c) 交叉极化透射和反射系数

图 1　FSS 结构设计与仿真

基于图 1 中带通 FSS 结构进一步对上层贴片进行了切角设计，如图 2 所示。切角边长为 a。介质基板的介电常数和损耗角正切分别 2.2 和 0.001，其余结构参数保持不变，仿真结果如图 3 所示。

三阶耦合型 FSS 的上层金属贴片沿对角线切去对角后，当电磁波电场方向沿着 x 或 y 轴入射时，上下层金属贴片和中间层缝隙的耦合特性仍然存在，因此切角 FSS 在 9.4~14.2 GHz 范围内仍然能产生一个插损较小的透射带，如图 3(a) 所示，从中可以看出，尽管带通 FSS 的上层贴片沿着对角线被切去两个角,打破了其结构在 x 轴和 y 轴方向上的对称性,但是其沿着与 x 和 y 方向相差 45°的方向上对称,因此正入射时 x 极化和 y 极化下的同极化和交叉极化的 S 参数曲线完全重合,即正入射时对入射电磁波的极化方式不敏感;同时,其在 x 和 y 方向的对称性被打破,因此在 15～20 GHz 频率范围产生了一个反射极化转换带,如图 3(b)所示,透射带内交叉极化反射系数 r_{xy},r_{yx} 和交叉极化透射系数 t_{xy},t_{yx} 明显增大,因此切角后的同极化透射带宽小于带通 FSS 的同极化透射带且带内插损有所增大。进一步计算了切角 FSS 的反射极化转换率,如图 4 所示,其中极化转换率超过 80% 的范围为 15.5～20 GHz,而其透射极化转换率在整个工作频段内均小于 20%。

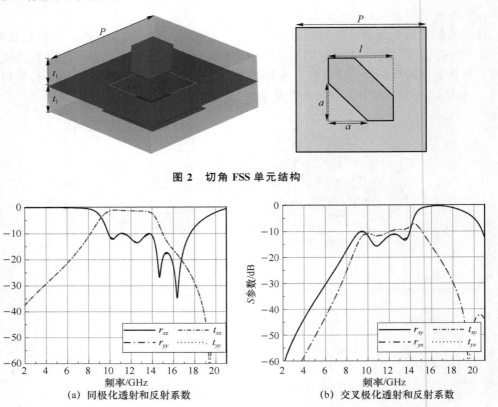

图 2　切角 FSS 单元结构

（a）同极化透射和反射系数　　　　　（b）交叉极化透射和反射系数

图 3　切角 FSS 结构仿真结果

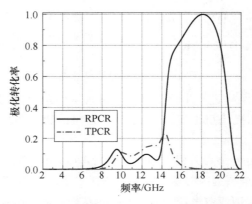

图 4　切角 FSS 的反射极化转换率和透射极化转换率

3 FSPC 设计

在上节中通过在带通 FSS 的上层贴片进行切角处理,实现了中频透波、高频极化转换的功能,但是该切角型 FSS 在通带的低频仍然具有强烈的同极化反射特性,增加了目标暴露的风险。因此,在通带的低频处也应当尽可能地降低其 RCS,使目标在较宽的频带范围内都具有低 RCS 特性,增强其隐身效果。进一步地,在低频进行极化转换结构设计,再通过对互为镜像的两个单元编码的方式降低低频的后向 RCS。提出的 FSPC 结构由切角型 FSS 结构和双箭头极化转换层组成,如图 5 所示,双箭头层用于实现通带低频侧的极化转换带,双箭头极化转换层位于介电常数为 2.2 的介质基片上,与下切角 FSS 的距离为 h,为了抑制高频谐振,在双箭头极化转换层上加载了集总电阻。双箭头弯折型极化转换层沿单元对角线对称,在正入射时对于 x 极化波和 y 极化波入射是极化不敏感的。所提出的 FSPC 的仿真结果如图 6 所示,结果表明 3 dB 传输窗口的范围为 8.9~14 GHz,相对带宽 44.5%,与上节切角 FSS 相比,其高频处的交叉极化反射带保持不变,在低频处新增了一个交叉极化反射带。该设计的 FSPC 交叉极化的两个反射带分别为 3.6~8.5 GHz 和 14.5~20.5 GHz,并且在整个 3.9~20 GHz 频率范围内,FSPC 的同极化反射系数小于 -10 dB,因此 FSPC 具有较好的降低同极化反射系数的作用,即具有较好的同极化隐身性能。为了更直观地表现出 FSPC 的极化转换效率,计算了其反射极化转换率 RPCR 和透射极化转换率 TPCR,如图 6(b) 所示,设计的 FSPC 实现了两个极化转换频段,极化转换率超过 90%。此外,FSPC 在透射带内反射极化转换率和透射极化转换率都较低,保证了透射带内的高透射效率。

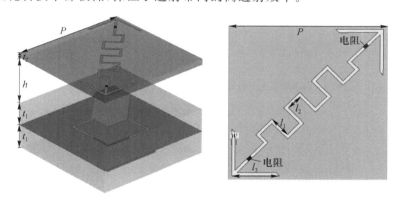

图 5 FSPC 单元结构图

图 7 和图 8 分别计算了 TE 极化与 TM 极化下不同角度入射时 FSPC 的反射系数和透射系数。从图 7 和图 8 中可以看出,不论是 TE 极化波还是 TM 极化波在高频极化转换频段,其同极化反射系数和交叉极化反射系数大角度稳定性相对较差。对于透射系数而言,在透波频段同极化透射系数的角度稳定性较好。对 TE 和 TM 极化大角度入射下低于 15 GHz 时,其同极化透射系数和交叉极化透射系数均比较稳定,说明 FSPC 通带的稳定性较好,而当角度增加到 30°时,其同极化反射系数变化比较明显,而交叉极化反射系数稳定性较好。

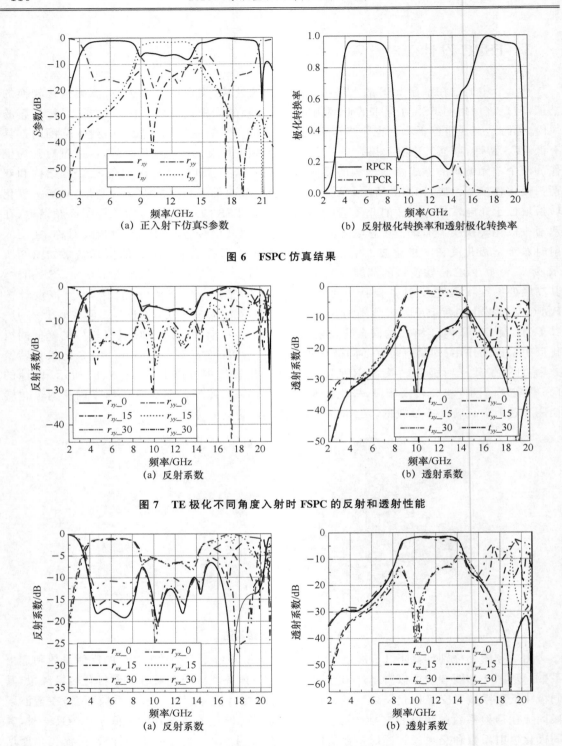

（a）正入射下仿真S参数　　　　　　　（b）反射极化转换率和透射极化转换率

图 6　FSPC 仿真结果

（a）反射系数　　　　　　　　　　　（b）透射系数

图 7　TE 极化不同角度入射时 FSPC 的反射和透射性能

（a）反射系数　　　　　　　　　　　（b）透射系数

图 8　TM 极化不同角度入射时 FSPC 的反射和透射性能

4 FSPC 宽带 RCS 缩减应用

所设计的 FSPC 单元及其镜像单元,分别称为 0 单元和 1 单元,如图 9(a)所示,0 单元和 1 单元的交叉极化反射相位差为 180°,而两者的同极化反射相位差为 0°。需要注意的是在两个极化转换带内交叉极化反射相位差为 180°,且交叉极化反射系数大于 0.9,这就说明 0 单元和 1 单元符合相位编码超表面幅值和相位的要求,可以作为相位编码超表面的两个基本单元,通过相位编码可降低后向 RCS。1 bit 超表面中,棋盘式表面是最常见的用来降低 RCS 的一种结构,这里同样用 FSPC 的 0 单元和 1 单元构成棋盘式排布的表面,如图 9(b)所示,每 5×5 个单元结构作为一个大元胞。在中频透射带,由于入射电磁波以极小的插损值穿透该棋盘式表面,其反射波能量很少,因此在中频通带处的单站 RCS 很小。而在低频和高频处的两个反射极化转换内,由于反射相位抵消,入射电磁波被分散到其余方向,可大幅缩减其后向 RCS。

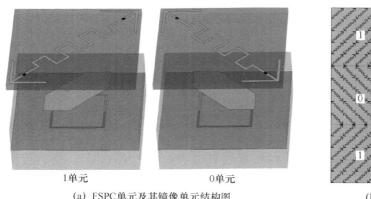

1单元　　　　　　　0单元

(a) FSPC单元及其镜像单元结构图　　　　　(b) 1位棋盘式排布超表面

图 9　FSPC 单元及棋盘式排布

图 10(a)为棋盘式超表面和同尺寸金属板的后向 RCS 对比结果,可以看出,在 3.5～23 GHz(相对带宽为 122%)范围内棋盘式表面的单站 RCS 均明显小于金属板的单站 RCS。图 10(b)为棋盘式表面与金属板相比的单站 RCS 缩减值,在 4～20 GHz 范围内,单站 RCS 除了在 9 GHz 和 15 GHz 附近缩减值略低于 10 dB,其余频点处的后向 RCS 缩减值均在 10 dB 以上。

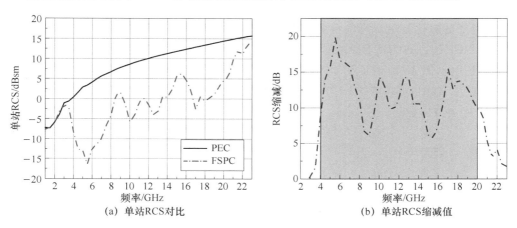

(a) 单站RCS对比　　　　　　　　　(b) 单站RCS缩减值

图 10　棋盘式超表面与 PEC 正入射时的

　　图 11 为正入射时棋盘式超表面和同等大小 PEC 板在 5 GHz、10 GHz 和 17 GHz 处 xoz
和 yoz 平面的双站 RCS 对比,可以看出,棋盘式超表面相比金属板在 xoz 和 yoz 平面的 RCS
值比金属板大幅度减小。其中,5 GHz 和 17 GHz 位于 FSPC 的极化转换频段内,进行棋盘式
排布后电磁波被散射到其他方向。

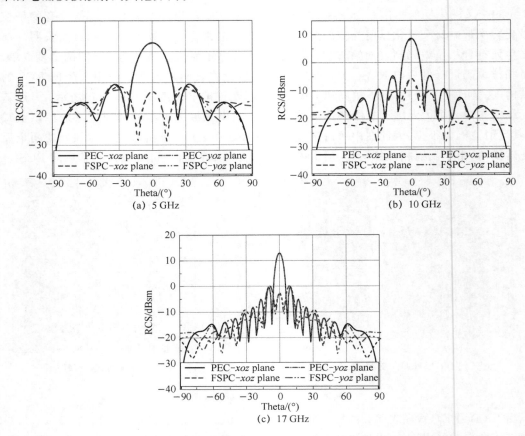

图 11　正入射时棋盘式超表面和同等大小 PEC 板在 xoz 和 yoz 平面的双站 RCS 对比

　　为了更加直观地观察所设计的频率选择极化转换器构成的棋盘式超表面与同尺寸金属板
的 RCS 对比效果,图 12 中描绘了超表面和金属板在 5 GHz、10 GHz 和 17 GHz 频点处的双
站三维散射图的对比结果。可以看出与等大小的金属板相比,棋盘式表面的前向 RCS 几乎不
变,但后向 RCS 缩减较为明显,电磁波能量散射至其他方向,可以明显看出其中 4 个主要的散
射方向。进一步,图 13 给出了在 10 GHz 和 17 GHz 频点处超表面的双站 RCS 随着 Phi 和
Theta 变化的二维图,可以看出反射电磁波主要沿着 $(-135°, 20°)$,$(-45°, 20°)$,$(45°, 20°)$ 和
$(135°, 20°)$ 四个方向散射。

5　总　结

　　本文设计了一种由反射型极化转换器和 FSS 组成的新型 FSPC。结果表明,提出的 FSPC
实现了低插入损耗的宽通带和通带外两个有效的极化转换带。FSPC 单元结构及其镜像结构
形成 0 单元和 1 单元,通过棋盘格 1 bit 编码可以有效地减少后向 RCS。由 FSPC 构成的棋盘

格超表面在 3.5～23 GHz 的宽带内实现了后向散射能量缩减。所设计的频率选择极化转换超表面具有中频高效率透波，且在整个工作频段均能有效降低后向 RCS 的频率响应特性，在隐身雷达罩等方面具有广阔的应用前景。

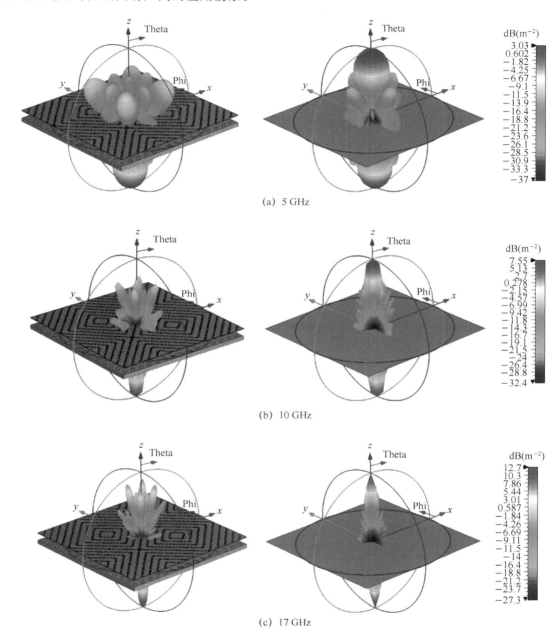

(a) 5 GHz

(b) 10 GHz

(c) 17 GHz

图 12　棋盘式超表面和同等大小 PEC 板在 5 GHz、10 GHz 和 17 GHz 处的双站 RCS 三维图

参考文献

[1] 刘晓春. 雷达天线罩电性能设计技术[M]. 北京：航空工业出版社，2017.

[2] BEN A M. Frequency selective surfaces：theory and design[M]. New York：Wiley，2000.

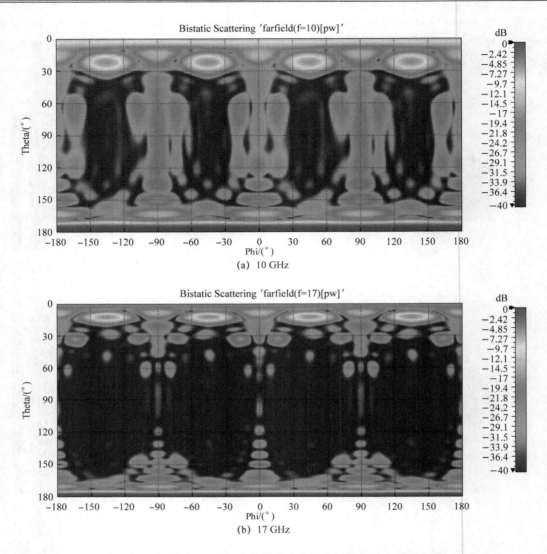

图 13   正入射时 FSPC 组成的棋盘式表面的双站 RCS 二维仿真图

[3] 桑建华. 飞行器隐身技术[M]. 北京:航空工业出版社,2013.

[4] HAN Y, ZHU L, CHANG Y, et al. Dual-polarized bandpass and bandNotched frequency-selective absorbers under multimode resonance[J]. IEEE Transactions on Antennas and Propagation,2018,66(12): 7449-7454.

[5] WANG L, LIU S, KONG X, et al. Frequency-selectiverasorber with a wide high-transmission passband based on multiple coplanar parallel resonances[J]. IEEE Antennas and Wireless Propagation Letters, 2020,19(2): 337-340.

[6] CHEN H, WANG J, MA H, et al. Ultrawideband polarization conversion metasurfaces based on multiple plasmon resonances[J]. J. Appl. Phys,2014,115(15):154504.

[7] GAO X, HAN X, CAO W P, et al. Ultrawideband and high-efficiency linear polarization converter based on double V-shaped metasurface[J]. IEEE Transactions on Antennas and Propagation,2015,63(8): 3522-3530.

基于多物理场仿真的频率选择表面电磁热耦合效应研究

董书昆　梁达　蔡伟奇　高茂成　王茜

（中国航空工业集团公司济南特种结构研究所高性能电磁窗航空科技

重点实验室,山东·济南,250023）

摘要: 频率选择表面(FSS)是一种空间滤波器,其对电磁波呈现出选择性,被广泛应用于雷达系统、电磁兼容性领域及天线系统等方面。在电磁波照射时,FSS单元上会激励起感应电流,在对电磁波进行选择的同时也会产生一定的热量。早期研究主要关注FSS的电性能而忽略其发热问题,然而随着天线发射的微波功率不断提高,FSS表面感应电流逐步提高,电磁热效应也变得不容忽视。本文研究了具有相同透波特性的两种不同FSS的电磁热效应,并基于多物理场仿真对其温度变化进行了模拟与分析。研究结果表明,不同结构的FSS稳态温度具有较大的差异,其温度与其表面的电场强度具有明显的正相关特性。

关键词: 频率选择表面;电磁热效应;多物理场;大功率微波

1　概　述

FSS是一种周期性平面阵列结构,主要由介质基底和排列于基底上的二维周期性金属阵列组成。在FSS工作时,其表面的金属阵列通过与电磁波感应使得整体结构呈现出对电磁波选择特性,通过合理设计单元的形状、大小及排布方式等,FSS能够选择性地反射或透射特定频段的电磁波,实现频率选择的功能。

FSS被广泛应用于雷达系统、电磁兼容性及天线系统等领域。在雷达系统中,含有FSS结构的天线罩可以实现对特定频段雷达信号的选择性屏蔽或透过;在电磁兼容性领域,FSS则可作为高效的电磁屏蔽罩,有效隔离敏感电子设备受外部干扰;天线系统中,FSS可作为频带滤波器来滤除不需要的谐波信号。由此可见,FSS在国防、航空航天、通信等众多领域发挥着关键作用。

在传统的FSS设计时,研究人员主要关注其电磁特性是否满足要求,而忽略其他物理场的影响,然而随着天线微波功率的不断增加以及强电磁脉冲武器等的应用,FSS的电磁热效应变得不可忽略。高功率电磁环境下,FSS会因电磁能量的吸收而发生剧烈的温升,导致材料性能退化,甚至引发结构损坏,严重影响设备的可靠性和使用寿命。因此,高精度预测FSS在高功率电磁环境下的电磁热耦合效应,对于提高FSS器件的可靠性至关重要。基于多物理场仿真的电磁热耦合分析,能够深入探究热量产生机理及温度场分布特性,为优化FSS结构设计提供理论依据,是本文研究的核心内容之一。

本文设计了两种电性能相近的缝隙型频率选择结构,通过多物理场仿真研究了在相同电磁波照射时的温度变化情况,并对影响其稳态温度的因素进行了分析。结果表明,对于电性能相近的频率选择单元,其稳态温度与电场强度的分布具有明显的正相关特性。

2　原理分析

2.1　FSS 电磁特性分析

缝隙型 FSS 具有带通特性,可以利用等效电路方法对其电磁特性进行分析,其结构示意图及等效电路模型如图 1 所示,其中 Z_0 表示自由空间波阻抗,Z_1 表示介质等效传输线阻抗。

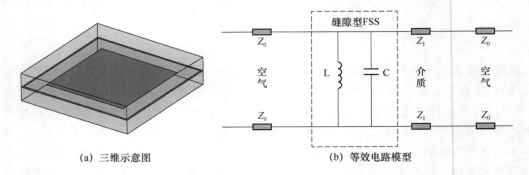

(a)　三维示意图　　　　　　　　(b)　等效电路模型

图 1　方形缝隙型 FSS 结构

对于该结构 FSS,其谐振频率 f_0 及带宽 BW 可以表示为

$$f_0 = \frac{1}{2\pi \sqrt{LC}} \tag{1}$$

$$BW \propto \sqrt{\frac{L}{C}} \tag{2}$$

对于图 1 所示结构,交接单中为单色印刷的表示金属单元,在周期确定时,其等效电路模型的 L 和 C 受边缘金属宽度及缝隙宽度的影响,通过调整其边缘金属宽度及缝隙宽度,可以得到所需要的频率选择特性。

2.2　电磁热耦合分析

在电磁辐射下,介质的热传递方程为

$$\rho C_p \frac{\partial T}{\partial t} = k \nabla^2 T + P_d \tag{3}$$

式中,ρ 为介质密度;C_p 为介质的比热;T 为介质的温度;k 为介质的导热率;P_d 为单位体积耗散的电磁功率。

电磁热耦合的关键为单位体积耗散的电磁功率,其主要包括两部分,即电阻损耗和磁损耗,其计算公式为

$$P_d = \frac{1}{2} \text{Re}(\boldsymbol{J} \cdot \boldsymbol{E}^*) + \frac{1}{2} \text{Re}(j\omega \boldsymbol{B} \cdot \boldsymbol{H}^*) \tag{4}$$

式中,$\boldsymbol{J}$ 为电流密度;$\boldsymbol{E}$ 为电场强度;$\boldsymbol{B}$ 为磁感应强度;$\boldsymbol{H}$ 为磁场强度;上标 * 表示共轭。

在入射电磁波的频率较高时,其磁损耗一般可以忽略不计,式(4)可以简化为

$$P_d = \frac{1}{2} \text{Re}(\boldsymbol{J} \cdot \boldsymbol{E}^*) = \frac{1}{2} \sigma |\boldsymbol{E}|^2 \tag{5}$$

式中,σ 为材料的电导率。

将式(5)代入式(3)即可得到

$$\rho C_p \frac{\partial T}{\partial t} = k\,\nabla^2 T + \frac{1}{2}\sigma\,|\mathbf{E}|^2 \tag{6}$$

式(6)可以反映出温度与电场强度的关系,在分析 FSS 的电磁热耦合时,需要先计算其电场,再进行温度场的计算。

3 仿真模型构建

本文设计了两种电性能相近的频率选择结构,如图 2(a)、图 2(b)所示,分别为方形和六边形的缝隙结构频率选择单元,其中 L 表示频率选择单元的周期,S 为边缘金属的宽度,W 为缝隙的宽度。对于方形频率选择单元,$L=8$ mm,$S=0.11$ mm,$W=1$ mm;对于六边形频率选择单元,$L=8$ mm,$S=0.06$ mm,$W=1$ mm。FSS 位于厚度为 2 mm 的介质基板中间,介质基板的相对介电常数为 4.3,损耗角正切为 0.025。

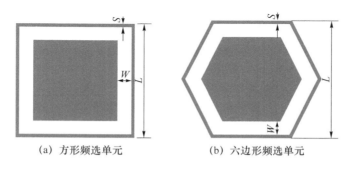

(a) 方形频选单元   (b) 六边形频选单元

图 2 两种频率选择单元结构

两种频率选择单元结构的 S 参数如图 3 所示,可以看出,两种频率选择单元在 5.2 GHz 时具有相近的电性能。

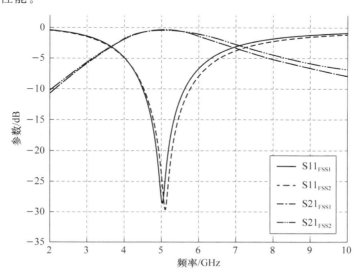

图 3 两种频率选择单元 S 参数对比

利用多物理场仿真软件 COMSOL,仿真研究了这两种频率选择单元的电磁热效应。在这

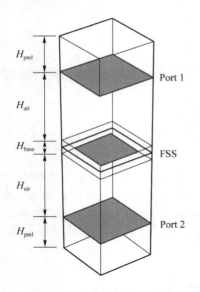

图 4   COMSOL 软件中的仿真模型

里只考虑了电磁场与热场的单向耦合,即只考虑电磁场引起的发热,不考虑热场对电磁场的影响。

在 COMSOL 软件中的仿真模型如图 4 所示,FSS 位于介质基板中间,两侧为高度 $H_{air} = 20$ mm 的空气域,空气域外侧为高度 $H_{pml} = 10$ mm 的完美匹配层。在模型的侧面设置电周期边界条件,模型上下表面设置散射边界条件;在 PML 层与空气域的交界面设置端口;只将介质和 FSS 设置为固体传热模块,其四周设置为热周期边界,上下表面设置为外部自然对流热通量;仿真频率设置为 5.2 GHz;为保证二者仿真的输入功率密度相同,将方形结构的输入功率设为 3 W,六边形结构的输入功率为 2.6 W;电场方向沿 x 轴方向。介质材料参数设置如表 1 所列,以实际使用的基底材料参数为参考,将厚度设为 2 mm,介电常数设为 4.3,损耗角正切设为 0.025,比热容设为 600 J/(kg·K),密度设为 1 800 kg/m³,导热系数设为 0.3 W/(m·K)。

表 1   仿真模型材料参数

参数名称	材料参数	参数名称	材料参数
厚度	2 mm	比热容	600 J/(kg·K)
介电常数	4.3	密度	1 800 kg/m³
损耗角正切	0.025	导热系数	0.3 W/(m·K)

4   仿真结果分析

COMSOL 中仿真得到的两种结构的电场强度分布情况如图 5(a)、图 5(b)所示。

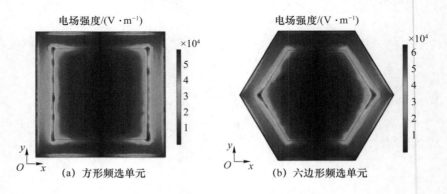

图 5   两种频率选择单元结构电场

由图 5 可以看出,电场强度主要沿 x 轴方向进行变化,这是因为输入端口的电场设置为沿 x 轴方向。其中,方形频率选择单元的最大电场强度为 $6.02×10^4$ V/m,其最大电场强度存在于缝隙处;六边形频率选择单元的最大电场强度为 $6.45×10^4$ V/m,其最大电场强度所在位置

同样存在于缝隙与 x 轴交界处。

COMSOL 中仿真得到的稳态温度结果如图 6(a)、图 6(b)所示。

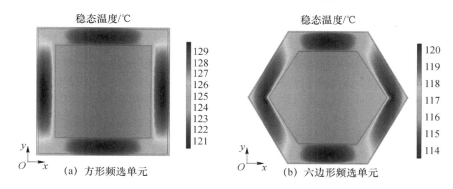

图 6 两种频率选择单元结构稳态温度

由图 6 可以看出,方形频率选择单元的最高温度为 129.5 ℃,最低为 120.7 ℃,在其缝隙与 x 轴交界处温度最高;六边形频率选择单元的最高温度为 120.4 ℃,最低为 113.8 ℃,同样在其缝隙与 x 轴交界处温度最高。同时,由于金属单元的导热性优于基底材料,因此稳态时金属单元的温度较为均匀。方形频率选择单元的稳态温度比六边形频率选择单元的稳态温度高 9.1 ℃。

对比图 5 与图 6 发现,其稳态温度与电场强度分布呈现一致性,虽然六边形频率选择单元的电场强度大于方形频率选择单元的电场强度,但其仅在沿 x 轴方向尖部有较大电场强度,而方形频率选择单元在沿 y 轴方向的整个缝隙区域电场强度均较大,因此其稳态温度高于六边形频率选择单元。同时,两种结构的缝隙处电场强度高于其他区域,其稳态温度也高于其他区域。

5 结 论

在本文中,采用多物理场仿真软件模拟对比了两种具有相近电磁特性的频率选择单元结构的电磁热效应。仿真结果表明,虽然二者电性能接近,但方形频率选择单元的稳态温度比六边形频率选择单元的稳态温度高 9.1 ℃,这是由二者的电场强度分布差异导致;同时,两种结构的缝隙处电场强度高于其他区域,其缝隙处稳态温度也高于其他区域。随着耐大功率要求的提高,在进行频率选择单元的设计时不仅要考虑其电性能,还要合理设计其结构,降低其电场强度幅值,从而降低其稳态温度。

参考文献

[1] MUNK B A. Frequency selective surfaces:theory and design[M]. John Wiley & Sons,2005.

[2] 唐亮,潘宇轩.频率选择表面天线罩研究现状综述[J].纤维复合材料,2022,39(03):132-135,144.

[3] 任丹,易波,陈鹏宇.应用于北斗卫星导航的频率选择表面研究与设计[J].舰船电子对抗,2023,46(04):94-97.

[4] LI T W,LI D,LI E. A novel almost all-angle-insensitive FSS structure for high-performance radome[C]//2021 IEEE International Symposium on Antennas and Propagation and USNC-URSI Radio Science Meeting(APS/URSI). Singapore,2021:1697-1698.

［5］金雨霜,王东俊,张袁,等.封闭舱室电磁屏蔽用频率选择表面吸波体设计[J].强激光与粒子束,2024,36(06):92-100.

［6］李毅.面向电磁防御的频率选择表面设计与应用研究[D].西安:西安电子科技大学,2022.

［7］HAKIM M L, ISLAM M T, ALAM T. Incident angle stable broadband conformal mm-wave FSS for 5G (n257, n258, n260, and n261) band EMI shielding application[J]. IEEE Antennas and Wireless Propagation Letters, 2024, 23(2):488-492.

［8］WU T. improved broadband bandpass FSS filters for 5G applications[C] //2018 IEEE International Symposium on Antennas and Propagation & USNC/URSI National Radio Science Meeting. Boston, MA, USA, 2018: 2033-2034.

［9］PRASAD P, PUSHKAR R, KUMAR A. A thin quad band FSS based on enclosed cross slots to foster gain in multiband applications[C] //2024 IEEE Wireless Antenna and Microwave Symposium (WAMS). Visakhapatnam, India, 2024: 1-5.

［10］朱晓明,万沁雨,钟伟楠.提高天线增益的超材料 FSS 结构设计[J].黑龙江工程学院学报,2023,37(05):8-12.

［11］LU Y, CHEN J, LI J, et al. A study on the electromagnetic-thermal coupling effect of cross-slot frequency selective surface[J]. Materials, 2022, 15(2):640-655.

［12］PAYNE K, XU K, CHOI J H, et al. Multiphysics analysis of plasma-based tunable absorber for high-power microwave applications[J]. IEEE Transactions on Antennas and Propagation, 2021, 69(11):7624-7636.

频率选择表面复杂曲面建模方法

高茂成　梁达　董书昆　庞晓宇

（中国航空工业集团公司济南特种结构研究所高性能电磁窗航空科技

重点实验室，山东·济南，250023）

摘要： 频率选择表面（FSS）具有选择频率滤波、透波、特定频率隐身等关键功能，在通信、雷达等领域具有重要作用。针对频率选择结构在复杂曲面上排布时出现的残阵子现象从而影响电性能与隐身性能的问题，提出了一种在复杂曲面上进行 FSS 单元排布的建模方法。该方法通过在已展曲面上微调 FSS 单元形状，避免了残余子阵列的问题。通过单元形状变化方法，计算 FSS 单元点线信息，能够进行复杂 FSS 单元的形状排布。该设计方法不仅使 FSS 单元在整体结构上排布得更加完整，而且在电磁性能上表现出色，解决了传统设计方法在复杂曲面排布的局限性，改善了整体的隐身性能。

关键词： 频率选择表面；建模方法；残阵子；阵子排布

1　引　言

随着通信技术的快速发展，频率选择表面（Frequency Selective Surface，FSS）作为一种关键的电磁波控制元件，在无线通信、雷达、隐身技术等领域中扮演着重要角色。FSS 是一种周期的谐振结构，对于不同频率的入射波呈现不同的透射和反向特性，能够根据不同的结构透过或反射特定频率的电磁波。FSS 常应用在机头天线罩、雷达罩等电磁功能结构上，实现高效透波和隐身能力。然而，电磁功能结构外形通常为复杂曲面，因此在不影响整体电磁性能的基础上如何合理排布 FSS 阵子成为亟待解决的问题。传统的 FSS 设计方法在处理复杂曲面结构时存在一些限制，在复杂曲面边界处容易产生边界残阵子，影响整体性能和实际应用效果。

针对该问题许多研究者开展了研究。Yang 等人提出了一种基于胖圆锥样条曲线拟合的圆锥样条曲面逼近直纹面的方法，通过拟合方式将阵子排布到可展曲面。然而，该方法只能用于简单的可展曲面，如圆锥面、扇形面等，无法应用于更加复杂的曲面。张建设计了一种在旋成体上利用密度近似不变和周向距离近似周期的方法进行复杂曲面阵子排布，这种方法能够以特定周期排布各型阵子，有疏排与密排两种方式，能够适用于多种排布情形，并且该方法能够解决排布边界残余阵子的问题。然而，该方法只适用于给定母线方程的旋成体曲面，无法应用于实际天线罩与更复杂的曲面，因此这种方法仍有局限性。Gregoire 探究了三维复杂曲面的特性，提出了一种将二维周期性网格图形转移到三维复杂曲面的方法，并且强调了设计精度对隐身效果的重要性。但上述方法只能应用于简单可展曲面，并且曲面边界处没有进行额外处理，存在残余阵子影响整体电性能与隐身能力的问题。此外，Valle 等人探究了具有抛物线弯曲表面的 FSS 阵列排布，该阵子与弯曲曲面分别由 STL 文件描述，采用三轴系统进行 3D 打印，进行柔性产品制造，实现了抛物线中心部分与相应投影阵列的尺寸相同。然而，该方法采用投影的方式使边界处存在较大误差，并且无法处理曲面边缘的排布阵子。FSS 单元的精确排布还被广泛应用于太赫兹波段技术、卫星通信系统等领域,展现了多样化的潜在应用价值。

为了克服传统方法的局限性,本研究提出了一种 FSS 复杂曲面建模方法。将复杂曲面展开为平面,在二维平面上排布阵子后,通过映射的方式反转排布到复杂曲面上。与原有研究相比,微调每个 FSS 单元的形状,使其能够更加准确地排布在复杂曲面上,避免了残余阵子出现。该设计不仅在结构上更加完整和精准,而且在电磁性能上表现出色,为隐身技术在实际中的应用和推广提供了有力支撑。

2 阵子排布建模流程

2.1 排布整体流程

曲面展开与阵子建模详细流程如图 1 所示,排布需要如下几个步骤:

(1) 将曲面进行曲面修剪、曲面展开等操作,复杂曲面展开有多种方式,常见的有弹簧质点模型展开、投影展开、分块展开等。

(2) 在展开平面进行 FSS 单元排布,根据设计的排布角度、区域、间隔等条件排布。将排布的 FSS 单元依照单元变换排布方法进行适应边界变换,消除了在边界处 FSS 单元排布存在的残阵子现象。

(3) 适应边界变换排布的 FSS 阵子通过排布曲面进行图形映射、单元变换操作,完成整体复杂曲面的 FSS 单元排布建模过程。

本文对排布整体流程的第(2)步进行详细介绍,通过在展开曲面对排布的 FSS 单元进行微小调整后,实现单元阵子适应边界变换,解决了复杂曲面的残余阵子现象。通过计算 FSS 单元微小调整后的点线信息,能够在排布曲面进行图形映射与单元变换,实现复杂 FSS 阵子整体化结构建模。

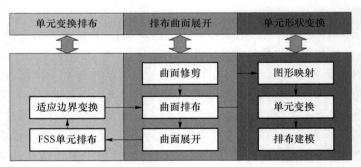

图 1 排布流程

2.2 单元变换排布

以任意四边形为例,该四边形为曲面展开后的平面,四条边为曲线。首先对展平后的平面三角网格进行边缘曲线与边缘曲线顶点提取,将提取的边缘曲线顶点进行直线连接;其次将边缘曲线与边缘曲线顶点连接的直线等分 N 份,得到等分点,如图 2(a)所示,虚线为边缘曲线顶点连接的直线,实线为边缘曲线,计算对应的虚线与直线等分点的偏差值 dev_{n_x} 与 dev_{n_y},n 是图 2 中的标号;最后利用式(1)计算偏移量 cg_x 与 cg_y,将图 2(b)中虚线划分等分点相互连接的中心点进行偏移,得到适应边界的中心点。

$$
\begin{cases}
\mathrm{cg}_x = \dfrac{t_1}{N}\mathrm{dev}_{p_x} + \dfrac{N-t_1}{N}\mathrm{dev}_{q_x} \\[2mm]
\mathrm{cg}_y = \dfrac{t_2}{N}\mathrm{dev}_{r_y} + \dfrac{N-t_2}{N}\mathrm{dev}_{v_y}
\end{cases}
\tag{1}
$$

其中,cg_x 与 cg_y 是虚线划分等分点相互连接的中心点在直线坐标系 x 与 y 方向的偏移量,p 与 q 为当前偏移点对应直线坐标系 x 方向的标号,r 与 v 为当前偏移点对应直线坐标系 y 方向的标号。t_1 为当前偏移点与点 p 在直线坐标系 x 方向的距离,t_2 为当前偏移的点与点 r 在直线坐标系 y 方向的距离。偏移后的中心点相邻四个为一组可以组成一个变形的方框,如图 2(c) 所示,在其中绘制图形。渐变效果同样在图形绘制中实现。相邻曲面结构采用相同参数后,可以实现无缝排布,如图 2(d) 所示。

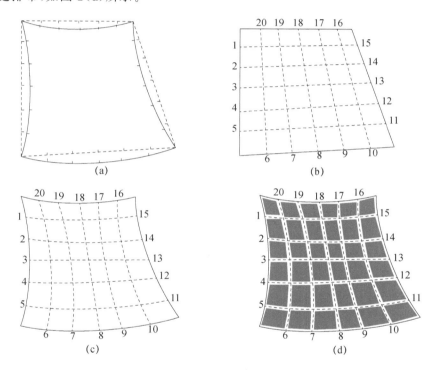

图 2　适应边界排布

2.3　单元形状变换

如图 3 所示,每个方格被四周变形的曲线所分隔,方格发生了形变以适应曲面边缘。假设 FSS 单元在正四边形中绘制,进而得到 FSS 单元的点线信息。当正四边形微小调整为方格后,FSS 单元依据正四边形形变的同时发生相同的形变,进而得到 FSS 单元形变后的点线信息。

形状变换流程如图 4 所示,首先,将 FSS 单元阵子归一化,并获取 FSS 单元图形的点信息 f_P、线信息 f_L。其次,得到排布图形的四个顶点坐标,计算得到顶点坐标的横轴与纵轴最大与最小坐标 $P_{Y\max}$、$P_{Y\min}$、$P_{X\max}$、$P_{X\min}$。最后,由式(2)计算出调整后的图形坐标 f_x、f_y,利用线信息 f_L 绘制出调整之后的完整图形。

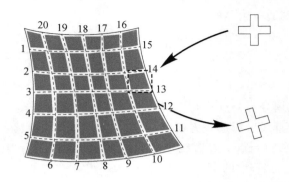

图 3　FSS 单元阵子形状变换

图 4　形状变换

$$\begin{cases} f_x = f_p(P_{X\max} - P_{X\min}) \\ f_y = f_p(P_{Y\max} - P_{Y\min}) \end{cases} \qquad (2)$$

3　实验排布与分析

为验证新型 FSS 建模方法,设计两种排布曲面外形实验验证,分别排布方形与十字形状的阵子。排布数据如表 1 所列,圆环外形排布误差较大,排布平均误差达到了 1.03%,天线罩外形排布误差较小,最大误差低于 1%。圆环外形由于整体外形曲率大,展开畸变同样大,因此排布误差也相对较高。

表 1　排布结果

排布曲面形状	阵子排布结果			
	排布形状	排布数量	排布最大误差	平均误差
圆环	方形	600	5.17%	1.03%
天线罩	十字形	5 070	0.41%	0.21%

如图 5 所示,在弧度与曲率较大的圆环形状中,将其在中间部分剪开后向底面投影得到展开平面,展开平面的误差分布云图如图 5 右侧所示。将方形图案形状变换适应边界排布,放大后的排布效果可以看到排布紧凑的图案,能够很好地顺应弯曲边界的变化,通过阵子形变维持了排布周期完整。

在整罩的曲面情况下,将整罩展开成扇形形状,排布十字形状 FSS 单元阵子。整罩排布结果如图 6 所示,FSS 单元之间成 90°整齐排列,没有发生错排或交叠现象。边缘处阵子能够顺应弯曲边界排布整齐,没有出现残余阵子。

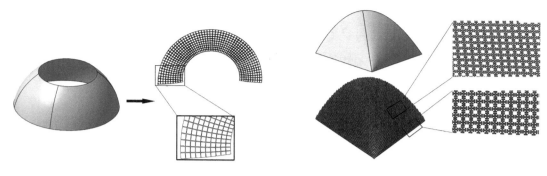

图 5　环形排布　　　　　　　　　　　图 6　整罩排布

4　总　　结

　　FSS 具有选频、滤波、隐身等功能,广泛应用在航空航天领域,是未来新一代航空航天武器装备的重要发展方向。本文针对 FSS 单元阵子排布时出现的残阵子问题,设计了 FSS 的排布建模方法。通过实验排布分析表明,通过微调每个 FSS 单元阵子形状可以实现复杂曲面的适应边界排布,避免了边界残阵子的出现,使整体形状更完整、平顺。并且通过 FSS 单元点线信息变换方式,能够排布复杂的 FSS 单元阵子。

参考文献

［1］ GAMPALA G, REDDY C J . Design and analysis of FSS radomes［C］//2015 31st international Revier of Progress in Applied Computaional Electromagnetics(ACES). Williamsburg, VA, 2015:1-2.

［2］ KATOCH K, JAGLAN N, GUPTA S D . A review on frequency selective surfaces and its applications ［C］//2019 International Conference on Signal Processing and Communication(ICSC). NOIDA, 2019:75-81.

［3］ LIAO W J, ZHANG W Y, HOU Y C, et al. An FSS-intergrated low-RCS radome design［J］. IEEE Antennas and Wireless Propagation Letters, 2019, 18(10): 2076-2080.

［4］ HEIMBS S, SCHMMER S, BLAUROCK J, et al. Static and dynamic failure behaviour of bolted joints in carbon fiber composites［J］. Compos. Part A, 2013, 47: 91-101.

［5］ YANG X N, YANG W P. Cone spline approximation via fat conic spline fitting［J］. Computer-Aided Design, 2006, 38(6): 703-712.

［6］ 张建. 有限大频率选择表面及其在雷达罩上的应用研究［D］. 北京:中国科学院大学,2015.

［7］ GREGOIRE D J. 3-D Conformal Metasurfaces［J］. IEEE Antennas and Wireless Propagation Letters, 2013(12): 233-236.

［8］ VALLE L, CARRANZA T, RUMPF C. Conformal frequency selective surfaces for Arbitrary curvature ［J］. IEEE Transactions on Antennas and Propagation, 2023, 71(1), 612-620.

［9］ YANG X, ZHANG X, WANG Z, et al. Design of a circular ring frequency selective surface at tri-band ［C］//2020 5th International Conference on Computer and Communication Systems(ICCCS). Shanghai, 2020: 825-829.

［10］ MINJIE H. High-precision modeling for arbitary curved frequency seletive structures based on perfect mapping between thick surface and its minimum distortion flat-unfolding solution［J］. IEEE Access, 2024, 12: 30533-30543.

剪纸结构双层频率选择表面的
屈曲结构力学分析

季东灿[1,2]　朱云凡[2]　董雨卓[2]　李宇航[2]

(1. 中国航空工业集团公司济南特种结构研究所,山东·济南,250023;

2. 北京航空航天大学固体力学所,北京,100083)

摘要:本文基于剪纸结构设计策略,提出了一种柔性双层结构频率选择表面设计方法。通过力学诱导三维组装,结合光刻、激光切割等工艺加工制备,实现力学调控该频率选择表面的滤波谐振频率。针对力学诱导三维组装的制备过程中剪纸结构频率选择单元支撑臂的屈曲变形行为,基于冯卡门板理论和最小势能原理,建立了支撑臂的屈曲结构力学模型,研究了基底预应变和支撑臂厚度对频率选择表面层间距的影响。并结合自由空间法测试不同拉伸应变下剪纸频率选择表面的滤波性能。本文所提出了柔性剪纸结构双层频率选择表面设计方法与支撑臂屈曲力学模型,为柔性频率选择表面的应用提供了相关理论指导。

关键词:频率选择表面;柔性电子;剪纸结构;屈曲分析

1　背　景

频率选择表面(Frequency Selective Surface,FSS)是由同种大小和形状的金属贴片或者金属板孔径作为单胞单元,在平面上遵循一定规律排列构成的周期结构。频率选择表面对不同频率波段、入射角度和极化状态的电磁波具有频率选择滤波作用,使得这些电磁波有选择性地通过该平面,在电磁特性方面可以实现带阻和带通的滤波功能。频率选择表面的电磁特性主要由入射电磁波的辐射场效应和电子振荡运动产生的辐射场效应两方面因素决定。在过去数十年中,频率选择表面依靠其独特的电磁滤波性能被广泛应用于吸收器、天线罩等不同器件中,尤其在军事领域受到了广泛关注,在新一代相控阵天线、智能隐身天线罩的设计中有着极大的应用潜力。

随着电子对抗的日益激烈,战场环境变化快速而不可预测,雷达探测、电磁通信等应用场景要求频率选择表面能够主动调谐以适应战场环境。然而大多数频率选择表面可调性能存在一定的局限性,其电磁特性在制作成型后通常是不变的。随着多模、多频带和多功能系统的飞速发展,研究人员提出了主动调控频率选择表面的设计方法(Active Frequency Selective Surface,AFSS),该方法基于不同种类的外部激励,如电场、磁场或光源等主动改变频率选择的工作频带和相关电磁特性。主动调控频率选择表面设计结构使频率选择表面的应用不再局限于设定的单一应用场景,能够适应不同复杂多变的外界工作环境,扩大了频率选择表面的应用领域。

随着柔性电子技术的发展,并为了满足不同应用场景下对频率选择表面灵活性的要求,在过去的几年中,研究人员将柔性电子技术与频率选择表面进行结合,通过力学变形调控频率选择表面的单元结构形态,实现对频率选择表面电磁性能的主动调控。基于传统艺术折纸(Origami)与剪纸(Kirigami)结构易于设计及变形可调的优势,其成为新型频率选择表面的设计参照对象。Biswas 等人根据折纸结构设计制作了一款新的频率选择表面,具有双波段的滤波作用,所提出的折纸结构频率选择表面可以实现动态重构,滤波性能可以通过折叠调控。Chen 等人基于剪纸结构图案,设计了用于电磁干扰(EMI)屏蔽的高拉伸和导电薄膜,其电子屏蔽性能够稳定保持在 30 dB 以上。李宇航课题组借助三维剪纸结构设计策略,提出了双层可调频率选择表面设计方法,通过引入力学加载诱导三维剪纸结构频率选择单元组装,制备三维构型的剪纸结构频率选择单元,实现了由力学变形对频率选择表面电磁学性能的调控。

本文提出了一种基于十字形剪纸结构的柔性双层可调频率选择表面设计方法,并将其应用于电磁波调制滤波之中。这种柔性双层可调频率选择表面通过力学诱导实现三维结构制备,可通过力学加载在双层结构和单层结构之间相互切换,针对剪纸频率选择表面基本单元结构中支撑臂的力学行为,基于冯卡门板理论和最小势能原理建立了支撑臂的屈曲力学模型,研究了制备时基底预应变和支撑臂厚度对剪纸结构频率选择表面层间距的影响。并采用基于自由空间法的电磁学实验验证了设计制备的剪纸频率选择表面对不同频段电磁波的调控滤波作用。

2　频率选择表面制备方法

基于剪纸结构的双层频率选择表面形态如图 1 所示,可以分为两部分:一是剪纸结构,包含上层金属阵列单元及 PI 薄膜构成的基底,依靠周围 PI 支撑臂在屈曲变形下拱起支撑;二是覆盖了下层金属阵列单元 Ecoflex 弹性基体。通过上下两层的金属单元阵列实现滤波特性。首先基于光刻、激光切割等工艺完成二维剪纸结构的制备,随后将加工好的二维图案转印至预拉伸的柔性基底表面,在局部位点粘贴,然后释放基底预拉伸,二维剪纸结构的支撑臂发生面外屈曲变形成为三维结构。

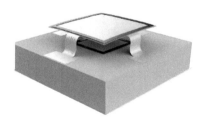

(a) 周期基本单元示意图　　　　　(b) 样品实物图

图 1　基于剪纸结构的双层频率选择表面结构

如图 2 所示,通过对基底施加双轴拉伸变形,可以改变双层频率选择表面间距,继而实现对频率选择表面滤波性能的调控。随着柔性基底双轴拉伸应变逐渐增大,三维构型高度将逐渐降低,单胞尺寸发生变化的同时上下层频率选择单元间距发生变化,器件的滤波特性将发生变化。从图 2 中可以看到,剪纸频率选择表面单元的支撑臂屈曲高度决定了频率选择表面的层间距,因此,建立支撑臂的屈曲力学模型,求解支撑臂变形与基底应变之间的关系,对于揭示剪纸频率选择表面的电磁学性能调控机理至关重要。

3　支撑臂结构力学分析

支撑臂结构决定了双层频率选择表面的层间距,影响了电磁学性能,因此,在这一部分建

基底双轴拉伸

1 mm　　　1 mm

图 2　通过对基底施加双轴拉伸调控剪纸结构频率选择表面基本单元的层间距

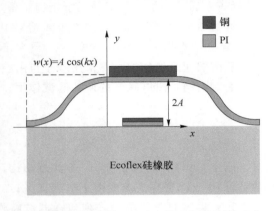

铜
PI

$w(x)=A\cos(kx)$

$2A$

Ecoflex硅橡胶

图 3　频率选择表面基本单元支撑臂失稳构型、坐标系

立了剪纸频率选择表面基本周期单元中支撑臂的结构力学模型,基于最小势能原理分析其屈曲力学行为,求解了外加应变与支撑臂高度之间的关系。图 3 中展示了本文研究的剪纸频率选择表面基本周期单元的支撑臂结构屈曲构型,建立如图所示的坐标系。对于支撑臂结构,由于屈曲时其挠度较大,故本文中基于冯卡门板理论对其进行分析,支撑臂上挠度 w 满足冯卡门板理论的平衡方程:

$$D\frac{\mathrm{d}^4 w}{\mathrm{d}x^4}+F_x\frac{\mathrm{d}^2 w}{\mathrm{d}x^2}=0 \tag{1}$$

式中,$D=Eh^3/12$ 为板的弯曲刚度;F_x 为中性层上 x 方向内力。

在本文中,基于最小势能原理求解支撑臂的失稳变形,考虑剪纸频率选择表面的制备工艺,支撑臂在释放掉基底拉伸变形时受到 x 方向的压缩载荷继而产生屈曲失稳,忽略 Ecoflex 硅橡胶基底对支撑臂屈曲变形的影响,假设失稳后构型为

$$w(x)=A(\cos(kx)+1) \tag{2}$$

即屈曲变形后的支撑臂产生的频率选择表面层间距为 $2A$,考虑到支撑臂的对称性及边界条件满足

$$w\left(\pm\frac{l}{2}\right)=0 \tag{3}$$

根据边界条件式(3)有 $k=\pi/l$,可得

$$w(x)=A\left(\cos\left(\frac{\pi}{l}x\right)+1\right) \tag{4}$$

根据式(4)中假设的失稳构型,首先计算支撑臂上的弯曲变形能 U_{bend}:

$$U_{\mathrm{bend}}=\int_{-l/2}^{l/2}\frac{1}{2}D\left(\frac{\mathrm{d}^2 w}{\mathrm{d}x^2}\right)^2\mathrm{d}x \tag{5}$$

将失稳构型式(4)代入式(5)中,计算得到支撑臂上的弯曲变形能为

$$U_{\mathrm{bend}}=\frac{DA^2\pi^4}{4l^3} \tag{6}$$

在支撑臂受到压缩时,还需要考虑支撑臂结构中面变形,中面变形能为

$$U_{\mathrm{mem}}=\int_{-l/2}^{l/2}\frac{1}{2}Eh\varepsilon_0^2\mathrm{d}x \tag{7}$$

式中,h 代表支撑臂厚度;ε_0 代表支撑臂中性层上的应变,根据冯卡门板理论中的几何关系,ε_0

满足

$$\varepsilon_0 = \frac{\mathrm{d}u}{\mathrm{d}x} + \frac{1}{2}\left(\frac{\mathrm{d}w}{\mathrm{d}x}\right)^2 \tag{8}$$

将支撑臂失稳构型式(4)代入可得

$$\varepsilon_0 = -\varepsilon_{\mathrm{app}} + \frac{A^2\pi^2}{2l^2}\sin^2\left(\frac{\pi x}{l}\right) \tag{9}$$

式中,$\varepsilon_{\mathrm{app}}$ 为基底施加在支撑臂上的应变。将支撑臂中性层应变表达式(9)代入外力功的定义式(7)中可以得到

$$U_{\mathrm{mem}} = \frac{Eh}{2}\left(\varepsilon_{\mathrm{app}}^2 l - \frac{\varepsilon_{\mathrm{app}}A^2\pi}{2l} + \frac{3A^4\pi^4}{32l^3}\right) \tag{10}$$

因此,可以根据最小势能原理,求解得到支撑臂的失稳构型中 A 与外加应变 $\varepsilon_{\mathrm{app}}$ 之间满足的关系,令

$$\frac{\partial(U_{\mathrm{bend}} + U_{\mathrm{mem}})}{\partial A} = 0 \tag{11}$$

将式(6)、式(10)代入式(11)之中,得到

$$A = \frac{1}{3\pi^2}\sqrt{24\pi l^2\varepsilon_{\mathrm{app}} - 2h^2\pi^4} \tag{12}$$

令 $A = 0$,可以求解得到支撑臂结构的临界失稳应变 $\varepsilon_{\mathrm{cr}}$:

$$\varepsilon_{\mathrm{cr}} = \frac{h^2\pi^3}{12l^2} \tag{13}$$

考虑到支撑臂结构的制备工艺,即在粘贴频率选择单元之前需要对基底进行双向预拉伸 $\varepsilon_{\mathrm{pre}}$,在应用过程中通过施加双向加载应变 ε_{a} 调控支撑臂高度,实现频率选择单元形态调控,改变结构电磁学性能。因此,结合式(12)与式(13),本文中所设计的剪纸双层频率选择表面在应用过程中层间距满足

$$2A = \frac{2h}{3}\sqrt{2\left(\frac{\varepsilon_{\mathrm{pre}} - \varepsilon_{\mathrm{a}}}{\varepsilon_{\mathrm{cr}}} - 1\right)} \tag{14}$$

在图4中展示了剪纸频率选择表面上下层之间层间距随基底双轴加载应变 ε_{a} 的变化。在图4(a)中展示了制备工艺中,不同大小的预拉伸应变对层间距的影响,其中频率选择单元支撑臂厚度 $h = 0.2$ mm,支撑臂长度 $l = 6$ mm,从图4(a)可以发现,随着加载应变的逐渐施加,层间距逐渐减小,制备时基底预应变 $\varepsilon_{\mathrm{pre}}$ 越大,相同加载应变 ε_{a} 下的层间距也越大。双层频率选择表面的层间距在加载应变 ε_{a} 达到 $\varepsilon_{\mathrm{pre}} - \varepsilon_{\mathrm{cr}}$ 时变为0,此时双层结构的剪纸频率选择表面会在基底拉伸下切换至单层结构,对应频率选择表面的电磁滤波性能也会发生相应变化。

根据式(14),$\varepsilon_{\mathrm{pre}}$ 与 $\varepsilon_{\mathrm{cr}}$ 共同决定了双层频率选择表面的力学变形调控范围,其中 $\varepsilon_{\mathrm{pre}}$ 由制备工艺决定,而支撑臂的屈曲临界应变 $\varepsilon_{\mathrm{cr}}$ 只与支撑臂结构几何参数 h 与 l 相关。因此,在图4(b)中,展示了不同的支撑臂厚度 h 对层间距的影响,其中支撑臂长度 l 固定为 6 mm,基底预应变 $\varepsilon_{\mathrm{pre}}$ 固定为 0.1。从图4(b)可以看出,相同加载应变下,厚度更薄的支撑臂具有更大的层间距。另外,图4(b)中层间距变化曲线与 x 轴交点随着支撑臂厚度的增加逐渐左移,随着支撑臂厚度 h 的增加,支撑臂的屈曲临界应变 $\varepsilon_{\mathrm{cr}}$ 也逐渐增大,导致相同预应变 $\varepsilon_{\mathrm{pre}}$ 下,较厚的支撑臂的剪纸频率选择表面具有较小的力学变形调控范围。上述支撑臂结构屈曲分析及剪纸结构频率选择表面层间距理论计算为应变调控频率选择表面电磁性能提供了力学理论支撑,揭示了拉伸应变与三维剪纸频率选择表面基本周期单元构型高度的关系,充实完善了剪纸频率选择表

面电磁性能的应变调控机理。

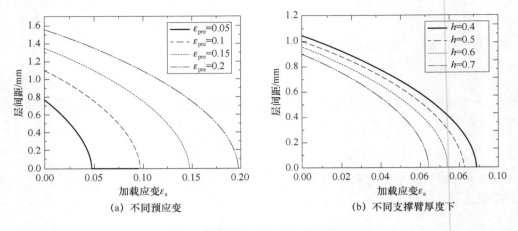

(a) 不同预应变　　　　　　　　　(b) 不同支撑臂厚度下

图 4　层间距随加载应变 ε_a 的变化

4　频率选择表面电磁性能调控

通过自由空间法,对制备的剪纸型频率选择表面进行电磁性能测试,验证力学变形对其电磁滤波性能的调控作用。自由空间法是指将待测的频率选择表面样品固定,放置于自由空间中,然后利用一对放置在同一水平线上固定的标准喇叭天线作为收发天线来测量频率选择表面的频率响应特性。本文中,采用罗德与施瓦茨(R&S)矢量网络分析仪(型号 ZNB20),以矢量网络分析仪为核心设备,搭配接收发射天线、电缆等进行自由空间法测试。

基于矢量网络分析仪的自由空间法测试装置平台如图 5 所示。其中,收发天线的工作频段覆盖了制备的剪纸型频率选择表面样品的工作频率范围;发射天线距离待测样品的距离满足平面波传播的条件。在图 5(b)中展示了不同加载应变下双层频率选择表面的透射系数频率响应曲线,双层频率选择表面具有良好的滤波效果。当双轴加载拉伸应变从 0 增加到 11.63％时,频率选择表面谐振频率随应变加载向左偏移,第一谐振频率可实现从 12.2 GHz 到 11.4 GHz 的移动,第二谐振频率可实现从 13.6 GHz 到 13.1G Hz 的移动,透射系数为−5 dB 处的带宽约为 4 GHz。通过调控基底变形,可以实现约 0.8 GHz 的谐振频率移动,充分证明了力学变形对频率选择表面谐振频率调控的可行性。

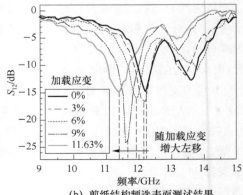

(a) 自由空间法测试装置　　　　　　(b) 剪纸结构频选表面测试结果

图 5　自由空间法测试装置与剪纸结构频率选择表面测试结果

5　结　论

　　本文提出了一种剪纸结构双层频率选择表面设计方法。通过释放基底中的预应变，诱导与基底局部粘合的支撑臂结构发生屈曲，从而形成三维可调结构。基于冯卡门板理论建立了支撑臂的结构力学模型，利用最小势能原理分析了剪纸频率选择表面基本周期单元中支撑臂结构的屈曲行为，分析了加载预应变、支撑臂厚度等不同因素对频率选择单元层间距的影响。通过自由空间法测试了频率选择表面的电磁学性能，施加 11.63% 的双轴加载应变会导致两个滤波器频段发生明显的谐振频率偏移，最大偏移频率可达 0.8 GHz，实验测试结果验证了力学变形对剪纸频率选择表面电磁学性能的调控作用。

参考文献

[1] MUNK B A. Frequency selective surfaces：theory and design[M]. New Jersey：John Wiley & Sons，2005.

[2] WANG J，FENG D，XU L，et al. Synthetic aperture radar target feature modulation using active frequency selective surface[J]. IEEE Sensors Journal，2018，19(6)：2113-2125.

[3] CHATTERJEE A，PARUI S K. Frequency-dependent directive radiation of monopole-dielectric resonator antenna using a conformal frequency selective surface [J]. IEEE Transactions on Antennas and Propagation，2017，65(5)：2233-2239.

[4] YONG W Y，RAHIM S K A，HIMDI M，et al. Flexible convoluted ring shaped FSS for X-band screening application[J]. IEEE Access，2018，6：11657-11665.

[5] HUANG S H，LIU P，MOKASDAR A，et al. Additive manufacturing and its societal impact：a literature review[J]. The International journal of advanced manufacturing technology，2013，67：1191-1203.

[6] 鲁戈舞，张剑，杨洁颖，等. 频率选择表面天线罩研究现状与发展趋势[J]. 物理学报，2013，62(19)：9-18.

[7] DENG B，CHEN J. Design of double-layer active frequency-selective surface with PIN diodes for stealthradome[J]. Chinese Physics B，2017，26(9)：094101.

[8] ZHANG H，HU C，YANG J，et al. Graphene-based active frequency selective surface in microwave frequency[J]. Journal of Applied Physics，2019，125(9)：094501.

[9] VARDAXOGLOU J C. Optical switching of frquency selective surface bandpass response[J]. Electronics Letters，1996，32(25)：2345-2346.

[10] JIN T，CHENG X，XU S，et al. Deep learning aided inverse design of the buckling-guided assembly for 3D frame structures[J]. Journal of the Mechanics and Physics of Solids，2023，179：105398.

[11] ZHANG Y，ZHANG F，YAN Z，et al. Printing，folding and assembly methods for forming 3Dmesostructures in advanced materials[J]. Nature Reviews Materials，2017，2(4)：1-17.

[12] SHUAI Y，ZHAO J，BO R，et al. A wrinkling-assisted strategy for controlled interface delamination inmechanically-guided 3D assembly[J]. Journal of the Mechanics and Physics of Solids，2023，173：105203.

[13] BISWAS A，ZEKIOS C L，GEORGAKOPOULOS S V. Transforming single-band static FSS to dual-band dynamic FSS using origami[J]. Scientific Reports，2020，10(1)：13884.

[14] CHEN W，LIU L X，ZHANG H B，et al. Kirigami-inspired highly stretchable，conductive，and hierarchical Ti3C2T x MXene films for efficient electromagnetic interference shielding and pressure sensing[J]. Acs Nano，2021，15(4)：7668-7681.

[15] ZHU Y，DONG Y，JI D，et al. Flexible Double-Layer Adjustable Frequency Selective Surfaces Based on 3D Cross-ShapedKirigami Structure[J]. Advanced Materials Technologies，2024，9(5)：2301715.

新型智能飞机轮挡的研发设计

刘鹏 杨博钧 许梦凡

(山东航空学院飞行学院,山东·滨州,256603)

摘要: 安全是航空业永恒的主题,轮挡作为飞机停放时保证安全的工具,对飞机的地面安全保障有着重要作用。基于对飞机轮挡工作过程中监测及管理的实际需求,设计了一款能够实现机型核对、位置判定等功能的新型智能飞机轮挡。并通过实验验证,出现飞机停靠在非本机型停机位、操作失误导致飞机轮挡挂靠机轮、检查不当导致飞机轮挡跟机飞行等情况时,新型智能飞机轮挡能够成功监测并报警提示,通知场务人员进行及时有效的处置。

关键词: 智能化;飞机轮挡;监测系统;报警系统

1 引　言

安全是航空业永恒的主题。地面运行安全是民航安全的重要部分,关系着航空运输运行质量的水平,更反映出航空经济的发展态势。飞机牵引、停放过程中,环境、天气等影响因素可能造成各类地面事故。轮挡作为一种飞机停放时保证安全的工具,其安放程序标准已经相当规范且完善,但由于目前使用的轮挡功能比较单一,轮挡引发的事故征候甚至事故时有发生。

为更好地解决此类问题,本文提出研发设计一种新型智能飞机轮挡,能够对飞机停靠在非本机型停机位、操作失误导致飞机轮挡挂靠机轮、检查不当导致飞机轮挡跟机飞行等情况进行实时、准确的监测,并实现同步报警,以提醒场务人员,引起注意,并进行有效处置,从而降低航空器地面运行中的潜在风险,以期为飞机轮挡的多功能发展和智能化管理提供新的研究方向,为智慧航空、智慧民航的地面及空中运行安全和管理提供新的实践参考。

2 新型智能飞机轮挡的功能要求

目前投入使用的飞机轮挡主要由金属或其他等强度的非金属材料制作,根据其制作材料可以分为金属轮挡和三角形复合橡胶轮挡。

金属轮挡以其高强度和耐久性优势得到了广泛应用。在航空器前后移动的过程中,金属轮挡必须能够承受机轮产生的巨大压应力和拉应力,确保轮挡本身的结构不会变形、连接部位也不会开裂。其稳定性和可靠性对于保障航空器的安全至关重要。

三角形复合橡胶轮挡大部分在机场露天机坪使用,其复合橡胶材料的性质不仅具有优良的耐磨性、耐油性、耐老化性、耐酸碱性能,使得轮挡不易受到大风、大雨、暴晒等自然因素的影响;此外,复合橡胶轮挡还具有良好的防滑功能,能够确保其在湿滑或不平坦的地面上稳定地阻挡机轮。

为适应当前航空器运行环境对轮挡的要求,新型的智能轮挡能够对飞机轮挡进行"多点位"的跟踪,实现精准的高效监测,主要利用速度传感器、压力传感器、红外传感器,从飞机对轮挡的压力大小、轮挡自身产生的位移、速度等"多点位"进行监测,避免发生飞机停靠在非本机型停机位、因场务人员操作失误导致飞机轮挡挂靠机轮、因机务和场务人员检查不当导致飞机轮挡跟机飞行或装入场务车中等情况;进行"多途径"报警,实现实时有效处置,基于STM32单片机实现智能监测报警系统程序,并由红色LED灯和蜂鸣器组成报警器,系统程序对比各个传感器检测到的数据和设定的阈值,当某项数据超过设定阈值时,触发报警,提醒场务人员、机务人员、飞行员进行有效的处置。

3 智能飞机轮挡的整体设计

3.1 整体结构设计

系统主要由以下几个功能模块组成,分别是以STM32单片机为核心的控制模块、电路模块、电源、显示模块、传感器模块、包括蜂鸣器与LED灯的报警模块和阈值设置按键模块。在整个系统中,通过数据采集模块来检测轮挡当前姿态,并将采集到的各项数据通过控制模块将数据传输到OLED液晶显示屏上,整体结构如图1所示。

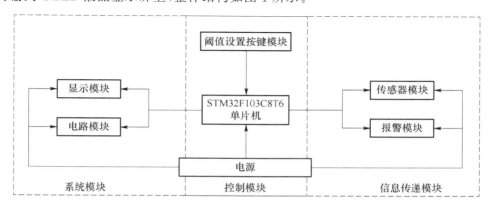

图1 整体结构

3.2 硬件系统

3.2.1 控制模块

采用了STM32单片机作为核心控制芯片,其具有最高72 MHz CPU的工作频率和1 MB的闪存,可以计算单周期乘法和硬件除法,并且具有并行LCD接口,兼容8080/6800模式。此模块还具有时钟、复位、定时器及看门狗等功能,可以为整个系统提供稳定持续的工作。

3.2.2 传感器模块

(1)MPU6050速度传感器。MPU6050速度传感器由三轴加速度计和三轴陀螺仪组成,可以测量物体在x、y、z三个方向上的加速度和角速度。通过将加速度计和陀螺仪的测量结果进行组合,可以计算出物体的方向和角度,通过将其检测的加速度转换为速度,再将速度与设定的阈值作比较,判断轮挡是否处于非正常的位置,如飞机滑行时轮挡被误挂于机身外产生的速度和晃动都会改变其检测的数值,从而触发报警装置。

(2)SW-18010P震动传感器。SW-18010P震动传感器配备常开型高灵敏震动开关,可在3.3~5 V电压下运行。提供DO和AO两种输出方式,其中DO为数字开关量输出,而AO的模拟输出功能当前无效,但其灵敏度可按需调整。在静止状态下,开关呈现开路OFF状态,一旦受到外力触碰并达到预设的震动力,或移动速度产生足够的离心力时,导电接脚会瞬间导通,变为 ON 状态。在轮挡的应用中,该模块能够检测震动,帮助判断轮挡是否被误挂在已经启动的飞机上,从而提高安全性。

（3）HX711 压力传感器。HX711 压力传感器是一种高精度称重和压力测量电子模块。相较于其他同类型传感器,其具有更高的集成度、更快的响应速度和更强的抗干扰能力,使其在压力和质量测量应用中具有较为出色的表现。新型智能飞机轮挡采用 5 kg 压力传感器,与 HX711 压力传感器组成压力传感器模块,在后期的验证环节将根据实际情况按照相应的压力同比例进行测试。

（4）TCRT5000 红外传感器。TCRT5000 红外传感器是一种反射式光学传感器,包含一个红外发射器和一个 3.5 mm 引线封装的光电晶体管,能阻挡可见光,具有 1 mA 的典型被测输出电流和 2.5 mm 的峰值工作距离。使用 TCRT5000 红外传感器,在外力过大(如大风天气)的情况下,飞机推动轮挡发生位移可以被系统检测。

3.2.3　显示模块

显示模块使用的是 0.96 英寸① OLED 显示屏,分辨率为 128×64 像素,由控制器芯片控制每个像素的开关,从而显示图像或文本信息。使用其显示传感器采集的各项数据,显示信息由四行构成:第一行显示速度 S,左侧为传感器取得的实时读数,右侧为设定的阈值;第二行显示震动幅度 V,左侧为传感器取得的实时读数,右侧为设定的阈值;第三行显示压力 W,左侧为传感器取得的实时读数,右侧为设定的阈值;最后一行显示位移状态,右侧数字显示 0 表示未发生位移,显示 1 表示发生位移。

3.2.4　报警模块

报警模块由红色 LED 灯和蜂鸣器组成,STM32 单片机对比各个传感器检测到的数据和设定的阈值,当某项数据超过设定阈值时,触发报警:红色 LED 灯亮起,蜂鸣器响;当各项数据均未超过阈值时,则报警模块不工作。同时配置有阈值设置按键模块,阈值设置按键模块由三个按键 KEY1、KEY2 和 KEY3 组成,KEY1 为转换选中项,KEY2 为阈值调高,KEY3 为阈值降低。KEY1、KEY2、KEY3 被按下后会将对应 GPIO 的电信号拉高或拉低,STM32 单片机通过监测 GPIO 的电信号变化来判断是否有按键被按下,并进行处理。系统电路图如图 2 所示。

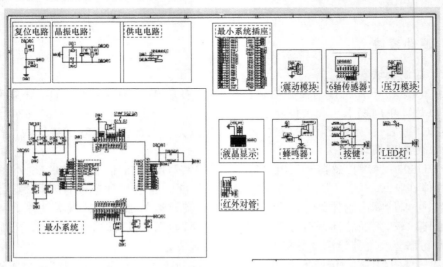

图 2　系统电路图

---

①　1 英寸=2.54 厘米。

3.3 程序设计

智能飞机轮挡监测报警系统主要基于 STM32 单片机进行设计,能够实现上述各个电路模块的预定功能。下位机的软件系统设计以一个主程序为核心,然后再针对硬件电路的各个模块设计出相配合的子程序模块。整个流程主要包括开始工作、阈值设置、数据采集、数据传输、数据响应和报警触发等过程,如图 3 所示。

4 智能轮挡的实验验证

新型智能飞机轮挡利用速度传感器、压力传感器、红外传感器,从飞机对轮挡的压力大小、轮挡自身产生的位移、速度等"多点位"进行监测,并基于 STM32 单片机实现智能监测报警系统程序,系统程序对比各个传感器检测到的数据和设定的阈值,当某项数据超过设定阈值时,触发报警,从而提醒场务人员、机务人员、飞行员进行有效的处置。

4.1 功能验证

将轮挡阈值设置为速度阈值 20 km/h、振动阈值 80 次/min、压力阈值 500 g。阈值设置完成后,综合前文的功能验证实验设计,模拟机场使用的真实环境,对轮挡模型进行功能验证实验。实验阈值与数值如表 1 所列。

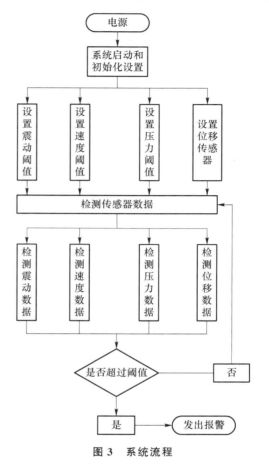

图 3　系统流程

表 1　实验阈值与数值

	设定阈值	实验值(正常状态)	实验值(异常状态)
压力/g	500	341	885
振动/(次·min^{-1})	80	21.4	96.1
速度/(km·h^{-1})	20	7.1	26.3

4.1.1 压力模拟实验

使用车轮模仿飞机停放时的场景:将车轮竖直对正轮挡,抵在轮挡内斜面上,模拟正常工作情况下的压力,轮挡未触发报警,红色 LED 灯、蜂鸣器未工作;增加配重后,压力超过阈值时,触发报警,红色 LED 灯亮,蜂鸣器响起。压力模拟实验过程轮挡监测数值如图 4 所示。

4.1.2 振动模拟实验

模拟机务人员收放轮挡时的场景:人工携带该新型飞机智能轮挡,步行前进,轮挡未触发报警,红色 LED 灯、蜂鸣器未工作。模拟飞机误挂轮挡场景:使用高频率振动模拟飞机启动以后机体的震动,开始振动,系统检测到高频率的震动,触发报警,红色 LED 灯亮,蜂鸣器响起。振动模拟实验过程轮挡监测数值如图 5 所示。

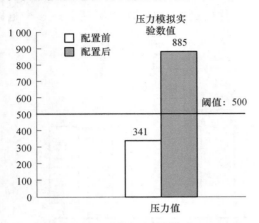

图 4　压力模拟实验数值

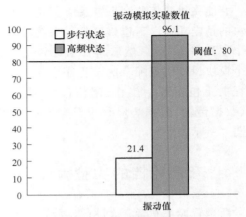

图 5　振动模拟实验数值

4.1.3　速度模拟实验

模拟机务人员收放轮挡时的场景:人工携带该新型飞机智能轮挡,步行前进,轮挡未触发报警,红色 LED 灯、蜂鸣器未工作。模拟飞机误挂轮挡场景:使用载具模拟飞机地面滑行的速度,携带轮挡前进,达到一定速度后触发报警,红色 LED 灯亮,蜂鸣器响起。速度模拟实验过程轮挡监测数值如图 6 所示。

4.1.4　位移模拟实验

使用阻挡物模拟飞机轮挡发生位移时的场景,将阻挡物轻靠在轮挡内斜面上,表示轮挡在位,放置一段时间后轮挡未触发报警,红色 LED 灯、蜂鸣器未工作;将阻挡物向轮挡另外一侧进行往复的运动,模拟

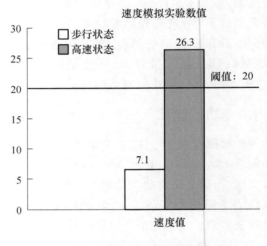

图 6　速度模拟实验数值

轮挡发生位移,机轮由于额外的空间发生滑动的场景,此时触发报警,红色 LED 灯亮,蜂鸣器响起。

4.2　功能评估

通过实验验证,新型智能飞机轮挡基本可以实现利用速度传感器、压力传感器、红外传感器,对飞机机轮与轮挡的压力大小、轮挡自身产生的位移、速度等"多点位"进行监测,避免发生飞机停靠在非本机型停机位、因场务人员操作失误导致飞机轮挡挂靠机轮、因机务和场务人员检查不当导致飞机轮挡随机起飞或装入场务车中等情况。声光报警系统可以在某项数据超过设定阈值时,触发报警,用以提醒机务、场务人员、飞行员进行有效处置。

在功能与设计方面,新型智能飞机轮挡在基本的阻挡功能外,能够实时监测轮挡的状态,可以实时监测是否被移动、承受的压力大小等,并通过智能算法进行分析和处理,当检测到异

常状态时,能够通过报警系统及时向相关人员发出警报。

在安全性方面,新型智能飞机轮挡通过集成多种传感器和智能技术,能够实时监测轮挡的状态和飞机滑移的变化。当检测到异常情况时,能够及时发出警报,提醒相关人员采取措施,用以实现飞机智能轮挡的防止被误挂或移动功能,从而降低安全风险。

在通用性和可扩展性方面,新型智能飞机轮挡通过采用模块化设计和可配置的软件系统,具有较高的通用性和可扩展性。该智能轮挡可以适应不同类型的飞机和机场环境,并根据实际需求进行定制和优化。

5 结 语

新型智能飞机轮挡基于STM32单片机,结合速度传感器、震动传感器、压力传感器和红外传感器等,实现了对轮挡状态的全面监测和判断。测试结果表明,新型智能飞机轮挡能够准确地检测轮挡的当前状态,并在状态异常时及时发出警报,有效避免了轮挡被已经启动的飞机误挂在机体外部的情况发生。并具备检测压力和滑动的功能,能够在飞机放置轮挡时发生滑动或轮挡承重过大等情况时发出警报,帮助机务人员更快发现问题并提前做出相应措施,以达到预防和避免事故发生的目的。

参考文献

[1] 李福海.飞机地面牵引移动与停放安全技术研究[D].南京:南京航空航天大学,2016.
[2] 张鸣影,陈康,许伟江.飞机地面牵引移动与停放安全结构设计与优化[J].工程与试验,2021,61(4):50-51,83.
[3] 李湛.航空地面设备主动安全对接飞机系统研究[D].哈尔滨:哈尔滨工业大学,2020.
[4] 孟柯生.一种新型航空器液压轮挡的设计分析研究[J].民航学报,2018,2(2):34-36.
[5] ZIA U R, FARAZ A. Aircraft ground support equipment: a framework for maintenance strategies[J]. Modern Applied Science,2023,17(2):13.
[6] 洪树亮.基于STM32F103住宅智能防火防盗报警系统的设计[D].兰州:兰州交通大学,2015.
[7] 郑赛,尚志会,秦铵胜,等.面向STM32单片机的智能温度监测报警系统[J].遵义师范学院学报,2024,26(1):88-90.
[8] 闵军.基于单片机技术的无线智能报警系统设计[D].上海:上海应用技术大学,2019.DOI:10.27801/d.cnki.gshyy.2019.000297.

基于目标检测的行李计数模型设计

张政　王程程　高春燕

（山东航空学院飞行学院，山东·滨州，256600）

摘要：行李服务是评价旅客体验和航空公司名誉的重要指标。由于机场粗糙的行李管理以及传统人工筛选方法存在的诸多局限,行李的检测和计数越来越成为"智慧民航建设"中行李全流程追踪中的重要一环。因此,本文在结合了各个目标检测算法的优缺点和行李运输的实际情况之后,设计出了一种以 YOLOv5 为基础架构,集成了帧间差分化算法、注意力网络和 DeepSORT 目标跟踪等的改进型 YOLOv5 模型,用于机场行李的全流程追踪服务。在准备阶段,本文利用自定义数据集、超参优化和迁移学习对改进型 YOLOv5 模型进行训练和测试。在实验阶段,本文设置了对照实验用于对比设计前后的 YOLOv5 模型和训练策略。实验结果表明,改进型 YOLOv5 模型的迁移学习策略在准确度、平均精度均值、损失函数等指标上,拥有比原 YOLOv5 更好的优化效果。同时,改进型 YOLOv5 模型的推理速度也满足实时处理的需求,实现了行李的实时检测和计数的功能。

关键词：目标检测；目标跟踪；行李计数；注意力网络；YOLOv5

1 绪　论

目标检测是计算机视觉领域的一个重要研究方向,这项技术让机器识别图像和视频中的目标物体成为可能。在智慧民航建设的 2024 年,SITA 洞察报告指出,行李错漏运数量激增反映出了传统的人工或半人工行李检测和计数服务管理上的粗糙无力,但要实现对行李全程追溯并解决行李丢失、错拿、盗窃和延误的问题,需要一种能够识别和检测行李的技术,而目标检测计数的研究正完美地契合了行李检测和计数的需求。

目标检测的过程是通过搭建用于检测物体的传感器、摄像头和高性能的计算机等硬件设施以及训练的模型来建构。目标检测算法的软件设施实现对于目标的识别、确认和跟踪。李光耀团队在 YOLOv3 的基础上使用了 SORT 的目标检测算法构建出一种面向托运行李的目标检测模型。本文以机场中需要检测的托运行李为目标,在 PyCharm 平台上设计出了基于目标检测的改进型 YOLOv5 模型,通过设置对照实验,验证了改进型 YOLOv5 模型能够较为准确和稳定地检测视频中的行李目标,并且也验证了模型同时具备实时性计数的功能。

2 目标检测相关理论

2.1 卷积神经网络及其增强方式

卷积神经网络是一类具备卷积运算单元、深度结构和深度学习功能的前馈神经网络,由输入层、隐含层和输出层组成,其层级权重互联共享的设计思路使得卷积神经网络局部连接的层级共享卷积权值,从而有效地降低处理的参数维度和模型的复杂程度,更好地保持了处理复杂维度数据时的性能。

卷积运算发生在卷积层神经元与输入数据建立起联系之后,以卷积操作索引输入图像数据的局部特征,从而映射到卷积核上输出空间位置坐标。具体来说,卷积运算所涉及的点积运算和偏置加法公式如式(1)、式(2)所示:

$$(K * I)(i,j) = \sum_m \sum_n K(m,n) \cdot I(i+m, j+n) \tag{1}$$

$$Output(i,j) = (K * J)(i * j) + b \tag{2}$$

式中,K 是 $m \times n$ 大小的卷积核;I 是输入的图像数据;$*$ 代表卷积操作;i、j 指的是输出特征图上的位置索引坐标;m、n 指的是卷积核上的局部位置索引;b 是卷积核关联的偏差值。点积运算和偏置加法公式解决了从输入的图像数据映射到卷积核上的空间位置输出值的问题。

SE 注意力网络(Squeeze-and-Excitation Networks)是一种可以优化特征空间编码和增强卷积神经网络表征能力的空间网络,由挤压和激励两个运行部分组成,其核心是让网络自适应地重新校准建模通道的特征,以抑制不重要通道特征的表达。

2.2 目标跟踪

目标跟踪指的是在视频序列的每幅图像中找到感兴趣的目标的位置,建立起运动目标在各个图像联系的一种技术。

DeepSORT 是以相关滤波模型中的匈牙利算法和卡尔曼滤波作为目标算法原理,以锚定框 ID 序号作为关联多个时空变化目标追踪策略的目标跟踪技术。

在 DeepSORT 中,卡尔曼滤波器被用作预测和更新目标状态的工具。假设系统具有正态分布的概率特征和独立的白噪声影响,状态向量 x 和观测向量 z 属于全体多维向量空间,则系统状态可由以下线性状态方程(见式(3))和测量方程(见式(4))表示:

$$x_{k+1} = A_k x_k + B u_k + w_k \tag{3}$$

$$z_k = H_k x_k + v_k \tag{4}$$

式中,w_k 和 v_k 代表过程和测量噪声;x_k 代表时间步 k 的系统状态。在预测过程中,每一个时间步内的卡尔曼滤波器会用当前目标的状态和过程噪声模型来预测下一个时间步的目标状态。定义上一个位置的为 $\hat{x}_k^-$,上一位置的误差协方差为 P_k^-,对系统时间步长 k 的预测值的置信度为 Q_k,得出离散卡尔曼方程在时间更新状态估计值 $\hat{x}_{k+1}^-$ 和误差协方差值 P_{k+1}^-。误差协方差用以描述预测与传感器观测状态的误差和置信度。以下定义 K_k 为卡尔曼增益,观测噪声协方差矩阵为 P_k,离散卡尔曼滤波器的时间和测量更新方程为

$$\hat{x}_k = x_k^- + K(z_k - H_k \hat{x}_k^-) \tag{5}$$

$$P_k = (I - K_k H_k) P_k^- \tag{6}$$

在 DeepSORT 中,匈牙利算法用于找到最小化目标检测和目标轨迹之间关联代价的方案,其所处理的内容是在数据关联阶段检测到的目标特征储存到成本矩阵之后,为给定的成本矩阵下最小化总成本代价,找到良好的组合优化性的分配方案。

3 基于目标检测的行李检测计数模型设计

模型中所用到的 YOLOv5s 是由输入端、Backbone、Neck、Head 组成的,其架构设计将 CSPNet 应用于主干网络,并且在颈部网络使用了 SPP 模块,与之前的 YOLO 版本相比运行更加灵活,解决了网格敏感所造成的不稳定问题,训练和使用更加轻巧和快速。

基于目标检测的行李计数模型分为三个模块:实时检测视频帧图像的处理模块、改进型

YOLOv5 行李检测模块以及行李计数模块,以下分别介绍每个模块的设计。

第一个模块是基于 OpenCV 的视频流处理,将实时检测到的视频流分割成一帧帧的图像,并且使用了运动目标检测算法进行帧间差分化处理,并用差分化的反馈结果调整视频分割的视频帧图像。视频的分割是将初始帧作为参考,然后连续两帧进行帧间差分化处理,然后显示分割后的视频帧图像以及更新参考帧。帧间差分化处理的步骤为 ROI 函数调整图像尺寸和区域输出、灰度图局部直方图均衡化和绝对差分化处理、二值化处理、轮廓生成和筛选。这种运动目标检测反馈的方法减轻了在后续模块重复处理的性能负担。

第二个模块是改进型 YOLOv5 行李检测模块。改进型 YOLOv5 行李检测模块在结构上重新调整了模型网络的各项参数,添加了 SE 注意力网络并优化了多类物体检测的处理流程。在调整模型和锚定框参数方面,对模型的类别数量和检测的类别进行设置,将行李大类分为不同的具体的小类目标,并且优化了预设的锚定框尺寸和坐标的位置。所添加的 SE 注意力网络主要更改的是改进型 YOLOv5 中 Backbone 部分的注意力层和卷积池化层。关于 Head 部分,除了采样之外,还连接了第一个模块中的 ROI 函数区域的输出,用于 SE 注意力机制的调整。改进型 YOLOv5 架构增加了对目标对象置信度的跟踪,用于减少波动,并在结构上适合于对多类物体目标的专注性检测。

第三个行李计数模块是基于 DeepSORT 对行李目标进行跟踪和计数的。在改进型 YOLOv5 的专注性检测后,DeepSORT 的卡尔曼滤波器和匈牙利算法会预测匹配目标的运行轨迹,并且直接接收来自第一个模块更新的视频帧用于修正轨迹。DeepSORT 中的相似度算法和数据关联使得生成锚定框 ID 后并不会出现对同一目标进行反复计数以及在失去目标后计数器重新计数的问题,这使得 DeepSORT 满足了行李计数的预期并且提高了行李计数的准确性。

改进型 YOLOv5 模型检测计数流程图如图 1 所示。

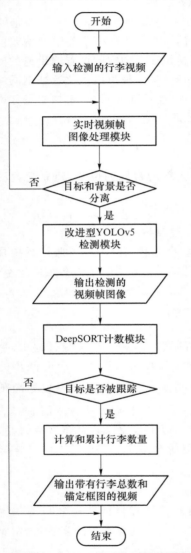

图 1　改进型 YOLOv5 模型检测计数流程图

4　实验与评估

4.1　实验配置及过程

本实验的软硬件配置为搭建在电脑 Windows 10(64 位系统)上的 PyCharm 平台、由

Ultralytics 开发的 YOLOv5 的 7.0 版本文件、可以方便地进行指令操作和分隔安装虚拟环境的 Anaconda 虚拟环境平台及用于训练和验证的自定义数据集。

首先,本实验准备了 160 张行李图像作为训练集、10 张行李图像作为验证集和 3 个行李视频作为测试集,借助 Labellmg 图像标定工具手动框定好了训练集和验证集图像中的行李目标,并且保存了具有模型可识别性的训练集和验证集框定数据文件。

其次,改进型 YOLOv5 模型的配置是由模型的结构配置和模型参数配置构成的。模型的结构配置主要是集成了 DeepSORT 的特征跟踪器、SE 注意力网络和视频帧分割模块。模型的参数配置是在训练过程中重新分配或修改 YOLOv5 和 DeepSORT 的权重文件、配置文件、训练轮数及图片训练的尺寸大小等。配置参数为 NNI 超参调优配置,构建超参模型后加载数据集测试,最终在 NNI 调优算法的作用下生成主线程准确率的测试结果。

最后,使用改进型 YOLOv5 结构进行迁移学习。由于 COCO 默认的物体检测数据集没有包含所有的行李目标标签,所以使用 COCO 模型的权重初始化之后还要对行李的特征进行提取和微调。特征提取时会以冻结主干、训练 YOLOv5 模型的头部和 DeepSORT 特征跟踪器的方式进行。DeepSORT 特征跟踪器在实验的过程中,会根据卡尔曼滤波和匈牙利算法将输入视频帧的图像进行跟踪目标轨迹的预测,以更新卡尔曼滤波器。微调使用解冻主干和超参数配置的方式,用非常低的学习成本适应新的数据集和改善指标参数的损失。迁移学习阶段获得最佳性能的模型之后,再使用事先准备好的测试集验证模型的检测和计数的性能,得出实验的验证结果。

4.2 实验结果及分析

本实验所保存的参数结果根据模型结构的不同和训练策略的不同被划分为两组对照实验:原 YOLOv5 从头开始训练作为对照组、改进型 YOLOv5 从头开始训练作为实验组;改进型 YOLOv5 从头开始训练作为对照组、改进型 YOLOv5 迁移训练作为实验组。

第一组将原 YOLOv5 和改进型 YOLOV5 用训练集从头开始训练 100 轮,实验结果如图 2 和图 3 所示。

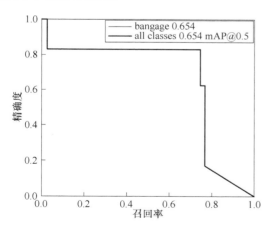

图 2 原 YOLOv5 的 P - R 曲线

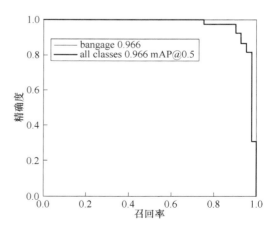

图 3 改进型 YOLOv5 的 P - R 曲线

如表 1 所列,对比第一组实验中 P - R 曲线可以发现,原 YOLOv5 比改进型 YOLOv5 的曲线下的面积要小,在相同召回率下原 YOLOv5 的精确度比改进型 YOLOv5 要低。

表 1　第一组实验 mAP@0.5 和最大精度对比

模　型	mAP@0.5	最大精确度
原 YOLOv5	0.654	0.828
改进型 YOLOV5	0.966	0.973

　　第二组将用改进型 YOLOv5 作为模型分别使用从头开始训练和迁移学习的策略训练 100 轮,实验结果如图 4 和图 5 所示。

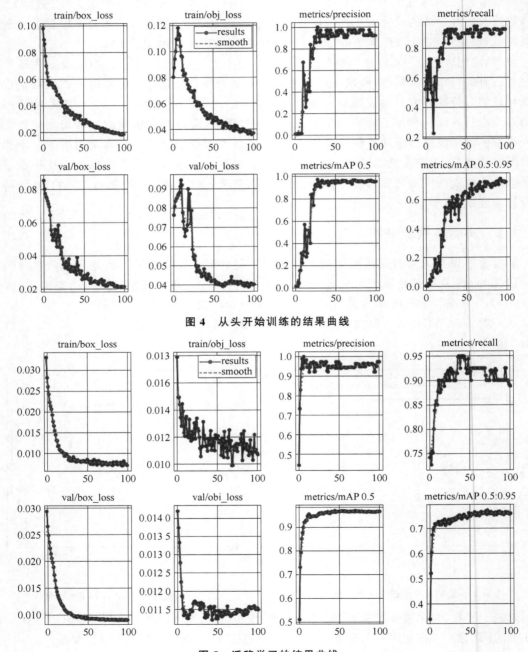

图 4　从头开始训练的结果曲线

图 5　迁移学习的结果曲线

第二组对照实验中，由于预训练模型热启动，迁移学习下的模型精确度以极快的速率从较高的位置进行爬升，而不是从零开始，这也使得迁移学习的损失拥有比从头开始训练更低的开始和更快速率的下降。迁移学习在 100 轮训练结束之后，拥有比从头开始训练更高的精确度和 mAP 值，相较之下，迁移学习的最大精确度高出从头开始训练的 0.009，如表 2 所列。

表 2　第二组实验 mAP@0.5 和最大精度对比

学习策略	mAP@0.5	最大精确度
从头开始训练	0.966	0.973
迁移学习	0.967	0.982

在相同的实验条件下，两组对照实验表明了改进型 YOLOv5 在识别行李目标方面比原 YOLOv5 具有更高更稳定的精确度，迁移学习的策略比从头开始训练更适合小样本的情况，并具有更好的鲁棒性和更快速地启动，在推理验证之后，可以得出模型最后的测试图片和检测结果，如图 6 和图 7 所示。

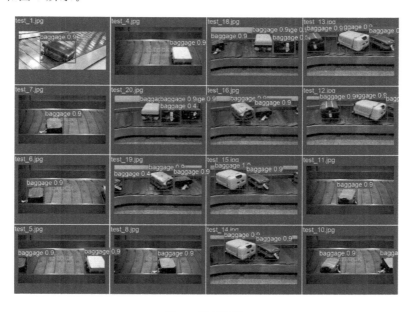

图 6　测试图片

5　结　论

综上所述，本文结合卷积神经网络和目标跟踪技术，设计了一种基于目标检测的改进型 YOLOv5 行李检测和计数模型。本文在采集和处理了数据集之后，进行了大量的实验和测试，验证了本文所设计的模型有效地提高了模型在检测计数过程中的准确性和稳定性。

图 7　检测结果

参考文献

[1] 杜鹏,谌明,苏统华. 深度学习与目标检测[M].北京:电子工业出版社,2020:80-162.

[2] 李光耀.面向托运行李的目标检测方法及应用研究[D].天津:中国民航大学,2022.

[3] 周飞燕,金林鹏,董军.卷积神经网络研究综述[J].计算机学报,2017,40(6):1229-1251.

[4] 徐佳龙. 目标跟踪相关研究综述 [J]. 人工智能与机器人研究,2015,4(3):17-22.

[5] KALMAN R E . A new approach to linear filtering and prediction problems[J]. Journal of basic engineering,1960,82D:35-45.

[6] 柳毅,佟明安.匈牙利算法在多目标分配中的应用[J].火力与指挥控制,2002,(4):34-37.

[7] 邵延华,张铎,楚红雨,等.基于深度学习的 YOLO 目标检测综述[J].电子与信息学报,2022,44(10):3697-3708.

仿真技术

基于先验信息的分布式脉冲星
导航脉冲相位最大似然估计

李璟璟　王博　刘金胜　宋娟　徐振华

（山东航天电子技术研究所,山东·烟台,264000）

摘要：为了提升分布式脉冲星导航系统脉冲相位的估计精度,本文以最大似然估计算法为基础,提出了基于先验信息的脉冲相位最大似然估计方法。当分布式脉冲星导航系统各探测器具有相同的有效面积及物理构成时,各探测器独立探测计算获得的脉冲相位具有高斯随机分布特性。将这一统计特性补充到光子流率的似然函数中,构成了基于先验信息的最大似然算法,同时,推导获得了更低的脉冲相位估计 CRLB 界。针对所选脉冲星的仿真结果表明,所提出的方法可以有效提高脉冲相位估计精度。

关键词：分布式脉冲星导航;先验信息;最大似然

1 引　言

利用 X 射线脉冲星进行自主导航是近年来航天器自主导航新的实现方式。脉冲星是空间高速自转的中子星,具有高稳定的自转频率,通过接收其辐射的 X 射线,可以建立高稳定的信号模型,为航天器自主导航提供支持。Sheikh、Emadzadeh 等学者在航天器 X 射线脉冲星自主导航理论研究方面进行了开创性的研究工作。根据已有研究,单颗卫星进行脉冲星自主导航时,为了满足观测的充分性和保证必要的导航精度,最好对三颗及以上脉冲星同时开展探测,这就需要脉冲星探测器具有三个能够指向特定脉冲星的探头,这样的要求为工程化应用带来诸多不便。针对这一问题,Xiong,Zhang 等学者将脉冲星导航技术应用于卫星星座或编队的组合定位中,Guo 等学者将星座中各卫星收集的光子数据分别向太阳系质心坐标系（SSB）转换,并汇合成统一的轮廓,这等价于拓展了脉冲星的探测面积,可以极大提升脉冲星导航效率。由于脉冲星轮廓折叠中数据间隔的选取会影响脉冲相位估计的精度,而最大似然法能够较好地保留脉冲相位信息。本文在传统最大似然估计的基础上,进一步考虑分布式卫星系统中,利用各卫星所获得的光子数据得到的脉冲相位的先验信息,并将其补充到原似然函数中,构建一个新的最大似然函数,进而获得基于先验信息的最大似然算法,实现脉冲相位估计精度的提升,此外,先验信息的引入也可获得更低的 CRLB 界。

2 分布式 X 射线脉冲星自主导航系统原理

分布式 X 射线脉冲星自主导航系统由多颗卫星通过星间链路组网构成。如图 1 所示,在太阳系质心坐标系（SSB）下,脉冲星为遥远的河外天体,其方向矢量可视为定常值,其发射的 X 射线脉冲可在 SSB 处精确建模。r 为卫星在 J2000 地心惯性坐标系下的位置矢量,也是脉冲星导航需要确定的矢量。r 的获取是以脉冲到达相位的准确估计为前提的。如图 1 所示,在分布式脉冲星观测任务中,对某脉冲星的观测由多颗卫星联合完成。选择一颗卫星为导航主星,其他卫星为导航从星,从星收集的光子序列信息通过星间链路可与主星交换和等效折算,主星利用所有卫星收集的光子序列信息进行导航解算。卫星利用所探测的 X 射线光子数据,结合脉冲星自转频率等参数,使用最大似然估计算法,可以完成在脉冲星方向上的脉冲到达相位估计。基于星间链路和星敏感器获得的精确星间距离及其在脉冲星方向上的投影信息,不同卫星探测的 X 射线脉冲星光子数据可以等效到主星处,从而实现在主导航星处脉冲相位的统一最大似然估算。

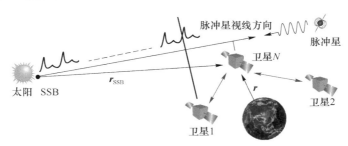

图 1   分布式 X 射线脉冲星自主导航系统构成示意图

3   基于先验信息的脉冲相位估计方法

3.1   条件及假设

分布式卫星系统中各卫星搭载相同的脉冲星探测器,其有效探测面积记为 S_i。

(1)探测器 S_i 接收的光子,其利用最大似然算法分别估计得到的 N 个相位估计为 $\Phi_{s,j}$,$j=1,2,\cdots,N$。对应的总探测面积探测的所有光子利用最大似然估计得到相位为 Φ_{all}。本文假设总探测面积探测的所有光子概率密度函数(PDF)与 $\Phi_{s,j}$ 的概率密度函数独立。

(2)根据大数定律,对于各卫星搭载的 X 射线脉冲星探测器 S_i,其探测数据计算的 $\Phi_{s,j}$ 满足正态高斯分布:

$$f(\Phi_s) = \frac{1}{\sqrt{2\pi}\sigma_{\Phi_s}} \exp\left(-\frac{(\Phi_{s,j}-\Phi_0)^2}{2\sigma_{\Phi_s}^2}\right) \tag{1}$$

式中,Φ_0 为均值,也是待估计参数;σ_{Φ_s} 为标准差。

3.2   基于先验信息的最大似然估计算法

X 射线脉冲星光子到达流率 PDF 为

$$p(\{t_i\}_{i=1}^M;\Phi_0,f_0) = \exp(-\Lambda(\Phi_0,f_0))\prod_{i=1}^M \lambda(t_i;\Phi_0,f_0) \tag{2}$$

每颗卫星搭载的小面积探测器相位估计结果的 PDF 为

$$p_s(\Phi_s) \sim N(\Phi_0;\sigma_{\Phi_s}) \tag{3}$$

则联合 PDF 为

$$\begin{aligned} p(t_i,\Phi_s,\Phi_{\mathrm{all}}) &= p(\{t_i\}_{i=1}^M;\Phi_0,f_0)p_s(\Phi_s) \\ &= \exp(-\Lambda(\Phi_0))\prod_{i=1}^M \lambda(t_i;\Phi_0)\prod_{j=1}^N \frac{1}{\sqrt{2\pi}\sigma_{\Phi_s}}\exp\left(-\frac{(\Phi_{s,j}-\Phi_0)^2}{2\sigma_{\Phi_s}^2}\right) \end{aligned} \tag{4}$$

式中，$\Lambda(\Phi_0) \triangleq \int_{t_0}^{t_f} \lambda(t,\Phi_0)\mathrm{d}t$。则

$$LLF(\Phi_0) = -\Lambda(\Phi_0) + \sum_{i=1}^{M}\ln(\lambda(t_i,\Phi_0))$$
$$+ N\ln\left(\frac{1}{\sqrt{2\pi}\sigma_{\Phi_s}}\right) - \sum_{j=1}^{N}\frac{(\Phi_{s,j}-\Phi_0)^2}{2\sigma_{\Phi_s}^2} \tag{5}$$

忽略定值项，有

$$LLF(\Phi_0) = \sum_{i=1}^{M}\ln(\lambda(t_i,\Phi_0)) - \sum_{j=1}^{N}\frac{(\Phi_{s,j}-\Phi_0)^2}{2\sigma_{\Phi_s}^2} \tag{6}$$

最大似然估计器为

$$\hat{\Phi}_0 = \arg\max_{\Phi_0}LLF(\Phi_0) \tag{7}$$

3.3　CRLB 分析

3.3.1　存在性证明

定理 1　定义 $p(\boldsymbol{x};\Phi_0)$ 为观测随机矢量 $\boldsymbol{x}$ 的概率密度函数，并利用未知参数 Φ_0 来表示随机矢量 $\boldsymbol{x}$，其中，分号表示独立性。假设 $p(\boldsymbol{x};\Phi_0)$ 满足一致性条件：

$$E\left(\frac{\partial}{\partial\Phi_0}\ln p(\boldsymbol{x};\Phi_0)\right)=0 \tag{8}$$

那么，无偏估计器 $\hat{\Phi}_0$ 的协方差满足

$$\mathrm{cov}(\hat{\Phi}_0) \geq I^{-1}(\hat{\Phi}_0) \tag{9}$$

式中，$I^{-1}(\hat{\Phi}_0)$ 为 CRLB。

基于前述条件及假设，设每个小时间段 Δt 内光子数为 x_n，则其联合 PDF 为

$$p(\boldsymbol{x};\Phi_0) = \prod_{n=1}^{L}p(x_n;\Phi_0)$$
$$= \prod_{n=1}^{L}\frac{(\lambda_n(\Phi_0)\Delta t)^{x_n}}{x_n!}\exp(-\lambda_n(\Phi_0)\Delta t) \tag{10}$$

其与 $p_{\mathrm{all}}(\Phi_{\mathrm{all}})$ 的联合概率为

$$p(\boldsymbol{x},\Phi_s,\Phi_{\mathrm{all}}) = p(\boldsymbol{x};\Phi_0)p_s(\Phi_s;\Phi_0)$$
$$= \prod_{n=1}^{L}\left(\frac{(\lambda_n(\Phi_0)\Delta t)^{x_n}}{x_n!}\exp(-\lambda_n(\Phi_0)\Delta t)\right) \tag{11}$$
$$= \prod_{j=1}^{N}\left(\frac{1}{\sqrt{2\pi}\sigma_{\Phi_s}}\exp\left(-\frac{(\Phi_{s,j}-\Phi_0)^2}{2\sigma_{\Phi_s}^2}\right)\right)$$

对上式两边取对数得

$$\ln p(\boldsymbol{x},\Phi_s;\Phi_0)$$
$$= \sum_{n=1}^{L}(x_n\ln(\lambda_n(\Phi_0)\Delta t)-\lambda_n(\Phi_0)\Delta t-\ln(x_n!))$$
$$+ N\ln\left(\frac{1}{\sqrt{2\pi}\sigma_{\Phi_s}}\right) - \sum_{j=1}^{N}\frac{(\Phi_{s,j}-\Phi_0)^2}{2\sigma_{\Phi_s}^2} \tag{12}$$

上式的偏微分形式为

$$\frac{\partial}{\partial \Phi_0} \ln p(\pmb{x}, \Phi_s; \Phi_0)$$

$$= \sum_{n=0}^{L-1} \left(x_n \frac{1}{\lambda_n(\Phi_0)\Delta t} \frac{\partial}{\partial \Phi_0}(\lambda_n(\Phi_0)\Delta t) - \frac{\partial}{\partial \Phi_0}(\lambda_n(\Phi_0)\Delta t) \right) \qquad (13)$$

$$- \frac{1}{\sigma_{\Phi_s}^2} \sum_{j=1}^{N} (\Phi_0 - \Phi_{s,j})$$

则

$$E(\ln p(\pmb{x}, \Phi_s; \Phi_0)) = 0 \qquad (14)$$

根据定理 1,引入脉冲相位估计统计先验信息方法的 CRLB 界存在。

3.3.2 CRLB 界

费希尔矩阵 $\pmb{I}(\Phi_0)$ 为

$$\pmb{I}(\Phi_0) = -E\left(\frac{\partial^2}{\partial {\Phi_0}^2} \ln p(\pmb{x}, \Phi_s; \Phi_0)\right) \qquad (15)$$

$$= -E\left(\frac{\partial^2}{\partial {\Phi_0}^2}(F_1(\Phi_0) + F_2(\Phi_0))\right)$$

其中

$$\ln p(\pmb{x}, \Phi_s; \Phi_0) = F_1(\Phi_0) + F_2(\Phi_0)$$

$$F_1(\Phi_0) = \sum_{n=0}^{L-1} (x_n \ln(\lambda_n(\Phi_0)\Delta t) - \lambda_n(\Phi_0)\Delta t - \ln(x_n!))$$

$$F_2(\Phi_0) = N\ln\left(\frac{1}{\sqrt{2\pi}\sigma_{\Phi_s}}\right) - \sum_{j=1}^{N} \frac{(\Phi_{s,j} - \Phi_0)^2}{2\sigma_{\Phi_s}^2}$$

则

$$\pmb{I}(\Phi_0) = -E\left(\frac{\partial^2}{\partial {\Phi_0}^2}F_1(\Phi_0) + \frac{\partial^2}{\partial {\Phi_0}^2}F_2(\Phi_0)\right) = I_1 + I_2 \qquad (16)$$

其中

$$I_1 = -E\left(\frac{\partial^2}{\partial {\Phi_0}^2}F_1(\Phi_0)\right) = T_{\text{obs}}I_p = T_{\text{obs}}\int_0^1 \frac{[\lambda_s h'(\Phi)]^2}{\lambda_b + \lambda_s h(\Phi)}d\Phi$$

$$I_2 = -E\left(\frac{\partial^2}{\partial {\Phi_0}^2}F_2(\Phi_0)\right)$$

$$= -E\left(\frac{\partial}{\partial \Phi_0}\left(\frac{1}{\sigma_{\Phi_s}^2}\sum_{j=1}^{N}(\Phi_{s,j} - \Phi_0)\right)\right)$$

$$= -E\left(-\frac{1}{\sigma_{\Phi_s}^2}\sum_{j=1}^{N}\right) = \frac{N}{\sigma_{\Phi_s}^2}$$

则 CRLB 为

$$\text{CRLB}(\Phi_0) = \frac{1}{I_1 + I_2}$$

$$= \frac{1}{T_{\text{obs}}\int_0^1 \frac{(\lambda_s h'(\Phi))^2}{\lambda_b + \lambda_s h(\Phi)}d\Phi + \frac{N}{\sigma_{\Phi_s}^2}} \qquad (17)$$

3.3.3 先验信息的脉冲相位估计算法及应用方案

为了充分利用探测数据,提高脉冲相位估计精度,利用脉冲星导航主星收集的所有光子,并结合各卫星探测数据的脉冲相位估计结果,进行最大似然估计运算。基于先验信息的脉冲相位最大似然估计(MLP)算法过程如下。

(1) 设所有卫星的等效总面积为 S,其由 N 个小面积探测器 S_i 等效构成,S 收到的光子集为 $\{t_i\}_{i=1}^M$,每个 S_i 收到的光子集为 $\{t_{s,i}\}_{i=1}^M$。

(2) 利用 $\{t_{s,i}\}_{i=1}^M$ 进行独立的最大似然估计,可以获得 N 个较低精度的脉冲相位估计 $\hat{\varPhi}_{0,s}$,其 PDF 服从前式高斯分布。

(3) 利用所有光子 $\{t_i\}_{i=1}^M$,各卫星脉冲相位估计结果 $\hat{\varPhi}_{0,s}$ 构建新的似然函数,运用式(6)及式(7)进行最大似然估计。

算法应用方案如图 2 所示。分布式卫星系统在导航主星的统一调度下,共同对某脉冲星进行观测,将获取的光子数据进行初步的最大似然 ML 估计,然后将估计结果、光子信息及必要的时间参数信息通过星间链路传递给主导航星。主导航星首先按照一定的导航策略对收到的光子数据进行等效折算等预处理,后将光子数据和相位估计信息作为测量量,统一进行 MLP 运算。主导航星具有先验信息分析模块,处理和存储针对不同脉冲星观测的先验信息数据。

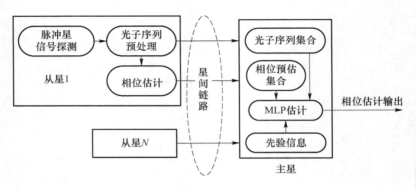

图 2 算法应用方案

4 仿真校验

本文提出的脉冲星导航系统脉冲相位估计方法可以应用于大规模集群分布式的卫星系统中。为了对所提出的方法进行验证,仿真采用具有 Walker $-\delta$ 构型的分布式卫星星座。卫星搭载的脉冲星探测器有效面积为 $100\ \mathrm{cm^2}$,由 16 颗卫星对某特定脉冲星进行观测。选用的脉冲星参数如表 1 所列。

表 1 脉冲星参数

PSR	周期/ms	p_{f}	W/s	通量/(ph·s^{-1}·cm^{-2})
B0531+21	33.085	0.70	0.001 670	1.54×10^0
B1509-58	150.658	0.65	0.016 000	1.62×10^{-2}
J1814-338	3.180	0.12	0.000 640	3.88×10^{-2}

光子累积周期分别采用 60 s、120 s 和 180 s,利用最大似然 ML 和本文提出的基于先验信息的最大似然法 MLP 进行仿真。仿真结果如图 3～图 6 所示。图中 CRLB 和 CRLBP 分别为

两种方法的 CRLB 界。

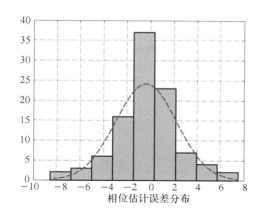

图 3 脉冲相位估计误差分布

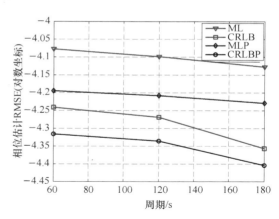

图 4 B0531＋21 相位估计误差及 CRLB

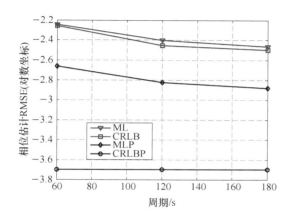

图 5 B1509－58 相位估计误差及 CRLB

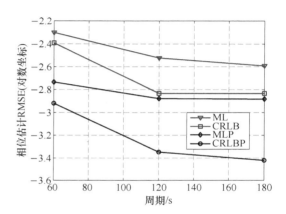

图 6 J1814－338 相位估计误差及 CRLB

图 3 为利用脉冲星 B0531＋21 对每个小面积探测器独立计算脉冲相位的统计柱状图,采用了 100 组探测器仿真数据,可见其基本符合正态分布,这验证了前述假设条件。图 4～图 6 分别为三颗脉冲星在不同累积时间下,分别采用两种方法获得的脉冲相位估计精度的统计值,同时给出了 CRLB。可见,所提出的 MLP 方法比 ML 方法精度明显提高,采用先验信息后,其 CRLB 也有所降低。引入先验信息的 MLP 方法能够达到或突破传统的 CRLB 界。此外,随着累积时间的增加,相位估计方法精度有所提升,其对应的 CRLB 界也有所降低。

5 结 论

针对分布式脉冲星导航系统,本文提出了一种基于先验信息的分布式脉冲相位估计方法,考虑到各探测器除了对脉冲光子的探测,也可独立进行脉冲相位的估计,其相位估计统计信息具有正态分布特点,将该先验信息补充到传统最大似然估计方法中,形成了新的基于先验信息的最大似然相位估计算法,并利用新的似然函数进行推导,获得了更低的 CRLB。对三颗脉冲星分别在不同累积时间条件下进行了仿真,结果表明,将本文提出的方法应用于分布式脉冲星导航中,能够有效提高脉冲相位估计精度。

参考文献

[1] BECKER W, KRAMER M, SESANA A. Pulsar timing and its application for navigation and gravitational wave detection[J]. Space Sci Rev, 2018, 14 (1): 1-25.

[2] NING X L, GUI M Z, FANG J C, et al. Differential X-ray pulsar aided celestial navigation for Mars exploration[J]. Aerosp Sci Technol, 2017, 62(3): 36-45.

[3] WEST B F, WOLFRAM K D, BECKER P A. A new two-fluid radiation-hydrodynamical model for X-ray Pulsar accretion columns[J]. Astrophys J, 2017, 835(2):1-29.

[4] EMADZADEH A A, SPEYER J L. Navigation in space by X-ray pulsars[M]. New York: Springer Press, 2011:118.

[5] SHEIKH S I. The use of variable celestial X-ray sources for spacecraft navigation[D]. Baltimore: University of Maryland Univ, College Park, 2005.

[6] SHEIKH S I, Pines D J, PAY P S. Spacecraft navigation using X-ray Pulsars[J]. J Guid Control Dyn, 2006, 29(1): 49-63.

[7] SHEIKH S I. Navigation using pulsars and other variable celestial sources[C]//Position, Navigation, and Timing Technologies in the 21st Century. New York:IEEE PRESS, 2021,2: 1635-1667.

[8] FANG H Y, SU J Y, LI L S, et al. An analysis of X-ray pulsar navigation accuracy in Earth orbit applications[J]. Adv Space Res, 2021, 68 (9): 3731-3748.

[9] XIONG K,WEI C L,LU L D. The use of X-ray pulsars for aiding navigation of satellites in constellations [J]. Acta Astronautica, 2009, 64 (4): 427-436.

[10] ZHANG H, JIAO R, XU L P, et al. Formation of a satellite navigation system using X-ray Pulsars[J]. Pub Astro Soc Paci, 2019, 131(998):1-17.

[11] GUO P B, SUN J H, HU L, et al. Research on navigation of satellite constellation based on an asynchronous observation model using X-ray pulsar[J]. Adv Space Res, 2018, 61(3): 787-798.

气热防/除冰复合材料结构数值
仿真及试验研究

司源[1,2]   陈晓宇[1,2]   朱辰阳[3,4,5]   陈龙[3,4,5]

(1. 中国航空工业集团公司济南特种结构研究所高性能电磁窗航空科技重点实验室，
山东·济南,250023;2. 中国航空工业集团公司济南特种结构研究所电磁功能结构
技术创新中心,山东·济南,250023;3. 山东大学高效清洁机械制造教育部重点实验室,
山东·济南,250061;4. 山东大学机械工程学院,山东·济南,250061;
5. 山东大学日照研究院,山东·日照,276800)

摘要： 本文设计了一种满足飞机翼面前缘电磁功能结构透波和防/除冰需求的复合材料结构。通过在石英纤维布中等距预埋聚四氟乙烯(PTFE)毛细管，成功制备一种新型的气热防/除冰石英纤维/聚四氟乙烯毛细管/环氧树脂(QF/PTFE/EP)复合材料组件。为了深入理解其性能,本文建立流固热多场耦合的复合材料-气热数值有限元仿真模型,并采用试验与仿真相结合的方法,对不同气热温度和压强条件下,具有不同内置管径的 QF/PTFE/EP 复合材料组件的防/除冰性能进行了系统研究,验证了其在防/除冰方面的有效性。试验结果揭示了组件内部管径和管距对其表面温度分布的影响：管径越大,管距越小,气体温度越高,组件表面温度也越高。具体地,在气体温度为 60 ℃且管距为 5 mm 的条件下,不同管径的组件表面温度均能显著提高至 10 ℃ 以上。然而,当管距增加至 10 mm 时,中等管径(0.5 mm×0.9 mm)的组件在 55 ℃ 的气体温度下已无法满足防冰要求。此外,为了评估该复合材料组件对飞机隐身性能的影响,还进行了电磁透波率的测试,结果表明管径和管距对电磁透波率的影响相对较小。在不同的入射角度以及水平和垂直极化方式下,气热防/除冰 QF/PTFE/EP 复合材料组件的透波率下降均小于 3%,表明该结构在保持良好透波性能的同时,能够有效实现防/除冰功能。

关键词： 防/除冰;热气利用;电磁透波;传热;仿真和试验

1 引　言

飞行安全受到多种因素的影响,其中结冰是一个关键问题。飞机在穿越含有过冷水滴的云层时,会在机翼和旋翼等关键部位形成冰层,从而影响其空气动力学特性,对飞行安全构成严重威胁。因此,飞机的防冰和除冰技术成为研究的热点。目前,研究者通过数值模拟和结冰风洞试验,开发了包括主动、被动和复合系统在内的多种防冰除冰技术。广泛应用的技术包括热风、电热、疏水材料和记忆合金除冰。随着研究的深入,开发一种节能、轻便且稳定的防/除冰系统变得尤为迫切。

研究人员越来越关注利用发动机热气作为热源的气热防/除冰技术。这种系统不仅简化了设计,减轻了重量,还减少了能源消耗,因为它不需要额外设备来产生热量,从而降低了成本。同时,微波探测感知、多平台信息交互、电磁散射抑制等功能对飞行器复合材料结构提出

了电磁透波性能需求。气热防/除冰技术通过从发动机引出高温高压气体,并通过喷射孔释放,对电磁透波电磁性能影响较小,尤其对于具有电磁低散射特征的飞行器,这种技术具有显著优势。

环氧树脂(EP)作为一种广泛应用的树脂基体,因其卓越的黏结性、机械性、绝缘性、工艺性和耐腐蚀性,以及较低的成本和固化后的尺寸稳定性,而被广泛采用。自 20 世纪 90 年代以来,美国的一些电力潜射系统天线罩就已经开始使用 EP 材料。尽管 EP 具有许多优点,但其玻璃化转变温度低于 150 ℃,限制了其在高温环境下的应用。此外,EP 的介电常数和介质损耗值相对较大,这可能会影响其在某些电磁应用中的表现。目前,能够同时满足电磁性能和防/除冰要求的复合材料研究还相对较少。因此,探索如何使材料同时具备这两种能力,是本文的重点。

针对上述问题,本文以石英纤维布、聚四氟乙烯毛细管和环氧树脂为主要材料,制备了可实现热气循环的气热防/除冰石英纤维/聚四氟乙烯毛细管/环氧树脂(QF/PTFE/EP)复合材料结构,通过低温下的传热试验和电磁透波试验,测试所制备的组件在防冰和除冰方面的性能以及电磁环境下的透波率,用以评估所制备的组件的实际应用场景下的可靠性。

2 制备与试验

2.1 气热防/除冰 QF/PTFE/EP 复合材料组件制备

气热防/除冰 QF/PTFE/EP 复合材料组件的制备过程采用常温固化方法。具体步骤如

图 1 气热防/除冰 QF/PTFE/EP 复合材料组件

下:首先,按照 400 mm×200 mm 的尺寸裁剪两片石英纤维布;然后,裁剪长度为 600 mm 的聚四氟乙烯毛细管,并按照 5 mm、10 mm、15 mm 的间距,将毛细管平直地粘贴到其中一片纤维布的表面;接着,将环氧树脂均匀涂覆在粘贴有毛细管的纤维布表面;之后,将另一片纤维布覆盖在涂有树脂的纤维布上,确保两片纤维布紧密贴合;真空下静置 3 h,使组件固化成形;固化完成后,将组件一端的毛细管集成一束,插入聚四氟乙烯管中,并连接气管转接头,以完成组件的制备,如图 1 所示。

2.2 气热防/除冰 QF/PTFE/EP 复合材料组件传热试验

为了评估气热防/除冰 QF/PTFE/EP 复合材料组件的传热性能,本研究构建了一个气热防/除冰装置和一个低温结冰试验平台,如图 2 所示。试验中,高温气体被引入处于低温环境的组件内部,并通过组件表面传导热量。使用贴片式热电偶在组件表面采集温度数据,并通过绘制升温曲线来评估组件的传热效率。低温结冰试验平台能够模拟 -20 ℃ 的低温环境,其温度控制精度为 ±0.5 ℃。气热防/除冰装置能够在 2 m 长的管路中持续提供 60 ℃ 的高温气体,温度控制精度为 ±1 ℃,气体压力控制在 0.25～0.75 MPa 之间,压力控制精度为 0.05 MPa。

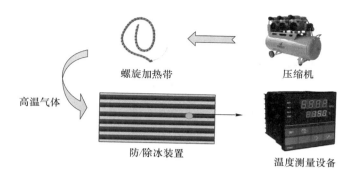

图 2　气热防/除冰系统

2.3　气热防/除冰 QF/PTFE/EP 复合材料组件除冰试验

为了评估气热防/除冰 QF/PTFE/EP 复合材料组件的防/除冰性能,本研究利用搭建的低温结冰试验平台进行了一系列测试。试验中,通过水雾结冰方法在组件表面形成冰层。具体操作如下:使用水雾喷射装置将液态水喷洒至组件表面,以形成均匀的冰层;通过精确控制水压、喷雾距离和喷雾时间,可以调节冰层的厚度和结冰区域;随后,利用气热防/除冰装置对结冰后的组件进行除冰处理。除冰效果的评估基于冰层脱落所需的时间,这直接反映了组件的防/除冰能力。低温结冰试验平台能够模拟−20 ℃的低温环境,其温度控制精度为±0.5 ℃,确保了试验条件的稳定性和重复性。

2.4　电磁性能试验

电磁性能是评估气热防/除冰 QF/PTFE/EP 复合材料组件性能的关键指标之一。为了研究制备工艺对组件透波性能的影响,本研究对所制备的组件进行了透波率测试,测试频率范围为 2~18 GHz。通过改变电磁波的入射角度,进一步探究了不同入射角度对组件透波率的影响。

3　数值仿真

为帮助改进试验方案和试验平台,本文通过 Fluent 单向流固耦合仿真的方法,模拟真实试验环境,将试验数据和仿真结果相对比,得出气热防/除冰结构件的表面温度分布与温升过程,从而指导试验的进行。其中,仿真过程中首先建立流体域仿真,再将流体域的温度仿真结果导入固体域内壁计算,得出最终固体域温度分布。

3.1　模　型

通过 ANSYS 内置模块,依据试验件等比建立仿真模型,仿真模型分为流体域模型和固体域模型,其中固体域模型分为聚四氟乙烯管模型和其他材料模型,部分仿真模型如图 3 所示,材料属性如表 1 所列。

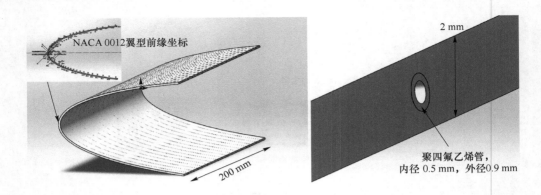

图 3　气热空心石英纤维增强树脂基复合材料仿真模型

表 1　气热空心石英纤维增强树脂基复合材料仿真材料属性

材　料	密度/(kg·m⁻³)	热导率/(W·m⁻¹·K⁻¹)	比热/(J·kg⁻¹·℃⁻¹)
EP	2 300	0.2	1 100
聚四氟乙烯	2 100	0.27	1 000
石英纤维布	2 540	1.4	750

3.2　网格质量

　　进行网格划分,在网格划分过程中,网格单元尺寸设置为 2 mm,方法为四面体网格,在网格生成之后,可以通过网格质量来评估网格。Workbench 中有不同的网格质量度量,每个度量评估单元的不同特征,根据一些常见的质量度量标准,对模型网格质量检验,网格质量均良好,数据如表 2 所列,检测每个网格偏斜度等指标,理想的网格是正交且无偏斜的网格,经比较,满足仿真计算需求。

表 2　仿真网格参数

	1	2	3	4
单元	290 833	283 837	431 360	272 115
节点	1 826 643	1 818 241	2 788 336	1 128 431
纵横比	1.656 9	1.449 7	1.23	1.229 3
单元质量	0.016 1	0.043 3	0.012 6	0.010 2
正交质量	0.999 66	1	0.954 29	0.964 36

3.3　边界条件

　　进口边界条件设置为 Pressure inlet,根据试验结果给定入口压强的值;出口边界条件设置为 Outflow,流速加权为 1,入口温度设置为 333.15 K,另外,流体壁面对流换热系数设置为 $0.01 \ W/(m^2 \cdot K)$。流体流动模型选用 Laminar。边界条件设置完成后,求解方法设置为 Simple,经初始化后,迭代次数 500,采用双精度计算方法,调整残差并完成内部流场的特性及传热流动计算。将内流场求解结果作为瞬态转热的热源边界条件,施加在聚四氟乙烯管内壁面作为热源,计算毕渥数,外表面施加对流换热系数 $200 \text{ W}/(\text{m}^2 \cdot \text{K})$,其余面均默认为隔热边界。周围环境温度以及模型初始温度均为 -10 ℃,求解整个模型的温度场。

3.4 仿真结果

热风入口温度为 60 ℃,入口压强及结果如表 3 所列,其余边界条件见 3.3 节,并对在热电偶测量位置的温度探针得到的数据进行处理,取平均数,与试验得到的数据进行对比,如表 4 所列。

表 3 四组试验数据

编号	入口压强/MPa	PTFE 管径(内径、外径)	样件尺寸/(mm×mm)	360 s 时热电偶平均温度/℃
1	0.25	0.6 m、1 mm	30×30	27.9
2	0.25	0.5 m、0.9 mm	20×40	2.3
3	0.7	0.3 m、0.6 mm	20×40	10.4
4	0.4	0.5 m、0.9 mm	NACA-0012	12.6

表 4 试验与仿真误差分析

编号	360 s 仿真温度探针平均温度 K_1/℃	360 s 试验结果平均温度 K_2/℃	360 s 试验上升温度 ΔK_2/℃	360 s 仿真上升温度 ΔK_1/℃	误差 $\frac{\lvert \Delta K_1 - \Delta K_2 \rvert}{\Delta K_2} \times 100\%$
1	25.708	27.9	37.9	35.708	5.78
2	1.554	2.3	12.3	11.554	6.06
3	11	10.4	20.4	21	2.94
4	13.268	12.6	22.6	23.268	2.95

在 360 s 仿真结束后,对比试验和仿真的总升温,可以看到编号 2 试验误差最大,为 6.06%,其余三组误差都在 6% 以内,此外,为了更严谨地验证仿真模型,将瞬态热中得到的随时间变化的样件的平均温度与热电偶随时间变化采集的数据进行对比,如图 4 所示,可以看到,最大误差是编号 3,在第 4 min 时相差 4.55 ℃。出现误差的主要原因是仿真得到的平均温度采用集中参数法,忽略了材料和材料之间的热阻。总体来说,误差在允许的范围内,模型是有效的。

4 结果与讨论

4.1 组件传热试验

在进行低温环境下的气热传热试验时,本研究将气源、干燥管、螺旋加热带和温度压力仪表布置在低温平台外部,而将气热防/除冰 QF/PTFE/EP 复合材料组件放置在低温平台内部,形成了一个完整的气热回路。通过调整加热带的加热功率,本研究能够调节气热防/除冰 QF/PTFE/EP 复合材料组件中热气的温度。组件表面的温度变化通过贴片式热电偶进行测量,并以视频形式记录下来。在初步试验中,确定了气热防/除冰系统能够提供的气压范围为 $0.5 \sim 0.75 \text{ MPa}$,气体温度从常温至 60 ℃。在本研究中,选择了 50 ℃、55 ℃ 和 60 ℃ 三个特定的气体温度进行测试。

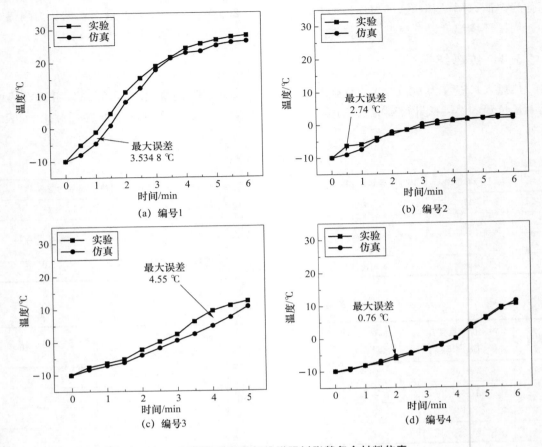

(a) 编号1　　　　　　　　　　(b) 编号2

(c) 编号3　　　　　　　　　　(d) 编号4

图 4　气热空心石英纤维增强树脂基复合材料仿真

对于低温环境下的气热传热试验数据,本研究采用了横向和纵向的对比分析方法,以探究气热防/除冰组件的传热性能与试验条件参数之间的关系。以管径为 $0.3\ \text{mm} \times 0.6\ \text{mm}$ 的气热防/除冰组件为例,当组件的导气管管径为 $0.3\ \text{mm} \times 0.6\ \text{mm}$,管距设置为 $5\ \text{mm}$,且气体温度为 $60\ ℃$ 时,组件表面在距离入口 $30\ \text{cm}$ 处的温度升高曲线如图 5 所示。

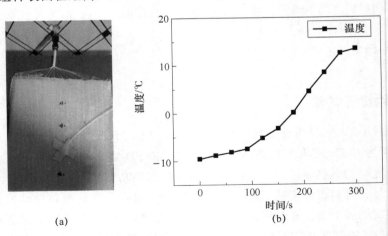

(a)　　　　　　　　　　　　(b)

图 5　管径 0.3 mm×0.6 mm、管距 5 mm、气体温度 60 ℃、距入口 30 cm 处的温升曲线

根据图 5 的数据显示,组件表面的温度从初始的 -10 ℃ 逐渐升高至 13 ℃,整个过程耗时 300 s。在升温过程中,特别是在 100 s 至 250 s 这一时间段内,组件表面的温度上升最为迅速,此阶段的平均温升速率为 0.068 ℃/s。为了直观展示组件表面的温度分布,本研究利用红外热像仪记录了整个升温过程,并特别选取了升温后 2 min 和 5 min 这两个关键时间点的温度分布数据,如图 6 所示。

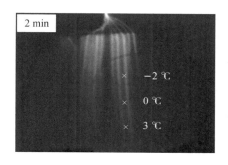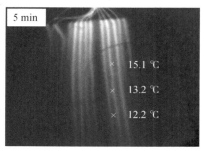

图 6　气热防/除冰 QF/PTFE/EP 复合材料组件红外温升图

根据图 6 的数据,组件表面在距离热气入口 30 cm 处的温度在 6 min 内从 -9.4 ℃ 显著上升至 13.2 ℃,总升温幅度达到 22.6 ℃。在最初的 100 s 内,升温速率相对较低,这可能是由于导气管内的热气还未完全加热传热路径,导致热量损失较多。100 s 之后,组件表面的温度迅速升高,并在大约 200 s 时达到 0 ℃ 的冰点。此后,尽管组件表面的温度继续上升,但升温速率开始减缓,并在大约 300 s 时趋于稳定,最终稳定在 13.2 ℃,这一温度水平基本满足了防/除冰的要求。对于管径为 0.5 mm×0.9 mm、管距为 5 mm、气体温度为 60 ℃ 的组件,图 7 展示了组件表面在距离入口 30 cm 处的温度随时间变化的曲线,以及红外热像仪在相应时间点记录的温度分布图像。

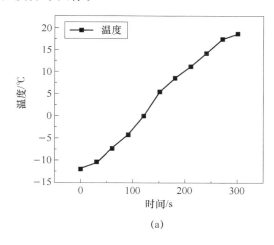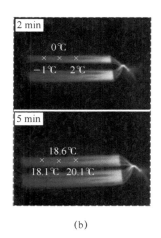

(a)　　　　　　　　　　　　(b)

图 7　管径 0.5 mm×0.9 mm、管距 5 mm、气体温度为 60 ℃、距入口 30 cm 处的温升曲线

根据图 7 的数据,组件表面在距离热气入口 30 cm 处的温度在 6 min 内从 -12 ℃ 显著上升至 18.6 ℃,总升温幅度为 30.6 ℃,平均升温速率为 0.085 ℃/s。在 100 s 至 200 s 的时间段内,组件表面的温度上升速度略快,之后在大约 300 s 时升温速度开始减缓。通过与图 7 的对比分析,发现随着管径的增大,组件的升温速率和升温幅度均有所提高,这表明管径的增加对于提升气热防/除冰 QF/PTFE/EP 复合材料组件的防/除冰性能具有显著的正面影响。

　　图 8 展示了管径为 0.3 mm×0.6 mm、管间距为 5 mm 的气热防/除冰 QF/PTFE/EP 复合材料组件在低温环境下的升温曲线,其中横坐标表示测温点距离入口处的距离,纵坐标表示组件表面温度稳定后的温度值。在本试验中,防/除冰系统的气压维持在 0.75 MPa,总升温时间为 6 min。

　　观察结果表明,无论气体温度如何,气热防/除冰 QF/PTFE/EP 复合材料组件的表面温度都随着距离入口处的增加而降低,最终稳定在大约 10 ℃。具体来说,当气体温度设定为 60 ℃时,组件表面的温度从 20 cm 处的 15.4 ℃逐渐下降至 40 cm 处的 10.9 ℃,计算得到的平均温降率为 0.225 ℃/cm。在 55 ℃的气体温度下,观察到的平均温降率为 0.285 ℃/cm,而在 50 ℃时为 0.155 ℃/cm。这些温降率之间的最大差异为 8%。

　　为了深入分析同一气体温度条件下组件表面的温度分布,本研究记录了组件表面五个不同位置的升温曲线。图 9 展示了管径为 0.3 mm×0.6 mm、管距为 5 mm、气体入口温度为 60 ℃的气热防/除冰组件在低温环境下的升温情况。图中的横坐标代表测温点与入口的距离,纵坐标表示组件表面温度稳定后的温度值。在这些测试中,防/除冰系统的气压维持在 0.75 MPa,总升温时间为 6 min。

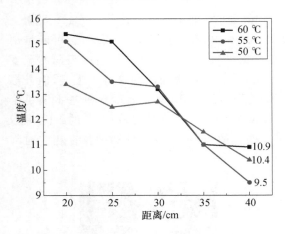

图 8　管径 0.3 mm×0.6 mm、管距 5 mm 的气热防除冰 QF/PTFE/EP 复合材料组件表面温度值

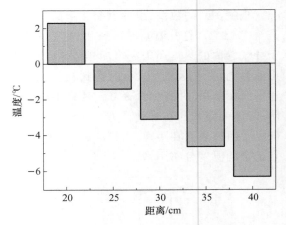

图 9　管径 0.3 mm×0.6 mm、管距 5 mm 的气热防/除冰 QF/PTFE/EP 复合材料组件表面温度值

　　对于管径为 0.3 mm×0.6 mm 和管距为 5 mm 的配置,气体提供的热量在 25 cm 处不足以满足防/除冰需求,组件表面温度未能升至零度以上。随着距离的增加,组件表面的温度持续下降,20 cm 处的温度记录为 2.2 ℃,而在 40 cm 处降至−6.1 ℃,计算得到的平均温降率为 0.415 ℃/cm。这一现象表明,较小的管径无法为组件提供充足的热量,因此,为了实现有效的防/除冰,组件内部的管径至少为 0.5 mm。

　　为了深入研究不同气体温度对气热防/除冰 QF/PTFE/EP 复合材料组件表面温度的影响,本研究记录了在三种不同气体温度条件下的组件表面温升曲线。图 10 展示了管径为 0.5 mm×0.9 mm、管距为 5 mm 的组件在 60 ℃、55 ℃和 50 ℃气体温度入口条件下的低温环境下的升温曲线。图中的横坐标代表测温点与入口的距离,纵坐标表示组件表面温度稳定后的温度值。在这些试验中,防除冰系统的气压设定为 0.55 MPa,总升温时间为 6 min。

　　图 10 的数据清晰地显示,随着气体温度的升高,组件的表面温度也随之增加。此外,随着与入口处距离的增加,组件表面的温度逐渐降低,这表明热量沿流动方向递减。具体来看,当

气体温度设定为 60 ℃时,组件表面的温度从 20 cm 处的 22.8 ℃逐渐下降至 40 cm 处的 10.2 ℃,计算得到的平均温降率为 0.63 ℃/cm。在 55 ℃的气体温度下,平均温降率为 0.61 ℃/cm,而在 50 ℃时为 0.42 ℃/cm。这些数据表明,温降率随着气体温度的降低而略有减少。在管径为 0.5 mm×0.9 mm、管距为 5 mm 的条件下,所有测试的气体温度均能使组件表面温度升至 2 ℃以上,满足了防冰的要求。

为了进一步研究不同气体温度对气热防/除冰 QF/PTFE/EP 复合材料组件表面温度的影响,本研究还记录了在其他条件下的温升曲线。图 11 展示了在管径为 0.5 mm×0.9 mm、管距为 10 mm 的配置下,以及在 60 ℃、55 ℃和 50 ℃的气体温度入口条件下,组件在低温环境下的升温曲线。图中的横坐标代表测温点与入口的距离,纵坐标表示组件表面温度稳定后的温度值。在这些试验中,防/除冰系统的气压维持在 0.55 MPa,升温时间为 6 min。

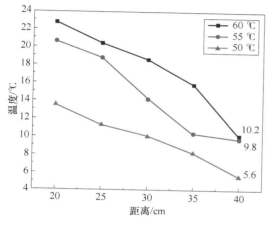 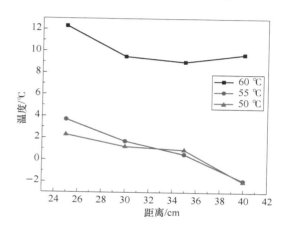

图 10　管径 0.5 mm×0.9 mm、管距 5 mm 的气热防/除冰 QF/PTFE/EP 复合材料组件表面温度值　　图 11　管径 0.5 mm×0.9 mm、管距 10 mm 的气热防/除冰 QF/PTFE/EP 复合材料组件表面温度值

图 11 的数据表明,在管径为 0.5 mm×0.9 mm 和管距为 10 mm 的条件下,较低的气体温度无法确保气热防/除冰 QF/PTFE/EP 复合材料组件尾端表面的温度满足防/除冰的要求。具体来说,当气体温度为 55 ℃和 50 ℃时,组件在 30 cm 之后的位置表面温度低于 2 ℃,而在 40 cm 处温度更是降至 −2 ℃以下。只有在气体温度达到 60 ℃时,组件的表面温度才满足防/除冰的需求。

为了进一步研究不同气体温度对气热防/除冰 QF/PTFE/EP 复合材料组件表面温度的影响,还开展了其他条件下的加热试验,形成了相关温度特性曲线。图 12 展示了管径为 0.6 mm×1 mm、管距为 5 mm、气体温度入口分别为 60 ℃、55 ℃和 50 ℃时,低温环境下的组件升温曲线。图 13 展示了管径为 0.6 mm×1 mm、管距为 10 mm、气体温度入口分别为 60 ℃和 55 ℃时,低温环境下的组件升温曲线。图中的横坐标代表测温点与入口的距离,纵坐标表示组件表面温度稳定后的温度值。在这些试验中,防/除冰系统的气压设定为 0.25 MPa,升温时间为 6 min。

为了深入分析管距对组件防/除冰性能的影响,对管距分别为 5 mm 和 10 mm、管径为 0.6 mm×1 mm、气体温度为 60 ℃的条件下的组件试验数据进行分析。图 14 数据表明,管距的密集程度对组件表面的温度有显著影响。具体来说,在 30 cm 的位置,5 mm 管距的组件表面温度比 10 mm 管距的组件高出约 3 ℃,这表明管距的减小有助于提高组件表面的温度。这种温度的提升与起始点的温差基本一致,说明管距的减小可以增加气体流量和功率密度,从而有效提升表面温度并增强防/除冰能力。为了深入分析管径对气热防/除冰 QF/PTFE/EP 复合材料组件防/除冰性能的影响,本研究在管距和气体温度保持不变的情况下,比较了不同管径的温升曲线。图 15 展示了在管距为 5 mm、气体温度为 60 ℃ 的条件下,不同管径组件的温升曲线。这些数据有助于直观地理解管径对组件性能的具体影响。

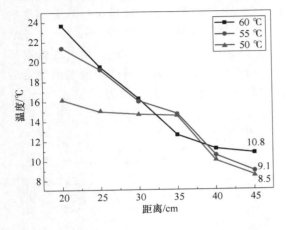

图 12　管径 0.6 mm×1 mm、管距 5 mm 的气热防/除冰 QF/PTFE/EP 复合材料组件表面温度值

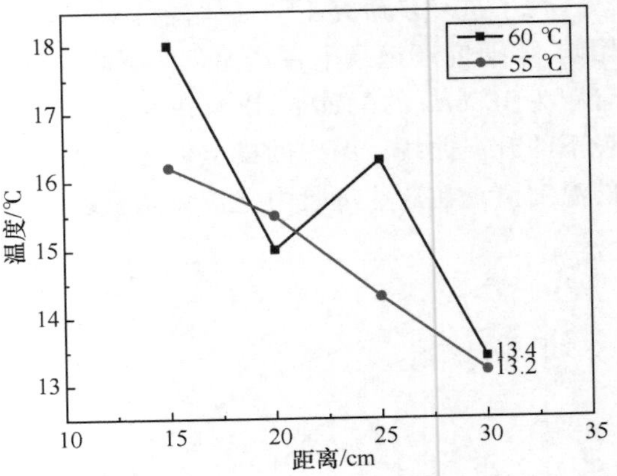

图 13　管径 0.6 mm×1 mm、管距 10 mm 的气热防/除冰 QF/PTFE/EP 复合材料组件表面温度值

　　图 15 数据展示了管径对气热防/除冰 QF/PTFE/EP 复合材料组件表面温度的显著影响。随着管径的增大,进气量增加,从而带来更多的热量,导致表面温度升高。具体来说,0.3 mm 内径的组件在初始位置的表面温度比更大管径的组件低约 7 ℃,这表明较小管径的组件由于气体流量较低,提供的热量也较少。然而,即使在较小管径的情况下,当考察 40 cm 位置处的温度时,所有管径的组件在 5 mm 管距的条件下,其最终温度都能满足防/除冰的要求。这一发现表明,尽管较小管径的组件在起始点的热量供应上存在劣势,但其整体性能仍能达到所需的防/除冰标准。

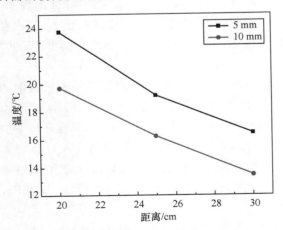

图 14　管径 0.6 mm×1 mm,
气体温度 60 ℃ 条件下的管距影响对比

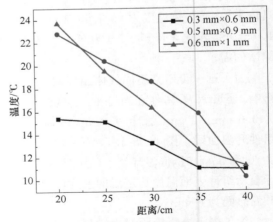

图 15　管距 5 mm,气体温度
60 ℃ 条件下的管径影响

4.2 组件除冰试验

为了评估翼型气热防/除冰 QF/PTFE/EP 复合材料组件的防/除冰效果,本研究将该组件放置于结冰箱中,并在其表面固定热电偶测温头以监测温度变化。试验中,组件的管径设置为 0.5 mm×0.9 mm,气体温度维持在 60 ℃,测温点位于距入口 25 cm 的位置,管距为 15 mm。通过这些精确的试验参数,能够详细记录并分析气热防/除冰过程中的温度变化,如图 16 所示。该曲线是根据实时采集的温度数据绘制而成的,为评估组件的防/除冰性能提供了直观的依据。

在−10 ℃温度下,翼型气热防/除冰 QF/PTFE/EP 复合材料组件的表面温度从−8.7 ℃成功升温至 12.5 ℃,整个过程耗时 300 s,平均升温速率为 0.07 ℃/s。在整个升温过程中,尤其是在 100 s 至 200 s 的阶段,升温速率达到峰值,为 0.09 ℃/s。这一现象可以归因于升温初期组件整体温度较低,导致热量迅速耗散,而随着气体供热的持续,组件整体温度升高,热量更多地在表面耗散,从而提高了传热效率。然而在 250 s 后,升温速率降至 0.04 ℃/s,这表明由于气体温度的限制,热传导效率无法进一步提升,组件表面升温速率逐渐稳定。

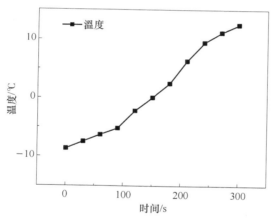

图 16 翼型气热防/除冰 QF/PTFE/EP 复合材料组件的升温曲线

进一步对翼型组件进行了防/除冰试验。试验中将翼型组件置于结冰箱内,并在其表面安装热电偶以监测温度变化。环境温度降至−15 ℃后开始喷雾,喷雾持续时间为 15 min。图 17 展示了结冰后的翼型组件状态。观察到的结冰主要集中在翼型的前缘迎风面,结冰的平均厚度约为 6 mm。为了评估组件的防/除冰性能,试验中启动了热气系统,向翼型结构内部输送了 60 ℃的热气。在这一过程中记录了出口附近表面的实时温度变化,以评估热气系统对加速冰层融化和防止进一步结冰的效果,如图 18 所示。

 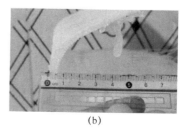

(a)   (b)

图 17 翼型件低温结冰试验

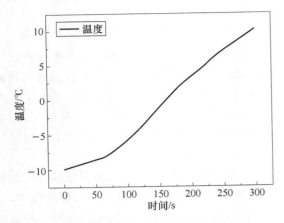

**图 18　翼型气热防/除冰 QF/PTFE/EP
复合材料组件防/除冰温升曲线**

图 18 的数据显示,翼型气热防/除冰
QF/PTFE/EP 复合材料组件的升温曲线在
形状上与平板气热防/除冰 QF/PTFE/EP 复
合材料组件相似,但翼型组件的升温速度相
对较慢。在 300 s 的观察期内,翼型组件的
温度仅从初始状态升高至 10.2 ℃,整体升温
速率计算为 0.067 ℃/s。这种初期的升温速
率较低可以归因于组件整体温度较低,导致
热量耗散较快。随着时间的推移,组件温度
逐渐升高,升温速率也随之增大,这表明冰层
开始融化并脱落,如图 19 所示。由图可知,
在 300 s 的时间点,翼型气热防/除冰 QF/
PTFE/EP 复合材料组件的前缘中部冰层

已经开始脱落,同时在组件的两侧观察到冰层融化后的水滴。这表明整体冰层的黏附力已经
显著降低,冰层开始以块状形式从翼型组件表面脱落。特别值得注意的是,图中标注的中心位
置已经形成了一层水膜,这层水膜不仅贴合在翼型组件表面,还显示出向四周扩散的趋势。这
些现象共同证实了气热防/除冰方法的有效性,足以满足翼型组件的除冰需求。

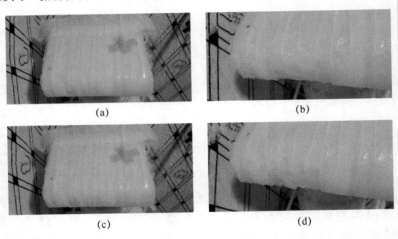

图 19　300 s 时前缘冰层融化并脱落

4.3　组件电磁性能

本文在制作和测试气热防/除冰 QF/PTFE/EP 复合材料组件时,采用了预埋导气管的方
法。为了评估导气管对组件整体透波率的影响,针对一系列含有不同管径和管距导气管的组
件进行了透波率测试,并将其与不含导气管的组件进行了对比分析。

在透波率测试对象为四种不同配置的组件:0.3 - 15(管径 0.3 mm×0.6 mm,管距
15 mm)、0.5 - 15、0.6 - 10,以及 0 - 0(无导气管)的组件。所有组件的尺寸均为 400 mm×
400 mm,测试频段 2～18 GHz。测试中考虑了 0°、10°、20°、30°和 40°五个不同的入射角,并针
对水平极化(HH)和垂直极化(VV)两种极化方向进行了透波率数据的采集。测试结果如
图 20 和图 21 所示。测试结果表明,随着频率的增大,组件的透波率呈现出逐渐降低的趋势。

此外,组件的透波率随着电磁波入射角的增大而降低。两种极化下透波率最小值不小于80%。

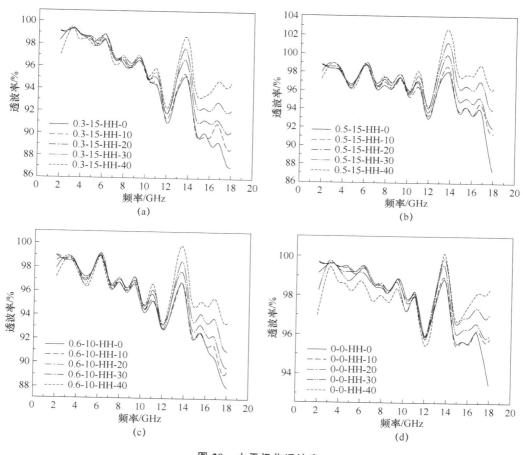

图 20　水平极化透波率

5　结　论

本文采用石英纤维、聚四氟乙烯毛细管和环氧树脂为主要材料,通过真空固化技术成功制备了气热防/除冰 QF/PTFE/EP 复合材料组件。通过建立的数学仿真模型,深入分析了气热防/除冰组件的热气分布和微流道传热特性。在自主搭建的低温结冰试验平台上进行了传热试验,系统地探讨了气热温度、组件尺寸等关键参数对防/除冰性能的影响,旨在评估气热方式在飞机防冰和除冰应用中的潜力。研究得出以下主要结论。

(1)仿真研究聚焦于管距、管径和环境温度三个关键因素,发现管径是影响升温的最主要因素。当管内径从 0.3 mm 增加到 0.6 mm 时,温度显著升高 40.57 ℃。此外,管距和环境温度也对组件升温有影响。入口温度和压强对升温趋势有线性影响,且在高温环境下,升温速率保持基本稳定。

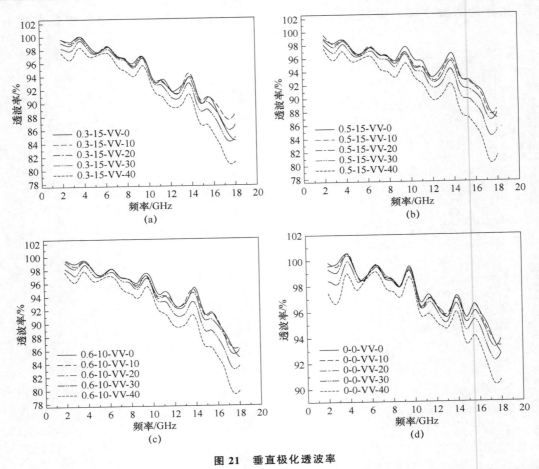

图 21　垂直极化透波率

　　（2）试验通过调整热气温度、气路管距和气路管径等参数,详细探究了这些参数对气热防/除冰 QF/PTFE/EP 复合材料组件性能的影响。结果显示,管路中气体热量衰减随着距离增加而加快,气体温度越低。入口处气体温度越高,组件表面温度也越高,从而提高了防/除冰效果。特别是当管距为 5 mm 时,所有测试气体温度均能满足防/除冰要求。而在管距为 10 mm、气体温度为 50 ℃时,防/除冰效果的极限距离为 30 mm。对于翼型组件,在 60 ℃气体温度、10 mm 管距的条件下,翼型前缘 6 mm 厚的积冰在约 270 s 后开始脱落,有效实现了防/除冰目的。

　　（3）电磁透波率测试结果表明,所制备的气热防/除冰 QF/PTFE/EP 复合材料组件在水平和垂直两种极化方式下,随着频率的增大,组件的透波率呈现出逐渐降低的趋势,透波率随入射角增大而下降。在 2～18 GHz 频段内,组件的透波率最小值均能维持在 80% 以上,证明了该制备工艺下的组件具有良好的电磁透波性能。

参考文献

[1] HE Q, LI K S, XU Z H, et al. Research progress on construction strategy and technical evaluation of aircraft icing accretion protection system[J]. Chin. J. Aeronaut,2023,36(10):1-23.

[2] HUANG X, TEPYLO N, POMMIER-BUDINGER V, et al. A survey of icephobic coatings and their potential use in a hybrid coating/active ice protection system for aerospace applications[J]. Prog. Aerosp.

Sci,2019,105:74-97.

[3] THOMAS S K, CASSONI R P, MACARTHUR C D. Aircraft anti-icing and de-icing techniques and modeling[J]. AIRCRAFT,1996,33(5):841-854.

[4] 朱春玲,李宇钦,张泉. 基于旋转多圆柱的冰风洞水滴参数分析方法[J]. 航空动力学报,2007,22(2): 180-186.

[5] 邢玉明,盛强,常士楠. 大型开式冰风洞的模拟技术研究[C]. 大型飞机关键技术高层论坛暨中国航空学会,2007.

[6] POURBAGIAN M, HABASHI W G. Aero-thermal optimization of in-flight electro-thermal ice protection systems in transient de-icing mode,Int[J]. Heat Fluid Flow,2015(54):167-182.

[7] ZHAO Z H, CHEN H W,LIU X L, et al. Novel sandwich structural electric heating coating for anti-icing/de-icing on complex surfaces[J]. SURF COAT TECH,2020,404:126489.

[8] KOLLAR L E, MISHRA R. Inverse design of wind turbine blade sections for operation under icing conditions[J]. Energy Conversion and Management,2019,180:844-858.

[9] QI H F,CHANG S N,YANG Y L. Numerical study of mixed phase ice accumulation in aero-engine inlet system[J]. Applied Thermal Engineering,2023,231: 120909.

[10] WALDMAN R M,HU H. High-speed imaging to quantify transient ice accretion process over an airfoil [J]. AIRCRAFT,2016,53(2):369-377.

[11] QIAN S,CHANG S,SONG M, et al. An experimental study on the heat transfer performance of a loop heat pipe system with ethanol-water mixture as working fluid for aircraft anti-icing[J]. Int. J. Heat Mass Transfer,2019,139:280-292.

[12] ERNEZ S,MORENCY F. Eulerian-lagrangian CFD model for prediction of heat transfer between aircraft deicing liquid sprays and a surface[J]. INT. J. NUMER METHOD H,2019,29(7):2450-2475.

[13] 贾明. 某发动机进气道导流隔板防冰系统性能研究[D]. 南京:南京航空航天大学,2009.

空间带电粒子能谱和通量探测器模拟研究

王博　刘娜　徐振华

（山东航天电子技术研究所，山东·烟台，264670）

摘要：商业航天的发展与兴盛要求空间辐射环境探测载荷向小型化、集成化方面发展。本文提出一种由 Si－PIN 半导体探测器、CsI 闪烁体探测器、光电转换器件、吸收层以及相应电子学系统组成的小型化、集成化高能带电粒子探测器系统。该系统包括 $\Delta E - E$ 望远镜系统、取样型量能器和数据获取系统，它能够探测空间环境中高能带电粒子的能谱和通量。综合空间环境和 Geant4 仿真结果，带电粒子探测器能达到的性能指标如下：电子为 $0.3 \sim 7$ MeV；质子为 $5 \sim 200$ MeV。

关键词：空间带电粒子；能谱；通量；探测器；模拟

1　前　言

商业卫星具有低成本、货架化等特点，其快速发展必然推动空间辐射环境探测载荷的小型化。当前在空间辐射环境探测载荷中，Si－PIN 半导体探测器和 CsI(Tl) 闪烁体探测器应用广泛，具有性价比高、工艺成熟等优势。本文基于 SPENVIS 和 Geant4 平台，对空间带电粒子能谱和通量探测器开展参数优化设计。首先利用 SPENVIS 平台仿真了 523 km 太阳同步轨道上的空间辐射环境，给出了地球捕获辐射带粒子、太阳宇宙线和银河宇宙线的分布与能谱特征，作为带电粒子探测器模拟研究中入射粒子的输入依据；然后利用 Geant4 程序包构建了由 Si－PIN 半导体探测器、CsI(Tl) 闪烁体探测器、光电转换器件、吸收层等组成的带电粒子探测器，模拟了不同能量的带电粒子在探测器中的输运过程、粒子径迹和能量响应，以及闪烁光的产生、传输等；最后通过修改半导体和闪烁体的参数，实现探测器的快速优化设计，为提高小型化空间高能离子探测器探测性能提供可靠依据。

2　空间辐射环境仿真

本文以高度 523 km、倾角 97.5° 的太阳同步轨道为例，采用 SPENVIS 平台开展空间辐射环境仿真以及探测器仿真中入射粒子的生成。

2.1　空间辐射环境简介

空间辐射环境中辐射粒子主要分为地球捕获辐射带粒子、太阳宇宙线、银河宇宙线。由于卫星轨道不同，空间辐射环境中辐射粒子的分布与能谱差异很大，因此，其对带电粒子探测器的要求也不同。

2.1.1　地球捕获辐射带粒子

带电粒子被地球磁场捕获形成地球的捕获辐射带,捕获电子最高能量可达 7 MeV,而质子可达 600 MeV。地球辐射带分为两个辐射带:① 外部辐射带。外部辐射带主要是由荷能电子组成,在 2.8～12.0 倍地球半径的范围内,其电子通量比内辐射带高一个数量级;② 内部辐射带,内部辐射带主要由质子组成,也有少量的电子和离子,延伸到约 2.4 倍地球半径距离处。对于在低地球轨道上的航天器,辐射主要由质子贡献。地球磁场与自转轴有一定偏移,磁场发生扭曲和变形,在南大西洋上空形成一个辐射异常区,称为南大西洋辐射异常区,这个辐射带延伸至 200 km 高度,其辐射强度大大高于同纬度的其他地区。

2.1.2　太阳宇宙线

太阳宇宙线来源于太阳辐射粒子,尤其是在太阳耀斑和日冕物质抛射期间太阳发射出的近乎完全电离的等离子体,包括电子、质子(占 90% 以上)和原子序数直到铁的重离子,能量范围为 $10^6 \sim 10^{10}$ eV。

2.1.3　银河宇宙线

银河宇宙线来源于太阳系以外的带电粒子,其能量范围为 $10^3 \sim 10^{20}$ eV,且为连续能谱。它在整个行星际空间的分布被认为是相对稳定、各向同性的。银河宇宙线包括约 83% 的质子、13% 的 α 粒子、3% 的电子和介子以及 1% 的其他重离子。

2.2　空间辐射环境模型

地球捕获辐射带模型主要是基于 NASA 的静态电子模型和质子模型,该模型有两个版本,即 Solar‑maximum 和 Solar‑minimum。它们分别用于模拟太阳活动极大年和极小年的地球捕获辐射带粒子。太阳宇宙线通量具有随机性,常用的太阳宇宙线模型有 CREME 96、King 等。目前常用的银河宇宙线模型包括 Badhwar 和 O'Neill 模型(包含在 SIREST 程序中)及 Nymmik 模型(包含在 CREME96 程序中)。这些模型是基于太阳调制作用的扩散和对流理论。

2.3　空间辐射仿真

使用 SPENVIS 开展空间辐射粒子仿真。空间辐射粒子仿真中,地球捕获辐射带电子采用 AE8 模型,质子采用 AP8 模型,模型的版本采用 Solar‑maximum。太阳宇宙线采用 CREME 96(worst week)模型,银河宇宙线采用 CREME 96 Sol. Min (1977)模型,其仿真的粒子种类都是氢‑铀。通过 SPENVIS 仿真可知,在 523 km 的太阳同步轨道,地球辐射带中能量大于 0.04 MeV 的电子积分流强约 1.8×10^5 cts·cm^{-2}·s^{-1};能量大于 0.1 MeV 的质子积分流强约 900 cts·cm^{-2}·s^{-1}。因为太阳宇宙线的中质子和氦占比大于 99%,所以太阳宇宙线只选取质子和氦的积分能谱进行后续分析。同样,因为银河宇宙线的中质子和氦占比大于 99%,所以银河宇宙线只选取质子和氦的积分能谱进行后续分析。

将辐射带中电子与质子、太阳宇宙线中质子与氦、银河宇宙线中质子与氦的积分能谱叠加,可知 2π 立体角在空间辐射环境中粒子的积分能谱如图 1 所示。

从图 1 中可知,523 km 太阳同步轨道的空间辐射环境中,电子来自地球捕获辐射带,低能段质子和氦主要来自太阳宇宙线,高能段质子和氦主要来自银河宇宙线。

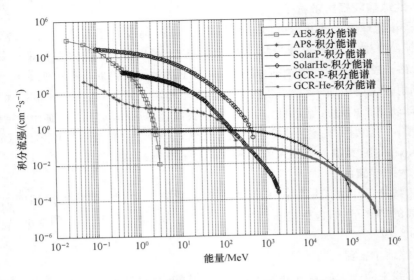

图 1　2π 立体角在空间辐射环境中粒子的积分能谱

3　探测器模拟

3.1　探测器工作原理

　　带电粒子入射到 Si - PIN 半导体探测器时,会在其中沉积能量,产生电子-空穴对。在电场作用下,电子和空穴分别向两极漂移,在输出回路中形成电荷信号。此时,输出电荷信号的幅度与带电粒子沉积的能量成正比。带电粒子入射到 CsI(Tl)闪烁体中时,其沉积能量导致闪烁体物质原子电离,处于激发态。激发态的闪烁体物质原子不稳定,退激过程中会产生闪烁光。光电二极管收集产生的闪烁光,并转化为电荷信号。Si - PIN 半导体探测器和光电二极管输出的电荷信号经过前放、主放和峰保后被幅数转化器(AD)采集,获得入射粒子的沉积能量,从而推演出入射粒子的能量、通量等信息。空间带电粒子探测器工作原理如图 2 所示。

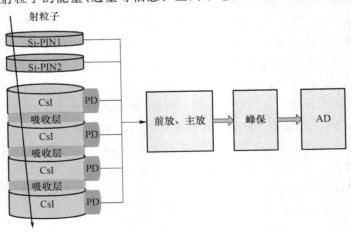

图 2　空间带电粒子探测器工作原理

3.2 探测器模拟过程

本文采用 Geant4 开展探测器模拟。Geant4 是一种可用于核物理和高能物理实验的蒙特拉罗模拟软件包,其提供了构造各种材料和几何结构的基础方法,方便构建复杂的探测器结构;提供了各种种类的粒子以及粒子与物质相互作用的反应截面,用于精确计算粒子在介质中的输运过程;提供了闪烁光产生、传输功能以及对不同介质界面光学参数的定义方法,为闪烁体探测器的设计提供更精确的模拟平台。

使用 Geant4 软件包主要模拟探测器前端部分,包含入射带电粒子、Si - PIN 半导体、CsI 闪烁体和光电二极管,主要过程是:① 带电粒子与 Si - PIN 半导体相互作用时能量沉积;② 带电粒子与 CsI 闪烁体相互作用时能量沉积、闪烁光产生、传输和光电转换。对于 Si - PIN 半导体探测器,其几何结构是影响性能的主要因素;对于 CsI 闪烁体探测,其几何结构和表面包覆方式、PD 与 CsI 耦合的方式及 PD 的型号等因素是影响其性能的主要因素。通过 Geant4 模拟,评估各因素对带电粒子探测器性能的影响,进而开展探测器性能优化。

3.3 探测器参数设置

在 Geant4 中定义的空间带电粒子探测器的几何结构如图 3 所示,Si - PIN 半导体探测器厚度为 300 μm,两片 Si - PIN 半导体探测器的直径分别为 12 mm、6 mm;白色的圆柱是 CsI(Tl)闪烁体,直径为 12 mm;黑色的圆柱是吸收层。

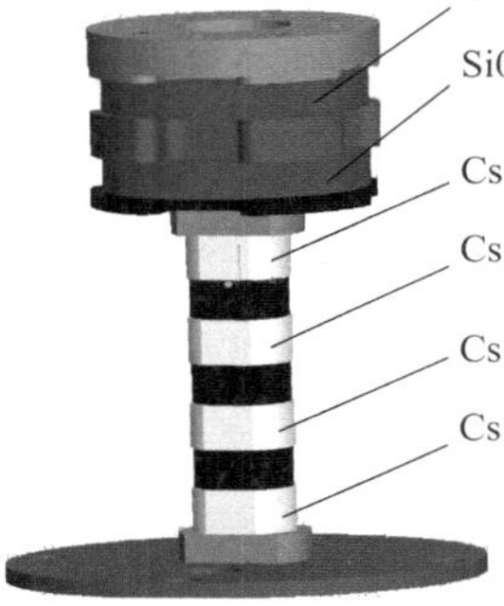

图 3　空间带电粒子探测器几何结构

4　探测器对带电粒子的能量响应

空间环境中的主要成分为电子和质子,电子和质子穿透能力较强,在探测器中的沉积能量较低。在 Geant4 中,采用电子和质子两种带电粒子,它们具有一定的能量分布,能量范围如下:电子为 0.3～7 MeV,质子为 5～200 MeV,并且沿着圆柱形几何结构的中轴线垂直入射到空间带电粒子探测器中。为简化计算量,模拟程序只给出不同能量的带电粒子在 Si - PIN 半导体传感器、CsI 闪烁体传感器中的能量沉积 ΔE。带电粒子入射到传感器中,相互作用过程有一定的随机性,因此沉积的能量会呈高斯分布,并有一定的展宽(半高宽、FWHM)。通过分析比较沉积能量的大小和高斯分布半高宽,并综合考虑探测器整体尺寸限制,选择出合适的传感器厚度。经综合仿真分析,采用 50 μm 厚的铝膜作为入射窗;Si - PIN 传感器 1,2 的有效直径分别为 12 mm、6 mm,厚度为 300 μm;碘化铯闪烁体有效直径为 12 mm、厚度为 5 mm。

不同能量质子在 Si - PIN 半导体传感器的沉积能量如图 4 所示。

不同种类不同能量的带电粒子在 5 mm 厚度的 CsI(Tl)闪烁体中的沉积能量分布如图 5 所示。不同种类不同能量的带电粒子在其中沉积的能量具有差异性。电子的沉积能量相对最小,质子、氦核及重离子的沉积能量依次变大。对于同一种带电粒子,不同能量对应的沉积能量也不同,带电粒子能量 EBragg 在 Bragg 峰处沉积能量最大。当 $E<$EBragg 时,带电粒子能量被完全吸收,沉积能量随带电粒子能量的增大而增大;当 $E>$EBragg 时,带电粒子穿透 CsI(Tl)闪烁体,而且沉积能量随带电粒子能量的增大而减小。利用沉积能量与带电粒子能量的相关性、沉积能量的分布规律,可以达到探测带电粒子能量的目的。

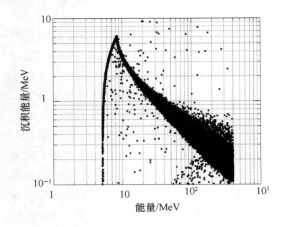 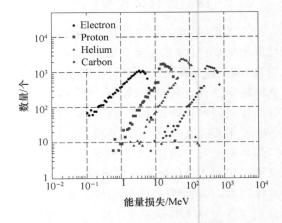

图4　不同能量质子在 Si‐PIN
半导体传感器的沉积能量

图5　不同种类不同能量的带电粒子在 5 mm
厚度的 CsI(Tl)闪烁体中的沉积能量分布

优化后空间带电粒子探测器对电子和质子的探测效率如图6所示。

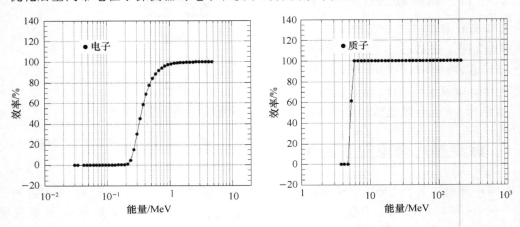

图6　空间带电粒子探测器对电子(左)和质子(右)的探测效率

5　总　　结

本文利用 SPENVIS 仿真了 523 km 太阳同步轨道的辐射环境,并将仿真的电子、质子等带电粒子作为探测器模拟的入射粒子源输入到 Geant4 中。采用 Geant4 软件包对空间带电粒子探测器进行了蒙特卡罗模拟,简述了探测器的工作原理、探测器模拟过程和探测器参数设置。在考虑探测器整体几何尺寸限制的基础上,通过分析沉积能量 ΔE 与粒子种类、粒子能量、探测器厚度的关系,优化 Si‐PIN 半导体探测器和 CsI(Tl)闪烁体探测器的厚度。给出了不同种类、不同能量的带电粒子在 Si‐PIN 半导体传感器、CsI(Tl)闪烁体探测器中的沉积能量分布,以及优化后探测器对 0.3～7 MeV 电子和 5～200 MeV 质子的探测效率。

参考文献

[1] ADEVA B，AMBROSIG，CONTIN A，et al. L3 Collaborati[J]. Nucl Instrand Meth，1999，A289：35.

[2] AUBERT B，BAZANA A，BOUCHAMA A，et al. The BaBar Detector[J]. Nucl Instr and Meth，2002，A479：1.

[3] 路伟. Geant4 的开发及其在空间辐射效应分析中的应用[D]. 长沙：国防科学技术大学，2007.

[4] 刘建忠，王勇，姚小丽，等. 空间辐射剂量测量简介[J]. 中国辐射卫生，2010，19(4)：458-461.

[5] 高欣，杨生胜，牛小乐，等. 空间辐射环境与测量[J]. 真空与低温，2007，13(1)：41-47.

[6] 李刚，谢斐，张娟，等. 准直型空间 X 射线望远镜本底研究概述[J].天文学进展，2015，33(2)：233-249.

[7] FRANCIS A C，MARK R S，PREMKUMAR B S，et al. Radiation protection studies of international space station extravehicular activity space suits[J]. Houston：NASA，2003.

[8] VETTE J I. The NASA national space science data center trapped radiation environment model program (1964-1991)[R]. Houston：NASA，1991.

[9] BADWAR G D. Galactic cosmic radiation model and its applications[J]. Adv Space Res，1996，17(2)：7-17.

[10] NYMMIK R A. Model of galactic cosmic ray fluxes[J]. Nucl Tracks Radiat Meas，1992，20(3)：427-429.

双螺母最佳轴力分配比研究报告

王晓颖　高超　王晓亮　连业江　郭美伶

（东方蓝天钛金科技有限公司，山东·烟台，264003）

摘要： 螺纹连接松动严重影响产品可靠性，为此工程上使用了大量的防松产品，双螺母就是广泛应用的防松产品之一。为了使双螺母具有可靠的防松性能，双螺母需要有正确的拧紧工艺，本研究通过有限元仿真实验探究了 M30 双螺母的上下螺母合理轴向力分配比，结合相关的研究工作，共同为 M30 双螺母的拧紧工艺提供指导。

关键词： 双螺母；防松性能；有限元仿真

1 研究方法

1.1 受力分析

本研究采用的双螺母拧紧方法为上螺母顺向拧紧法，即上螺母与下螺母拧紧旋转方向一致，拧紧过程包括：① 按额定扭矩拧紧下螺母；② 固定下螺母同时按照额定扭矩拧紧上螺母。相关研究对此种双螺母的受力展开了深入的分析，以截面 A、B、C、D 将螺栓划分成不同的区域，如图 1 所示。

将上螺母产生的轴力设为 F_2，下螺母产生的轴力设为 F_1，将螺栓的夹紧力设为 F_r，并且将上螺母产生的轴力 F_2 与拧紧过程第一步结束时下螺母所产生的轴力的比值定义为轴向力分配比。

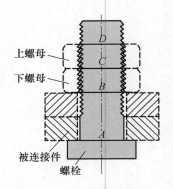

图 1　螺栓受力等效区间

根据 F_1 的状态不同，将整个过程分成三个阶段，分别为未完全预紧阶段（第一阶段），过渡阶段和完全预紧阶段（第二阶段），其具体情况如图 2 所示。在未完全预紧力阶段，下螺母产生轴力 F_1 方向与螺栓夹紧力 F_r 方向相同；在过渡阶段，下螺母产生轴力 $F_1=0$；在完全预紧阶段，下螺母产生轴力 F_1 方向与螺栓夹紧力 F_r 方向相反。本文根据此三种状态展开研究。

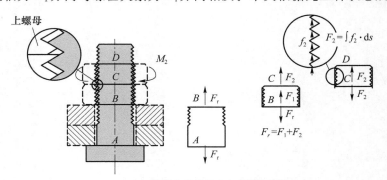

（a）拧紧上螺母的未完全预紧阶段

图 2　拧紧上螺母不同阶段螺栓轴向受力分析示意图

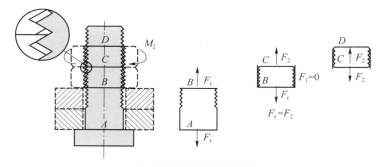

（b）拧紧上螺母的过渡阶段

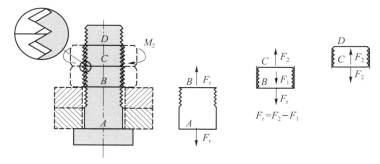

（c）拧紧上螺母的完全预紧阶段

图2 拧紧上螺母不同阶段螺栓轴向受力分析示意图（续）

当双螺母连接结构达到完全预紧阶段后可以起到良好的防松效果，但该研究表明在完全预紧阶段中，不同轴向力分配比下螺纹连接防松性能并不相同，通过对 10 kN 下 M10 双螺母进行探究发现，当轴向力分配比为 1.1 左右时，双螺母连接结构防松性能最好，此时螺纹连接结构刚好处于或者接近临界完全预紧状态，即 $F_1=0$ 时的状态，如图 3 所示位置处。

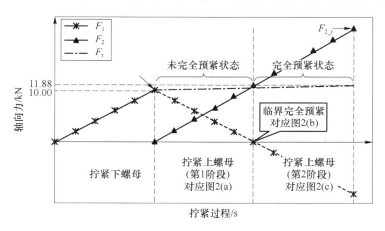

图3 拧紧过程中轴力变化关系图

1.2　有限元探究

首先建立有限元模型,如图 4 所示。

通过仿真软件完成,按照要求输入杨氏模量和泊松比,以及相应的塑性参数,仿真分成两步:第一步通过预紧力单元施加轴力,用来模拟双螺母拧紧过程中的下螺母的拧紧;第二步对上螺母施加拧紧方向的转角,用来模拟双螺母拧紧过程中的上螺母拧紧。螺栓所施加预紧力分别为屈服强度的 20%、30%、40% 和 50%。

由于 M30 螺栓网格数量巨大,难以进行横向振动仿真,因此本研究将结合相关研究工作,对 M30 双螺母的拧紧工艺做出优化。

2　研究结果

对双螺母的最佳轴力分配比的研究需要结合螺纹连接的接触状态,从图 5 中可以看到,当处于未完全预紧状态时,接触部位均为螺栓螺纹牙的下表面,此时需要分析当处于最佳轴力分配比时,螺栓螺纹牙的接触状态情况。

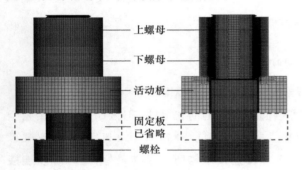

图 4　双螺母连接结构有限元模型示意图

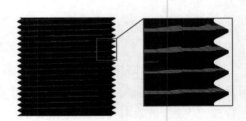

图 5　未完全预紧状态下螺栓接触状态

2.1　20% 屈服强度

螺栓施加预紧力为 20% 屈服强度条件下时,各部位产生的轴力变化曲线如图 6 所示,表 1 为拧紧上螺母后各部位产生轴力的分配比情况。图 6 和表 1 更直观地展示出所需要的轴向力分配比。

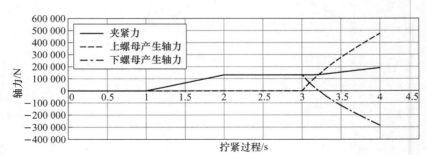

图 6　初始预紧力为 20% 屈服强度条件下的拧紧过程各轴力变化关系

表 1　初始预紧力为 20% 屈服强度下各拧紧过程中部位产生轴力的分配比

状　态	夹紧力 F_r/N	上螺母产生轴力 F_2/N	下螺母产生轴力 F_1/N	轴力分配比
仅拧下螺母	131 143.9	0	131 143.9	0
未完全预紧	130 881.9	5 201.1	125 680.8	0.039 659
	130 999.9	12 238.6	118 761.3	0.093 322
	131 050.9	22 957.1	108 093.8	0.175 053
	130 972.9	39 916.2	91 056.7	0.304 369
	130 823.9	62 771.3	68 052.6	0.478 644
	131 287.9	92 800.9	38 487	0.707 627
	131 637.9	103 701.9	27 936	0.790 749
	132 704.9	120 519.9	12 185	0.918 99
完全预紧	134 684.9	143 007.9	−8 323	1.090 466
	138 401.9	178 054.9	−39 653	1.357 706
	140 039.9	190 805.9	−50 766	1.454 935
	142 564.9	208 618.9	−66 054	1.590 763
	146 447.9	234 364.9	−87 917	1.787 082
	147 923.9	243 379.9	−95 456	1.855 823

从表 1 中可以得出, 当下螺母产生轴力接近 0 时, 所对应的轴力分配比为临界完全预紧状态, 从表 1 中可以得出当轴力分配比为 1.09 时, 此时达到最佳防松效果, 此时的螺栓接触状态如图 7 所示。

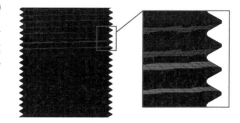

图 7　轴力分配比为 1.09 时螺栓接触状态图

2.2　30% 屈服强度

螺栓施加预紧力为 30% 屈服强度条件下时, 各部位产生的轴力变化曲线如图 8 所示, 表 2 为拧紧上螺母后各部位产生轴力的分配比情况。图 8 和表 2 更直观地展示出所需要的轴向力分配比。

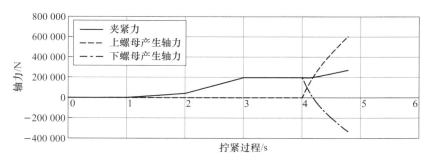

图 8　初始预紧力为 30% 屈服强度条件下的拧紧过程各轴力变化关系

表 2　初始预紧力为 30%屈服强度下各拧紧过程中部位产生轴力的分配比

状 态	夹紧力 F_r/N	上螺母产生轴力 F_2/N	下螺母产生轴力 F_1/N	轴力分配比
仅拧下螺母	196 754.3	0	196 754.3	0
未完全预紧	196 316.3	9 222.6	187 093.7	0.046 874
	196 428.3	20 280.6	176 147.7	0.103 076
	196 399.3	40 040.8	156 358.5	0.203 507
	196 055.3	67 741.3	128 314	0.344 294
	195 578.3	104 681.3	90 897	0.532 041
	195 415.3	117 555.3	77 860	0.597 473
	195 705.3	136 909.3	58 796	0.695 839
	197 121.3	164 438.3	32 683	0.835 755
完全预紧	200 381.3	203 905.3	−3 524	1.036 345
	201 842.3	218 816.3	−16 974	1.112 13
	204 046.3	239 977.3	−35 931	1.219 68
	207 748.3	270 461.3	−62 713	1.374 614
	209 205.3	280 792.3	−71 587	1.427 122
	211 620.3	297 256.3	−85 636	1.510 8

从表 2 中可以得出,当下螺母产生轴力接近 0 时,所对应的轴力分配比为临界完全预紧状态,从表 2 中可以得出当轴力分配比为 1.04 时,此时达到最佳防松效果,此时的螺栓接触状态如图 9 所示。

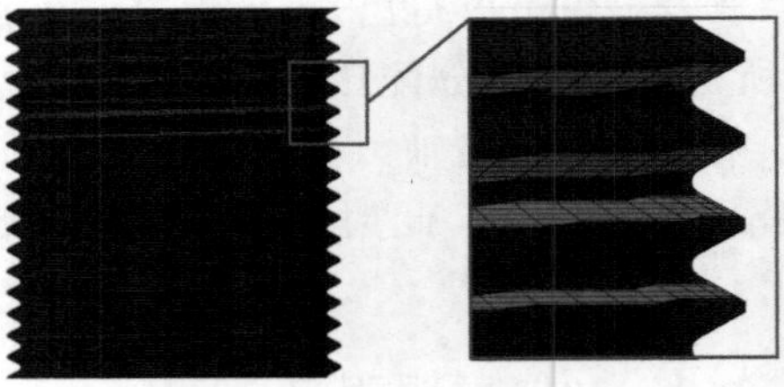

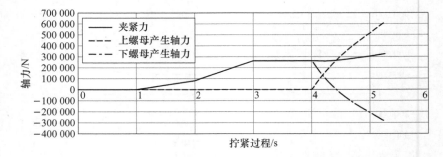

图 9　轴力分配比为 1.04 时螺栓接触状态图

2.3　40%屈服强度

螺栓施加预紧力为 40%屈服强度条件下时,各部位产生的轴力变化曲线如图 10 所示,表 3 为拧紧上螺母后各部位产生轴力的分配比情况。图 10 和表 3 更直观地展示出所需要的轴向力分配比。

图 10　初始预紧力为 40%屈服强度条件下的拧紧过程各轴力变化关系

表 3   初始预紧力为 40%屈服强度下各拧紧过程中部位产生轴力的分配比

状　态	夹紧力 F_r/N	上螺母产生轴力 F_2/N	下螺母产生轴力 F_1/N	轴力分配比
仅拧下螺母	262 358.9	0	262 358.9	0
未完全预紧	260 919.9	99 882.9	161 037	0.380 711
	260 597.9	112 460.9	148 137	0.428 653
	260 087.9	131 942.9	128 145	0.502 91
	259 770.9	157 950.9	101 820	0.602 041
	260 981.9	196 420.9	64 561	0.748 673
	261 717.9	210 422.9	51 295	0.802 042
	263 110.9	230 381.9	32 729	0.878 117
	265 535.9	259 660.9	5 875	0.989 716
完全预紧	266 495.9	269 578.9	−3 083	1.027 52
	268 045.9	285 254.9	−17 209	1.087 27
	270 509.9	308 350.9	−37 841	1.175 302
	274 519.9	340 778.9	−66 259	1.298 904
	276 297.9	352 846.9	−76 549	1.344 902
	278 815.9	369 675.9	−90 860	1.409 047

从表 3 中可以得出,当下螺母产生轴力接近 0 时,所对应的轴力分配比为临界完全预紧状态,从表 3 中可以得出当轴力分配比为 1.03 时,此时达到最佳防松效果,此时的螺栓接触状态如图 11 所示。

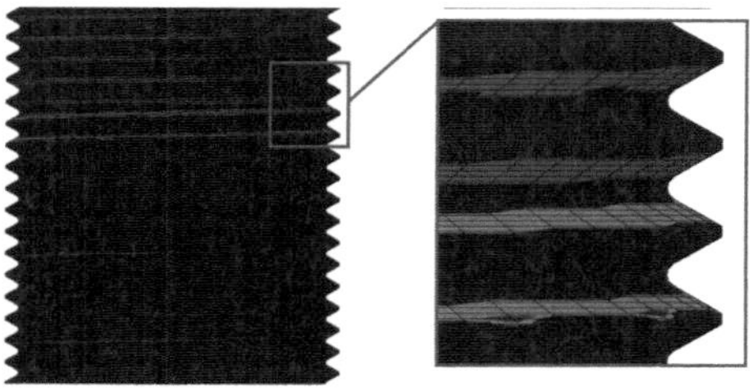

2.4   50%屈服强度

螺栓施加预紧力为 50%屈服强度条件下时,各部位产生的轴力变化曲线如图 12 所示,表 4 为拧紧上螺母后各部位产生轴力的分配比情况。图 12 和表 4 更直观地展示出所需要的轴向力分配比。

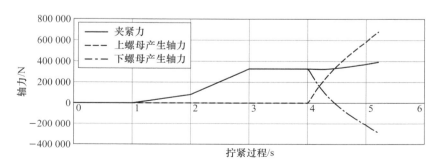

图 11   轴力分配比为 1.03 时螺栓接触状态图

图 12   初始预紧力为 50%屈服强度条件下的拧紧过程各轴力变化关系

表 4   初始预紧力为 50%屈服强度下各拧紧过程中部位产生轴力的分配比

状　态	夹紧力 F_r/N	上螺母产生轴力 F_2/N	下螺母产生轴力 F_1/N	轴力分配比
仅拧下螺母	327 940	0	327 940	0
未完全预紧	325 606	132 181	193 425	0.403 065
	324 939	153 721	171 218	0.468 747
	324 265	184 732	139 533	0.563 31
	325 150	229 271	95 879	0.699 125
	325 783	244 901	80 882	0.746 786
	327 195	268 593	58 602	0.819 031
	329 660	300 799	28 861	0.917 238
	330 738	313 076	17 662	0.954 675
完全预紧	332 338	330 022	2 316	1.006 349
	335 010	355 826	−20 816	1.085 034
	336 022	364 695	−28 673	1.112 078
	337 526	377 925	−40 399	1.152 421
	340 008	398 095	−58 087	1.213 926
	344 100	427 276	−83 176	1.302 909

由表 4 中可知,当下螺母产生轴力接近 0 时,所对应的轴力分配比为临界完全预紧状态,从表 4 中可得出当轴力分配比为 1.01 时,此时达到最佳防松效果,此时的螺栓接触状态见图 13。

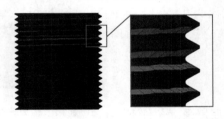

图 13   轴力分配比为 1.01 时螺栓接触状态图

3   结   论

通过仿真发现,当预紧力分别对应 20%屈服强度、30%屈服强度、40%屈服强度和 50%屈服强度时,最佳的轴力分配比分别为 1.09、1.04、1.03 和 1.01,随着力的增大,最佳轴力分配比逐渐向 1 靠拢,但是从工程实际角度考虑,为了保证产品的可靠性,应选取的最佳轴力比应为 1.1,这样有利于产品的安全。

参考文献

[1] 李天雷,丁晓宇,刘锴,等. 振动工况下的双螺母结构防松性能研究[J],宇航总体技术,2018,2(4):52-58.
[2] 崔明慧. 波音 737 飞机紧固件的应用研究[J],航空制造技术,2013(13):96-99.
[3] 刘风雷,刘丹,刘建光.复合材料结构用紧固件及机械连接技术[J],航空制造技术,2012(1/2):102-104.

基于自适应 VMD 和 CNN 的滚动轴承故障方法研究

刘松　苗飞　陈鑫　袁伟　沈涛

（山东航空学院飞行学院，山东·滨州，256603）

摘要： 在航空动力装置转子系统中，滚动轴承是关键的机械部件，然而，由于滚动轴承通常处于高速旋转和复杂的机械环境中，故障信号的能量往往被背景噪声淹没，导致信噪比低，故障特征难以明显提取。针对这种情况，本文提出卷积神经网络（CNN）结合改进的变分模态分解（IVMD）方法来处理这一类问题。首先，应用样本熵和 L－BFGS－B 优化算法确定适应于当前信号的最佳分解参数；然后根据确定的参数对原始信号进行变分模态分解（VMD）与重构；最后将重构后的信号输入到卷积神经网络中进行故障类型识别。结果表明：在美国凯斯西储大学轴承数据集下，该诊断方法与传统经验模态分解–卷积神经网络（EMD－CNN）方法及集合经验模态分解–卷积神经网络（EEMD－CNN）方法进行对比，其准确率可以达到98.98%，在三种方法下保持最高准确率，证明本文所提方法具有较强的优越性，具有应用价值。

关键词： 滚动轴承；卷积神经网络；样本熵；变分模态分解

1　引　言

滚动轴承是航空动力装置转子系统的重要组件之一，其健康状态决定了航空飞行器的可靠性和安全性。由于滚动轴承的工作环境苛刻，其早期运行可能积累各种损伤，若是没有及时发现并处理，一些潜在的风险可能升级为灾难性的事故，危及人员安全。因此，对滚动轴承振动信号实现早期故障诊断研究，不仅可以规避早期风险，维持航空转子系统的正常运行，还可以对飞行安全提供有力的保障，避免重大的事故发生。

振动信号是评估滚动轴承运行状态的关键指标，利用振动信号开展滚动轴承早期故障诊断是现有研究的主要方法。基于振动信号的故障诊断方法一般分为特征提取和模式识别两部分。在特征提取方面，经验模态分解（EMD）算法可以自适应地分解信号，不需要预设基函数，但是容易产生模态混叠和端点效应问题。集合经验模态分解（EEMD）通过添加白噪声来缓解 EMD 的模态混叠问题，增强了分解的稳定性和准确性，但是增加了计算复杂度。变分模态分解（VMD）是一种改进的信号分解算法，用于将复杂信号分解为若干个具有特定频率带的模态信号。与 EMD、EEMD 算法不同，VMD 具有坚实的数学理论基础，通过优化来自适应地提取信号的频率分量，从而避免模式混叠和噪声影响的问题。

目前，众多学者成功地运用 VMD 算法对滚动轴承信号的特征提取进行了大量的研究。李江等采用粒子群算法求解 VMD 算法中的最优约束因子，以此来获得准确的模态分量，实现了对不同故障程度的轴承状态进行区分。许子非等通过将目标信号的功率谱峰值所对应的频率用来初始化 VMD 算法中所需的中心频率，且采用粒子群优化算法对具有带宽约束能力的惩罚因子进行最优取值，相对于传统 VMD 算法，实现了更高的精确率。方桂花等通过利用归一化香农熵对 VMD 算法中的参数进行优化，达到实现故障诊断的目的。在上述滚动轴承故障诊断中,从粒子群优化算法、功率谱峰值到香农熵都是对 VMD 算法中的参数进行优化,可见 VMD 算法中参数的确定尤为重要,运用针对 VMD 算法参数的多种优化算法是研究故障特征提取的趋势。

针对 VMD 算法中的参数难以确定,在较大程度上依赖专家知识和人工的设定参数,故本文通过改进 VMD 算法来确定参数。该方法将原始信号经过 VMD 算法分解,应用样本熵算法和 L-BFGS-B 优化算法来确定 VMD 中最佳 K 值;采用卷积神经网络(CNN)来对滚动轴承信号进行故障状态识别。该方法结合了 VMD 算法在信号分解的优势、样本熵对复杂信号的表征及 CNN 模型的学习能力。研究结果表明,该方法能够有效地识别不同类型的滚动轴承故障信号,从而在一定程度上提升了故障识别准确度。因此,本方法具有潜在的应用前景,可用于滚动轴承的故障诊断。

2 基本原理

2.1 CNN

CNN 作为深度学习的一部分,在数据分类方面表现良好,分为多种类型,如一维卷积、二维卷积、三维卷积等类型。由于滚动轴承的振动信号是一维时间序列信号,因此本文采用一维卷积神经网络作为基本模型。虽然一维卷积和其他卷积类型的特征维数不同,但是它们都由输入层、卷积层、池化层、全连接层和输出层组成。

卷积层作为 CNN 的核心部分,它通过卷积操作对输入数据应用多个滤波器来提取特征,使神经网络能够学到复杂的特征。卷积层的运算公式为

$$F_{i,j} = \sum_{m=0}^{M-1} \sum_{n=0}^{N-1} I(i+m, j+n) * K(m,n) + b \tag{1}$$

式中,b 是偏置项。

池化层的作用是用于减少特征图的尺寸,减小计算复杂度,并且保留输入数据的重要特征,常见的池化操作包括最大池化和平均池化,两种池化方法各有优劣,最大池化更注重显著特征的保留,而平均池化则倾向于保留更多的背景信息。本文采用最大池化方式,其数学公式为

$$P(i,j) = \max_{m,n} F(i \cdot S + m, j \cdot S + n) \tag{2}$$

式中,S 是池化窗口的尺寸。

全连接层一般位于网络的末端,用于计算每个类别的概率分布或预测结果。它通过将卷积层和池化层提取的特征图展平为一维向量来实现分类的目的。其数学公式为

$$\boldsymbol{y} = \boldsymbol{W} \cdot \boldsymbol{x} + b \tag{3}$$

式中,$\boldsymbol{W}$ 是权重矩阵,$\boldsymbol{x}$ 是展平后的输入向量。

2.2 VMD

VMD 是一种非递归的自适应信号分解方法,用于将复杂信号分解为若干个本征模态函数。该方法通过求解变分模型,将输入信号分解为若干个 IMF,每一个 IMF 的中心频率和带宽都可以自适应调整。

VMD 算法通过求解以下变分模型来分解信号:

$$\min_{\{u_k\}\{w_k\}} \left\{ \sum_k \left\| \partial_t \left[\left(\delta(t) + \frac{j}{\pi t} \right) u_k(t) \right] e^{-jw_k t} \right\|_2^2 \right\} \tag{4}$$

式中,$u_k(t)$表示第 k 个 IMF,w_k 表示第 k 个 IMF 的中心频率。

为了求解上述变分问题,VMD 引入了拉格朗日乘子法,将约束优化问题转化为无约束优化问题。拉格朗日函数定义如下:

$$L(\{u_k\},\{w_k\},\lambda) = \alpha \sum_{k=1}^{K} \left\| \partial_t \left[\left(\delta(t) + \frac{j}{\pi t}\right) u_k(t) \right] \mathrm{e}^{-\mathrm{j}w_k t} \right\|_2^2$$
$$+ \left\| f(t) - \sum_k u_k \right\|_2^2 + \langle \lambda(t), f(t) - \sum_k u_k(t) \rangle \tag{5}$$

其中,α 是惩罚因子,$\lambda(t)$ 是拉格朗日乘子。

VMD 算法的迭代步骤如下:

(1)初始化:初始化每个 IMF 的中心频率,设定初始的 IMF 和拉格朗日乘子。

(2)更新 IMF:在固定其他变量的情况下,优化拉格朗日函数,更新 IMF。

(3)更新中心频率:基于更新后的 IMF,重新计算每个 IMF 的中心频率。

(4)更新拉格朗日乘子。

(5)迭代:重复步骤(2)至步骤(4),直到收敛,即 IMF 不再变化或达到预设的迭代次数。

通过 VMD 算法的迭代方式,可以将信号有效地分解为若干个 IMF,每个 IMF 都具有各自的特征,更加适用于复杂信号的分析。

2.3 样本熵

样本熵(SampEn)是 Richman 等于 2000 年提出的一种算法,该算法是衡量时间序列复杂性的一种无尺度统计量。其思想是基于时间序列中的模式匹配,在时间序列中某个模式的出现是否会随着模式的扩展而迅速减少,这种变化反映了时间序列的复杂性,复杂度越高,模式在延展后的匹配概率就越低。对于一个时间序列 $\{x_1,x_2,\cdots,x_N\}$,以下是样本熵的计算步骤。

(1)构造子序列向量:对每一个 $i(1\leqslant i\leqslant N-m+1)$,构造长度为 m 的子序列向量

$$\boldsymbol{X}_i^m = [x_i,x_{i+1},\cdots,x_{i+m-1}] \tag{6}$$

(2)计算距离:定义 $\boldsymbol{X}_i^m$ 和 $\boldsymbol{X}_j^m$ 的距离 $d[\boldsymbol{X}_i^m,\boldsymbol{X}_j^m]$ 为

$$d[\boldsymbol{X}_i^m,\boldsymbol{X}_j^m] = \max_{k=1,2,\cdots,m} |x_{i+k-1} - x_{j+k-1}| \tag{7}$$

(3)计算匹配数 B_i^m:对于每一个 i,计算其他所有 j 与 i 的距离 $d[X_i^m,X_j^m]$ 是否小于给定的阈值 r。记匹配数为

$$B_i^m = \frac{1}{N-m-1} \sum_{j\neq i}^{N-m} f(r - d[\boldsymbol{X}_i^m,\boldsymbol{X}_j^m]) \tag{8}$$

式中,$f(\cdot)$ 是阶跃函数,当 $r-d[\boldsymbol{X}_i^m,\boldsymbol{X}_j^m]\geqslant 0$ 时取 1,否则取 0。

(4)计算 $m+1$ 维向量的匹配数 A_i^m:构造 $m+1$ 维向量并计算匹配数 A_i^m:

$$A_i^m = \frac{1}{N-m-1} \sum_{j\neq i}^{N-m} f(r - d[\boldsymbol{X}_i^m,\boldsymbol{X}_j^m]) \tag{9}$$

(5)样本熵定义:样本熵定义为

$$\mathrm{SE}(m,r,N) = -\ln\left(\frac{\sum_{i=1}^{N-m} A_i^m}{\sum_{i=1}^{N-m} B_i^m}\right) \tag{10}$$

以上反映了时间序列从 m 维模式到 $m+1$ 维模式时的匹配概率的变化。

2.4 改进的 VMD 算法

VMD 虽然可以减少模态混叠和端点效应问题,但是由于故障信号中含有大量的噪声,

VMD 难以使故障信号的分解模态数 K 达到最佳，如果 K 过大，则会导致信号的过分解；K 过小，就会导致信号的欠分解，所以确定合适的 K 值尤为关键。本文提出采用样本熵改进 VMD 难以确定分解 K 值的问题。样本熵作为衡量信号复杂性的指标，可以直接量化时间序列的复杂性，通过考察不同 K 值下分解后各个模态的样本熵，可以判断分解的合理性；滚动轴承常常在噪声较大的情况下工作，而样本熵对噪声和数据长度相对不敏感，所以样本熵可以在这种情况下进行稳定的复杂性评价，帮助选择稳定的 K 值；在 K 值过大导致信号的过分解时，有一些无意义的模态被提取出来，这些模态可能会带来较高的样本熵值，从侧面反映了噪声的存在，所以通过样本熵可以避免过拟合现象的产生。

在样本熵进行计算寻优过程中，考虑到如果只基于某个单一的最小样本熵来选择 K 值（如 $K=7$），可能会导致过拟合，无法泛化到其他信号，故本文在样本熵寻优过程中加入了 L‒BFGS‒B 优化算法，来避免拟合现象的产生。L‒BFGS‒B 是基于经典的 BFGS 算法的一个变种，而 BFGS 是一种拟牛顿法，通过近似计算目标函数的二阶导数来实现高效的优化。L‒BFGS‒B 则在处理大规模优化问题和约束条件等方面进一步优化了 BFGS，它结合了拟牛顿法的快速收敛性和有限内存的高效性，是本实验优化问题的理想选择。

3　实验验证

3.1　实验数据

为验证所提方法的有效性，采用美国凯斯西储大学公开的轴承数据集，其试验平台采用电火花加工方法，在两个轴承的外圈、内圈和滚珠上分别注入直径为 $7~\mu m$、$14~\mu m$ 和 $21~\mu m$ 的单点缺陷。本实验采用的数据种类一共有 10 种，其中包括 1 种正常信号数据、9 种故障信号数据。选取的振动信号，驱动端故障尺寸 $0.007~\text{in}$[①]、$0.014~\text{in}$ 和 $0.028~\text{in}$，外圈故障为 6 点钟方向，负载分别为 $0~\text{hp}$[②]、$1~\text{hp}$、$2~\text{hp}$，采样频率为 $12~\text{kHz}$ 振动信号。

3.2　实验流程

滚动轴承故障诊断的方法步骤如下：

（1）收集滚动轴承 10 种不同状态的振动信号。

（2）设定每个信号的 K 值，使用不同的 K 值进行多次 VMD 分解，得到不同 K 值下的样本熵数值。

（3）由 L‒BFGS‒B 优化算法根据样本熵数值的大小来选择适应当前信号的 K 值。

（4）根据步骤（3）确定的 K 值对原始振动信号进行 VMD 分解，得到不同 K 值下的本征模态函数分量。

（5）将分解出来的本征模态函数进行重构，组成新的特征向量。

（6）新的特征向量按照一定的比例划分为训练集和测试集，然后将新的特征向量输入CNN 中进行学习和分类。

故障诊断流程图如图 1 所示。

---

① 　1 in＝2.54 cm。

② 　1 hp＝735 W。

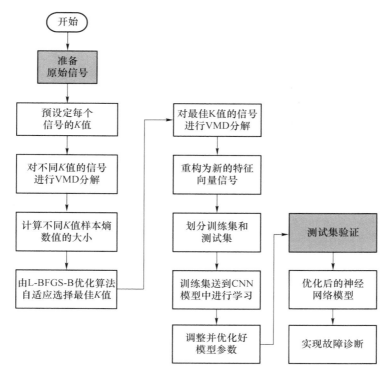

图1 故障诊断流程图

3.3 实验结果分析

本文预设的 K 值范围为 $[2,8]$，α 取默认值 2 000。取滚动轴承正常状态下样本熵数值进行分析，数值如表1所列。从表1中可以看到不同 K 值下的样本熵数值的大小，本文取多个优化结果的平均值来决定最终的 K 值，这样做的目的是减少单次优化可能陷入局部最优解的风险。在表1中这些 K 值的优化结果的平均值约为5，因此选择 $K=5$ 作为最优值。其余信号也是这样分析，故最终确定的 K 值为 $[5,5,5,5,5,5,5,5,5,5,5,5]$。

表1 正常状态下不同 K 值的样本熵数值

K 值	数 值	K 值	数 值
2	1. 404 559 020 786 308	6	1. 143 136 161 409 540
3	1. 097 199 560 259 070	7	1. 149 523 970 767 436
4	1. 138 085 944 083 043	8	1. 155 474 082 575 021
5	1. 135 818 837 919 424		

经过由样本熵确定的模态分量个数，将原始信号进行 VMD 分解得到本征模态函数，然后将其进行重构得到新的特征向量。未经过改进的 VMD 算法分解与经过改进的 VMD 算法分解的内圈故障信号如图2所示。通过图2可以看出2种信号在一些地方存在着明显的区别，原因是原始信号包含大量的噪声成分，使得信号主要特征被覆盖，经过 VMD 在处理后，低频与高频的噪声可被有效分离，从而保留信号的主要特征，使信号分析取得更好的结果。

然后，将重构后的信号送入 CNN 中进行学习和分类。CNN 迭代次数设置为 100 次，模

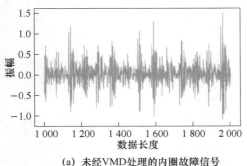 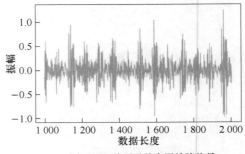

(a) 未经VMD处理的内圈故障信号　　　　(b) VMD处理后的内圈故障信号

图 2　内圈故障信号

型训练和测试的迭代如图 3 所示,从图中可以看到,识别准确度随着迭代次数的增加不断上升,直到达到稳定状态。

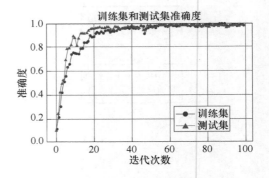

图 3　训练集和测试集准确度

　　模型对于每种信号的识别准确度如图 4 所示,通过图 4 可以发现,模型整体识别准确度达到了良好的识别效果,并且在多个信号类别的训练集和测试集都达到了 100% 的正确识别,虽然在故障直径为 0.028 in 的滚珠轴承信号的识别准确度为 94.12%,与其他故障信号的识别准确度相对较低,但也是一个较高的准确度。

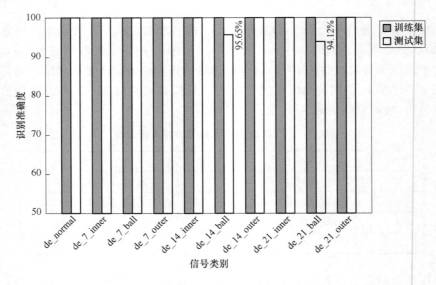

图 4　10 种信号识别准确度

　　在此次实验过程中,模型所对应的混淆矩阵如图 5 所示。通过观察测试集的混淆矩阵可以发现,预测标签 8 即 0.028 in 的滚珠实现了 32 个数据的正确识别,存在 2 个标签的误判,将标签 8 误判定为标签 5,这也反映出识别准确度为 94.12% 时对哪几个标签产生了误判的情况。

　　本文通过计算 10 种信号的 F1 分数、召回率和准确率 3 个指标,来用于表征所提方法的有效性。计算指标数值如表 2 所列。

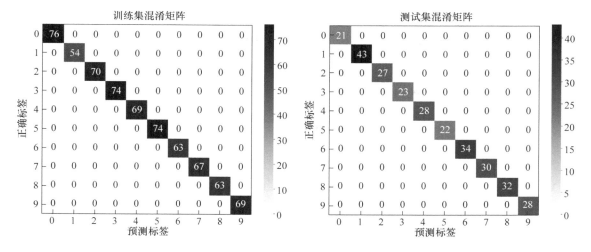

图 5　混淆矩阵

表 2　10 种信号的评估指标

信号类别	F1 分数	召回率	准确率	信号类别	F1 分数	召回率	准确率
0	100	100	100	5	91.67	95.65	93.62
1	100	100	100	6	100	100	100
2	100	100	100	7	96.77	100	98.36
3	100	100	100	8	100	94.12	96.97
4	100	100	100	9	100	100	100

　　对于信号的识别准确度如图 6 所示,从图中可以看到训练集的识别准确度达到了 100%,测试集的识别准确度达到了 98% 以上,表明改进 VMD - CNN 模型具有较好的识别能力。

3.4　实验对比分析

　　为进一步检验样本熵- VMD - CNN 模型的优越性,本实验采用 EMD 算法和 EEMD 算法 2 种经验模态分解方法与本文所提方法进行对比。3 种方法准确度对比如图 7 所示。

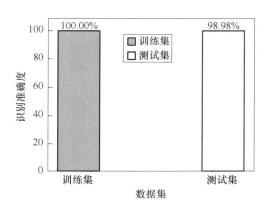

图 6　模型识别准确度

　　从图 7 中可以发现,相较于其余两种方法本文所提方法的故障诊断率在短时间内达到了较高的准确度,并且可以明显地看出准确度数值一直高于其他两种方法,这表明了本文方法的优越性。

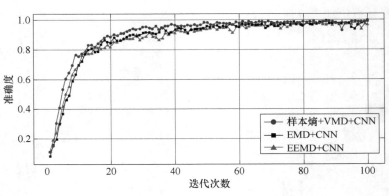

图7 3种方法准确度对比

4 结 论

本文针对航空动力系统内部滚动轴承的故障诊断,提出利用样本熵和 L－BFGS－B 算法来改进 VMD 的方法,并且结合 CNN 实现对滚动轴承信号正确识别的任务。改进的 VMD 算法能够有效避免依赖专家知识,达到自适应确定最佳 K 值,防止过拟合或欠拟合现象的产生。实验结果表明该方法的识别准确度可以达到98％以上,具有重要的应用价值。

参考文献

[1] WANG Z, SHI D, XU Y, et al. Early rolling bearing fault diagnosis in induction motors based on on-rotor sensing vibrations[J]. Measurement, 2023, 222: 113614.

[2] HU Z X, WANG Y, GE M F, et al. Data-drivenfault diagnosis method based on compressed sensing and improved multiscale network[J]. IEEE Transactions on Industrial Electronics, 2020, 67(4): 3216-3225.

[3] MAHESHWARI S, KUMAR A. Empirical mode decomposition: theory&applications[J]. International Journal of Electronic and Electrical Engineering, 2014, 7(8):873-878.

[4] WU Z, HUANG N E. Ensemble empirical mode decomposition a noise-assisted data analysis method[J]. Advances in Adaptive Data Analysis, 2009, 1(1): 1-41.

[5] DRAGOMIRETSKIY K, ZOSSO D. Variational mode decomposition[J]. IEEE Transactions on Signal Processing, 2014, 62(3): 531-544.

[6] 李江,李春,许子非,等. 旋转机械状态非线性特征提取及状态分类[J]. 电子测量与仪器学报,2020, 34(5): 65-74.

[7] 许子非,岳敏楠,李春. 优化递归变分模态分解及其在非线性信号处理中的应用[J]. 物理学报,2019, 68(23): 292-305.

[8] 方桂花,杜壮,高旭. 香农熵改进的变分模态分解与故障特征提取[J]. 机械科学与技术,2020,39(7): 1022-1027.

[9] 姜家国,郭曼利,杨思国. 基于 GAF 和 DenseNet 的滚动轴承故障诊断方法[J]. 工矿自动化,2021,47 (8): 84-89.

[10] RICHMAN J S, MOORMAN J R. Physiological time-series analysis using approximate entropy and sample entropy[J]. American Journal of Physiology-Heart and Circulatory Physiology, 2000, 278(6): 2039-2049.

[11] TANKARIA H, SUGIMOTO S, YAMASHITA N. A regularized limited memory BFGS method for large-scale unconstrained optimization and its efficient implementations[J]. Comutational Optimization and Applications, 2022, 82:61-88.

试验技术

扇翼双横流风扇气动特性分析

丛伟[1]　王云海[1]　穆旭[1]　马丽[1]　卢立成[2]

（1. 山东交通学院，山东·济南，250357；2. 山东大学，山东·济南，250100）

摘要：本文以扇翼横流风扇翼型为研究对象，在扇翼单个横流风扇的基础上提出了扇翼双横流风扇的翼型模型，基于 Fluent 软件，采用滑移网格，利用瞬态的非定常流动计算方法和 Simple 半隐式耦合算法，对扇翼双横流风扇翼型的流场特性进行了数值模拟分析。结果表明，扇翼双横流风扇布局可以提供更多的升力，且增升效果显著。本文为后续扇翼机横流风扇翼型的优化提供一定的参考。

关键词：扇翼；气动特性；双横流风扇；数值模拟

1　引　言

扇翼飞行器一般是由扇翼、机身、尾翼、起落装置、操纵系统和动力装置 6 个部分组成的航空器，其中扇翼是飞行器升力和推力的来源。针对扇翼飞行器气动特性的影响因素，国内外学者做了大量的研究工作。Peter Dornier、Deepthi Duddempudi、S Askari 等国外学者采用数值方法对扇翼飞行器的气动特性和影响因素开展了研究。Peebles 等与英国帝国理工学院教授 Graham 合作，通过风洞试验研究了扇翼飞行器的动力学、自转性能、升力、推力效率等。随着计算机和 CFD 发展水平的提高，Duddempudi 等基于 CFD 技术，研究分析了扇翼飞行器复杂的流场，并提出了改善扇翼飞行器性能和效率的方法。

国内对扇翼飞行器的研究起步较晚，王旭、刘明鑫等人通过二维机翼气动特性仿真研究发现扇翼无人机横流风扇叶片的翼型、尺寸、位置、数量、安装角、来流速度、风扇转速等因素都会显著影响扇翼无人机的气动特性。

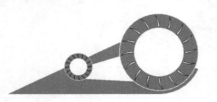

图 1　双横流风扇的扇翼布局

目前国内外主要在扇翼单个横流风扇各种参数、最佳布局以及在纵列式双扇翼气动特性等方面进行研究，但在扇翼双横流风扇布局方面研究较少。本文在扇翼单个横流风扇的基础上增加了一个小型横流风扇（见图 1），即对扇翼双横流风扇布局展开研究。本文主要从小型横流风扇相对大型横流风扇的大小、距离及大小横流风扇之间设通道等方面展开并进行气动特性分析，以期为扇翼飞行器的优化设计提供有益参考。

2　数值方法验证

为了验证该数值模拟方法的准确性，采用南京航空航天大学杜思亮团队的扇翼风洞试验结果进行算例验证。对来流速度为 10 m/s，迎角为 0°，转速分别为 750 r/min、1 000 r/min、

1 250 r/min、1 500 r/min、1 750 r/min 和 2 000 r/min 时的升力、推力进行验证,将扇翼机翼的升力和推力的数值分析结果与试验值进行了对比。由图 2、图 3 可知,随着转速增加,升力和推力均逐渐增加,且数值分析结果与实验结果吻合度较好。因此,本文的数值模拟方法可以用于分析扇翼双横流风扇布局的气动特性分析。

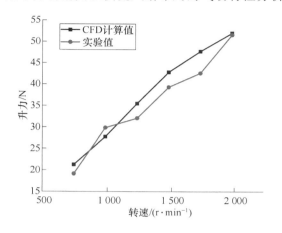

图 2　升力随转速的变化

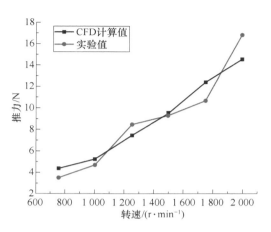

图 3　推力随转速的变化

3　建立双横流风扇扇翼计算模型

　　为模拟扇翼双横流风扇的气动特性,在原扇翼单个横流风扇的基础上,建立双扇翼横流风扇几何模型,如图 4 所示。

　　运用 CFD 数值模拟方法及 Fluent 软件,以大小横流风扇旋转速度均为 1 500 r/min、不同来流速度、不同迎角、不同前缘开口入流角,对扇翼双横流风扇的气动特性进行分析。

　　由图 5 可知,当小型横流风扇的转速和大型横流风扇的转速同为 1 500 r/min 时,在旋转域周围会产生屏障,通道处气流会被阻挡无法进入横流风扇当中,在通道处产生漩涡,当气流经过小横流风扇时会产生圆柱绕流现象。

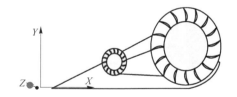

图 4　双横流风扇布局的计算模型

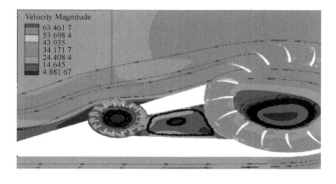

图 5　小横流风扇转速过大时的速度云图和流线图

针对上述问题,拟采用降低小横流风扇转速的方法来进行调节分析。

4　相对大小横流风扇在不同来流时的气动特性分析

两横流风扇圆心之间的垂直距离为 60 mm、水平距离为 320 mm,缩放的比例分别为 0.4、0.5、0.6,大横流风扇的转速为 2 000 r/min,小横流风扇的转速为 800 r/min 时,对小型横流风扇后方的上翼面处的升力情况进行数值模拟分析,其结果如图 6～图 9 所示。

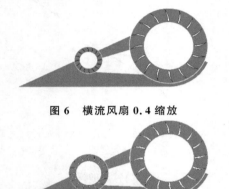

图 6　横流风扇 0.4 缩放

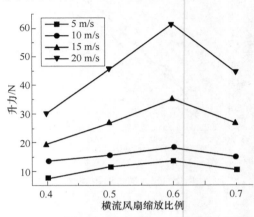

图 8　上翼面总升力随缩放比例的变化

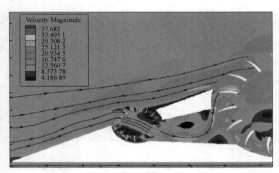

图 7　横流风扇 0.5 缩放

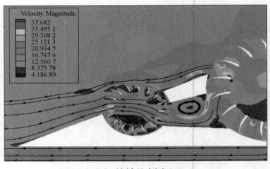

(a) 缩放比例为0.4

(b) 缩放比例为0.5

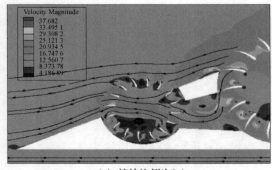

(c) 缩放比例为0.6

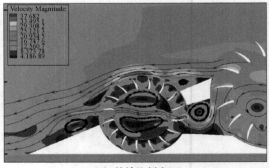

(d) 缩放比例为0.7

图 9　不同缩放比例下的速度云图和流线图

由图 8 可知,随着两风扇缩放比例的增大,上翼面总升力先大后小,在缩放比例为 0.6 时上翼面的升力最大;随着来流速度的增大,在缩放比例为 0.6 时上翼面升力的增加幅值比较明显,如表 1 所列。

表 1　不同缩放比例和来流速度下的升力　　　　　　　　　　　N

来流速度/(m·s⁻¹)	缩放比例			
	0.4	0.5	0.6	0.7
5	7.6	11.4	13.5	10.4
10	13.5	15.6	18.3	14.7
15	19.5	27.1	35.3	26.6
20	30.1	45.6	61.5	44.7

由图 10 可知,双横流风扇式的布局中前后有两个风扇,前横流风扇产生的升力要远大于后横流风扇,升力的主要来源是由前横流风扇,主要是因为经过后横流风扇的风量较小,以至于偏心涡不能够像前横流风扇一样很好地形成,所以产生的升力较小。

5　双横流风扇前后扇翼不同间距的气动特性分析

对于双横流风扇,第一个大型横流风扇对来流进行整合旋转,将气流带到上翼面处,气流沿着上翼面进行流动,在扇翼内部还有一个通道,两股气流经过小型的横流风扇,再次被整流加速,使其在上翼面的速度再次加快,在小横流风扇的下方起到了一定的增升作用。为得到双横流风扇的最佳气动布局,本文对双横流风扇前后扇翼不同间距时的气动特性进行数值模拟分析。

在缩放比例为 0.6 时,所设置转速等参数与前文一致,只改变横向距离参数,间距 D 分别为 320 mm、315 mm、310 mm、305 mm、300 mm 时,对于双横流风扇的气动特性进行数值模拟分析,如图 11 和图 12 所示。

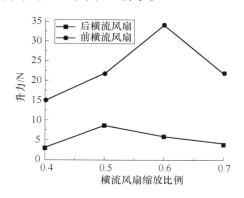

图 10　前后横流风扇产生的升力

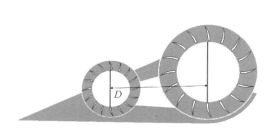

图 11　横流风扇间距示意

由图 12 可知,随着前后风扇距离的增加,两个横流风扇都产生了明显的偏心涡,这与升力的产生原理一致,提高了升力。总体来看,在两个横流风扇数据中,升力的变化范围较小,在间距 D 为 320 mm 时升力最大。当前后横流风扇距离逐渐变小的时候,气流的流动距离比较短,且没有足够的流动空间,流入下一个横流风扇的气流量也在逐渐变小,后方的横流风扇也就没有足够多的风量,因此导致产生的升力和推力也在逐渐变小。

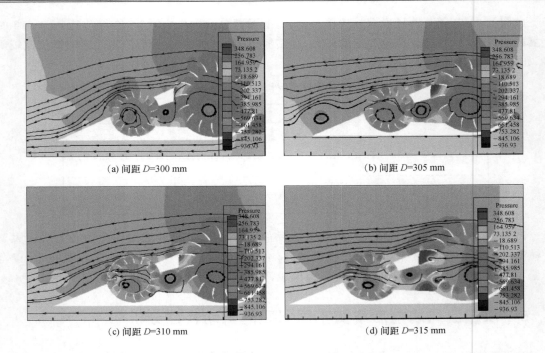

图 12　不同间距下的压力云图和流线图

6　不同来流速度对双横流风扇布局气动特性的影响

在扇翼双横流风扇纵向距离为 60 mm、横向距离为 160 mm、小横流风扇与大横流风扇比例为 0.6 时,分别对来流速度为 5 m/s、10 m/s、15 m/s、20 m/s、25 m/s 进行数值模拟分析,得到扇翼单横流风扇、扇翼双横流风扇随着不同来流速度的升力变化曲线,分别如图 13 和图 14 所示。

由图 13 可知,合理的双横流风扇布局对于升力的提高有一定的作用,来流经过二次加速以后,上翼面速度会变快,升力随着来流速度的增大而增大。

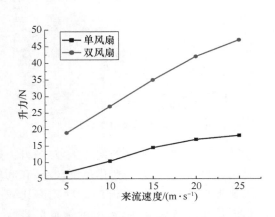

图 13　不同的来流速度对于上翼面升力的影响

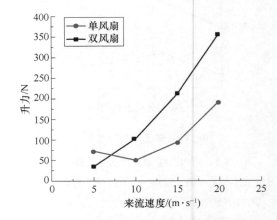

图 14　不同来流速度下两种布局产生的升力

由图 14 可知,扇翼双横流风扇布局和扇翼单横流风扇布局随着来流速度的增大而增大,扇翼双横流风扇布局产生的升力要明显大于扇翼单横流风扇布局产生的升力,增升效果显著。扇翼双横流风扇布局在后横流风扇的作用下,气流会经历二次加速,因此升力进一步增大。

7　结　论

通过本文的研究,得到以下结论。

（1）通过对双横流风扇中小横流风扇缩放比例的数值模拟结果进行分析发现,在缩放比例为 0.6 时,达到的效果是最好的,可以有效提高升力。

（2）通过对双横流风扇前后距离的数值模拟结果进行分析发现,气流通道要有一定的长度和宽度,使气流可以稳定地流入下一个横流风扇中。若通道太短,则气流还未稳定流出就被重新带走;若通道太长,则通道之间就会产生回流现象。

（3）通过对单、双横流风扇的数值模拟结果进行分析对比发现,合理的扇翼双横流风扇布局产生的升力明显大于扇翼单横流风扇布局产生的升力,增升效果显著。

参考文献

［1］孟琳,叶永强,李楠. 扇翼飞行器的研究进展与应用前景［J］. 航空学报,2015,36(08):2651-2661.

［2］杜思亮,芦志明,唐正飞. 扇翼飞行器翼型附面层控制数值模拟［J］. 航空学报,2016,37(06):1781-1789.

［3］李仁凤,乐贵高,马大为,等. 扇翼飞行器气动特性优化设计［J］. 空气动力学学报,2017,35(06):879-882,892.

［4］AHAD O,GRAHAM J M R. Flight simulation and testing of the fanwing experimental aircraft［J］. Aircraft Engineering and Aerospace Technology,2007,79(2):131-136.

［5］DUDDEMPUDI D,YAO Y,EDMONDSON D,et al. Computational study of flow over generic fan-wing airfoil［J］. Aircraft Engineering and Aerospace Technology,2007,79(3):238-244.

［6］孙敏,朱清华. 改进的横流风扇翼型气动特性及参数分析［C］//探索 创新 交流(第 7 集)——第七届中国航空学会青年科技论坛文集(下册). 北京:中国科学技术出版社,2016:317-323.

［7］王旭,刘明鑫. 扇翼无人机二维机翼气动特性仿真研究［J］. 成都航空职业技术学院学报,2020,36(02):33-36.

［8］杜思亮. 扇翼空气动力特性数值模拟与试验研究［D］. 南京:南京航空航天大学,2017.

基于小波变换和声纹信号的
航空器转子故障分析系统

苗志远　苗飞　霍百明

（山东航空学院飞行学院，山东·滨州，256603）

摘要： 航空发动机工作时转子系统长时间在高温、高压、高速的工作环境中运行，极易出现故障，严重影响飞行安全。因此本文利用声纹传感器设计了一种基于小波变换的转子故障诊断方法，即利用小波变换的信号处理能力，采集声纹信号进行数据分析，对比正常状态下和故障状态下不同时频图结果的差异，从而进行故障诊断。综合辨识度与小波效率后选择小波窗函数，首先对标准轴承数据集进行时频分析，证明该方法可行，窗函数选择合理；接着对实验室 ZT-3 转子振动试验台所采集的信号进行分析，得出不同条件下转子信号在时频图中的特点，并以此区分不同故障类型，同时验证方法对转子故障判别的可行性及准确性。结果表明该方法对振动信号和声纹信号的故障类型都具有很高的辨识度，可以提高发动机故障诊断水平，保障飞行安全，降低航空公司运营成本等，对民用航空维修工作具有重要意义。

关键词： 故障诊断；小波变换；转子系统；时频分析

1　引　言

涡轮转子系统作为发动机得以正常运行的重要部件，通常在高温、高压、高速的工作环境中运行，不可避免地会出现各种故障。对转子系统的工作状态及时进行检测不仅可以减少事故的发生，还可以降低航空公司运营成本。小波变换拥有强大的特征提取、奇异性监测和滤波降噪的能力，因此在处理像转子故障所产生的信号时，可以提取时频特征，进而更准确地提取出故障频率和振动模式，有助于诊断转子的故障类型和严重程度。本文使用声纹传感器检测航空发动机转子运行时振动所产生的声纹信号，利用小波变换的信号处理技术对声纹信号进行处理，得出时频结果进行分析，从而判断故障类型。

2　小波变换的基础理论

小波变换是一种信号的时间-尺度（时间-频率）分析方法，在时频两域都具有表征信号局部特征的能力，是一种时间窗和频率窗都可以改变的时频局部化分析方法[1]。小波变换的基本思想是将信号表示为小波基函数的线性组合，这些小波基函数有的是平移和缩放后的原始小波母函数。通过对信号进行小波变换，可以获取信号在不同时间和频率上的局部信息，同时保留信号的时间和频率特征。

2.1　连续小波变换

连续小波变换（Continue Wavelet Transform，CWT）同傅里叶变换一样，都是一种积分变换,即将任意 $L_2(R)$ 空间中的函数 $f(t)$ 在小波基下进行展开,这种展开称为函数 $f(t)$ 的连续小波变换,其表达式为

$$WT(a,b) = \frac{1}{\sqrt{a}} \int_{-\infty}^{+\infty} Bx(t) \varphi\left(\frac{t-b}{a}\right) dt \tag{1}$$

式中,$WT(a,b)$ 为小波变换系数;$\varphi(t)$ 为小波窗函数;$x(t)$ 为所要处理的信号;a 为尺度因子,控制小波函数的伸缩从而控制频率;b 代表时间平移量,通过式中函数 $t-b$ 控制小波函数在时间轴上的平移[2]。

短时傅里叶变换在对信号进行处理时对信号加窗、分割,但窗口一旦选定就无法更改,自适应能力差。相比之下小波变换通过尺度因子 a 与平移量 b 使得窗口大小可以任意改变,这样不仅可以获取频率信息,还可以定位到时间,从而进行时频局部化分析。因此在分析随时间变化的周期性信号时效果很好,如音频、地震信号和其他信号。

2.2 离散小波变换

离散小波变换(Discrete Wavelet TransForm,DWT)是一种近似的小波变换,将信号分解成不同尺度的近似系数和细节系数,DWT 使用离散的小波函数和离散的时间尺度,通过滤波和下采样操作来实现信号的分解。

离散小波变换的一级分解公式为

$$A_1(n) = \sum_k f(k)h(k-n) \tag{2}$$

$$D_1(n) = \sum_k f(k)g(k-n) \tag{3}$$

式中,$A_1(n)$ 是低频(近)系数;$D_1(n)$ 是高频(细节)系数;$h(k)$ 和 $g(k)$ 分别是小波分析滤波器的低通和高通滤波器系数。离散小波变换允许信号在不同尺度上的分解和重构,以便分析不同频率成分。

如图 1 所示,对于信号 X,设置分阶层数并进行离散小波变换,信号被分解为一个高通系数 cD_1 和一个低系数 cA_1 串联,进而继续分解出相对高通系数 cD_2 和近似系数 cA_2,再将近似系数分解为相对高通系数 cD_3 和近似系数 cA_3。

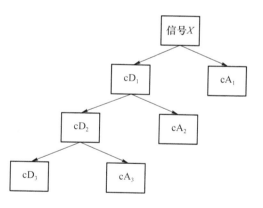

图 1　离散小波原理图

3　小波窗函数的选取

3.1　时频分析中窗函数辨识度对比

CWT 的原理是通过内积计算原始信号与小波基函数的相似程度,内积计算即将小波函数与信号相乘。二者相似程度越高则所得系数越大,二者相似程度越低则所得的系数越小[3]。

不同的小波基函数具有不一样的特性,选择与故障信号波形相似的母小波更有利于提取故障的时频特征。因此本文基于 Python 语言的程序读取一段标准轴承数据集的信号,输出原始信号波形图,与各类连续小波函数波形图进行比较,通过观察其与原始信号较相似程度,

初步筛选可使用的小波窗函数。

由输出结果可知复莫莱特小波族与复高斯导数小波族在处理信号时对故障具有明显的区分，如图2所示。

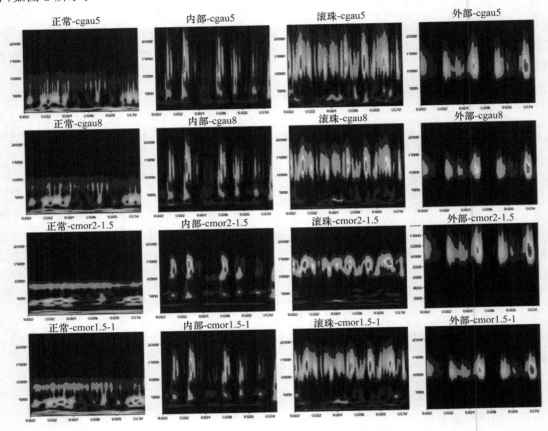

图2 四种小波时频结果

3.2 不同小波函数效率对比

在故障诊断中诊断效率同样是一个重要的参考指标。小波函数的效率通常指的是计算速度和处理能力，不同小波函数因自身性质不同会有所差异[4]。一般来说，小波函数的计算速度取决于其复杂度和计算方法。一些常用的小波函数，如莫莱特小波和哈尔小波等简单小波，具有较低的计算复杂度，因此在计算速度上比较高效；而一些复杂的小波函数，如 Biorthogonal 小波和 Coiflet 小波，具有较高的计算复杂度，导致计算速度较慢[5]。

为了提高故障诊断效率，减少诊断时间，选择不同小波窗函数（其余条件均相同：2 hp① 负载下、0.007 ft② 损伤、驱动端测点），计算转子四种状态下的信号分解并输出时频图的时间（单位为 s），同一小波函数计算五次时间并取平均值。综合分辨率与信号处理效率选择小波基函数。

将小波函数的实测数据绘制成柱状图，如图3所示，可以得出结论：复高斯导数小波

---

① 2 hp＝1.47 kW。

② 1 ft＝0.304 8 m。

cgau8 具有更好的信号处理效率。

总的来说,每一种小波窗函数都各有其特点,因此,在小波分析中,应该在基于时频辨识度测试与小波效率测试的基础上,根据不同的测试条件与故障类型分类选择小波窗函数。

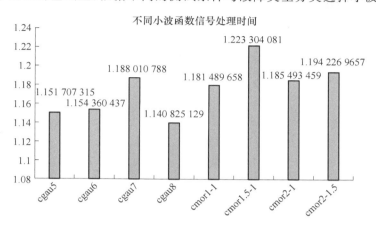

图 3　小波信号处理时间柱状图

4　基于声纹信号的转子故障诊断

4.1　实验设备及数据采集

ZT-3 转子振动模拟试验台是一款可模拟旋转机械振动的实验设备,实物如图 4 所示,其具备多种功能,可用于转子试验。可通过不同的零部件和传感器组合方式,改变转子转速、轴系刚度、质量不平衡、轴承的摩擦或冲击条件及联轴节的形式,从而模拟不平衡、不对中、碰摩、油膜涡动、基础松动、转轴裂纹等故障。

图 4　转子振动试验台实物

使用声纹传感器 LS-VS2020 连接多通道声纹信号采集仪 LS-VSDI-8 进行声纹数据采集,在试验台一侧 0.2 m 处采集设备声纹数据,采样频率为 100 kHz。根据现有设备条件,选择测试转子正常状态与转子不平衡、不对中、碰摩三种故障状态下的声纹数据进行小波变换对比分析。

如图 5(a)所示,在转子侧面凹槽内加入 1~2 个集中的螺钉后拧紧,从而模拟转子不平衡状态。

转子不对中状态的故障设置,如图 5(b)的示,拧开固定实验台与支架的螺丝,在固定架下面垫入纸片,然后拧紧,使转轴偏移而造成不对中的故障状态。

(a) 转子不平衡　　　　　　　(b) 转子不对中

图 5　两类故障

　　转子碰摩状态的故障设置如图 6 所示,在试验支架上安装一个可向下旋动的橡胶摩擦螺

钉,并将其旋至距离转子约 8 mm 处。启动
试验台,待转速稳定后缓慢向下旋动橡胶摩
擦螺钉使其与转轴发生摩擦,以此来模拟碰
摩转台下的声纹信号。

4.2　数据处理与分析

4.2.1　数据格式预处理

　　由于声纹信号采集仪所采集的数据为
xls 表格格式,因此为了方便读取可以将数
据复制到一个新建的 mat 文件中,重命名并

(a) 转子碰摩前　　　　　(b) 转子碰摩后

图 6　碰　摩

保存以实现数据格式的转换。也可以将表格里的数据复制到一个 txt 文本文件中,然后使用
NumPy 模块中的 loadtxt()函数直接读取其中的数据。

4.2.2　离散小波变换降噪

　　小波降噪即利用离散小波降噪的方法,在去除噪声的同时,较完整地保留数据特征,从而
为后续的数据分析提供基础。通过设定某一阈值(软阈值、硬阈值、软硬阈值),使用小波变换
将信号进行分解,将大于合适阈值的信号保留,小于阈值的信号去除,实现降噪的功能,从而提
升信号的清晰度与准确性[6]。

　　将所测得的声纹数据导入 Python 环境中,读取数据,并基于 Daubechies 8 小波函数进行
6 阶离散小波变换,对原始声纹信号进行降噪处理。小波滤波前后声纹信号对比图见图 7。

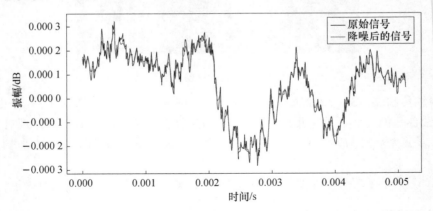

图 7　小波滤波前后声纹信号对比图

4.2.3 对声纹数据进行故障诊断

对经过降噪处理后的信号进行连续小波变换,并输出时频结果,通过设定 y 轴数值范围的方法对时频图进行局部放大以观察时频特征。将经过降噪处理后的转子正常状态下与三种故障状态下的信号进行连续小波变换,并用二维等高线图输出时频结果,提取故障特征,对比分析时频图差异,以实现故障诊断。

测试条件为 25 V 电压对应转子转速(约 300 r/min 左右),选择 cmor2 - 1 小波作为基函数(经过对比 cmor2 - 1 较其他小波具有更明显的时频特征差异)对比正常状态下与故障状态下的时频特征。观察图 8 可看出,四种情况的优势频率都集中在 350~1 000 Hz,呈带状分布。明显可以看出转子正常情况下与其他三种故障下时频图存在差异。

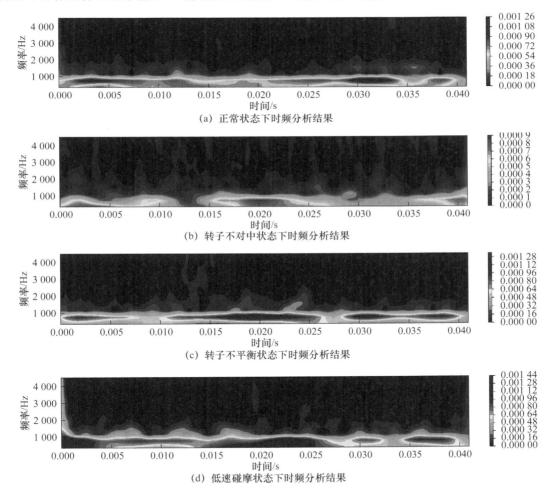

(a) 正常状态下时频分析结果

(b) 转子不对中状态下时频分析结果

(c) 转子不平衡状态下时频分析结果

(d) 低速碰摩状态下时频分析结果

图 8 四种状态下二维等高线图

其中转子不对中状态下高频信号明显比其他三种情况多;碰摩状态下的振动幅值远高于其他三种情况;正常状态下与转子不平衡状态下的区别在于,前者的高幅值部分呈条带状连续分布,后者的高幅值部分呈团状分布,有间断。以上特点可以作为区分四种状态的时频特征,如表 1 所列。四种状态下的三维曲面图(见图 9)可以更直观地观察到以上特点。

表 1　转子四类状态特征总结

转子状态类型	正常	不对中	不平衡	低速碰摩
状态特征	高幅值部分带状连续分布	高频部分明显多	高幅值部分团状间断分布	振幅最高

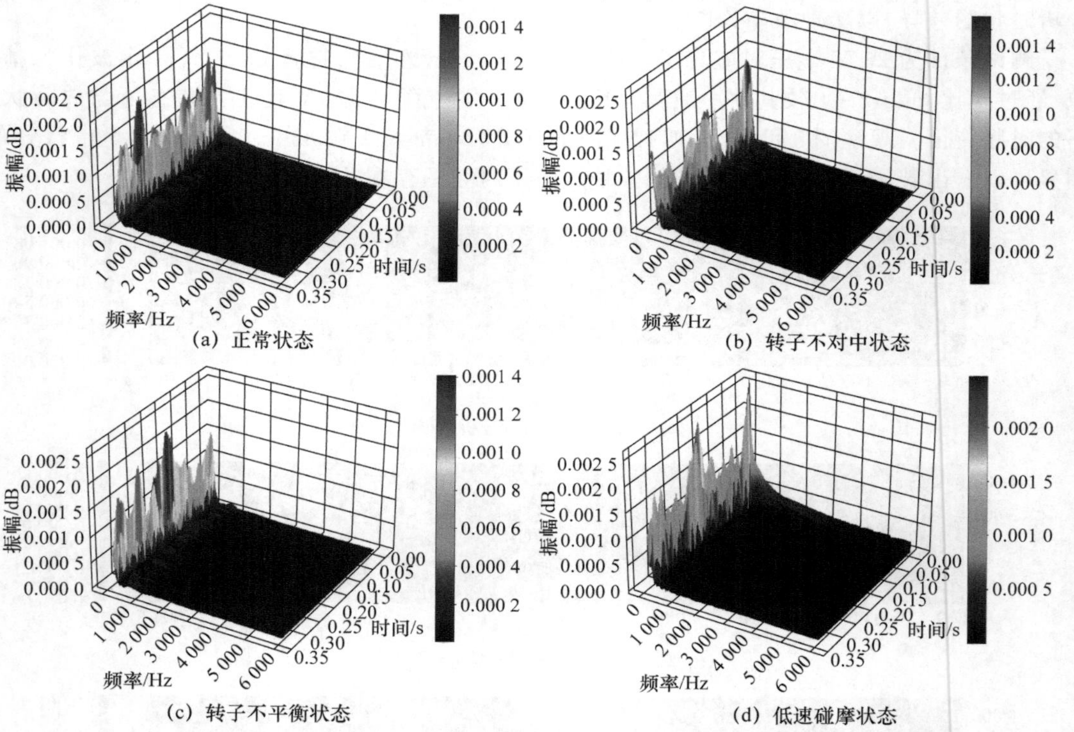

(a) 正常状态　　　　　　　　　　　(b) 转子不对中状态

(c) 转子不平衡状态　　　　　　　　(d) 低速碰摩状态

图 9　四种状态下的三维曲面图

5　结　论

　　通过对声音信号的测试、处理及小波变换时频分析得到以下结论:三种故障与正常状态下的时频图频率带宽分布区别很小,振幅值差异很大,其中低速碰摩状态下的振动幅值最大,转子不对中状态下的振幅最小;正常与不平衡状态下的振幅相差不大,但前者的高幅值部分呈条带状连续分布,后者的高幅值部分呈团状分布,有间断。综合以上结论得出,本文所提方法用于对转子故障进行诊断,具有一定可行性。

参考文献

[1] 朱可恒. 滚动轴承振动信号特征提取及诊断方法研究[D]. 大连:大连理工大学,2014.

[2] 宋浩天. 基于小波变换和深度学习的表面微小缺陷检测技术研究[D]. 成都:电子科技大学,2023.

[3] 黄姗姗,李志农. 基于高密度小波变换的航空发动机滚动轴承故障诊断方法[J]. 轴承,2023(2):19-25.

[4] 胡杰嘉,王俊. 基于小波包分析的三相异步电动机转子故障检测[J]. 光源与照明,2023(1):159-161.

[5] 邵伟芹,张明明. 基于双网格校正小波聚类在航空发动机故障诊断中的应用[J]. 内燃机与配件,2021(11):182-183.

[6] 李钊. 基于小波变换和 SVD 的汽车噪声抑制的研究[D]. 包头:内蒙古科技大学,2022.

基于电子单机的智慧试验验证平台应用研究

高海乐　宋琪　曹丙谦　温雪

（山东航天电子技术研究所,山东·烟台,264670）

摘要：通过信息技术和一体化平台,解决电子单机的全生命周期试验规划、设计、分析、控制等问题,实现电子单机研制过程虚实验证、资源整合、动态采集、经验沉淀、综合评价等业务与数据的融合。着重建设集虚拟化、综合化、物联于一身的网络试验、制造测试方法规划、测试与评估、分析平台,通过数字化综合测试验证技术促进电子单机的研发由数字化研发向智能化发展。

关键词：试验验证；虚实验证；数据融合；智能化

1　引　言

采用创新手段,构建和完善信息化新型电子单机研制体系,并注重新型电子单机研制体系的长期可持续发展；更加重视建设新的电子单机能力体系；关注电子单机发展的经济可承受性等将成为新的发展方向。在这种环境下,试验与测试技术面临着新的挑战,同时也具有了前所未有的发展机遇。

电子单机产品研制的试验测试分为虚拟仿真试验、专业仿真试验、产品性能测试、可靠性试验等部分,存在如下问题。

1) 基于系统工程的验证管理方式落后

电子单机的研发遵循基于系统架构的系统工程方法,它是从要求到设计之间的一座"桥梁",利用最重要、关键的指标要求确定系统的一个基本划分,指标要求是系统实现其目的所依赖的顶层要求。研发电子单机产品,实施互为独立的机、电等数据管理、测试平台,将导致系统孤岛,仪器、硬件在回路设施、处理软件、仿真手段等方面均不能利用系统工程过程数据协同开发,无法形成满足更加全面的系统工程需求的试验测试解决方案。例如,产品试验技术条件通过文档形式进行管理,无法通过数据管理平台结构化管理试验测试项目,与研发数据未建立有效的关联关系。需要建立一种开放式系统架构,在试验、技术要求与设计过程之间搭桥铺路,确保所开发的试验与技术要求的互操作性和经济有效性。

2) 虚拟试验等技术未纳入试验验证体系管理

历史产品试验模式以传统实物试验为主,导致航天电子单机产品研制周期长,试验费用高,风险大。以平台为中心的模式已满足不了当下复杂产品的发展需求。虽然逐步应用虚拟试验与仿真验证(简称虚拟试验)技术,通过各个阶段的建模与仿真和虚拟试验可获得可信的电子单机性能的相关信息,但模型的验证、确认和鉴定以及虚拟试验环境的构建等技术仍未与实物试验的经验数据进行关联性管理,对产品迭代设计优化的支撑能力有限。

3) 试验测试数据共享程度低

电子单机研制将应用天线、射频、基带、芯片仿真测试手段及可靠性试验评估方法,同时产品性能测试、环境试验是航天电子单机产品试制验证、鉴定性能和质量的必要测试。为保证在研发过程中,多学科、多专业设计协同,须保证各类试验、测试数据通过统一信息平台进行共享,实现产品仿真、测试、试验数据的实时追溯与相关性分析,完成多研制阶段仿真、测试、试验数据互为验证、联合优化仿真等功能。

4)试验测试数据采集无法满足数字化的要求

各类试验测试设备由于购置年代各异和定置化,数据采集协议、接口验证难以满足数据采集的要求。GJB 关于试验测试的规范对测试件、试验设备、试验环境均提出了要求,所内在射频、嵌入式、传感器、信息处理、物联网等基于物联网数据采集技术手段仅能满足部分要求。试验控制层技术瓶颈制约了电子单机的研制综合验证、评估和发展。

5)传统试验数据分析方法无法顺应航天单机产品质量管理发展的趋势

目前缺乏系统性地识别电子单机测试、试验、检验质量中包络分析对象的方法和手段,产品包络对象的确定更多地依靠工程人员的经验判断,缺乏对包络分析对象的选择的合理性、完备性的保证方法,同时对包络分析中所涉及的性能、工艺和原材料 3 类参数之间的关系也缺乏系统性的思考;即便采用极值等构建包络线的方法仍不能充分利用和挖掘试验数据反映出的信息,如实际通信等任务的要求,导致随机性因素掩盖系统性因素,为电子单机产品批量生产埋下隐患。同时,既有的包络结果风险分析和管理只是围绕当前所分析的产品质量,无法对产品的设计改进和工艺改进提供足够的支持。

综上所述,电子单机研制是一个复杂的系统工程,其仿真试验、测试试验的要求和难度会不断增加,在一定程度上造成试验费用的增加和试验时间的延长,特别是随着一体化联合作战和网络中心战逐渐成为现代战争的主要模式,对信息技术的核心载体——航天电子单机的密集、复杂多任务系统的评估与试验的难度逐渐增加,许多跨平台交互和相关性要求使得传统电子单机的试验方式与战场需求的矛盾日益突出。

另一方面,随着现代信息技术等高新技术的飞速发展及在军工试验与测试领域的广泛应用,航天电子单机的试验与测试技术向着综合化、虚拟化、通用化、智能化和网络化方向发展,其中虚拟化、综合化、网络化是电子单机试验测试智慧化的显著特点。

2 基于电子单机产品的智慧试验验证平台

电子单机智慧试验验证平台框架如图 1 所示。

2.1 功能定位

电子单机智慧试验验证平台是电子单机智慧研发的重要信息平台,电子单机智慧试验验证平台可有效进行仿真试验、制造测试规划和配置测试资源,合理统筹虚拟、仿真试验与实物测试、试验,建立基于多专业、多阶段、电子单机研发团队纵向间的仿真与设计、设计与设计、设计与工艺、工艺制造与测试、试验的数字化并行和协同试验、测试、验证环境,进行数据模型和文档共享与发布。各专业仿真、测试室可通过电子单机智慧试验验证平台接受性能测试、制造过程检测、端机可靠性测试等规划任务,将测试结果反馈给电子单机智慧试验验证平台,作出电子单机全生命过程的仿真、制造与检测、测试试验管理的分析决策,如图 2 所示。

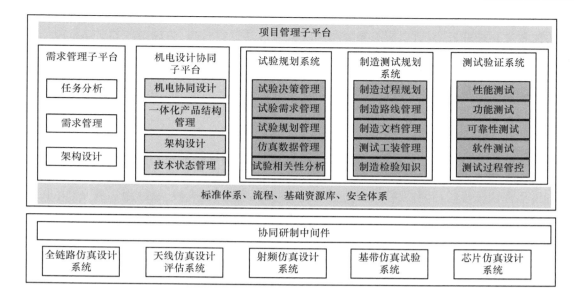

图 1   电子单机智慧试验验证平台框架

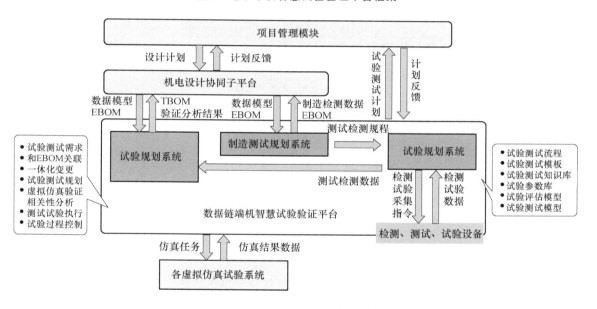

图 2   电子单机智慧试验验证平台数据集成框架

2.2   建设方案

通过电子单机智慧试验验证平台的建设,实现各测试试验系统与智慧平台信息共享和重用,注重试验需求分配、试验规划设计、试验执行、数据共享等新信息技术的融合。应用信息技术,深化装备试验需求管理,实现测试试验、实验室、模型与仿真之间的网络互联,打破专业界限,进行资源的协调和调度。

对装备性能试验和环境适应性试验进行数字化统一规划、管理,推动性能试验和环境适应性试验活动的一体化,推动两类试验的统一规划和一体化实施,提供装备技术性能和可靠性相结合的鉴定结果。装备效能及环境适用性评估需要大量的试验数据支撑,试验范围广,装备之间的信息交互关系复杂,所以需要充分利用建模与仿真技术,建设数据链端机的虚拟化、数字化试验环境,进一步提升试验水平。

创新性能试验和环境适应性试验相结合的一体化试验模式,可实现采集、存储、分析性能试验鉴定期间的试验事件和试验数据共享,利于更早地掌握装备的作战效能和作战适用性,缩短试验与鉴定周期。

2.2.1　业务流程框架

如图 3 所示,以电子单机产品全生命周期为主线,围绕试验需求、试验规划、试验执行、试验评估四个环节,通过试验过程数字化、虚拟试验(应用仿真技术,通过计算机对电子单机试验进行模拟)、试验协同(试验、研发、制造数字化协同)、试验过程管控、试验知识管理(电子单机数据中心)、网络安全防护体系、基础网络、标准化体系等,形成以下三个能力场景。

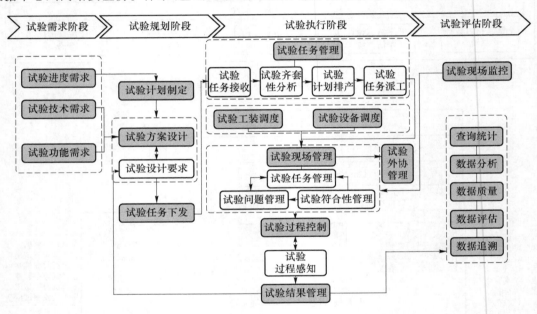

图 3　电子单机智慧试验验证平台业务流程框架

1)数字化试验能力

建设以规划化、模块化、积木化、知识化为特征的电子单机智慧试验验证平台,建立电子单机验证体系,提高试验过程数字化水平。形成基于一体化、数字化平台的协同能力;形成基于虚实结合的试验验证能力、基于流程优化的试验过程管控能力、基于数据挖掘的数据链端机数据服务能力。

2)工程能力

针对电子单机的研制,打通数字试验研制流程,使产品试验融入电子单机设计、制造、试验数字化研制链;建设航天领域的电子单机数据中心;提升面向关键核心技术能力,形成电子单机数据和试验知识服务体系;建成开放式的电子单机技术研究平台,支撑电子单机多领域的试验积木式验证体系,实现试验管理信息化,优化试验资源、降低试验成本。

3)技术能力

转变试验模式,实现物理试验与虚拟试验并行,确保物理试验成功率,加快数字技术与电子单机试验技术融合,提升效率,缩短试验周期,缩短电子单机试验的试验设计和试验实施周期,挖掘试验数据价值,为电子单机各个研制阶段提供有效的试验数据服务,实现试验测试数据的实时入库,提高试验数据的利用率。

2.2.2 体系框架

电子单机智慧试验验证平台体系框架如图 4 所示。

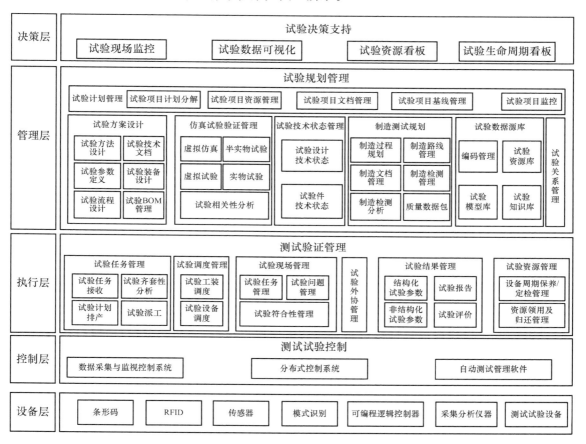

图 4 电子单机智慧试验验证平台体系框架

1) 应用系统建设

电子单机智慧试验验证平台建设的重点就是实现与已有应用系统的集成以及新的应用系统的开发,从而建立面向电子单机研制全生命周期应用系统架构群。整体应用系统通过面向服务架构(SOA)模式实现应用组件的有效整合,完成应用系统的统一化管理与维护。

2) 业务过程管控

电子单机智慧试验验证平台整体业务管控分为三类来管理和测试数据采集,具体包括试验规划管理、测试验证管理、测试试验控制。电子单机智慧试验验证平台可实现对这三类管理过程的有效监控和管理。对于试验规划管理,将通过相应的试验计划管理、试验方案设计、仿真试验验证管理、试验技术状态管理、制造测试规划、试验数据源库及试验关系管理完成电子单机各阶段试验测试方法与数据的统一管理与维护。对于测试验证管理,将通过试验任务、试验调度、试验现场、试验外协、试验结果、试验资源的管理体系进行相应试验计划执行过程的控制与管理,各过程业务经过有效的审核和分析处理后反馈到试验规划管理相关部分进行试验数据的相关性分析。

　　3）数据采集与共享

　　电子单机智慧试验验证平台整体试验测试控制由过程控制与设备层组成,过程控制由数据采集、分析、控制软件组成,支持多种主流工业标准总线的数据采集设备,也支持多种实验室仪表数据采集设备,可根据用户的需求定制化开发,实现从硬件设备中采集数据,控制设备,完成自动化试验工序编辑、打包、执行、报告生成等功能。

　　通过对不具有数据采集功能的试验测试设备实施改造,应用各类传感器、采集分析仪器、可编程逻辑控制器等采集试验设备可采集测试件试验过程数据并通过控制层解析、打包向试验执行与试验规划层传输。

　　4）数据的应用

　　采集完成的数据将通过有效的资源分析管理机制实现资源的有效管理与展现,具体包括了对资源的查询、分析、统计、汇总、报表、预测、决策等功能模块的搭建。

　　最终电子单机各研制阶段的试验测试数据将通过决策层进行展示,相关人员,包括所内各部门人员、管理层及电子单机设计师,可以通过不同的权限登录不同模块进行相关资源的查询,从而有效提升了试验测试数据在电子单机研制全生命周期对整体应用、决策能力的贡献。

2.2.3　技术框架

　　电子单机智慧试验验证平台包括两个体系和一个平台,分别为数字化试验标准体系、信息安全防护体系、电子单机智慧试验验证平台。

　　如图 5 所示,电子单机智慧试验验证平台技术框架由基础设施层、资源层、企业框架层、中间件层、Web 层、用户层组成。基础设施层为确保电子单机智慧试验验证平台运行的数据中心、设备以及系统,如网络资源、存储资源和操作系统。基础设施层是用户层、应用层、接入层的基础,为其他各层提供基础类的服务。

　　1）资源层

　　资源层含数据库和文件系统。数据库对关系型数据和非关系型数据进行调度和存储。关系型数据库是用关系模型来组织数据的数据库,关系模式即二维表格模型,主要由 SQL Server、Oracle、Mysql、PostgreSQL 存储。非关系型数据是非关系型的、分布式的,且一般使用不保证 ACID 的数据存储系统,主要由 MongoDB、Redis、CouchDB 存储。文件系统主要存储文本文件、音视频文件、Office 系列文件、图形图像文件及 ZIP、PDF、SWF 等其他格式文件。

　　2）企业框架层

　　企业框架层由面向服务架构(SOA)、用户的操作界面(UI)、可扩展标记语言(XML)、数据模型组成。数据模型从抽象层次上描述了项目、产品、工艺、试验、资源、参数模型、分析等的静态特征、动态行为和约束条件,为数据库系统的信息表示与操作提供了一个抽象的框架。企业框架层实现电子单机智慧试验验证平台的共性部分,并提供一些定义良好的可变点以保证灵活性和可扩展性。

　　3）中间件层

　　中间件层是处于应用服务器操作系统和应用程序之间的软件,通过应用服务器,提供对系统应用层强大的支持,包括电子表单、工作流、元数据管理、安全审计等功能。并通过 WebService 等接口服务支持外部资源对内容管理基础数据以及内容管理对外部数据资源的应用数据集成。

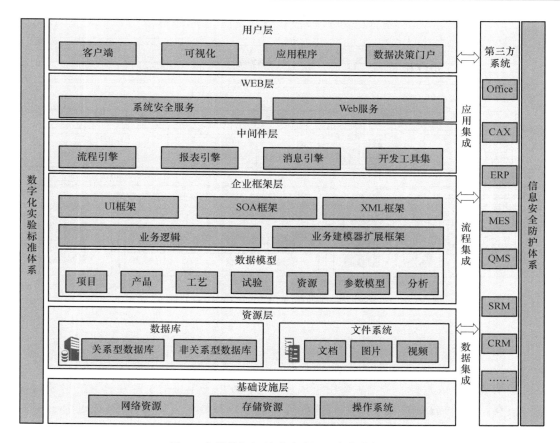

图5 电子单机智慧试验验证平台技术框架

4) WEB层

WEB层为承上启下层,向上对用户层服务,向下接受来自中间件层和企业框架层的服务。在应用过程之间传送的信息提供表示方法服务,它关注信息发出的语法和语义。

5) 用户层

用户层是电子单机智慧试验验证平台的重要的组成部分,是信息处理的重要环节,按功能的不同可以分为应用程序、客户端、可视化和数据决策门户等。客户通过浏览器来访问用户层以获取信息资源。

2.2.4 测试、试验数据自动采集方式

测试、试验数据自动采集框架如图6所示。

（1）以计算机技术为基础,构建测试/试验设备过程控制与调度自动化功能,通过设备网络化实时采集测试/试验数据,对测试/试验现场进行本地或远程自动控制、对测试/试验流程进行动态和实时监视。

（2）为测试/试验设备自带测试软件提供管理和执行功能,集成测试代码、安排测试/试验顺序并支持循环与复杂功能。

（3）针对仅有数显功能的测试/试验设备,通过图像采集设备获取图像信号,并传送给专用图像处理系统,转变为数字信号实现数据传输。

（4）定制开发系列测试/试验硬件设备,用于数据采集控制、温度记录、动态信号分析、电路测试及非标测试等,完成被测信号的采集和测试/试验机构的控制。

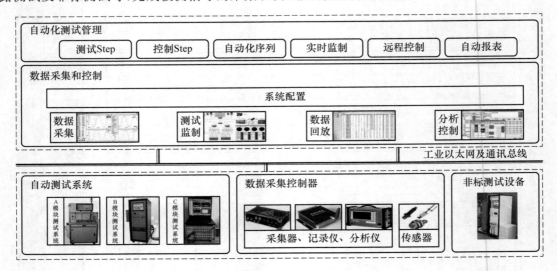

图 6 测试、试验数据自动采集框架

3 结束语

电子单机智慧试验验证平台主要用于从顶层将研发电子单机的全链路、天线、射频、基带、芯片的仿真试验、制造测试方法规划、试验验证工作融入型号装备研制体系,通过电子单机智慧试验验证平台的建设,实现各测试试验系统与智慧平台信息共享和重用,注重试验需求分配、试验规划设计、试验执行、数据共享等新信息技术的融合。应用信息技术,深化装备试验需求管理,实现测试试验、实验室、模型与仿真之间的网络互联,打破专业界限进行资源的协调和调度。

参考文献

[1] 王磊,王飞,王海东,等.细长型飞行器双台随机振动试验虚拟试验技术研究[J].上海航天,2014,31(1):56-62.

[2] 段建国,徐欣.虚拟试验技术及其应用现状综述[J].上海电气技术,2015,8(3):1-12.

[3] 赵君伟,张程,裴群海.基于多软件平台的机电液一体化虚拟试验方法[J].科技和产业,2021,21(5):335-338.

[4] 吴家希,王李管,李亚龙.基于 V-REP 的井下铲运机自主作业仿真试验软件平台研究[J].黄金科学技术,2020,28(1):124-133.

基于可调连续波的光矢量分析技术研究

曹美会　　丁洪利

（中国航空工业集团公司济南特种结构研究所,山东·济南,250023）

摘要：新一代光信息系统要求光器件能够对光信号进行高精细操控,因此了解光器件的光谱响应对于它们的制造和应用至关重要。光矢量分析(OVA)是一种用于测量光谱响应的技术,如幅度、相位和偏振响应。针对现有光矢量分析技术测量范围窄和测量速度慢的问题,本文提出了一种基于可调连续波的宽带和高速光矢量分析技术。首先,该技术利用两个具有固定频率间隔的可调连续波作为探测光信号,并通过待测光器件。随后,探测光信号携带上待测光器件的频谱响应进入低速光电探测器中进行相干探测,产生的中频光电流被示波器采样。其次该技术利用短时傅里叶变换算法提取采样点的幅度和相位,从而得到待测光器件的幅度和群时延响应。此外,对于可调谐激光器的调频非线性引入的瞬时波长偏移问题,该技术利用马赫曾德尔干涉仪进行补偿。同时,该技术分析了傅里叶窗长对频率响应准确度的影响。由于可调连续波具有宽带、高速调谐的特性,该光矢量分析技术可实现 17 nm 的测量范围和 2 ns/点的测量速度。

关键词：光矢量分析；可调连续波；短时傅里叶变换；宽带；高速

1 引　言

光矢量分析(Optical Vector Analysis,OVA)是一种用于测量光器件光谱响应的技术,如幅度、相位和偏振响应。传统 OVA 主要分为光学干涉测量法和相移法,这两种方法都是利用可调谐激光器实现波长扫描,因此可以对宽带光器件进行测量。然而,可调谐激光器频率精度和可重复性均较低,所以频率分辨率较差,难以观察某些光器件的光谱响应。相关光器件有基有高 Q^5 的光学微谐振器和超窄光纤布拉格光栅等。

为了提高频率分辨率,基于光学单边带调制的光矢量分析技术被提出,其通过电光调制将电域中精细的频率扫描转换到光域中。由于成熟的微波扫描技术,基于光学单边带调制的光矢量分析技术可以实现高达 23.4 kHz 的频率分辨率。然而,由于只使用一个边带来扫描频谱,又受到所使用电光调制器带宽的限制,因此测量带宽通常小于 40 GHz。为了提高测量带宽,Wang 等提出了基于光学双边带调制的光矢量分析技术,基于光学双边带调制的光矢量分析技术的测量范围是基于光学单边带调制测量范围的两倍,但测量范围仍无法达到具有大带宽光器件的测量要求。因此,基于光学频率梳的光矢量分析技术被提出并用以提高测量带宽。然而,由于光器件的频率响应是逐点测量的,因此现有技术的测量速度都很慢。为了实现快速测量,Li 等提出了基于线性频率调制的光矢量分析技术,测量速度达到 1 ns/点,但测量范围小于 16 GHz。

本文提出了一种使用光学可调连续波的新型光矢量分析技术。在所提出的光矢量分析技术中,使用一对具有固定频率间隔的光学调频连续波作为探测光信号,在通过待测光器件后,探测光信号通过低速光电探测器，并由低速示波器进行采样。然后，利用短时傅里叶变换（Short-time Fourier Transform，STFT）算法提取待测光器件的频率响应。最后通过实验验证，实现了 17 nm 的测量范围和 2 ns/点的测量速度。

2　实验原理

2.1　基本原理

基于光学可调连续波的光矢量分析技术基本原理如图 1 所示。

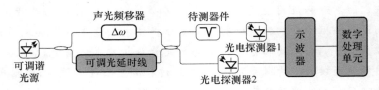

图 1　基本原理框图

可调谐光源产生的可调连续波经过光耦合器（Optical Coupler，OC）被分为两路，上路可调连续波经过声光移频器（Acousto - optic Modulator，AOM）引入频率为 $\Delta\omega$ 的频偏，下路经过可调光延时线（Variable Optical Delay Line，VODL）匹配上下两路延时，使两路可调连续波的瞬时频差均为 $\Delta\omega$，然后和频移后的可调连续波耦合，耦合后的光信号可以表示为

$$E(t)=E_1 \mathrm{e}^{\mathrm{i}\left[(\omega_0+\Delta\omega)t+\pi\gamma t^2\right]}+E_2 \mathrm{e}^{\mathrm{i}(\omega_0 t+\pi\gamma t^2)},\quad 0\leqslant t\leqslant T \tag{1}$$

式中，E_1、E_2 为复振幅；ω_0 为可调连续波的初始角频率；γ 为可调连续波的调频斜率；T 为可调连续波的脉冲宽度。

根据式（1）可以得到耦合后光信号的瞬时频率，其表示为

$$\begin{cases}\omega_1(t)=\omega_0+\Delta\omega+2\pi\gamma t\\ \omega_2(t)=\omega_0+2\pi\gamma t\end{cases} \tag{2}$$

随后，该耦合光信号被分为两部分，一部分进入测量路，一部分进入参考路。在测量路中，探测光经过待测器件（Device Under Test，DUT），受其传输响应的作用，此时探测光的瞬时频率可以表示为

$$\begin{cases}\omega_{1d}(t)=\omega_0+\Delta\omega+2\pi\gamma\{t-\tau[\omega_{1d}(t)]\}\\ \omega_{2d}(t)=\omega_0+2\pi\gamma\{t-\tau[\omega_{2d}(t)]\}\end{cases} \tag{3}$$

式中，$\tau(\omega)$ 为 DUT 的群时延响应。因此，经过 DUT 的探测信号可以表示为

$$E_d(t)=\frac{E_1}{\sqrt{2}}A[\omega_{1d}(t)]\mathrm{e}^{\mathrm{i}\int \omega_{1d}(t)dt}+\frac{E_2}{\sqrt{2}}A[\omega_{2d}(t)]\mathrm{e}^{\mathrm{i}\int \omega_{2d}(t)dt} \tag{4}$$

式中，$A(\omega)$ 为 DUT 的幅度响应。通常，$\tau(\omega)$ 可以写成 $\tau(\omega)=\tau_c+\tau_d(\omega)$，$\tau_c$ 为常数，$\tau_d(\omega)$ 是随频率变化的量。因此，根据式（4），可以得到瞬时频率 ω_d 的微分表达式

$$\begin{cases}\mathrm{d}\omega_{1d}=2\pi\gamma\mathrm{d}t-2\pi\gamma\mathrm{d}[\tau_d(\omega_{1d})]\\ \mathrm{d}\omega_{2d}=2\pi\gamma\mathrm{d}t-2\pi\gamma\mathrm{d}[\tau_d(\omega_{2d})]\end{cases} \tag{5}$$

将瞬时频率 ω_d 的微分分别乘以 $\tau_d(\omega_{1d})$ 和 $\tau_d(\omega_{2d})$ 并进行积分，可得

$$\begin{cases} \theta[\omega_{1d}(t)] = \int 2\pi\gamma\tau_d[\omega_{1d}(t)] - \pi\gamma\tau_d^2[\omega_{1d}(t)] \\ \theta[\omega_{2d}(t)] = \int 2\pi\gamma\tau_d[\omega_{2d}(t)] - \pi\gamma\tau_d^2[\omega_{2d}(t)] \end{cases} \tag{6}$$

式中，$\theta(\omega)$ 是相位响应的非线性项。一般情况下，DUT 的群时延随频率的变化小于 1 ns，考虑到实验中可调连续波的调频斜率 γ 为 1 000 nm/s，当 $\tau_d(\omega)$ 的绝对值小于 1 ns 时，$\pi\gamma\tau_d^2(\omega)$ 不会超过 0.000 402 rad。所以，$\pi\gamma\tau_d^2(\omega)$ 非常小，可以忽略不计。由此，根据式（3）和式（6），对式（4）进行化简，可得

$$E_d(t) = \frac{E_1}{\sqrt{2}} A[\omega_{1d}(t)] e^{-i\cdot\theta[\omega_{1d}(t)]} e^{i[(\omega_0+\Delta\omega)\cdot(t-\tau_c)+\pi\gamma(t-\tau_c)^2]} +$$
$$\frac{E_2}{\sqrt{2}} A[\omega_{2d}(t)] e^{-i\cdot\theta[\omega_{2d}(t)]} e^{i[\omega_0(t-\tau_c)+\pi\gamma(t-\tau_c)^2]} \tag{7}$$

经过 DUT 后的探测光进入光电探测器 1（Photoelectric Detector 1，PD1）中进行光电转换，产生的中频光电流为

$$i_{mea}(t) = \eta\frac{E_1 E_2^*}{2} A[\omega_{1d}(t)] A^*[\omega_{2d}(t)] e^{i\{\theta[\omega_{2d}(t)]-\theta[\omega_{1d}(t)]\}} e^{i[\Delta\omega(t-\tau_c)]} \tag{8}$$

式中，η 为 PD1 的响应度。

在参考路中，光信号直接进入 PD2 中进行拍频，产生的光电流可以表示为

$$i_{sys}(t) = \eta\frac{E_1 E_2^*}{2} e^{i(\Delta\omega t)} \tag{9}$$

假设两可调连续波之间的固定频差 $\Delta\omega$ 远小于待测器件的带宽，所以在 $\Delta\omega$ 频率区间内，探测信号的幅度响应可以看作是相同的，相位响应是线性变化的，从而可以得到 DUT 的幅度响应和群时延响应

$$A\left(\frac{\omega_{1d}+\omega_{2d}}{2}\right) = \sqrt{A(\omega_{1d})A^*(\omega_{2d})} = \sqrt{\left|\frac{i_{mea}}{i_{sys}}\right|} \tag{10}$$

$$\tau\left(\frac{\omega_{1d}+\omega_{2d}}{2}\right) = \frac{\arg(i_{mea})}{\omega_{2d}-\omega_{1d}} - \frac{\arg(i_{sys})}{\omega_2-\omega_1}$$
$$= \frac{\theta(\omega_{2d})-\theta(\omega_{1d})-\Delta\omega(t-\tau_c)}{\Delta\omega} - \frac{-\Delta\omega t}{\Delta\omega} \tag{11}$$
$$= \frac{\theta(\omega_{2d})-\theta(\omega_{1d})}{\Delta\omega} + \tau_c$$

式中，arg()用来提取复幅度的相位，单位为弧度。

2.2 可调连续波的调频非线性及补偿方法

由基于可调连续波的光矢量分析技术基本原理可知，示波器对光电流进行采样，数据处理单元通过提取采样点的幅度和相位得到 DUT 的频率响应，由于可调谐光源一般都存在调频非线性，因此需要知道每个采样点对应的真实的瞬时频率，即可得到正确的频率响应。针对可调连续波的调频非线性问题，利用一个补偿系统来获取可调连续波的瞬时频率，其原理图如图 2 所示。

补偿系统采用马赫曾德尔干涉仪结构，假设干涉仪上下两臂产生的时延为 τ，则产生的拍频信号为

$$E(t) = E_0 \sin(2\pi\tau v(t)) \tag{12}$$

式中，E_0 为拍频信号的幅度；$v(t)$ 为可调连续波的瞬时频率。对拍频信号进行希尔伯特变换为

$$\hat{E}(t) = E_0 \cos(2\pi\tau v(t)) \tag{13}$$

根据式(12)和式(13)可以得到拍频信号的相位为

$$\Phi(t) = 2\pi\tau v(t) = \tan^{-1}\left[\frac{E(t)}{\hat{E}(t)}\right] \tag{14}$$

由此，可以得到可调连续波的瞬时频率为

$$v(t) = \frac{\Phi(t)}{2\pi\tau} = \frac{\Phi(t)}{2\pi\dfrac{n\Delta L}{c}} = \frac{c}{2\pi n\Delta L}\tan^{-1}\left[\frac{E(t)}{\hat{E}(t)}\right] \tag{15}$$

式中，ΔL 为辅助干涉仪两臂的臂长差。

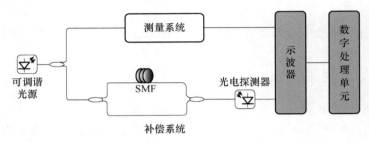

图 2　调频非线性及补偿方法原理图

2.3　短时傅里叶变换提取频率响应

短时傅里叶变换是一种时频分析方法，其可以同时提取光电流信号中的时域和频域信息，时域对应频率信息，频域对应幅度、相位和群时延，从而可以得到待测光器件的频率响应。

对于一个时域信号 $s(t)$，标准的 STFT 的定义如下：

$$\text{STFT}_s(t, f) = \int_{-\infty}^{+\infty} s(\tau)g(\tau - t)e^{-j2\pi f\tau}d\tau = \langle s(\tau), g_{t,f}(\tau)\rangle \tag{16}$$

式中，$g(t)$ 为窗函数，其可以表示为

$$g_{t,f}(\tau) = g(\tau - t)e^{-j2\pi f\tau} \tag{17}$$

式(16)为连续信号的表达式，而在实际过程中，利用采样率为 f_s 的示波器对连续信号采样获得的离散信号为

$$s[n] = s(n/f_s), \quad n = 0, 1, \cdots, N-1 \tag{18}$$

式中，N 为总的采样点数。对应的频率序列可以写为

$$f[k] = \frac{n}{N}f_s \tag{19}$$

因此，STFT 表达式的离散形式如下：

$$\text{STFT}_s(n, k) = \sum_{m=0}^{N-1} s(m)g(m - n)e^{-j2\pi m\frac{n}{N}} \tag{20}$$

STFT 需要对信号进行加窗，在选取窗函数时，应根据 STFT 的性质和实际的需要，选择合适的窗函数。但是由于 STFT 没有自适应性，即窗函数的长度选定，其决定了频率分辨率和时间分辨率。假设采样率为 f_s，STFT 的窗长为 N，窗的滑动长度为 $\text{hop} = \alpha N(0 < \alpha \leqslant 1)$，$\alpha$ 为窗长滑动因子，则 STFT 的频率分辨率为

$$\Delta f = \frac{f_s}{N} \qquad (21)$$

时间分辨率为

$$\Delta t = \frac{\text{hop}}{f_s} = \frac{\alpha N}{f_s} \qquad (22)$$

由式(21)和式(22)可知,当信号的采样率 f_s 和窗长滑动因子 α 确定之后,窗长越长,频率分辨率越高,时间分辨率越低。

3   实验验证与结果分析

3.1   实验验证

基于基本原理,对于提出的基于光学可调连续波的光矢量分析技术进行了实验验证,实验框图如图 3 所示。

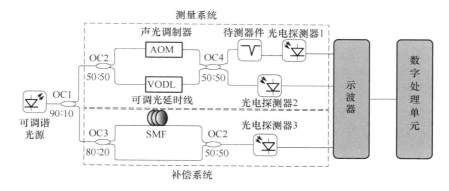

图 3   基于光学可调连续波的光矢量分析技术实验框图

可调谐光源(TLM-8700)产生的可调连续波的开始波长和截止波长分别为 1 529.474 nm 和 1 542.936nm,带宽为 13.462 nm,调频斜率为 1 000 nm/s,其经耦合比为 90∶10 的 OC1 分为两部分,一部分进入测量系统,另一部分进入补偿系统。

在测量系统中,耦合比为 50∶50 的 OC2 将可调连续波分为两路,在上支路中,可调连续波经过 AOM(Gooch & Housego T-M80-0.1C2J-3-F2P)引入频率为 80 MHz 的固定频移;在下支路中,可调连续波通过 VODL(General Photonics,MDL-002)进行上下两支路延时匹配,使上下两支路可调连续波的瞬时频差始终为 80 MHz,然后和频移后的可调连续波通过 2×2 的 OC4 进行耦合,将耦合后的具有固定频差的两个可调连续波分为两部分,分别注入测量路和参考路。在测量路中,探测光经过一个 $H^{13}C^{14}N$ 气体腔(Wavelength References HCN-13-H(16.5)-25-FCAPC),携带上其光谱响应后进入 3 dB 带宽为 150 MHz 的 PD1(THORLABS PDB450C-AC)中进行相干探测,产生的光电流由采样率为 500 MSa/s 的示波器(Agilent Technologies DSO9504A)通道 1 接收;在参考路中,光信号直接进入 PD2(THORLABS PDB450C-AC)进行拍频,产生的光电流由示波器通道 2 接收。

在补偿系统中,可调连续波经过臂长差约为 100 m(即 SMF 的长度约为 100 m 左右)的马赫曾德尔干涉仪后进入 PD3(THORLABS PDB450C-AC)中进行光电转换,产生的拍频信号由示波器通道 3 接收。

　　此外,为了消除测量系统对实验结果带来的影响,须将测量系统中的待测光器件移除,重新进行测量。

3.2　实验结果与分析

　　图 4 为在数字处理单位中对测量路的采样数据进行数字滤波后得到的时域波形图,采样点数为 6 801 001,采样时间约为 13.6 ms。从图中可以看到,有一些关于零幅度对称的小凹陷,这对应着 $H^{13}C^{14}N$ 气体腔的吸收谱线,凹陷越深,吸收峰越大。

　　在补偿系统中,通过对马赫曾德尔干涉仪产生的光电流信号进行希尔伯特变换,100 m 左右的臂长差产生的延时 τ 约为 525.456 ns,利用式(15)可以得到可调谐光源的瞬时波长(即补偿后的瞬时波长),如图 5 中虚线所示。图 5 中实线是在不考虑可调谐光源调频非线性的情况下,激光器的瞬时波长(即未进行补偿时的瞬时波长)。从图中可以看到补偿后得到的瞬时波长小于补偿之前可调谐光源的瞬时波长。

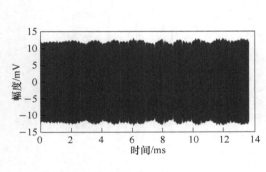

图 4　测量路的时域波形图

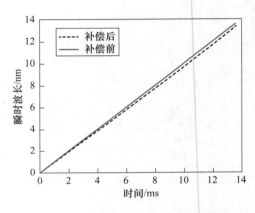

图 5　可调谐光源的瞬时波长

　　图 6 为利用短时傅里叶变换得到的 $H^{13}C^{14}N$ 气体腔的频率响应,其中傅里叶窗的长度 $N=2^6$,窗长滑动因子 α 为 3/4,窗滑动长度 $hop=\alpha N=48$,因此滑动窗的数量为 1 416 187,即对测量路的时域波形进行短时傅里叶变换后采样点数由 6 801 001 变为 1 416 187。因为示波器对测量系统和补偿系统的信号是同步采集的,所以通过马赫曾德尔干涉仪获得的可调激光源的瞬时波长即为测量系统中采样点的瞬时波长。根据短时傅里叶变换中每个窗的频谱由窗中心时刻处的频谱表示,从而可以得到经短时傅里叶变换后每个采样点的幅度、相位和波长,同样对参考路的时域波形图进行短时傅里叶变换,将测量路和参考路的幅度和相位相减,即可得到待测光器件的频率响应。从图中可以看到,波长范围为 1 529.474 nm 到 1 542.825 nm,所以测量带宽为 13.351 nm。作为比较,对照组使用了频率分辨率为 6 MHz 的商用测量仪表(APEX AP2040D)测量气体腔的幅度响应,测量结果如图 6 中紫红线所示,可以看到,本文提出的光矢量分析技术和商用测量仪表测得的幅度响应几乎吻合,但是信噪比和幅度准确度有点差,这与选择的傅里叶窗的长度有关。

　　短时傅里叶算法中时域窗的长度会影响频率分辨率和时间分辨率,从而影响频率响应的信噪比和准确度。因此选用长度分别为 2^4、2^8 和 2^{10} 的短时傅里叶窗,得到 $H^{13}C^{14}N$ 气体腔的频率响应,如图 7 所示。从图中可以看到,窗长越长,信噪比越高,与理论推测相符。在实际测

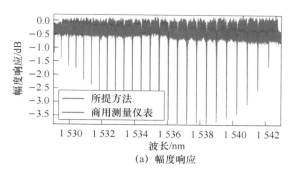 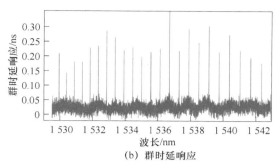

(a) 幅度响应　　　　　　　　　　　　　　(b) 群时延响应

图 6　H¹³C¹⁴N 气体腔测量结果①

量中,为了获得高的信噪比,应选择长的短时傅里叶窗,但此时频率响应准确度较差,为了得到高准确度的频率响应,短时傅里叶窗长应尽可能小,但此时信噪比较差。因此,要根据待测器件及测量需求选择合适长度的时域窗函数。

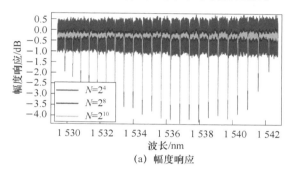 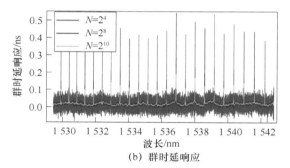

(a) 幅度响应　　　　　　　　　　　　　　(b) 群时延响应

图 7　不同短时傅里叶窗长下的 H¹³C¹⁴N 气体腔的测量结果②

4　结　论

本文提出了一种基于光学可调连续波的宽带和高速光矢量分析技术,利用光学可调连续波宽带和高速调谐的特性,实验测得了 H¹³C¹⁴N 气体腔在 17 nm 测量范围内的幅度和群延迟响应,测量速度为 2 ns/点,这表明极宽的测量范围和极快的测量速度。此外,分析了傅里叶窗长对待测器件频率响应准确度的影响。

参考文献

[1] 潘时龙,薛敏,卿婷.超高分辨率光矢量分析技术[J].光电子技术,2017,37(3):147-162.

[2] VANWIGGEREN G D, MOTAMEDI A R, BARLEY D M. Single-scan interferometric component analyzer[J]. IEEE Photonics Technology Letters,2003,15(2):263-265.

[3] VOLANTHEN M, GEIGER H. Low coherence technique tocharacterise reflectivity and time delay as a function of wavelength within a long fibre grating[J]. Electronics Letters,1996,32(8):757-758.

① 扫码查看图 6 彩图。

② 扫码查看图 7 彩图。

[4] GENTY G, NIEMI T, LUDVIGSEN H. New method to improve the accuracy of group delay measurements using the phase-shift technique[J]. Optics Communications, 2002, 204(1): 119-126.

[5] CHEN W, XUE M, ZHU D, et al. Optical vector analysis with improved accuracy and enhanced dynamic range[J]. IEEE Photonics Technology Letters, 2019, 31(19): 1565-1568.

[6] 陈维. 基于微波光子变频的光矢量分析技术[D]. 南京：南京航空航天大学, 2020.

[7] SAVCHENKOV A A, IICHENKO V S, MATSKO A B, et al. Kilohertz optical resonances in dielectric crystal cavities[J]. Physical Review A, 2004, 70(5): 051804.

[8] JING M, YU B, HU J, et al. Impedance self-matching ultra-narrow linewidth fiber resonator by use of a tunable π-phase-shifted FBG[J]. Scientific Reports, 2017, 7(1): 1-11.

[9] PAN S, XUE M. Ultrahigh-resolution optical vector analysis based on optical single-sideband modulation [J]. Journal of Lightwave Technology, 2017, 35(4): 836-845.

[10] SAGUES M, LOAYSSA A. Swept optical single sideband modulation for spectral measurement applications using stimulated Brillouin scattering[J]. Optics Express, 2010, 18(16): 17555-17568.

[11] TANG Z, PAN S, YAO J. A high resolution optical vector network analyzer based on a wideband and wavelength wavelength-tunable optical single single-sideband modulator[J]. Optics Express, 2012, 20(6): 6555-6560.

[12] LI L, YI X, CHEW S, et al. High-resolution optical vector network analyzer based on silicon-on-insulator coupled-resonator optical waveguides[C]//2016 22nd International Conference on Applied Electromagnetics and Communications(ICECOM). Dubrovnik, 2016: 1-4.

[13] WANG M, YAO J. Optical vector network analyzer based on unbalanced double-sideband modulation [J]. IEEE Photonics Technology Letters, 2013, 25(8): 753-756.

[14] QING T, LI S, XUE M, et al. Optical vector analysis based on double-sideband modulation and stimulated Brillouin scattering[J]. Optics Letters, 2016, 41(15): 3671-3674.

[15] 卿婷. 基于光边带调制的高精度光矢量分析技术[D]. 南京：南京航空航天大学, 2017.

[16] XUE M, PAN S, HE C, et al. Wideband optical vector network analyzer based on optical single-sideband modulation and optical frequency comb[J]. Optics Letters, 2013, 8(22): 4900-4902.

[17] QING T, LI S, TANG Z, et al. Optical vector analysis with attometer resolution, 90-dB dynamic range and THz bandwidth[J]. Nature Communications, 2019, 10(1): 1-9.

[18] LI S, XUE M, QING T, et al. Ultrafast and ultrahigh-resolution optical vector analysis using linearly frequency-modulated waveform anddechirp processing[J]. Optics Letters, 2019, 44(13): 3322-3325.

TC4 钛合金螺栓固溶处理粘连问题分析

霍晓峰　王力辉　王福丽　尹宝鲁　孙静远　孙嫣然

（东方蓝天钛金科技有限公司,山东·烟台,246003）

摘要：TC4 是一种中强度双相钛合金,在航空航天领域有广泛应用。某批次 TC4 螺栓产品在固溶工序后出现局部熔化、粘连问题,通过对粘连的螺栓坯料进行化学成分、金相组织及显微硬度分析,并结合螺栓的制造工序,查找到坯料粘连的主要原因是高温合金退铜喷砂与 TC4 坯料固溶前喷砂共用一台设备,喷砂过程中 Cu 粉被带到 TC4 坯料表面,固溶过程中,Cu 与 TC4 合金相互作用形成低熔点物质并熔化造成粘连现象。严格控制喷砂工序,配备 TC4 钛合金喷砂专用设备可以防止粘连问题发生。

关键词：TC4 钛合金；固溶热处理；粘连

1　引　言

TC4 是一种中强度 $\alpha+\beta$ 型双相钛合金,密度 $\rho=4.44\ \mathrm{g/cm^3}$,合金长时间工作温度可达 400 ℃,被广泛应用在航空和航天领域。固溶时效热处理可提高 TC4 强度至 1 100～1 250 MPa。现有某批次螺栓在固溶处理后,个别螺栓出现表面局部熔化且粘连现象(见图 1),导致产品报废。为保证产品质量,避免类似情况发生,对螺栓粘连位置进行宏观形貌、成分分析,对熔化位置次表面进行金相组织和显微硬度的理化性能检测。结合产品上游工序分析,找出导致粘连现象的原因,并提出相应改进措施。

图 1　粘连的螺栓坯料

2　原材料复查

复查问题批次产品原材料的材质单和复验信息,原材料规格为 d6.71,材料标准为 AMS 4967,供货状态为退火,化学成分如表 1 所列,原材料复验合格。

表 1　TC4 钛合金化学成分

元　素	Al	V	Fe	N	H	O	Ti
标准要求/%	5.5～6.7	3.5～4.5	0～0.3	0～0.012 5	0～0.012 5	0～0.2	余量
质量分数/%	6.291	3.895	0.188	0.008 4	0.002 4	0.15	余量

3　产品工序

问题批次产品为 TC4 钛合金螺栓,热处理前工艺流程如下:下料—车削—热镦—喷砂—固溶—时效。

3.1　固溶处理设备介绍

钛合金热处理对设备要求严格,固溶处理在氩气保护连续水淬炉中进行,热处理过程中氩气在工件表面流动,起保护工件的作用,避免其与空气接触。淬火转移时间对 TC4 性能有较大影响,AMS 2801 规定淬火转移时间应小于或等于 6 s。固溶后零件从炉底板直接掉入水中,淬火转移时间等于零件自由落体时间,约为 0.9 s,满足规范要求。

3.2　固溶处理工艺介绍

TC4 为 $\alpha+\beta$ 双相钛合金,强化机理是依靠淬火形成亚稳相(包括马氏体相)的时效分解。双相钛合金常用的淬火温度在临界温度与 β 相变点之间。TC4 钛合金的 T_β 相变点为 980~985 ℃。AMS 2801 中规定固溶温度为 954 ℃。在淬火快速冷却过程中,β 相发生无扩散马氏体相变,生成六方 α' 相(针状及块状)。图 2 为 TC4 钛合金的连续冷却转变 CCT 曲线,可以看出,当冷却速率为 30~80 ℃/s 时,合金发生 $\beta \rightarrow \alpha'$ 马氏体转变。螺栓热处理工艺如图 3 所示,固溶温度 954 ℃,保温时间为 17~34 min,冷却方式为水冷。工艺符合 AMS 2801 钛合金零件热处理要求。

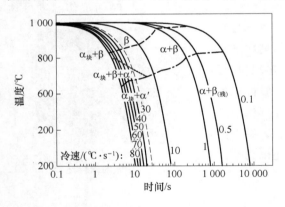

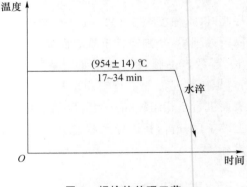

图 2　TC4 钛合金的连续冷却转变 CCT 曲线　　　　图 3　螺栓热处理工艺

4　粘连零件分析

4.1　化学成分分析

选取一个典型粘连零件进行分析,图 4 为典型粘连零件形貌,位置 1 是熔化的表面,位置 2 是光杆表面。对位置 1 和位置 2 的表面进行成分检测,图 5 为检测仪器。成分检测结果如表 2 所列。由表 2 可知,光杆表面化学成分正常,熔化的零件表面 Cu 含量为 9.86%,然而 TC4 成分中没有 Cu 元素。零件表面有大量外来的 Cu 为异常现象。

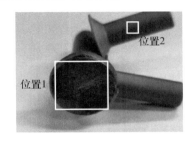

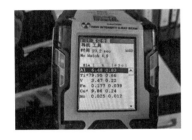

图 4　典型粘连零件形貌　　　扫码查看彩图　　　　图 5　化学成分测试

表 2　TC4 螺栓坯料表面化学成分

元　素	Al	V	Fe	Ti	Cu
标准要求/%	5.5～6.7	3.5～4.5	0～0.3	余量	——
位置 1 质量分数/%	6.48	3.47	0.177	79.95	9.86
位置 2 质量分数/%	6.00	3.96	0.137	90.22	——

4.2　宏观形貌和金相分析

图 4 是典型粘连零件形貌,零件表面整体淡黄色,头部熔化的表面呈现蓝紫色。整体淡黄色是零件落水过程中与氧气短暂接触,钛和氧元素作用,生成 TiO(金黄色),头部紫色可能是由于熔化后液态的 Ti 元素更加容易与氧结合,生成 Ti_2O_3(深紫色)。对图 4 中典型位置(头部熔化位置)进行金相观察,头部熔化深度很浅,先后经过 320 目、800 目、1 200 目砂纸打磨后,表面熔化物质被去除,露出次表面。图 6(a)和图 6(b)是 TC4 原材料退火态金相图片。在 AMS 4967 中描述退火后组织有两种情况。① 在转变的 β 基体上有等轴的或伸长的初始 α 相,在初始 β 晶界处没有连续网状的 α 相。② 区域中基本是等轴和/或拉长的 α,在初始的 β 晶界处没有连续网状 α 相。图 6(b)中退火态组织是在 β 基体上分布非网状的 α 相,符合规范 AMS 4967。图 6(c)和图 6(d)是图 4 中熔化位置次表面金相组织,由于固溶后直接落入水中,冷却速度快,从图 6(d)可以看出,熔化位置次表面组织为 β 转变的 $\alpha+\alpha'$(针状)组织,没有过热的魏氏组织,组织正常。

(a) 原材料组织200×

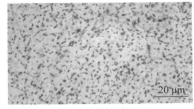
(b) 原材料组织1 000×

(c) 固溶处理后组织200×

(d) 固溶处理后组织1 000×

图 6　TC4 坯料显微组织

4.3　硬　度

图 4 中熔化位置经砂纸打磨后露出次表面,对原材料和熔化位置次表面测量维氏硬度,分别检测 4 点,检测结果如表 3 所列。原材料平均硬度为 330 HV,固溶后的平均硬度为 342 HV,可以看出固溶淬火后硬度略有提高。王锴等人的研究中 TC4 固溶态平均硬度为 336 HV。固溶态的熔化位置次表面硬度 342 HV,与王锴等人报导较为接近,可以判断熔化是表面现象,内部力学性能正常。

表 3　TC4 坯料熔化部位(次表面)维氏硬度

状态硬度	1	2	3	4
原材料硬度	336 HV	325 HV	326 HV	334 HV
热镦＋固溶后硬度	343 HV	348 HV	337 HV	343 HV

5　粘连原因分析

粘连问题发生在热处理固溶工序,热处理影响因素较多,从人、机、料、法、环、测六个方面分析。热处理操作人员经培训持证上岗,故排除人的因素。原材料经过入厂复验,化学成分合格,不存在低熔点杂质元素,排除原材料问题。热处理工艺符合规范要求,长期生产未出现过异常情况,排除工艺影响。鉴于 TC4 粘连在一起的事实,可能由以下三种情况导致:① TC4 发生扩散连接现象,表现出零件粘接在一起;② 设备异常导致局部超温,零件自身发生熔化粘接在一起;③ 外来污染物混入零件表面,污染物在零件表面熔化导致粘接,或者外来污染物与钛合金反应形成新的低熔点物质,低熔点物质熔化导致零件粘结。下面分别对这三种情况进行分析。

5.1　扩散连接

扩散连接是指零件在真空或保护气氛中,在高温下相互接触的不同零件的原子经过一定时间相互扩散,实现零件连接的方法。扩散连接的加热温度一般为 $0.5\,T_m \sim 0.8\,T_m$。根据定义可知,发生零件扩散连接需要 2 个条件:① 在 $0.5\,T_m \sim 0.8\,T_m$ 的温度下真空或保护气氛加热;② 需要零件相互接触并保持一定时间。吴会平曾经对 TC4 板材试样的扩散连接进行系统研究,结果表明,TC4 板材在热压炉真空度为 1×10^{-3} Pa,温度 927 ℃,压力 3.4 MPa,保温 11 min 发生扩散连接现象。依据工艺,此次粘接 TC4 零件的加热温度为 954 ℃,保温时间 17～34 min,满足发生粘接的温度和保温时间要求。但是固溶在连续水淬炉中进行,零件单层散开平铺分布在炉底板上(见图 7),炉底板每 30 s 振动一次带动零件前进,零件不满足长时间相互接触的要求,因此排除因扩散连接导致零件粘接。

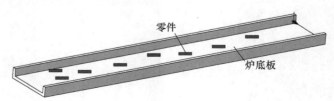

图 7　炉底板零件分布示意图

5.2　零件自身熔化粘接

设备发生异常,导致局部超温,个别零件表面发生熔化而粘结在一起。有 2 点证明这种情况不成立:① 固溶设备为连续水淬炉,按照 AMS 2750 要求每 3 个月进行炉温均匀性 TUS 测试,测试过程热电偶模拟产品零件前进方式对整个炉膛温度分布进行检测,温度均匀性合格,设备不存在异常超温部位;② 如果是 TC4 零件本身熔化导致的粘接,零件熔化位置附近组织必定出现过烧现象,从图 6(c)和图 6(d)熔化部位次表面金相可以看出,组织正常,没有钛合金过热的魏氏组织,熔化表面与其次表面垂直距离小于 0.5 mm,因此不可能是 TC4 零件自身熔化导致的粘接。

5.3　外来污染物

钛合金产品加工过程中,加工工序应避免与 Cu,Sn,Cd 及其合金接触,加工后的钛合金表面不能有 Cu,Zn,Sn,Pb 等熔点相对较低的金属残留物,因为低熔点金属可从零件表面扩散到合金内部,使表面不断合金化。根据化学成分检测,粘接区 Cu 含量为 9.86%,Cu 元素为外来污染物。Cu 是一种容易在高温下与钛合金发生反应的元素,可能导致局部区域的化学成分发生变化,形成新的相或化合物。这些相或化合物具有较低的熔点,因此在热处理过程中更容易熔化。图 8 是 Ti/Cu 二元合金相图,从图中可以看出,这是一个有限固溶体和共晶转变相图。Cu 在 Ti (α,β 相)中的固溶度及 Ti 在 Cu 中的固溶度都很有限。但是 Ti 与 Cu 可以形成多种化合物,包括 Ti_2Cu,$TiCu$,Ti_3Cu_4,Ti_2Cu_3,$TiCu_2$,$\beta TiCu_4$ 和许多低熔点的共晶体,如 $\alpha/\beta Ti +$ Ti_2Cu(790 ℃/1 005 ℃),$Ti_2Cu + TiCu$(960 ℃),$TiCu_2 + TiCu_3$(875 ℃)。可见 954 ℃ 的固溶处理温度超过一部分共晶反应温度,能够引起钛铜化合物或低熔点相的液化,导致表面粘接现象。

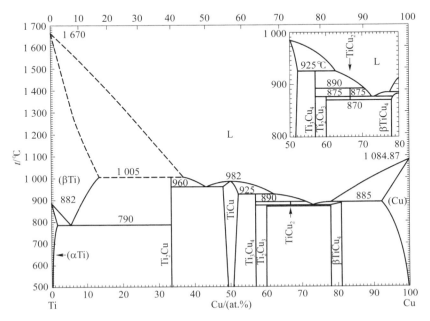

图 8　Ti/Cu 二元合金相图

分析零件加工工序,寻找 Cu 元素来源。固溶前工序为喷砂,喷砂是指利用净化的压缩空气,将白刚玉强烈地喷到金属工件表面,清理和粗化表面的过程。图9为喷砂示意图,可以看出喷砂的白刚玉砂是重复利用的。图10为镀铜的高温合金螺栓坯料,高温合金热镦前需要镀铜增加润滑,热镦后通过喷砂工序退铜,由于白刚玉砂重复使用,积累一段时间后白刚玉砂中混有Cu粉。在TC4固溶前进行喷砂工序时,Cu粉有可能被带到TC4零件表面,固溶过程中零件表面Cu粉与TC4形成低熔点物质,低熔点物质熔化导致粘接。

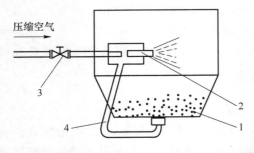

1—白冈压砂;2—喷砂嘴;3—调压阀;4—输料软管

图9 喷砂示意图

图10 镀铜的高温合金坯料

6 结 论

综上所述,局部熔化位置次表面组织和力学性能正常,粘连由非TC4零件自身熔化造成。TC4坯料粘接是由喷砂带来外来污染物Cu造成的,Cu粉与TC4合金在高温下发生反应生成低熔点物质,在954℃的固溶环境下,低熔点物质发生熔化造成零件粘接。为防止此类粘连问题再次发生,钛合金喷砂需要配备专用喷砂设备,不能与退铜产品喷砂设备混用。对操作人员定期进行工艺规程培训,养成规范操作的良好习惯。

参考文献

[1] 王清瑞,沙爱学,黄利军,等.显微组织类型对TC4钛合金丝材性能的影响[J].钛工业进展,2022,39(04):12-15.

[2] 邹海贝.TC4钛合金热处理强化工艺及相变行为研究[D].秦皇岛:燕山大学,2019.

[3] 周俊,汪宏斌,徐雨浩,等.固溶处理对TC4钛合金组织和力学性能的影响[J].上海属,2023,45(06):47-54+62.

[4] 王锴,张晓斌,刘恕骞,等.固溶与固溶时效热处理对Ti-6Al-4V合金微观组织及力学性能的影响[J].热加工工艺,2024,53(08):51-54.

[5] 吴会平.钛合金扩散连接的界面力学性能及机理研究[D].上海:上海交通大学,2020.

[6] QI S G, et al. Study on strengthening mechanism of Ti/Cu electron beam welding[J]. Materials & Design, 2017.

材料技术

碳纤维预成型体压缩特性的研究进展

韩子恒　高成雷　阚艳芳　丁聪

（山东圣泉新材料股份有限公司，山东·济南，250204）

摘要： 碳纤维增强树脂基复合材料具有高比强度、高比模量的特点，是实现轻量化的有效途径之一。相较于传统的手工制造方法，基于预成型体构型的热模压/热隔膜技术更为高效、高质。预成型体的工艺特性作为碳纤维复合材料成型工艺中重要的一环，对复合材料制品的质量具有显著影响。对预成型体施加适当的压力可以促进树脂流动，提高纤维的密实度，为进一步探究碳纤维预成型体在压力作用下的压缩特性，本文从预浸料受压机理、纤维方向、料片层数、成型温度和压缩速率等方面进行分析，探讨预浸料在预成型过程中预浸料料片的层间和层内变形行为及预浸料的受压响应行为。

关键词： 复合材料；预成型体；压缩特性；碳纤维预浸料

1 引　言

碳纤维增强复合材料（CFRP）以其轻质高强的特性在航空、航天、汽车和船舶等领域得到广泛使用。目前，高性能复合结构件主要采用热压罐工艺，即通过制备预浸料预成型体，在真空环境下压实并排出层间气体，然后在热压环境下固化成型。相较于模压、缠绕、拉挤等成型工艺，热压罐工艺制品的孔隙率低，力学强度与纤维体积含量高，质量优异。

预成型体的制备是影响碳纤维复合材料成型质量的关键环节之一，目前主要采用手工铺层和自动铺层两种方法。手工铺层在制备复杂、异型结构件时效果较好，但该方式生产效率较低，且依赖于操作人员的技术水平；自动铺层技术虽然设备投入高，但铺层效率高、定位精度准。预成型体在压力、温度等因素的影响下会发生弯曲、剪切和层间滑移等行为，故对预成型体设定合理的工艺参数可以有效减少褶皱、面内屈曲等缺陷，但是对预浸料压缩特性的研究还须进一步探讨。

预成型体在压力下的压缩、松弛及蠕变等黏弹性行为可以使用广义 Maxwell 模型描述，此外，还可建立预浸料的压实行为和松弛行为模型，利用有限元模型模拟受压过程。一方面可通过构建单个纤维束模型模拟其在成型过程中的变形情况，此外还可将预浸料视为一个连续的结构进行建模，模拟织物的弯曲、剪切及褶皱等变形过程。

2 预成型体受压机理

预成型体在受压过程中的力学反应如图 1 所示，此曲线可大致分为两段，起初预浸料料片在压力作用下产生压缩形变为压缩阶段，之后在恒定压缩行程下产生应力松弛为松弛阶段[12]。在压缩阶段，预浸料受压压力随着压缩行程的增加而增加，呈非线性关系；在松弛阶段，预浸料受压压力随着时间的增加而减小，在 3 600 s 内可达到 80%～90% 的松弛程度。

预成型体压缩阶段可分为三个区间,其受压曲线如图 2 所示。首先是低应力线性区间,其次为低应力非线性区间,最后是高应力非线性区间。预成型体在不同压缩阶段下的微观结构如图 3 所示,在未受压时纤维较为松散,层间及层内存在许多孔洞。随着压力逐渐施加,纤维开始产生变形,树脂发生剪切流动,孔洞逐渐得到填补。当压力达到一定阈值后,树脂由剪切流动转变为渗透流动,进一步填补孔洞,此后纤维成为压力承受主体。

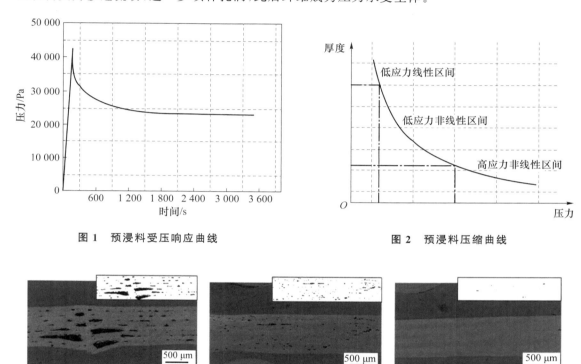

图 1　预浸料受压响应曲线　　　　图 2　预浸料压缩曲线

图 3　预浸料在不同压缩阶段下典型微观结构

3　工艺参数对预成型体压缩特性的影响

3.1　纤维方向

纤维方向是预成型体制备过程的关键参数之一,基于纤维角度设计可实现复合材料制品的各种功能特性,常见铺层方式有单向铺层、正交铺层等(见图 4),基于不同铺层方式所制备的预成型体在受压时其压缩特性存在一定程度的差异,单向预成型体的层间纤维嵌套作用较为显著,而正交预成型体因层间束缚作用的影响纤维嵌套作用较弱。

不同纤维角度下的预成型体受压响应情况如图 5 所示,可以发现,单向预成型体和正交预成型体表现出相似的压实行为,区别在于正交铺层的压缩曲线上升幅度较大,其原因是单向预成型体中纤维方向一致,在压力作用下纤维滑移至层间及层内间隙中,而正交预成型体因相邻纤维间方向垂直,在压力作用下层间滑移受阻,其压缩过程如图 6 所示。

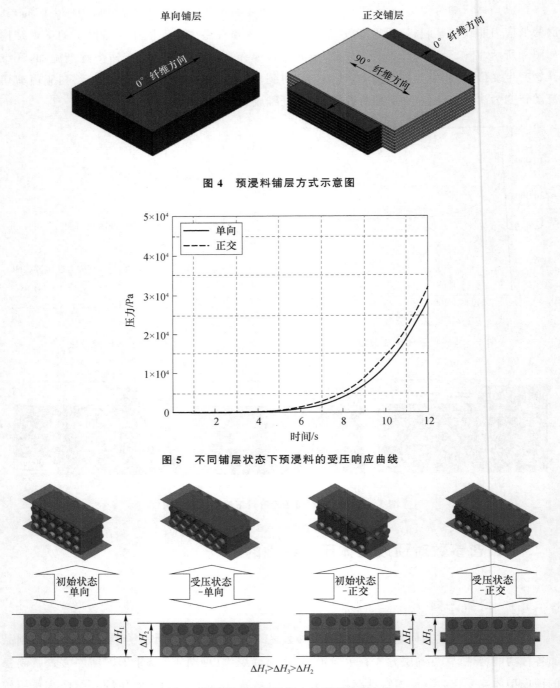

图 4 预浸料铺层方式示意图

图 5 不同铺层状态下预浸料的受压响应曲线

图 6 预浸料在压缩过程中的微观结构变化

3.2 料片层数

料片层数对预成型体受压的响应曲线如图 7 所示,可以发现,在相同压缩距离下,压缩应力随层数的减少而增加,其原因是料片层数越多,制品中界面越多,层间及层内空隙越多,而压缩过程中空隙填补会消耗能量,因此制品中存储的能量减少。

3.3 成型温度

预浸料是由树脂基体和纤维复合而成的材料,其中树脂成分具有温度敏感性,会随着温度变化而产生复杂的物理和化学反应。一般而言,树脂理化反应程度可以通过树脂黏度的变化进行表征,典型环氧/碳纤维预浸料的黏度-温度变化曲线如图 8 所示,当温度升高时黏度呈现小幅度上升,随温度继续升高,黏度逐渐减小,随之产生一个黏度基本保持不变的平台区,当温度升高至阈值后,黏度迅速增大,随之树脂发生交联固化。

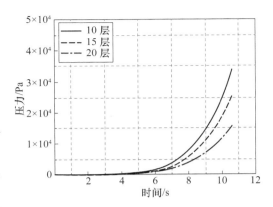

图 7 不同料片层数下预浸料的受压行为曲线

树脂黏度的变化直接影响预浸料层间滑移行为和层内剪切行为。当黏度过高时,预浸料层间滑移阻力大,无法产生有效的压实性且易产生褶皱缺陷。提高温度可使树脂黏度降低至流动状态,但过高的温度会加剧树脂各成分的交联反应流动性急剧上升直至失去流动性,最终达到固化的玻璃态。因此,成型温度一般选定在黏度较低的窗口。

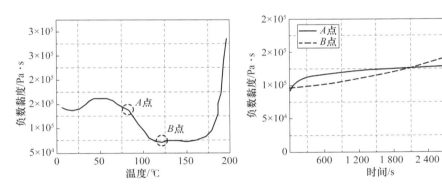

图 8 预浸料黏度-温度、黏度-时间典型曲线

不同温度下树脂的黏度随时间增加呈现不同程度变化,在 A 点温度下的树脂黏度基本没有发生变化,而在 B 点温度下的树脂黏度随时间的增加而增大。因此,预浸料在使用过程中应根据实际工况及原材料黏温特性选取合适的成型温度。

3.4 压缩速率

预成型体在受压时压缩速率对预浸料的受压行为如图 9 所示,随着压缩速率的增加,预浸料中的树脂层和纤维层因黏弹性效应导致应力增幅与压缩速率成正比。在较低的压缩速率条件下,纤维有充足的时间进行滑移和嵌套,致使树脂产生的应力相对较低,因此预成型体中存

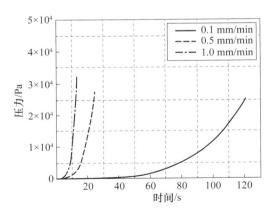

图 9 不同压缩速率下预浸料的受压行为曲线

储的能量较小,进而导致应力减小的幅度较小。相反,在较高的压缩速率下,预浸料内部的纤维没有充分的时间来松弛与重排,从而产生更多的压缩应力。

4 结束语

本文以碳纤维预成型体为切入点,探讨预成型体受压期间的变形机理,为其成型工艺的优化提供理论基础。研究表明,预浸料在受压缩过程中受纤维方向、料片层数、成型温度、压缩速率等因素的影响;纤维的滑移和嵌套以及树脂的流动状态是改变预成型体压缩特性的主要因素;对预成型体施加适当的压力可以促进树脂流动,提高纤维的密实度,有效提高复合材料制品的成型质量。

参考文献

[1] 任晓华. 航空复合材料制造技术发展[J]. 航空科学技术,2010,04:2-5.

[2] 张璇,沈真. 航空航天领域先进复合材料制造技术进展[J]. 纺织导报,2018:72-79.

[3] 刘嘉,周蕾,罗文东,等. 复合材料成型技术研究现状[J]. 橡塑技术与装备,2022,48(08):27-31.

[4] 陈博. 国内外复合材料工艺设备发展述评之八——热压罐成型[J]. 复合材料科学与工程,2023:121-134.

[5] 文立伟,肖军,王显峰,等. 中国复合材料自动铺放技术研究进展[J]. 南京航空航天大学学报,2015,47(05):637-649.

[6] 陈萍,赵月青,陈菲,等. 单向碳纤维/环氧树脂预浸料叠层的面内变形行为[J]. 复合材料学报,2020,37(05):1049-1055.

[7] BIAN X,GU Y,SUN J,et al. Effects of processing parameters on the forming quality of C-shaped thermosetting composite laminates in hot diaphragm forming process[J]. Applied Composite Materials,2013,20(5):927-945.

[8] 王东兴. 预定型碳纤维织物压缩成型特性及黏弹性研究[D]. 长沙:湖南大学,2018.

[9] DANZI M,SCHNEEBERGER C,ERMANNI P. A model for the time-dependent compaction response of woven fiber textiles[J]. Composites Part A:Applied Science and Manufacturing,2018,105:180-188.

[10] SOMASHEKAR A,BICKERTON S,BHATTACHARYYA D. Modelling the viscoelastic stress relaxation of glass fibre reinforcements under constant compaction strain during composites manufacturing[J]. Composites Part A:Applied Science and Manufacturing,2012,43(7):1044-1052.

[11] LUKASZEWICZ D H A,POTTER K. Through-thickness compression response of uncured prepreg during manufacture by automated layup[J]. Proceedings of the Institution of Mechanical Engineers,Part B:Journal of Engineering Manufacture,2012,226(2):193-202.

[12] 满珈诚,候进森,李哲夫,等. 连续碳纤维增强热固性预浸料压实性能的试验研究[J]. 复合材料科学与工程,2022,(07):45-51,65.

[13] 戴宗妙,彭雪峰,刘喜宗,等. 铺层方式对碳纤维预浸料不同温度下压缩特性的影响[J]. 材料导报,2021,35(S2):564-569.

[14] 王立冬. 碳纤维预浸料层间滑移性能研究及在热隔膜成型中的应用[D]. 上海:上海交通大学,2020.

[15] JU X,XIAO J,WANG D,et al. Effect of gaps/overlaps induced waviness on the mechanical properties of automated fiber placement (AFP)-manufactured composite laminate[J]. Materials Research Express,2022,9(4):045305.

[16] FARNAND K,ZOBEIRY N,POURSARTIP A,et al. Micro-level mechanisms of fiber waviness and wrinkling during hot drape forming of unidirectional prepreg composites[J]. Composites Part A:Applied Science and Manufacturing,2017,103:168-177.

[17] HALLANDER P,SJÖLANDER J,PETERSSON M,et al. Interface manipulation towards wrinkle-free forming of stacked UD prepreg layers[J]. Composites Part A:Applied Science and Manufacturing,2016,90:340-348.

[18] 李哲夫. 航空复合材料热模压预成型缺陷形成机理与仿真预测研究[D]. 上海:东华大学,2023.

耐高温环氧树脂胶黏剂研究进展

孟涛 刘双 崔泉德 陈祥瑞

（山东圣泉新材料股份有限公司,山东·济南,250204）

摘要： 对近年来耐高温环氧树脂胶黏剂的研究进展进行综述,介绍了环氧胶黏剂耐高温性能的影响因素和提高环氧胶黏剂耐高温性能的方法,列举了近年来耐高温环氧胶黏剂的研究成果,并对发展前景进行展望。

关键词： 环氧胶黏剂;耐高温;黏接强度;树脂改性

1 前 言

环氧树脂具有良好的力学性能、电绝缘性能、化学稳定性和工艺性,是使用范围最广泛的复合材料树脂基体之一。因其有较高的极性,对绝大多数的材料具有较高的黏接性能,具有万能胶之称。

随着航空航天事业的发展,对胶黏剂也有了更高的要求。超声速飞机头部和机翼与空气摩擦,其内部温度能达到 $200\sim300\ ℃$,其壳体就需要用到耐高温结构胶黏接;火箭发动机的某些部位需要用到耐 $200\ ℃$ 高温的结构胶,部分需要瞬时承受 $400\sim500\ ℃$ 的高温,这就要求胶黏剂在具有较好黏接强度的同时,需要同时具备较高的耐高温性能,耐高温胶黏剂迅速发展起来。耐高温胶黏剂的定义尚未统一,一般认为属于下列情况者均可算作耐高温胶黏剂,即在 $121\sim176\ ℃$ 下长期使用 $1\sim5$ 年,或在 $204\sim232\ ℃$ 下使用 $20\ 000\sim40\ 000\ h$;在 $260\sim371\ ℃$ 下使用 $24\sim200\ h$;在 $371\sim427\ ℃$ 下使用 $24\sim200\ h$;在 $538\sim816\ ℃$ 使用 $2\sim10\ min$,也曾有把 $204\ ℃$ 下可使用 $1\ 000\ h$ 以上者称为耐高温胶黏剂。耐高温胶黏剂可分为无机耐高温胶黏剂和有机耐高温胶黏剂,无机胶黏剂是以无机盐、无机酸、无机碱和金属氧化物/氢氧化物等无机化合物为基料制作出的一类胶黏剂,其耐高温性能极佳,价格便宜并且有较好的抗老化性能,但由于其耐酸碱性能较差、脆性大、不耐冲击,并且黏接性能较差,应用范围较为局限。有机耐高温胶黏剂是有机化合物为主体制成的胶黏剂,种类繁多,主要为环氧树脂、酚醛树脂、有机硅氧烷和含氮杂环聚合物,近些年来对上述体系胶黏剂在耐热性能、热稳定性、黏接强度方面有了较大的研究进展,下文对耐高温环氧胶黏剂的研究进展加以综述。

2 影响环氧树脂耐高温性能的因素

环氧树脂(EP)指含 2 个或 2 个以上环氧基团的高分子化合物,是一种形态由低黏度液体至高熔点固态的热固性树脂。环氧树脂本身不具有良好的物理、化学性能,当和固化剂一起混合,在一定条件下交联固化,形成立体网状结构后,才能具有优良的性能。固化物的耐热性能由环氧树脂、固化剂的分子结构和固化反应过程决定,环氧树脂的固化主要发生在环氧基上,一般来说,固化物的交联密度越大,分子链上的芳环、脂环、杂环等刚性基团越多则热变形温度越高,高温力学性能和耐热性越好。未经改性的环氧树脂固化后较脆、耐热性能差,所以通常选用耐高温性能高的树脂基体与固化剂,并采用与其他耐高温材料共混、共聚或者在环氧树脂的分子链上引入新的基团来提高环氧树脂的耐热性能,通过在胶黏剂体系中加入增韧剂和热氧稳定剂及其他功能性填料来提高胶黏剂的性能。

2.1　耐高温环氧树脂的选取

环氧树脂的性能由自身的分子结构决定,具有耐热性骨架的新型结构环氧树脂,比如主链上或侧链上含有耐热基团或者刚性基团、多官能度结构或液晶结构,均可以提高其耐高温性,主要的耐高温、高性能环氧树脂种类包括二苯甲酮型、萘型、苯三酚型、酚醛型、二苯胺型。

2.2　固化剂的选择

除了树脂自身,固化剂的种类也是影响胶黏剂耐高温性能的重要因素。固化剂本身具有稳定的结构和较多的官能度,与环氧树脂反应后增加了环氧树脂的交联度和稳定性,进而提高了耐高温性能。一般耐温性能好的胶黏剂体系需要的固化温度也高,这是因为耐温性能高的树脂和固化剂反应活性低,需要在较高的温度下反应的分子链活性端基才能得到足够的能量相互缠结固化。常用的耐高温环氧固化剂主要为芳香族胺类、改性胺和酸酐类。

3　耐高温环氧树脂发展概况

3.1　丁腈橡胶改性环氧胶黏剂

环氧胶黏剂在高温环境下会变硬、变脆,严重影响其耐高温性能。通常采用加入增韧剂的方法来解决这一问题,增韧剂主要为热塑性树脂(如聚乙烯醇缩醛、聚砜)和橡胶(多采用丁腈橡胶)。白宗武等人用端羧基液丁腈橡胶(CTBN)对环氧树脂进行增韧改性,丁腈橡胶通过端羧基,在三级胺的催化作用下镶嵌在环氧树脂的链段中,起到增韧作用,得到了一款耐高温,韧性好的胶黏剂,该胶在 200~250 ℃仍可保持 12~13 MPa 的黏接强度,适用于高温环境作业。

3.2　酚醛改性环氧胶黏剂

酚醛-环氧胶粘剂是通过酚醛树脂和环氧树脂的嵌段共聚,使其同时具备了酚醛树脂的耐高温性能和环氧树脂优秀的黏接性能。晨光化工研究所把环氧树脂和酚醛树脂共聚,生产的 F-44、F-48 环氧酚醛胶黏剂保持了良好的黏接性和耐高温性,可在 260 ℃下长期使用,最高使用温度可达 315 ℃。

李栓等以双酚 A 型环氧树脂(E-51)为树脂基体,双酚 A 型酚醛环氧树脂为改性剂,4,4'-二氨基二苯砜(DDS)为固化剂,研制出了一种耐高温环氧胶黏剂。测试结果表明:酚醛环氧树脂的加入能够大幅度地提高环氧胶黏剂的耐温性能。动态热机械分析结果显示,酚醛环氧树脂的加入,使环氧树脂体系的玻璃化转变温度(Tg)从 216.46 ℃提高到了 234.03 ℃;在氮气氛围下,其失重 5% 的温度从 387.03 ℃提高到了 395.779 ℃;在空气氛围下,其失重 5% 的温度从 373.95 ℃提高到了 381.271 ℃。同时,酚醛环氧树脂改性环氧胶黏剂的 150 ℃剪切强度比常规环氧树脂体系提高了 35.9%,175 ℃剪切强度提高了 10.06 MPa。预期在民用航空等领域可得到广泛应用。

郑典模等以邻甲酚甲醛环氧树脂为基胶,用线型酚醛树脂、改性纳米 SiO2 改性,并用硅微粉作为增强填料,制备了一种用于金属与陶瓷粘接的新型耐高温胶黏剂。该胶黏剂可使陶瓷与钢件胶接件的压剪强度和弹性模量达到 12.45 MPa 和 20.4 GPa,胶黏剂热分解温度为396 ℃。

3.3 聚酰亚胺改性环氧胶黏剂

聚酰亚胺具有较高的力学性能和耐高温性能,是一类优秀的工程塑料,被广泛应用于航空航天领域。但作为胶黏剂时,黏结强度不够高,加工所需温度较高,可溶性的聚酰亚胺的溶剂难以除去,具有较多的缺陷。用聚酰亚胺来改性环氧树脂,可以将它们的性能优势互补,得到具有良好力学性能和黏结强度的耐高温环氧胶黏剂。

孔德忠用聚酰亚胺中间体聚酰胺酸对环氧树脂进行改性,加入一定量的端羧基丁腈橡胶,用 4,4'-二氨基二苯砜做固化剂,先在一定温度下进行预反应,然后在一定的工艺条件下固化,通过调节不同的配比和工艺条件,得到具有较高耐热性的环氧树脂液体胶黏剂,该胶黏剂的热分解温度达 411 ℃,比未改性时提高了近 80 ℃;胶黏剂的剪切强度最高可达到27.10 MPa,剥离强度可达 22.50 kN/m,而且在老化试验后,强度变化不大,表明该胶黏剂的耐湿热性能很好。

吴桂军利用芳香族二胺(DDM)对双马来酰亚胺(BMI)进行扩链后再与环氧树脂(EP)反应合成了 BMI/DDM/EP 三元预聚体系(BDME),利用此三元共聚物分别与环氧树脂 E-51、柔性环氧树脂 MSQ 共混,并加入不饱和聚酯(UP)以及端羧基丁腈橡胶-环氧预聚物(EC)进行增韧改性,制备了 BDME/EP、BDME/EP/UP、BDMQ/EP/UP、BDME/EC 系列双马来酰亚胺改性环氧树脂胶黏剂。合成的 BDME 共聚物可溶于低沸点溶剂体系,解决了双马来酰亚胺聚合物的溶解以及与环氧树脂共混时的相容性问题。双马来酰亚胺的加入提高了环氧树脂胶黏剂的耐热性能,柔性环氧的使用以及加入不饱和聚酯的方法可在一定程度上提高共混胶黏剂的韧性(剪切强度最大分别可达 30.38 Mpa 和 32.88 MPa)。通过 EC 改性胶黏剂可进一步提高其韧性和黏结强度,当 BDME 与含 15%CTBN 的 EC 比例为 1∶2 时,其共混胶黏剂的剪切强度为 50.07 MPa,断裂伸长率可达 3.95%,剥离强度为 1.16 kgf/cm,并能够通过320 ℃的锡焊浴测试,该胶黏剂具有工业应用价值,特别是耐热性已远超过现行 FPC 板所用的胶黏剂。

Hu Q 等将 EP 与含有端氨基的高支化聚氨酯酰亚胺反应,制得了高支化聚氨酯酰亚胺-环氧交联共聚物。研究发现:高支化聚氨酯酰亚胺使所得共聚物的交联密度升高,玻璃化转变温度(Tg)升高,热稳定性增强,初始降解温度高达 332.68 ℃。

3.4 有机硅改性环氧胶黏剂

有机硅具有热稳定性好、绝缘性、化学惰性、耐老化等性能,引入有机硅不仅可以提高胶黏剂的耐热性能,还能提高胶黏剂的韧性。有机硅改性环氧树脂采用物理改性和化学改性两种方法,物理改性指将两种树脂简易混合,此方法较为简单,但两种不相容的树脂在长时间放置后会出现分离,不能充分发挥出树脂的性能。化学改性是通过活性基团将两种树脂结合在一起,使其性能较好地体现出来。如何通过在有机硅中加入能与环氧树脂反应的羧基、羟基、氨基等活性基团来改性环氧树脂是研究的重点。

金晶等以苯基三乙氧基硅烷(PTFS)和 β-3,4 环氧环己基乙基三甲氧基硅烷(A186)为原料,制得含有 Si—H 键的环氧基低聚倍半硅氧烷(EP-POSS),用制备的 EP-POSS 对环氧树脂进行改性,对树脂涂层附着力、耐冲击性、热稳定性均有大幅提升。

张顺等用有机硅活性中间体对环氧树脂 E44 进行接枝共聚改性,得到一种具有良好耐热性和力学性能的新型改性树脂,以自制芳香胺为固化剂,添加一定量的纳米 TiO_2 和丁腈橡胶,制得的胶粘剂在 30 ℃、7 天基本固化完全,250 ℃热老化 100 h 后,仍有 15.3 MPa 的剪切强度。

3.5 纳米粒子/环氧胶黏剂

随着纳米复合技术的发展,环氧树脂的改性研究也步入了一个新的阶段。纳米粒子极强的表面效应和体积效应,可大幅改善材料的性能。纳米粒子表面非配对原子多,可与环氧树脂较好地结合,从而承担一定的载荷,在高温下具有高强度、高韧性、高稳定性的特点,还可以提高材料的热稳定性。

张大勇等用无机纳米粒子和有机纳米粒子复合改性环氧树胶黏剂,经测试该胶黏剂在 150 ℃拉伸剪切强度可达 10～15 MPa,250 ℃拉伸剪切强度仍然可以达到 4～5 MPa,高温黏接强度高,150 ℃老化 1 000 h 后剪切强度保持率大于 80%,高温老化性能好,可应用于航空、航天、机械自动化、汽车等领域。

张淑惠等用纳米 SiO_2 作为增强材料改性环氧树脂,以物理方法将纳米 SiO_2 分散在环氧树脂中,通过力学性能和热稳定性能的测试,得出加入 3% 纳米 SiO_2 改性的环氧树脂 Tg 为 156 ℃,比未改性的树脂提高 15.7%;冲击强度为 3.64 J/cm^2,提高了约 22.6%。

4 结 语

随着航空、航天事业的发展,耐高温环氧胶黏剂越发得到人们的关注,各种类型的改性环氧胶黏剂都表现出了卓越的耐热性,使胶黏剂在 250 ℃下长期使用的研究卓有成效。但为了满足各行业对耐高温胶黏剂的使用需求,对环氧树脂的改性以及相应固化剂的发现与合成需不断深入研究,耐高温环氧胶黏剂需向以下方面发展。

(1) 进一步开发室温固化的耐高温环氧胶黏剂。

(2) 结合无机胶黏剂优秀的耐高温性能,制造出兼备耐热性能和黏接性能的复合胶黏剂。

(3) 利用新型纳米材料,制作出高性能、新功能的耐高温环氧胶黏剂。

(4) 耐高温环氧胶黏剂在拥有高性能的前提下,向资源节约、环境友好的方向发展。

参考文献

[1] 唐梅,孙丽荣,常青,等.胶黏剂在航天领域的应用[J].化学与黏合,2002,(4):171-173.

[2] 李鸿儒,田呈祥.有机耐热胶黏剂[J].化工新型材料,1996(10):2-12.

[3] 吴良义.新型环氧树脂胶黏剂在国外的发展现状[J].黏接,2002,(6):6-13.

[4] 孙曼灵.环氧树脂应用原理与技术[M].北京:机械工业出版社,2002:9.

[5] 张娜,谭美军,刘雷.耐高温环氧树脂研究现状[J].包装工程,2010,31(13):117～120.

[6] 段德莉.有机耐高温胶黏剂发展概况[J].辽宁化工,1995(5):4～6.

[7] 白宗武,张秋红,汪晓东.耐高温改性环氧树脂黏接剂的制备及改性机理研究[J].功能高分子学报,1996,(3):437-445.

[8] 李栓,张宝艳,张思,等.酚醛环氧树脂改性环氧胶黏剂的耐热性能研究[J].化工新型材料,2023,51(1):

272-275.

[9] 郑典模,温爱鹏,徐建国,等.邻甲酚甲醛环氧树脂/线型酚醛树脂/改性纳米 SiO2 耐高温胶黏剂的研制[J].化工新型材料,2016,44(12):109-111.

[10] 孔德忠.聚酰亚胺改性环氧树脂胶黏剂的研究[D].哈尔滨:哈尔滨理工大学,2009.

[11] 吴桂军.聚酰亚胺改性环氧树脂胶黏剂的制备与性能研究[D].南京:南京理工大学,2007.

[12] HU Q, WU X, ZHOU B J,et al. Preparation and properties of highly branched poly (urethane-imide)-epoxycross-linked copolymer [J]. DesignedMonomersandPolymers,2014,17(5):445-452.

[13] 金晶,安秋凤,杨博文,等.环氧基 POSS 改性环氧树脂的研制与性能研究[J].化工学报,2020,71(5):2432-2439.

[14] 张顺,谢建良,邓龙江.有机硅改性环氧树脂耐热胶黏剂的研制[J].材料导报,2006,20:54-57.

[15] 张大勇,刘晓辉,杜明,等.无机有机纳米粒子复合改性环氧树脂胶黏剂及其制备方法:CN103131374A[P].2013-06-05.

[16] 张淑慧,梁国正,崔红,等.纳米 SiO2 改性环氧树脂胶黏剂的研究[J].中国胶黏剂,2008(6):1-3.

h-BN 改性树脂基高导热复合材料技术研究

王逢源[1] 郝梦龙[2] 吴霄[1] 许晟[2]

(1. 中国航空工业集团公司济南特种结构研究所,山东·济南,250023;

2. 东南大学能源与环境学院,江苏·南京,210000)

摘要:随着现代微电子技术与集成电路技术的迅速发展,电子产品的设计日趋小型化、轻薄化,微电子电路的集成度与功耗不断提高,散热问题成为影响电子设备可靠性的关键因素之一。此外,军事武器装备和航空航天等高精尖领域也对热管理提出了更为严格的要求和目标。导热复合材料作为散热设计中不可或缺的一种重要的功能材料,在国民经济和国防工业领域都有广泛应用。目前,关于高导热材料的研究较多。部分高分子聚合物以及含有导热填料的高分子聚合物有十分优秀的理论数值,主要作为仪表等电器的密封材料。此外,少量陶瓷材料已在机器外壳,电路基板上得到了实际运用。但开发导热性能更加优异的材料仍任重而道远。相关高性能导热材料的开发将会促进诸多领域的快速发展,比如航空航天、超级计算机、大规模集成电路以及电子行业等领域。本课题以氰酸酯树脂为基体、(六方氮化硼)h-BN 为导热填料制备高导热复合材料,旨在开发同时具备低介电和高导热性能的树脂基复合材料;研究导热填料对复合材料介电、导热、力学性能的影响规律,为高导热树脂基复合材料技术的发展提供思路。

关键词:导热材料;低介电材料;树脂基复合材料;h-BN

1 引 言

随着航空航天、国防军工、微电子,尤其是 5G 等领域技术的快速发展,小型化和超高集成度使器件单位面积的发热量呈几何倍数增长,日益突出的散热问题已经成为阻碍这些领域产业发展的瓶颈。为了保障电子元器件和特高压输电设备用材料等在工作环境温度下运行的稳定性和可靠性,需要具有高导热的材料快速有效地将聚集的热量传递和释放,以增加电子元器件和特高压输电设备等的使用年限,这就对热管理系统提出了更加严苛的要求。从热管理系统所使用的材料角度考虑,要求在其散热/导热性能不断提升的同时,还要具有轻质、易加工成型、良好力学特性、绝缘耐腐蚀、性价比高等优良的综合性能。聚合物基导热材料可以满足这些要求,因此其成为近年来高分子功能化领域研究和开发的热点之一,并已在多个领域显示出良好应用前景。

聚合物材料由于质轻、比强度高、电绝缘性能卓越、易成型加工、化学稳定性精良和成本低等优点,常被用于电子元器件界面、封装材料和高压换流阀以及饱和电抗器中。然而,绝大多数聚合物本身的导热性能差,无法满足电子元器件等领域的散热需求。因此,研究开发综合性能优良的聚合物基导热材料对各相关领域材料的实际应用具有重要意义。

2 研究现状分析

目前,酚醛树脂、环氧树脂、双马来酰胺树脂、氰酸酯树脂和有机硅树脂等聚合物材料作为复合材料基体展现出优异的综合性能,被广泛应用于电子电器设备制造以及航空航天领域。然而此类材料热导率通常较低,基本不超过 0.5 W/(m·K),主要原因是上述材料大多处于饱和状态,内部几乎没有自由电子存在。其热传导主要依靠分子或原子围绕固定位置的热振动进行,热能不断地从某一个原子传递给另一个原子,研究者们提出了弹簧模型来解释这种热传导过程。高分子材料链段受热后振动加剧,并通过声子将热能传递到周围链段。在高分子材料的结晶区域,晶体中的分子紧密堆叠,在平衡处发生轻微振动便可将热量沿分子链方向迅速传递。但是,高分子材料内部链段会随机纠缠,并且其相对分子质量较大、分子量不均一,所以高分子材料内部一般很难形成完整晶体。声子在晶体边界、缺陷、界面等处会产生大量散射,传输效率较低,导致高分子材料的导热系数较低。

制备本征型导热复合材料的成本较高,且过程复杂、制备效率较低,而填充型复合材料的制备成本较低,并且易于加工、可设计性强,适合大规模工业化生产。但采用简单机械或溶液共混的办法将导热填料与聚合物基体复合制备的复合材料已经被证明很难获得良好的导热性能,这主要是因为导热填料在聚合物中的不良分散。在较低含量下,导热填料在聚合物基体中随机分散,难以建立有效的导热通路;在较高含量下,导热填料容易发生团聚,不仅不能充分发挥导热填料在导热上的优势,同时将导致复合材料机械性能的损失,甚至会导致材料性能严重恶化,使材料无法使用。另外,高导热填料往往介电常数较大,介电损耗较高,对复合材料的介电性能影响较大。

六方氮化硼(h-BN)因其宽带隙(5.9 eV)成为陶瓷材料中导热性能最好的材料之一(导热率理论计算值约 2 000 W/(m·K)、实测值 380 W/(m·K)),不仅能够作为导热填料提高聚合物材料的导热性能,同时可以保持聚合物材料本身低介电的特性。随着聚合物基复合材料制备技术的发展及应用规模的扩大,其研究重点已经从性能的把控转移到多功能化上来。因此,如何通过导热填料的微观结构设计提升聚合物导热性能,同时赋予聚合物多种功能成为近年来的研发热点之一。此外,通过对导热填料进行表面改性或者功能化修饰,可增加填料和聚合物间的相容性,提高导热填料在聚合物基体中的分散性,从而降低界面热阻,同时,官能团等异质结构可以提高复合材料机械强度。因此,如何通过导热网络的结构构筑以及复合材料中相互作用的合理调控与设计,在对保障复合材料低介电、高强度的前提下,提升其导热性能,这项研究极具科学价值。

3 高导热复合材料制备

3.1 h-BN 微观尺寸对复合材料性能影响研究

选用 100 nm、1~3 μm、5~10 μm 和 30~40 μm 四种粒径规格的 h-BN,分别命名为 h-BN-a(100 nm)、h-BN-b(1~3 μm)、h-BN-c(5~10 μm)和 h-BN-d(30~40 μm),统一以 9.1wt%的填充量(占复合材料总质量比)加入 CE 树脂,制备了 h-BN-a/CE、h-BN-b/CE 和 h-BN-c/CE 复合材料。由于大粒径填料的复合材料存在沉淀问题,所以不考虑 h-BN-d/CE 复合材料的实验结果。图 1 展现了同一 h-BN 质量分数下三种粒径(h-BN-a、h-BN-b 和 h-BN-c)复合材料的热导率,h-BN-b/CE(粒径为 1~3 μm、添加量为 12.35 wt%)具有最高的热导率(0.511W/(m·K)),是 CE 基体材料本征热导率(0.267W/(m·K))的 1.91 倍。可以看出,微米尺度填料的复合材料热导率要高于纳米尺度填料的复合材料。等质量下 h-BN 粒径越大,比表面积就越小,进而使界面热阻对导热系数的负面影响随之减小,h-BN 本体的导热贡献增加。填料粒径越大、粒度分布程度越大,形成连续贯穿导热网络的效率越高,易形成最密堆排结构,使热导率提升迅速。但是对比 h－BN－b/CE 和 h－BN－c/CE,在同一氮化硼质量分数下,两者的热导率互有高低,这可能是由于实验误差所导致的。

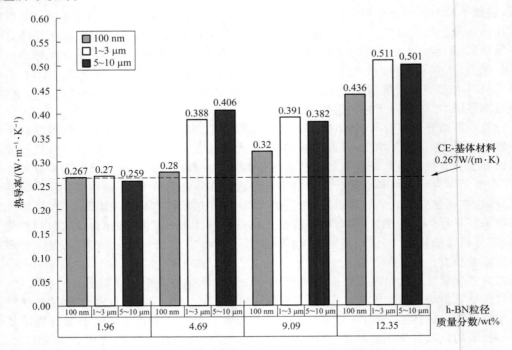

图 1 同一氮化硼质量分数下热导率随填料粒径的变化趋势

3.2 h－BN 表面改性

硅烷类偶联剂通常具有两个活性基团:一个是无机基团,与无机物表面的基团,形成化学结合;另一个是分子链上的其他基团,与有机物对应的分子产生作用(化学反应或出现分子间作用力),进而无机和有机两种材料得以更好地结合。本项目使用了 KH550、KH560 和 Z6020 三种偶联剂对 h－BN 进行表面改性,其中,kh560 是环氧基官能团硅烷偶联剂,分子式见式(1),kh550 和 Z6020 分别是单氨基官能团硅烷偶联剂和双氨基官能团硅烷偶联剂,分子式见式(2)和式(3)。

$$\text{H}_2\text{C} \overset{\displaystyle \text{O}}{\overset{\diagdown}{}} (\text{CH}) - \overset{\displaystyle \text{H}}{\underset{}{\text{N}}} - (\text{CH}_2)_3 - \overset{\displaystyle \text{OCH}_3}{\underset{\displaystyle \text{OCH}_3}{\text{Si}}} - \text{OCH}_3 \tag{1}$$

$$\text{NH}_2 - \text{CH}_2 - \text{CH}_2 - \text{CH}_2 - \overset{\displaystyle \text{OC}_2\text{H}_5}{\underset{\displaystyle \text{OC}_2\text{H}_5}{\text{Si}}} - \text{OC}_2\text{H}_5 \tag{2}$$

$$\text{NH}_2 - (\text{CH}_2)_2 - \overset{\displaystyle \text{H}}{\underset{}{\text{N}}} - (\text{CH}_2)_3 - \overset{\displaystyle \text{OCH}_3}{\underset{\displaystyle \text{OCH}_3}{\text{Si}}} - \text{OCH}_3 \tag{3}$$

表面羟基化预处理:将 h－BN 在无水乙醇中搅拌均匀,保证分散度,用超声清洗机以最大能量值振动 12 h,再将 h－BN 置于真空干燥箱中 130 ℃×6 h,确保完全干燥而不破坏表面的羟基基团。

配置偶联剂溶液:用电子天平称取物理处理后的 h－BN,按照 h－BN 重量 1.5 wt％和 3.0wt％称取偶联剂,将两者一起投入无水乙醇溶液中,以 70 ℃水浴、转速 1 500 r/min 的条件搅拌 3 h。

分子筛或者抽滤 h－BN 颗粒,再使用去离子水去除残留试剂,将 h－BN 置于真空干燥箱中 130 ℃×3 h。

记为 xZ6020－h－BN,其中 x=1.5 wt％、3.0 wt％,为偶联剂的含量。

用 KH550 和 KH560 偶联剂对 h－BN 粉体进行表面改性。制备过程与 Z6020 偶联剂改性 h－BN 粉体的制备过程相同,得到的粉体分别记为 xKH550－h－BN 和 xKH560－h－BN,其中 x=1.5 wt％、3.0 wt％,为偶联剂的含量。

具体的表面改性机理如图 2 所示。

原本 h－BN 颗粒表面没有亲水基团,在进行物理改性超声剥离之后表面键合了—OH 羟基,偶联剂在无水乙醇中形成偶联剂溶液时,分子一端 Si 原子连接的—OCH3 官能团水解。偶联剂一端的 Si—O—与 h－BN 颗粒表面的—OH 进行脱水缩合形成化学结合。连接上改性 h－BN 的偶联剂分子彼此之间进行脱水缩合,偶联剂将改性 h－BN 完全包裹;另一方面,官能团 R1(见图 2)能够与 CE 的碳链发生作用,偶联剂成为 CE 和 h－BN 结合界面的"黏合剂",优化了填料与基体之间的界面接触情况。

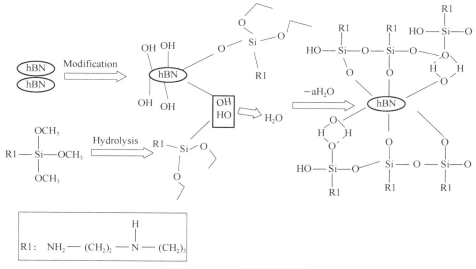

图 2　h－BN 表面改性机理

3.3　复合材料配方优化

图 3 为不同偶联剂含量与填料填充量下改性 h－BN/CE 复合材料的热导率。由图 3 可以看出,添加任何一种偶联剂,经过改性后的 h－BN/CE 复合材料热导率都得以增加。在填料添加量一定的条件下,随偶联剂含量的增加,复合材料的热导率呈现升高的趋势。当偶联剂为 Z6020 含量为 3.0 wt％时,3.0Z6020－h－BN/CE 复合材料都获得最高热导率,达到 0.992 W/(m·K),比相同填料填充量(16.7wt％)下未改性 h－BN/CE 复合材料的热导率提高了 1.57 倍。

图 4 为改性 h－BN/CE 复合材料的介电性能。由图 4 可以看出,相较于以双酚 A 型氰酸酯为基体的 3.0Z6020－h－BN/CE－A 复合材料而言,以双酚 AF 型氰酸酯为基体的改性后

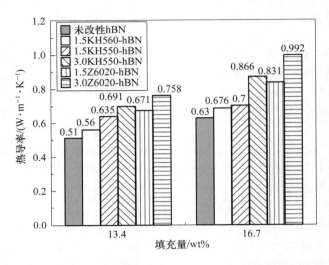

图 3　不同偶联剂含量与填充量下改性 h‑BN/CE 复合材料的热导率

3.0Z6020‑h‑BN/CE 复合材料介电性能有明显提升,介电常数下降(11.1%)达到 2.64,而损耗角正切值下降较多(50%),达到 0.007。

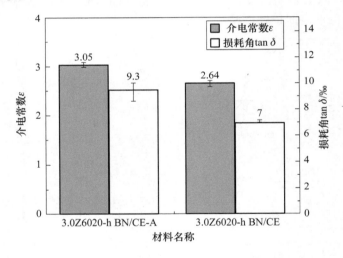

图 4　改性 h‑BN/CE 复合材料的介电性能

　　图 5 为基体材料和不同偶联剂含量下改性 h‑BN/CE‑A 复合材料(1.5KH550‑h‑BN/CE、3.0KH550‑h‑BN/CE、1.5Z6020‑h‑BN/CE 和 3.0Z6020‑h‑BN/CE)的介电性能,改性 hBN 的填充量均为 16.7 wt%。CE‑A 基体材料的介电常数 ε 为 2.83,损耗角正切值 $\tan\delta$ 为 10.96‰,以基体的两项参数作为衡量标尺。介电常数方面,4 种改性复合材料的 ε 都高于 CE 基体的介电常数,但是整体相对差值较小,基本符合要求。损耗角正切值方面,3.0KH550‑h‑BN/CE、1.5Z6020‑h‑BN/CE 和 3.0Z6020‑h‑BN/CE 复合材料的 $\tan\delta$ 略高于基体的 $\tan\delta$,但是相对差值在基体 $\tan\delta$ 值的 3～6%,而 1.5KH550‑h‑BN/CE 复合材料的 $\tan\delta$ 要低于 CE 基体的 $\tan\delta$,达到 9.48‰。

　　图 6 为基体材料和不同偶联剂含量下改性 h‑BN/CE 复合材料(1.5KH550‑h‑BN/CE、3.0KH550‑h‑BN/CE 和 1.5Z6020‑h‑BN/CE)的弯曲强度,h‑BN 的填充量均为 16.7 wt%。纯 CE 基体的弯曲强度最高,达到了 125.3 MPa;未改性 hBN/CE 复合材料的弯曲强度最低,

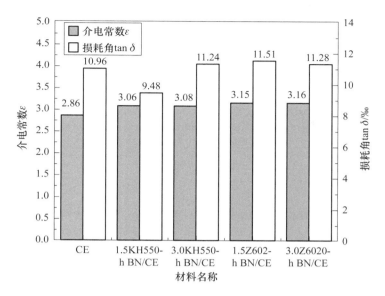

图 5　不同偶联剂含量下改性 h - BN/CE - A 复合材料的介电性能

仅有 53.6 MPa。经过偶联剂改性后，复合材料的弯曲强度均有不同幅度的提升，其中，3.0Z6020 - h - BN/CE 复合材料的弯曲强度最高，达到了 102.7 MPa。

4　总　结

物质的导热能力受到内部结构直接影响，在纳米尺度下，主要是携带热能的微观粒子在输运过程中实现热传导，载能粒子以碰撞的方式将热量进行转移。而晶格振动的能量是量子化的，因此晶格振动的量子又称为声子。声子平均自由程是影响声子热传导的重要因素，这主要由

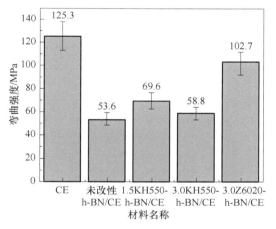

图 6　不同偶联剂含量下改性 h - BN/CE 复合材料的弯曲强度

分子结构类型、声子散射方式和晶格缺陷情况等所决定。

聚合物基体 CE 的热传导也是主要依靠声子，虽然三嗪环结构的对称性较好极性较低，但是整个分子骨架不能进行完全的自由运动，易旋转的醚链联结使之进行分子链节的振动。虽然 CE 热固后晶化的热导率远大于其他非晶态聚合物，但是，聚合物材料内部通常是不规则的分子链网状结构，聚合物的热导率被这种晶格缺陷以及内部声子散射所限制。

对于 h - BN/CE 复合材料而言，导热性主要由基体、填料以及填料-基体界面接触情况所决定。导热通路理论认为复合材料的热导率取决于聚合物基体和导热填料的协同作用，是目前应用最为广泛的理论。填料颗粒按形态分为粒状 - 0 维、纤维状纳米管 - 1 维、片状 - 2 维等数个维度。填料颗粒在低含量时作为分散相广泛分散在基体中，而此时聚合物基体作为连续相包裹着填料，填料被分隔开的这种"海-岛两相体系"使热导率提升较少，甚至受到界面热阻的影响反而恶化。填料添加量增加后，粒子在基体内排布更密集能够相互接触，进而形成了局部导热通路，也就是声子将沿着热阻最小的路径运动。继续添加填料后，基体中的局部导热路径开始彼

此连接、相互贯穿,导热网络生长完全,能够贯穿整个聚合物基体,此时填料和基材都成为连续相,复合材料热导率得以显著提高。而 h−BN 的表面改性,使得其与树脂基体的结合性更高,从而改善了分散均匀性,有利于树脂基体中导热通路的构建,提高复合材料导热能力。

参考文献

[1] FANG H M, BAI S L, WONG C P. Microstructure engineering of graphene towards highly thermal conductive composites[J]. Composites Part A: Applied Science and Manufacturing, 2018, 112: 216-238.

[2] ZHANG Z, QU J, FENG Y, et al. Assembly of graphene-aligned polymer composites for thermal conductive applications[J]. Composites Communications, 2018, 9: 33-41.

[3] WAN Y J, LI G, YAO Y M, et al. Recent advances in polymer-based electronic packaging materials[J]. Composites Communications, 2020, 19: 154-167.

[4] LOEBLEIN M, TSANG S H, PAWLIK M, et al. High-density 3D-boron nitride and 3D-graphene for high-performance nano-thermal interface material[J]. ACS Nano, 2017, 11: 2033-2044.

[5] HUANG J R, ZHU Y T, XU L N, et al. Massive enhancement in the thermal conductivity of polymer composites by trapping graphene at the interface of a polymer blend[J]. Composites Science and Technology, 2016, 129: 160-165.

[6] CHO E C, HUANG J H, LI C P, et al. Graphene-based thermoplastic composites and their application for LED thermal management[J]. Carbon, 2016, 102: 66-73.

[7] HUANG X Y, JIANG P K, TANAKA T. A review of dielectric polymer composites with high thermal conductivity[J]. IEEE Electrical Insulation Magazine, 2011, 27: 8-16.

[8] CHUN K Y, OH Y, RHO J, et al. Highly conductive, printable and stretchable composite films of carbon nanotubes and silver[J]. Nature Nanotechnology, 2010, 5: 853-857.

[9] GUO Y Q, PAN L L YANG X T, et al. Simultaneous improvement of thermal conductivities and electromagnetic interference shielding performances in polystyrene composites via constructing interconnection oriented networks based on electrospinning technology[J]. Composites Part A: Applied Science and Manufacturing, 2019, 124: 105484.

[10] 刘少刚, 王李波, 王晓龙, 等. 高导热网络聚合物基复合材料的研究进展[J]. 中国塑料, 2019, 33: 128-135.

[11] ZENG X, SUN J, YAO Y, et al. A combination of boron nitride nanotubes and cellulose nanofibers for the preparation of a nanocomposite with high thermal conductivity[J]. ACS Nano, 2017, 11: 5167-5178.

[12] 杜伯学, 孔晓晓, 肖萌, 等. 高导热聚合物基复合材料研究进展[J]. 电工技术学报, 2018, 33: 3150-3159.

[13] JIANG F, CUI S, RUNGNIM C, et al. Control of a dual-cross-linked boron nitride framework and the optimized design of the thermal conductive network for its thermoresponsive polymeric composites[J]. Chemistry of Materials, 2019, 31: 7686-7695.

[14] MA Z, KANG S, MA J, et al. High-performance and rapid-pesponse electrical heaters based on ultraflexible, heat-resistant, and mechanically strong aramid nanofiber/Ag nanowire nanocomposite papers[J]. ACS Nano, 2019, 13: 7578-7590.

[15] WANG B, LI G, XU L, et al. Nanoporous boron nitride aerogel film and its smart composite with phase change materials[J]. ACS Nano, 2020, 14: 16590-16599.

工艺技术

GH4738 合金紧固件塑性成形对热处理组织性能的影响研究

胡付红　田文广　牛光景　王晓亮　申庆援　赵玉振　王福丽

（东方蓝天钛金科技有限公司，山东·烟台，264003）

摘要： 针对冷拉态 GH4738 合金热镦后十二角头螺栓组织不均匀，尤其是在螺栓头部端面稍下位置易出现大晶粒的问题，本文重点研究及验证了冷拉态 GH4738 合金热镦后的十二角头螺栓经过不同退火工艺加固溶稳定化时效处理后，GH4738 合金晶粒组织性能的演化规律。研究结果表明，当采用退火（1 000 ℃×30 min）＋固溶（1 050 ℃×60 min）＋稳定化（845 ℃×4 h）＋时效（760 ℃×16 h）处理所生产的产品符合标准对晶粒组织的要求，可用于指导 GH4738 合金螺栓产品实际生产。

关键词： GH4738；晶粒组织；退火工艺；十二角头螺栓

1　研究背景

航空发动机是航空装备发展建设的关键，是衡量一个国家装备水平、科技工业实力和综合国力的重要标志。高温合金紧固件具有耐高温、高强度、高抗疲劳性、高耐蚀性、高可靠性等特点，是航空发动机重要承力连接件，其中 GH4738 合金是镍基高温合金，GH4738 合金在 760 ℃以下具有较高的抗拉和持久强度，在 870 ℃以下具有良好的抗氧化性能，特别适用于制造发动机高端紧固件，GH4738 合金变形抗力大，采用热镦成形方式，但可变形温度窗口窄，属于难变形高温合金的范畴。

GH4738 合金十二角头螺栓标准要求晶粒度应为 2 级～6 级，允许有少量的 1 级和 7 级晶粒，不允许有粗于 1 级的晶粒和细于 7 级的晶粒，晶粒大小应基本均匀，没有明显的粗细晶粒区域。GH4738 合金在热加工中位于很小或很大变形量的位置，后续经过固溶处理后易产生晶粒突然长大现象，晶粒尺寸比其他变形区的大十几倍，这种现象称为临界变形粗晶。临界变形粗晶形成机理为原始晶粒的直接生长，驱动力为晶界两侧的畸变能差，可通过以下两种方法消除临界变形粗晶：一是控制变形条件，尽可能缩小临界变形区范围；二是热锻后立即进行短时间退火处理，减小临界变形区的畸变能差，以控制粗晶区晶粒尺寸。

针对冷拉态 GH4738 合金螺栓热镦成形后组织不均匀，尤其是在螺栓头部端面稍下位置易出现大晶粒的问题，本文分析造成该问题的原因是头部稍下位置处于临界变形区域，造成了临界变形粗晶。消除临界变形混晶的方法是将热镦成形后的螺栓立即进行短时间退火处理，减小临界变形区的畸变能差，以控制粗晶区晶粒尺寸。但鉴于实际生产中螺栓热镦成形立即进行短时退火难以实现，本文重点对热镦成形后螺栓进行退火工艺研究，研究退火温度、退火时间对热镦制螺栓头部晶粒尺寸的影响，确定最佳退火工艺，为产品实际生产提供指导性建议。

2　试验材料与方法

2.1　原材料状态选取

本文中十二角螺栓产品原材料采用国产冷拉态 GH4738 合金,其化学成分如表 1 所列。冷拔态 GH4738 合金的金相组织如图 1 所示,由图 1 可知其晶粒为等轴晶,晶粒尺寸约为 7.8 μm。采用冷拔态 GH4738 合金热镦制工艺制备的螺栓,如图 2 所示。该螺栓制备工艺为加热温度 1 100 ℃,应变速率约为 15 s^{-1}。

表 1　试验材料的化学成分　　　　　　　　　　　wt. %

Cr	Mo	Fe	Co	Ti	Al	Si	Mn	W	Nb	V	C	Ni
19.00	3.9	1.90	12.00	2.95	1.11	0.04	0.03	0.05	0.08	0.08	0.015	Bal.

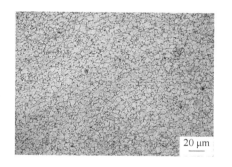

图 1　冷拔态 GH4738 合金的金相组织

图 2　热镦后的产品

2.2　试验方法

在 GH4738 原材料规范中,推荐 GH4738 材料热处理工艺制度如下。固溶处理(1 040～1 080 ℃)±10 ℃,保温 1～4 h,空冷或更快冷却;稳定化处理 845 ℃±10 ℃,保温 4 h±0.5 h,空冷;时效处理 760 ℃±10 ℃,保温 16 h±1 h,空冷。

为了消除螺栓热镦制成形后临界变形区的畸变能差,对热镦制成形后的螺栓进行不同温度(950 ℃、1 000 ℃、1 040 ℃)和时间(5 min、15 min、30 min、60 min)的退火工艺,然后进行空冷,再进行固溶(1 050 ℃×1 h)、稳定化(845 ℃×4 h)和时效(760 ℃×16 h)处理。热处理工艺验证方案如表 2 所列。

表 2　十二角头螺栓热处理工艺验证方案

方　案	退火处理	固溶处理	稳定化	时　效
验证方案一	950 ℃×15 min	1 050 ℃×60 min	845 ℃×4 h	760 ℃×16 h
验证方案二	950 ℃×30 min	1 050 ℃×60 min	845 ℃×4 h	760 ℃×16 h
验证方案三	1 000 ℃×15 min	1 050 ℃×60 min	845 ℃×4 h	760 ℃×16 h
验证方案四	1 000 ℃×30 min	1 050 ℃×60 min	845 ℃×4 h	760 ℃×16 h
验证方案五	1 000 ℃×60 min	1 050 ℃×60 min	845 ℃×4 h	760 ℃×16 h
验证方案六	1 040 ℃×5 min	1 050 ℃×60 min	845 ℃×4 h	760 ℃×16 h

2.3　晶粒度检测方法

晶粒度检测方法按《金属平均晶粒度测定方法》(GB/T 6394—2017)执行,用比较法评定,有异议时用截线法测定。

3　试验结果及分析

3.1　十二角头螺栓热镦后未经退火处理的晶粒组织

图 3 为螺栓热镦后的金相图。由图 3(a)可看出热镦制成形后螺栓的微观组织呈现不均匀性,在螺栓顶部弧形区域变形量十分小,这是由于在热镦制过程中顶部中间区域位于变形"死区",即变形量极小区域,该区域的晶粒尺寸较大,而其他区域变形量较大,晶粒在热镦制过程发生严重变形,并发生了再结晶现象,所以晶粒尺寸较小。图 3(b)为热镦制螺栓中间区域的金相图,从螺栓顶部向下可看出明显的变形不均匀现象,晶粒尺寸粗大的顶部区域由于变形量小,处于临界变形区。

图 4 为螺栓经固溶(1 050 ℃×1 h)、稳定化(845 ℃×4 h)和时效(760 ℃×16 h)处理但未进行退火处理的螺栓金相图。由图 4 可知,未经退火处理的热镦制螺栓,经过固溶、稳定化和时效处理后,晶粒尺寸大小不均匀,在螺栓顶部区域有个别晶粒尺寸异常粗大,且出现粗晶带和细晶带,造成晶粒尺寸分布不均匀,影响其力学性能。顶部个别大晶粒的出现主要是因为处于临界变形区的晶粒变形量小,变形不均匀,不同变形量间的晶粒存在畸变能差,在后续固溶处理过程中,原始晶粒在晶界两侧的畸变能差的驱动下直接生长,造成晶粒混晶的出现。其他变形量大的区域,由于各部分变形量不均匀导致在固溶处理过程中发生静态再结晶现象,存在粗晶和细晶的混合现象。

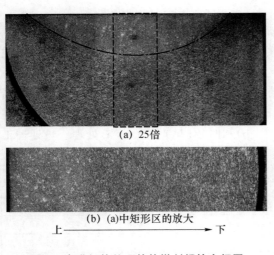

(a) 25倍

(b) (a)中矩形区的放大

上 ——————————→ 下

图 3　未进行热处理的热镦制螺栓金相图

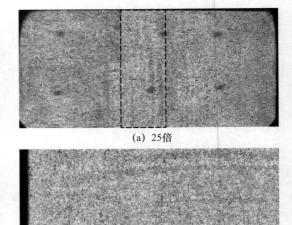

(a) 25倍

(b) (a)中矩形区的放大

上 ——————————→ 下

图 4　未进行退火处理的热镦制螺栓金相图

3.2　十二角头螺栓热处理工艺验证方案一

图 5 为按照热处理工艺验证方案一处理后的螺栓金相图。由图 5 可知，在螺栓顶部中间区域存在大晶粒，处于混晶状态；其他大变形区的晶粒尺寸不均匀，部分晶粒尺寸较大。这主要是由于退火温度偏低，保温时间偏短，一方面未能消除临界变形区的畸变能差，另一方面再结晶不完全，在固溶后出现混晶现象。

3.3　十二角头螺栓热处理工艺验证方案二

图 6 为按照热处理工艺验证方案二处理后的螺栓金相图。与图 5 相比，图 6 在 950 ℃退火温度基础上，延长退火时间至 30 min，由图 6 可知在螺栓顶部中间区域仍然存在混晶；其他大变形区的晶粒尺寸不均匀，同样存在混晶。由此可知，在 950 ℃的退火温度偏低，在该退火温度下通过延长退火时间并不能改善混晶问题，因此须提高退火温度。

(a) 25倍

(b) (a)中矩形区的放大

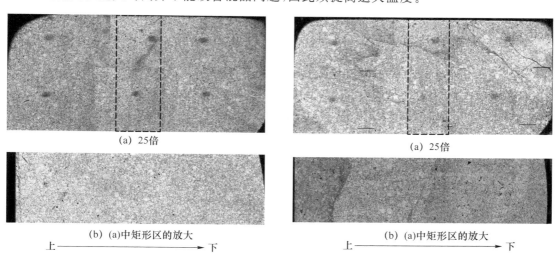

图 5　热处理工艺验证方案一处理后螺栓金相图

(a) 25倍

(b) (a)中矩形区的放大

图 6　热处理工艺验证方案二处理后螺栓金相图

3.4　十二角头螺栓热处理工艺验证方案三

图 7 为按照热处理工艺验证方案三处理后的螺栓金相图。在 1 000 ℃进行退火，退火时间为 15 min，由图 7 可知在螺栓整个区域内晶粒不均匀现象有所改善，但效果还不够理想，在该温度下可继续延长退火时间。

3.5　十二角头螺栓热处理工艺验证方案四

图 8 为按照热处理工艺验证方案四处理后的螺栓金相图。由图 9 可看出螺栓整个区域内晶粒尺寸较均匀，尤其从图 8(b)可清晰地观察到在螺栓整个中间部分的晶粒尺寸分布均匀，混晶问题得到了很大的改善，满足螺栓交货的组织均匀性要求，为了获得更优的工艺继续尝试延长退火时间，观察其组织变化情况。

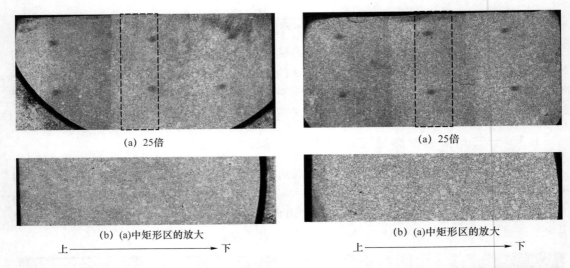

（a）25倍　　　　　　　　　　　　　　（a）25倍

（b）(a)中矩形区的放大　　　　　　　　（b）(a)中矩形区的放大

上━━━━━━━━▶下　　　　　　　上━━━━━━━━▶下

图 7　热处理工艺验证方案三处理后螺栓金相图　　图 8　热处理工艺验证方案四处理后螺栓金相图

3.6　十二角头螺栓热处理工艺验证方案五

图 9 为按照热处理工艺验证方案五处理后的螺栓金相图。由图 9 可知螺栓整个区域内晶粒尺寸也是细小均匀的，无混晶现象，满足螺栓交货的组织均匀性要求，与 1 000 ℃退火 30 min相比，差异不明显。

3.7　十二角头螺栓热处理工艺验证方案六

图 10 为按照热处理工艺验证方案六处理后的螺栓金相图。由图 10 可知螺栓整个区域内晶粒尺寸大小不均匀，这主要是由于 γ' 的溶解温度为 1 040 ℃，且在 1 040 ℃能够发生静态再结晶，在该温度下短暂保温造成部分 γ' 的溶解和再结晶，在后续固溶和稳定化后已经再结晶的晶粒会长大，还有部分区域发生再结晶，导致晶粒大小不均匀，造成混晶，尤其是在变形量较小的螺栓顶部区域。

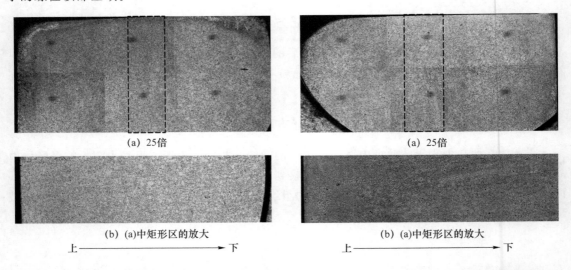

（a）25倍　　　　　　　　　　　　　　（a）25倍

（b）(a)中矩形区的放大　　　　　　　　（b）(a)中矩形区的放大

上━━━━━━━━▶下　　　　　　　上━━━━━━━━▶下

图 9　退火工艺验证方案五处理后螺栓金相图　　图 10　热处理工艺验证方案六处理后螺栓金相图

3.8 十二角头螺栓热处理工艺验证小结

按照表 2 制定的六种热处理工艺验证方案,分别对 GH4738 十二角头螺栓进行热处理后检测晶粒度,检测结果汇总如表 3 所列。从表 3 可以看出,六种验证方案中以方案四和方案五结果最优,晶粒度符合产品规范要求,基于产品生产效率及制造成本考虑,可选择按照热处理工艺验证方案四(退火工艺(1 000 ℃×30 min)+固溶处理(1 050 ℃×60 min)+稳定化(845 ℃×4 h)+时效(760 ℃×16 h))指导实际生产。

表 3 不同固溶工艺制度晶粒度验证结果

方 案	不同固溶工艺制度晶粒度检测结果
验证方案一	螺栓顶部中间区域存在大晶粒,处于混晶状态;其他大变形区的晶粒尺寸不均匀,部分晶粒尺寸较大,不满足标准要求
验证方案二	螺栓顶部中间区域存在混晶,其他大变形区的晶粒尺寸不均匀,同样存在混晶,不满足标准要求
验证方案三	螺栓整个区域内晶粒存在不均匀现象,不满足标准要求
验证方案四	螺栓晶粒尺寸分布均匀,满足标准要求
验证方案五	螺栓晶粒尺寸分布均匀,满足标准要求
验证方案六	螺栓整个区域内晶粒尺寸大小不均匀,不满足标准要求

4 结 论

经过退火处理可以有效改善十二角头螺栓头部混晶问题,具体结论如下:

(1) 950 ℃ 退火 15 min、30 min 后,仍然存在混晶,主要是由于温度偏低未能消除临界变形区的畸变能差;

(2) 1 000 ℃ 进行不同时间的退火 15 min、30 min、60 min 后,随着退火时间的延长晶粒尺寸的均匀性有很大改善,当退火 30 min、60 min 时,晶粒尺寸较为均匀,考虑生产效率及成本问题,按照退火 30 min 进行产品生产;

(3) 1 040 ℃ 退火 5 min 后,由于 γ' 的溶解和再结晶不完全,形成混晶。

综上可知,经过 1 000 ℃ 保温 30 min 的退火能够有效解决冷拉态 GH4738 合金棒材螺栓热镦成形后头部组织混晶的问题,晶粒尺寸均匀,晶粒度为 5 级,满足螺栓交货的组织均匀性要求。

参考文献

[1] 中国航空材料手册. 变形高温合金铸造高温合金[M]. 北京:中国标准出版社,2001.

[2] 董建新. 高温合金 GH738 及应用[M]. 北京:冶金工业出版社,2014.

[3] KELEKANJERI V, GERHARDT ROSARIO A. Characterization of mirostructural fluctuations in Waspaloy exposed to 760 ℃ for times up to 2500 h[J]. Electrochimica Acta,2006,51(8/9):1873-1880.

[4] CHANG K M, LIU X B. Effect of γ' content on the mechanical behavior of the Waspaloy alloy system[J]. Materials Science and Engineering A,2001,308(1/2):1-8.

[5] 魏志坚,徐文帅,袁慧,等. 固溶温度对 GH738 合金环锻件组织性能的影响研究[J]. 模具工业,2017,43(9):63-67.

[6] 姚志浩,董建新,张麦仓,等. 固溶及稳定化工艺对 GH738 合金炭化物和 γ' 相析出规律的影响[J]. 材料热处理学报,2013,34(10):31-35,43-49.

[7] 荣义,成磊,唐超,等. 固溶冷却介质对优质 GH738 合金组织及力学性能的影响[J]. 钢铁研究学报,2016,28(11):74-78.

时效工艺对铍青铜薄片性能的影响分析

肖华林　王世雷

（青岛前哨精密仪器有限公司，山东·青岛，266000）

摘要：铍青铜合金具有高强度、高弹性、高导电性、耐腐蚀、耐疲劳、弹性滞后小、无磁性、冲击时不产生火花等优良性能，广泛应用于精密仪器、电子、航空航天等领域。随着现代科技的发展，对于精密领域中的铍青铜材料要求越来越高，作为弹性振动元件的铍青铜薄片的平面度要求也不断提高。本文研究不同时效参数对铍青铜显微组织、硬度和平面度的影响。结果表明，在相同时效时间，时效温度 360 ℃和 380 ℃比时效温度 320 ℃和 340 ℃平面度要好，并且在进入过时效时，平面度大幅度改善，平整效果更好。而铍青铜薄片硬度随着时效时间的增加呈先上升后下降的趋势，随着时效温度提高，达到峰值硬度的时间变快。为保证铍青铜薄片在满足较好平面度的基础上有较好的硬度，铍青铜薄片的最佳时效强化平整工艺为 360 ℃保温 4 h，夹具加压 5 N·m，随炉冷却。

关键词：C17200；弹性元件；时效处理；微观组织；平面度

1　引　言

铍青铜合金具有高强度、高弹性、高导电性、耐腐蚀、耐疲劳、弹性滞后小、无磁性、冲击时不产生火花等优良性能，且使用时非常可靠，在所有铜合金中综合性能最好，因此，作为优良的耐疲劳高弹性导电材料广泛应用于电子、电信、计算机、手机和精密仪器及航空航天、军工等领域[1]。铍青铜是热处理强化合金，在铍青铜薄片的生产过程中，经固溶处理的铍青铜带料具有良好的塑性，便于冲压处理。在冲压机上采用精密冲压模具可将铍青铜带材冲压成各种形状的零件，随后再通过时效热处理来强化铍青铜零件的整体性能。

铍青铜材料弹性好、密度大、耐疲劳，适于做惯性振动元件[2]。本文中的铍青铜薄片作为倾角传感器的弹性振动元件，其厚度在微米范围内。该元件对薄片的平整度、表面光洁度要求很高，处理后的薄片平面度须达到微纳尺度，其他尺寸精度要求也在微米范围之内。铍青铜薄片的处理质量和精度直接影响倾角传感器信号的精度、稳定性和持久性，因此要求铍青铜薄片不仅要具有一定的硬度、强度、弹性及疲劳极限，而且要保证有较高的平面度。但在时效过程中，温度场变化的不均匀性会导致铍青铜薄片发生变形，引起平面度变化。另外，机械加工产生的机械应力及残余应力，也会引起铍青铜薄片的加工变形[3]。针对以上问题，本文通过试验检测不同时效工艺下铍青铜薄片的显微组织、硬度和平整度，研究时效工艺对铍青铜薄片性能的影响。其中，硬度可以通过维氏硬度表征，铍青铜薄片硬度越高，强度越大，越不容易发生屈服变形；平整度检测铍青铜薄片的平面度，薄片翘曲越小，平面度越小，平整度越好。对于铍青铜薄片表面而言，最好没有被杂质污染，没有划痕，以免影响后续工艺。

2 试验材料及过程

2.1 试验材料

本试验选用日本进口铍青铜带材,牌号 C17200(1/4 H),主要化学成分含量如表 1 所列。

表 1 铍青铜带的化学成分 wt. %

Be	Co	Ni	Fe	Cu
1.80~2.00	0.23	0.026	0.021	余量

2.2 试验方案

铍青铜薄片的加工工艺流程如图 1 所示,首先将经过固溶处理的铍青铜料带分切成宽 70 mm 的冲压卷材,在冲压机上利用精密冲压模具冲压出铍青铜薄片。将薄片放入热处理专用夹具中在管式真空炉中进行时效强化平整处理。

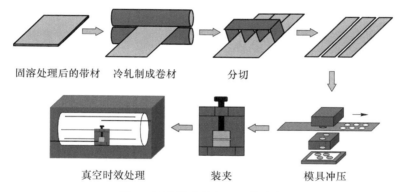

固溶处理后的带材　冷轧制成卷材　　分切

真空时效处理　　装夹　　模具冲压

图 1 铍青铜薄片加工工艺流程

按照工艺流程,将冲出的铍青铜薄片装在自制夹具中,并放在管式真空炉里进行时效处理。时效处理基本参数:时效温度分别为 320 ℃、340 ℃、360 ℃ 和 380 ℃,时效时间分别为 0.5 h、1 h、2 h、3 h、4 h 和 8 h,夹具加压 5 N·m,炉冷。对时效处理后的铍青铜薄片进行硬度、平面度的检测,对时效时间为 2 h 时不同温度下铍青铜薄片金相组织进行检测分析。根据金相组织检测标准《铍青铜金相分析方法》(HB7694—2001)分析金相组织,腐蚀液为三氯化铁盐酸酒精溶液(5 g FeCl$_3$+50 ml HCL+100 ml 酒精),腐蚀时间为 5~30 s,在 DM1750M 显微镜下观察微观组织。观察微观形貌组织结构时,采用 ZETSS SIGMA 300 场发射扫描电镜进行 SEM 拍摄。硬度检测选用日本 FUTURE-TECH 公司新型数字式显微硬度计 FM-700。测试载荷 100 g,加载时间 15 s,每个样品取 5 点测试硬度,并取平均值作为测量结果。平面度检测数据为每次时效处理后,选取 5 片铍青铜薄片中平面度最小值为时效工艺平面度。

3 试验结果与分析

3.1 时效温度对铍青铜薄片金相组织的影响

铍青铜薄片在不同时效温度下时效时间为 2 h 时的金相显微组织结构图如图 2 所示,4 种不同时效温度铍青铜薄片的显微组织结构表现出显著的区别。时效温度为 340 ℃时相较于时效温度为 320 ℃时,合金依然存在孪晶结构,先前的晶粒尺寸有所增加,同时也出现了小尺寸的晶粒,硬度有所提升;此外,晶界开始出现不连续沉淀析出现象,形成胞状析出物。当时效温度达到 360 ℃时,基体内再结晶现象更加明显,小尺寸的晶粒进一步增多,导致晶粒的分布变得不均匀;同时,晶界处析出物也随之增加,使得硬度降低。当时效温度达到 380 ℃时,合金孪晶结构减少,晶粒开始有所长大,趋于均匀化;然而,晶界处的不连续沉淀析出现象更为突出,胞状析出物显著增加,硬度进一步降低。

图 2　不同时效温度下时效时间为 2 h 时的金相图

3.2　时效温度对铍青铜薄片 SEM 微观组织结构的影响

当时效温度分别为 320 ℃、340 ℃、360 ℃和 380 ℃时,时效时间为 2 h 的铍青铜薄片 SEM 图如图 3 所示。由图 3(a)可以看出薄片在时效温度为 320 ℃时,晶界处没有明显的沉淀组织析出,具有孪晶结构。由图 3(b)可以看出当时效温度为 340 ℃时,孪晶结构减少,晶粒得到细化;基体内开始析出 γ' 相,产生共格反应型的沉淀析出强化;晶界开始出现不连续析出脱溶产物,晶界处 γ' 相稍有增加,这使得硬度大幅提高。由图 3(c)可以看出,当时效温度达到 360 ℃时,γ' 相开始逐渐转化为 γ 相,晶界处不连续析出脱溶产物大幅增加并且向晶内延伸,导致硬度下降。由图 3(d)可以看出,当时效温度增加到 380 ℃时,过高的时效温度会导致 γ 相的聚集和长大,晶界处不连续析出脱溶产物进一步增加,硬度进一步减小,力学性能明显下降。

出现这种现象的原因是铍青铜合金经固溶处理后,固溶体溶质粒子(通常是强化相)通过时效处理析出沉淀强化相,γ' 相的形成和长大导致析出相周围产生了强烈的晶格畸变场,且畸变范围增大,有效地阻碍了位错的运动,从而提高了合金的硬度。然而,高温时效条件下,温度越高,粒子的生长速率越快,硬度更快地达到峰值。但与此同时,这些粒子可能会过度生长,导致一些强化效应的消失,从而导致硬度下降。

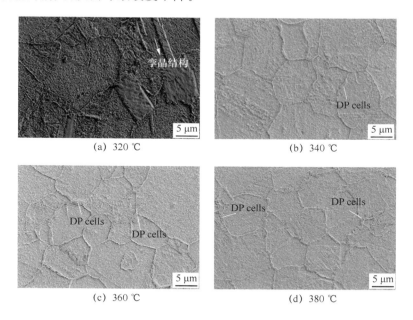

(a) 320 ℃

(b) 340 ℃

(c) 360 ℃

(d) 380 ℃

图3 不同时效温度下时效 2 h 后 SEM 图

3.3 时效温度对铍青铜薄片平面度的影响

铍青铜薄片在时效温度为320~380 ℃,不同时效时间下的平面度结果如图4所示。由图中数据可见,铍青铜薄片在时效温度为320 ℃、340 ℃、360 ℃和380 ℃,不同时效时间下的变化趋势基本相同,呈先降低后升高再下降的趋势。整体随着时效时间的延长,平面度数值减小。相同时效时间,时效温度360 ℃和380 ℃比时效温度320 ℃和340 ℃平面度要好,并且在进入过时效时,平面度大幅度改善,平整效果更好。时效时间超过4 h后,时效温度360 ℃和380 ℃的平面度变化趋于稳定。因此,为满足铍青铜薄片低平面度的要求,选择时效温度360 ℃和380 ℃。由图4看出360 ℃和380 ℃时效4 h可以使平面度达到50 μm以下。

3.4 时效温度对铍青铜薄片硬度的影响

铍青铜薄片时效温度为320~380 ℃时,不同时效时间硬度曲线如图5所示,可以看出,随着时效时间的升高,铍青铜合金的维氏硬度呈现先上升后下降趋势,满足铍青铜时效热处理从欠时效到峰值时效再到过时效的过程。320 ℃、时效时间3 h时硬度最高为373 HV;340 ℃、时效时间2 h时硬度最高为366.2 HV;360 ℃、时效时间1 h时硬度最高为361.6 HV;380 ℃、时效时间1 h时硬度最高为258.3 HV。随着时效温度的提高,达到峰值硬度的时间越快,但峰值硬度降低。为满足铍青铜薄片平面度要求,选择时效温度360 ℃和380 ℃,时效时间大于4 h。由图5可以看出时效时间为4 h时,时效温度为360 ℃的硬度比时效温度为380 ℃时高,时效温度和时效时间分别选择360 ℃和4 h可以满足铍青铜薄片技术要求。

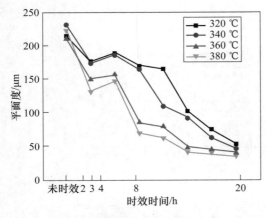

图4　铍青铜薄片平面度检测结果

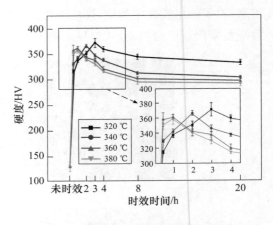

图5　铍青铜薄片时效温度为 320～380 ℃ 时
不同时效时间硬度曲线

4　结　论

（1）通过对不同时效时间和时效温度的铍青铜薄片进行金相组织、SEM、硬度与平面度检测的分析结果表明，时效过程中铍青铜薄片基体内发生连续析出，晶界随着时效温度与时效时间的增加会发生不连续析出，在晶界处产生不连续脱溶析出物（DP 区）。铍青铜薄片硬度随着时效时间的增加呈先上升后下降的趋势，随着时效温度提高，达到峰值硬度的时间越快，但峰值硬度降低。320 ℃、时效时间 3 h 时硬度最高为 373 HV；340 ℃、时效时间 2 h 时硬度最高为 366.2 HV；360 ℃、时效时间 1 h 时硬度最高为 361.6 HV；380 ℃、时效时间 1 h 时硬度最高为258.3 HV。

（2）铍青铜薄片平面度随着时效时间增加呈先降低后升高再下降的趋势，在进入过时效后，铍青铜薄片平面度大幅改善，但硬度降低。铍青铜薄片在冲压过程中受剪切应力，边缘部分产生塑性变形，在残余应力的影响下引起翘曲变形。时效处理一方面通过热效应消除前期冷加工造成的残余应力，另一方面使用夹具限制铍青铜薄片的变形，利用沉淀析出过程的超塑性进行表面平整，使表面平整度得到有效改善。最终通过综合比较选择铍青铜薄片时效强化平整工艺为 360 ℃保温 4 h，夹具加压 5 N·m，随炉冷却，时效处理后铍青铜薄片硬度达到320.1 HV，平面度 48.753 μm。

参考文献

[1] 王伟. 铍青铜合金的生产和应用前景分析[J]. 有色金属加工，2014，43(2)：9-12.

[2] 王宏伟. 铍青铜倾角传感器及其线性度补偿[J]. 传感器与微系统，2015，34(8)：32-34,38.

[3] 王克廷，徐玉娟，徐奎. 提高铍青铜零件平面度的成形工艺研究[J]. 黑龙江科技信息，2017(16)：168-169.

[4] 范瑛，谭云，陶萍，等. 铍青铜的性能研究综述[J]. 材料导报（纳米与新材料专辑），2014，28(1)：100-103.

[5] 方森鹏，陈乐平，周全，等. 高性能铍青铜研究进展[J]. 铸造技术，2020，41(4)：384-390.

大曲率变形柔性蜂窝芯材性能研究

孙梦尘　陈丽春　苏韬　林枫秋　吴霄

（中国航空工业集团公司济南特种结构研究所高性能电磁窗

航空科技重点实验室，山东·济南，250023）

摘要： 本文采用对位芳纶纸和间位芳纶纸分别制备了不同规格的柔性蜂窝，考察了其介电性能、力学性能及变形能力，并与传统正六边形蜂窝进行了性能对比。结果表明：柔性蜂窝芯材的介电常数和介电损耗角正切与同密度下正六边形蜂窝基本一致，纸张种类和孔格单元结构参数对柔性蜂窝介电性能无明显影响，影响柔性蜂窝介电性能的主要因素为密度。柔性蜂窝的介电常数和介电损耗角正切与密度呈正相关，蜂窝密度越大，介电常数和介电损耗角正切越大。这是因为酚醛醇溶清漆的介电常数介于 $4\sim5$，介电损耗角正切介于 $0.01\sim0.02$，芳纶纸的介电常数和介电损耗角正切远低于酚醛醇溶清漆的介电常数和介电损耗角正切，介电常数在 1.5 左右，介电损耗角正切在 0.001 4，因此当密度提高，即上胶量增大，蜂窝芯材的介电常数和介电损耗角正切也随之增大。同等密度下，柔性蜂窝与正六边形蜂窝剪切性能基本持平，其平压强度略高于正六边形蜂窝的平压强度，这是因为正六边形蜂窝的蜂窝密度要高于柔性蜂窝的蜂窝密度，在目标密度一致的情况下，柔性蜂窝的上胶量高于正六边形蜂窝的上胶量，其平压强度优于正六边形蜂窝的平压强度。柔性蜂窝具有优异的孔格弯曲性，其在直径为 25 cm 的半球上可以实现双向变形，满足大曲率制件的变形需求。这项工作为大曲率变形柔性蜂窝的工程化应用提供了理论和材料支撑。

关键词： 大曲率变形；柔性蜂窝；力学性能；介电性能；变形能力

1　引　言

普通六边形蜂窝结构以垂直平面方向比强度大、比刚度高，以及用作夹芯可大幅度提高结构的抗弯能力等优点，广泛应用于飞机的主、次承力结构件，如机翼、机身、操作面壁板、雷达天线整流罩等部位。该类蜂窝结构虽然面外承载特性好，但是面内不易变形。随着武器装备发展，复合材料制件结构设计更加复杂，普通六边形蜂窝难以满足制件大曲率变形要求，变形后产生的格孔拥挤和堆积严重影响电磁波传输效率，影响制件透波性能，且变形过程预应力过大易发生结构初始损伤，影响制件制造质量，亟待开展具有面内全向变形能力的柔性蜂窝制造技术研究，以满足大曲率复杂结构制件对蜂窝变形能力的要求，提高大曲率复杂结构制造能力和质量。

柔性蜂窝芯材因其拓扑结构可设计性和良好的力学性能得到国内外学者的广泛关注和研究。美国赫氏公司早在 20 世纪就形成了成熟的柔性蜂窝芯材制造技术，所研发的柔性蜂窝涵盖多种规格，主要有 35 孔/ft[①]（节点间的距离约为 8.71 mm）及 50 孔/ft（节点间的距离约为

---

① ft＝0.304 8 m。

6.10 mm)两种,密度范围为 $40\sim88$ kg/m³。Prall 和 Lakes 提出了一种泊松比为 -1 的蜂窝拓扑结构,描述了该结构的几何参数,提出了计算该类型蜂窝的基本理论和计算方法。Spadoni 等研究了六韧带蜂窝结构在压缩状态下整体和局部线性屈曲行为,分析了其面内几何形状对整体和局部屈曲变形的影响,以及六韧带手性蜂窝的平压强度和临界载荷。Dong 等研究了一种内凹型六边形蜂窝结构,该结构具有负泊松比效应,分析了其在飞行翼结构中作为芯材的力学特性。国内对于柔性蜂窝的研究多见于文献和专利,尚处于设计探索阶段。张平等针对后缘变弯度机翼,设计出一种新的柔性蜂窝结构,研究了该柔性蜂窝的面内变形能力和形状参数的关系。仿真分析和试验验证表明,该柔性蜂窝结构具有足够的面内变形能力,变形后仍保持良好的面外承载能力。颜芳芳提出一种负泊松比柔性蜂窝结构,研究了柔性蜂窝结构参数对面内变形能力和面外承载能力的影响,并对结果进行了有限元仿真分析与试验验证。结果表明,负泊松比蜂窝结构具有较大的面内变形能力,其结构变形具有特殊的拉涨特性。程文杰等分析了十字形零泊松比蜂窝的设计和平面变形机理,研究了蜂窝力学性能与单元形状参数的关系,优化了蜂窝单向变形能力的参数。赵聪等测试了三种国产芳纶纸制备的柔性蜂窝的物理性能、力学性能、泊松比及阻燃性能。结果表明,五边形柔性蜂窝孔格规整,外观无缺陷,物理性能稳定,平面压缩强度、剪切强度和剪切模量达到了 EC 柔性蜂窝的指标值要求,力学性能达到批次间稳定,蜂窝在纵向和横向均具有良好的柔性且阻燃性能优异。

　　本文针对大曲率复杂结构对蜂窝芯材的变形需求,开展全向可变形柔性蜂窝芯材制备及性能研究,通过开展柔性蜂窝芯材浸渍工艺性研究,实现柔性蜂窝芯材密度均匀性控制,并表征了柔性蜂窝的介电性能、力学性能和变形能力,与传统正六边形蜂窝进行性能对比,为柔性蜂窝的工程化应用提供理论和材料支撑。

2　实验部分

2.1　原材料

实验材料如表 1 所列。

表 1　实验材料

序　号	名　称	厂　家
1	对位芳纶纸	华南理工大学
2	间位芳纶纸	株洲时代华先材料科技有限公司
3	节点胶	黑龙江省科学院石油化学研究院
4	酚醛醇溶清漆	重庆三峡油漆股份有限公司
5	无水乙醇	天津市富宇精细化工有限公司

2.2　试样制备

　　分别采用对位芳纶纸和间位芳纶纸按照相同的浸胶及固化工艺条件制备柔性蜂窝芯材和正六边形蜂窝芯材,孔格单元结构参数如表 2 所列,对位系列柔性蜂窝芯材包括 D-60K/ft-48、D-60K/ft-64、D-60K/ft-80、D-70K/ft-48、D-70K/ft-64 和 D-70K/ft-80 六种规格,间位系列柔性蜂窝芯材包括 J-60K/ft-48、J-60K/ft-64、J-60K/ft-80、J-70K/ft-48、J-70K/ft-64 和 J-70K/ft-80 六种规格,对位系列正六边形蜂窝芯材包括 F·PF1-3-64 和 F·PF1-3-80 两种规格,间位系列正六边形蜂窝芯材包括 F·NF1-3-64 和 F·NF1-3-80 两种规格,对比测试蜂窝芯材的介电性能、力学性能和变形能力。

表 2　孔格单元结构参数

每英尺孔格数(K/ft)	结构参数		单元壁尺寸/mm
	孔格单元一	孔格单元二	
60			1.70
70			1.48
60			3.00

2.3　性能测试

(1)蜂窝介电性能按照《固体电介质微波复介电常数的测试方法》(GB/T 5597—1999)测试,采用高 Q 腔法,频率为 10 GHz。

(2)蜂窝容重按《夹层结构或芯子密度试验方法》(GB/T 1464—2024)测试。

(3)蜂窝平压性能按《夹层结构或芯子平压性能试验方法》(GB/T 1453—2022)测试。

(4)蜂窝剪切性能按《夹层结构或芯子剪切性能试验方法》(GB/T 1455—2022)测试。

(5)蜂窝变形能力通过在直径 25 cm 的半球面上变形进行表征。

3 结果与讨论

3.1 柔性蜂窝芯材介电性能

表 3 为不同规格柔性蜂窝和正六边形蜂窝的介电性能数据。表 3 中数据表明,柔性蜂窝芯材的介电常数和介电损耗角正切与同密度下正六边形蜂窝的介电常数和介电损耗角正切基本一致,纸张种类和孔格单元结构参数对柔性蜂窝介电性能无明显影响,影响柔性蜂窝介电性能的主要因素为密度。柔性蜂窝的介电常数和介电损耗角正切与密度呈正相关,蜂窝密度越大,介电常数和介电损耗角正切越大。这是因为酚醛醇溶清漆的介电常数介于 4~5,介电损耗角正切介于 0.01~0.02,芳纶纸的介电常数和介电损耗角正切远低于酚醛醇溶清漆,介电常数在 1.5 左右,介电损耗角正切在 0.001 4,因此当密度提高,即上胶量增大,蜂窝芯材的介电常数和介电损耗角正切也随之增大。

表 3 　蜂窝介电性能数据

蜂窝规格	介电常数	介电损耗角正切	蜂窝规格	介电常数	介电损耗角正切
D－60K/ft－48	1.08	0.002 8	J－60K/ft－80	1.12	0.004 9
D－60K/ft－64	1.11	0.004 2	J－70K/ft－48	1.07	0.002 5
D－60K/ft－80	1.12	0.004 8	J－70K/ft－64	1.11	0.004 5
D－70K/ft－48	1.07	0.002 4	J－70K/ft－80	1.12	0.004 5
D－70K/ft－64	1.11	0.004 2	F·PF1－3－64	1.11	0.004 3
D－70K/ft－80	1.13	0.004 7	F·PF1－3－80	1.12	0.004 5
J－60K/ft－48	1.08	0.002 8	F·NF1－3－64	1.11	0.004 4
J－60K/ft－64	1.11	0.004 5	F·NF1－3－80	1.12	0.004 7

3.2 柔性蜂窝芯材力学性能

表 4 为不同规格柔性蜂窝和传统正六边形蜂窝的力学性能数据。由于格孔边长为 3 mm 的正六边形蜂窝芯材每英尺孔格数为 60 K/ft,因此本文对比了相同密度下的 60 K/ft 规格柔性蜂窝和正六边形蜂窝芯材。表 4 中的数据表明,同等密度下,柔性蜂窝剪切性能与正六边形蜂窝剪切性能基本持平,其平压强度略高于正六边形蜂窝的平压强度,这是因为正六边形蜂窝的蜂窝密度要高于柔性蜂窝的蜂窝密度,在目标密度一致的情况下,柔性蜂窝的上胶量高于正六边形蜂窝上胶量,其平压强度优于正六边形蜂窝的平压强度。

表 4 　蜂窝力学性能数据

蜂窝规格	实测密度/ (kg·m^{-3})	室温平压强度/ MPa	L 向剪切强度/ MPa	L 向剪切模量/ MPa	W 向剪切强度/ MPa	W 向剪切模量/ MPa
D－60K/ft－48	49.0	2.51	1.25	72.7	0.95	59.3
D－60K/ft－64	61.2	4.18	1.91	77.2	1.80	72.9
D－60K/ft－80	81.4	5.35	2.78	85.6	2.25	76.4
D－70K/ft－48	48.6	2.13	1.51	76.1	0.98	65.0
D－70K/ft－64	65.7	4.09	2.02	78.6	1.52	70.7

续表 4

蜂窝规格	实测密度/ (kg·m^{-3})	室温平压强度/ MPa	L 向剪切强度/ MPa	L 向剪切模量/ MPa	W 向剪切强度/ MPa	W 向剪切模量/ MPa
D－70K/ft－80	81.6	5.55	2.92	80.2	2.48	78.8
J－60K/ft－48	50.7	2.30	1.19	63.5	0.98	57.9
J－60K/ft－64	68.0	3.95	1.96	68.4	1.40	63.1
J－60K/ft－80	85.0	5.30	2.34	75.1	2.09	74.9
J－70K/ft－48	50.1	2.30	1.22	62.8	0.98	60.3
J－70K/ft－64	65.0	3.41	1.75	72.5	1.52	69.0
J－70K/ft－80	86.2	5.71	2.40	77.2	2.20	72.6
F·PF1－3－64	65.4	4.02	2.11	83.0	1.85	70.1
F·PF1－3－80	86.8	5.13	2.81	86.5	2.28	74.0
F·NF1－3－64	64.8	3.50	1.89	72.6	1.34	69.8
F·NF1－3－80	82.5	5.11	2.35	85.7	1.88	60.8

3.3 柔性蜂窝芯材变形性能

采用长度为 350 mm，宽度为 350 mm，厚度为 5 mm，名义密度为 48 kg/m³ 的 J－60K/ft－48 和 D－60K/ft－48 柔性蜂窝在直径为 25 cm 的半球上进行变形能力验证，结果如图 1 所示，可以看出孔格尺寸为 60 K/ft 的间位和对位柔性蜂窝均能实现双向变形，显示出较好的孔格弯曲性。

(a) J-60 K/ft-48　　　　　　　(b) D-60 K/ft-48

图 1　变形能力样件

4　结　语

采用对位芳纶纸和间位芳纶纸分别制备了不同规格的柔性蜂窝和正六边形蜂窝，考察了其介电、力学及变形性能，并与传统正六边形蜂窝的相关指标进行性能对比，得出结论如下。

（1）柔性蜂窝与同密度下正六边形蜂窝的介电常数和介电损耗角正切基本一致，纸张种类和孔格单元结构参数对柔性蜂窝介电性能无明显影响，影响柔性蜂窝介电性能的主要因素为密度。

（2）同等密度下，柔性蜂窝与正六边形蜂窝剪切性能基本持平，柔性蜂窝的平压强度略高于正六边形蜂窝的平压强度。柔性蜂窝具有优异的孔格弯曲性，其在直径为 25 cm 的半球上可以实现双向变形，满足大曲率制件的变形需求。

参考文献

[1] 吉梅利法尔勃. 飞机结构设计基础[M]. 沈阳飞机设计研究所, 译. 沈阳: 沈阳飞机设计研究所, 2002: 208-209.

[2] HWANG Y, LACY T E. Numerical estimates of the compressive strength of impact-damaged sandwich composites[J]. Journal of Composite Materials, 2007, 41(3): 367-388.

[3] HEIMBS S. Virtual testing of sandwich core structures using dynamic finite elementsimulations[J]. Computational Materials Science, 2009, 45(2): 205-216.

[4] GIGLIO M, MANES A, Gilioli A. Investigations on sandwich core properties through anexperimental-numerical approach[J]. Composites Part B: Engineering, 2012, 43(2): 361-374.

[5] TEKOGLU C, ONCK P R. Size effects in the mechanical behavior of cellular materials[J]. Journal of Materials Science, 2005, 40(22): 5911-5917.

[6] PRALL D, LAKES R S. Properties of a chiral Honeycomb with a Poisson's ratio of-1[J]. International Journal of Mechanical Sciences, 1997, 39(3): 305-314.

[7] SPADONI A, RUZZENE M, SCARPA F. Global and local linear buckling behavior of a chiral cellular structure[J]. Phys. stat. sol. (b), 2005, 242(3): 695-709.

[8] DONG W J, SUN Q. Airfoil design and numerical analysis for morphing wing structure[J]. Advanced Materials Research, 2011, 228: 169-173.

[9] 张平, 周丽, 邱涛. 一种新的柔性蜂窝结构及其在变体飞机中的应用[J]. 航空学报, 2011(32): 156-163.

[10] 颜芳芳, 徐晓东. 负泊松比柔性蜂窝结构在变体机翼中的应用[J]. 中国机械工程, 2012, 23(5): 542-546.

[11] 程文杰, 周丽, 张平. 零泊松比十字形混合蜂窝设计分析及其在柔性蒙皮中的应用[J]. 航空学报, 2015, 36(2): 680-690.

[12] 赵聪, 刘文品, 蒋明燕. 五边形柔性芳纶纸蜂窝的制备及性能[J]. 工程塑料应用, 2024, 52(07): 57-63.

脉冲阳极化–干膜润滑剂复合膜层性能研究

宫兆泉　陈晓芳　周城　徐杨　齐忠政　洪俊杰

（东方蓝天钛金科技有限公司,山东·烟台,264003）

摘要：为增加干膜润滑剂涂层与基体结合力,通常在涂覆干膜润滑剂之前,对钛合金产品进行脉冲阳极化处理,使其在钛合金表面生成一层多孔的灰黑色膜层作为底层,从而达到提高膜层结合力和耐磨性的效果。本文分析了不同工艺参数对脉冲膜层厚度、形貌和安装力的影响,确定了最佳工艺参数为脉冲电压 120 V,占空比 20%,脉冲时间 20 min。后续对经过脉冲阳极化和涂覆干膜润滑剂复合处理的钛合金紧固件的膜层厚度、结合力、耐脱漆剂性、耐热性等指标进行分析,均符合要求。

关键词：钛合金;脉冲阳极化;干膜润滑剂;结合力

1　前　言

钛及钛合金力学性能优越、比强度高、密度低、无磁性,能有效降低飞机、宇航结构质量,减少能量消耗,提高飞行灵活性,是生产航空航天紧固件的重要材料。我国某军用飞机单机采用的钛合金紧固件数量达 6 万余件,C919 飞机单机钛合金紧固件用量约 20 万件,其用量百分比已经成为衡量飞机先进程度的重要指标。由于钛合金紧固件间互相配合时容易产生"卡滞"和"咬死"现象,因此必须对钛合金进行表面处理,例如,在其表面涂覆干膜润滑剂用以减小摩擦磨损。此外在空气中钛及钛合金表面易氧化,生成致密 TiO_2 保护膜,这层氧化膜可以提高钛合金耐蚀性,但当需要在钛合金表面涂覆二硫化钼一类的干膜润滑涂层时,氧化膜会导致涂层与基体结合力变差,导致涂层提前失效。因此,对钛合金进行表面改性,提高涂层结合力,实现表面强化和润滑并提高紧固件的耐磨性是必须解决的问题之一。

为进一步提高钛及钛合金的使用特性,在进行干膜润滑剂涂覆之前,通常需要对钛合金表面进行脉冲阳极氧化、磷化或喷砂等处理。万冰华等通过不同的表面处理工艺在钛合金表面制备了不同的过渡层,测试不同的预处理方式对涂层附着力的影响,结果发现预处理能有效提高涂层结合力。王婕等通过对钛合金表面进行阳极氧化-MoS_2 复合处理并进行常温和高温下的耐磨性测试,结果表明复合涂层具有良好的润滑效果。然而,脉冲阳极化的工艺参数对其结合力等其他性能有着显著的影响,根据相关文献,脉冲时间、占空比和脉冲电压这三种工艺参数会对脉冲膜层性能产生影响,因此本文通过不同工艺参数对钛合金进行表面处理,确定适合参数,并对紧固件复合膜层厚度、结合力、耐脱漆剂性、耐热性等指标进行分析,为实际生产提供理论支持和数据积累。

2　试　验

2.1　试验材料

选用钛合金（Ti－6Al－4V）螺栓作为分析对象,干膜润滑剂为 MoS_2。

2.2 正交试验方案设计

为确认最优脉冲阳极化参数,结合行业经验及实际生产情况,用于钛合金喷涂前处理的脉冲阳极化试验选取了三因素三水平的正交表,正交试验因素水平如表 1 所列,并利用脉冲阳极化参数正交试验表(见表 2)设计的方案进行研究。

表 1 正交试验因素水平

水 平	因 素		
	时间/min	占空比/%	电压/V
1	30	10	120
2	40	20	140
3	50	30	160

表 2 脉冲阳极化参数正交试验

序 号	因 素					
	时间/min	占空比/%	电压/V	时间/min	占空比/%	电压/V
1#	30	10	120	6#	40	10	140
2#	30	20	140	7#	50	30	140
3#	30	30	160	8#	50	10	160
4#	40	20	160	9#	50	20	120
5#	40	30	120				

3 结果分析

3.1 脉冲阳极化膜层组织

为清晰对比不同工艺参数对脉冲膜层微观形貌的影响,对局部区域进行放大,图 1～图 3 分别为 1#～9# 试验件表面脉冲膜层的扫描电镜图片,可以看出,样件膜层表面呈多孔状且孔隙率均匀。在阳极氧化过程中,金属表面与电解质溶液之间发生反应并生成氧化物,当氧化物生长到一定厚度以后,由于内部应力作用,会在氧化层中形成微小的空洞或者裂纹。由图 1 中 1#～3# 样件图片可以发现,随着占空比和电压的增加,孔洞尺寸也在逐渐增加,说明脉冲阳极化剧烈且形状多由圆孔状变为长条状,可能是由于两个相邻孔洞长大融合而形成。

图 2 中样件分别是 4#～6#,相较于图 1,脉冲时间的增加对孔洞尺寸和数量影响不大,而电压与占空比影响较大,电压越大则孔洞尺寸越大,而占空比越大则孔洞数量越多,这也导致膜层可能呈现疏松状态。

图 3 中 7#～9# 样件微观形貌与 1#～6# 样件类似,7# 样件膜层则由于电压、占空比较高导致反应剧烈,熔融状态的氧化物热量高,在向外喷发的过程中来不及冷却而在表面出现了碎屑氧化物。此外,当脉冲阳极化时间增加到 50 min,对膜层形貌影响不大。

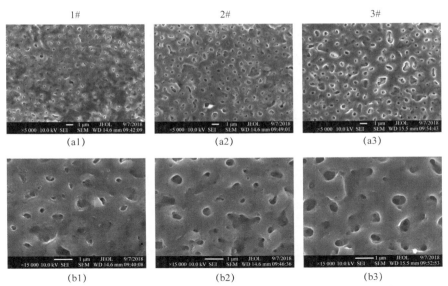

(a1)、(b1)占空比为10%，120 V；(a2)、(b2)占空比为20%，120 V；(a3)、(b3)占空比为30%，160 V

图1 1♯～3♯脉冲膜层微观组织

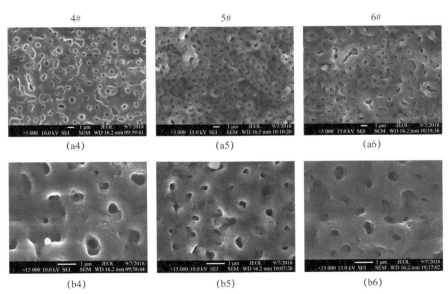

(a4)、(b4)占空比为20%，160 V；(a5)、(b5)占空比为30%，120 V；(a6)、(b6)占空比为10%，140 V

图2 4♯～6♯脉冲膜层微观组织

3.2 脉冲膜层金相检测

图4为9组样件脉冲膜层截面金相图片,从金相图片并不能观察到放电微孔,但可以发现脉冲膜层与基体结合处界面规整且连续,结合良好,厚度均匀,微观截面形貌呈现一致性。

脉冲膜层厚度及形貌对涂层整体性能的影响十分显著,其厚度可以衡量膜层的抗摩擦磨损、抗腐蚀等性能。为了分析脉冲时间、电压和占空比对膜层厚度的影响,分别测量9组样件脉冲膜层厚度三次并得出平均值,结果如表3所列。脉冲膜层厚度与脉冲电压呈线性关系,脉

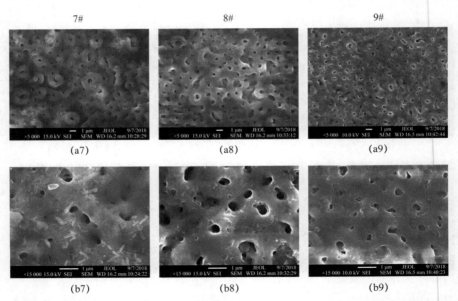

(a7)、(b7)占空比为30%，140V；(a8)、(b8)占空比为10%，160V；(a9)、(b9)占空比为20%，120V

图3 7#～9#脉冲膜层微观组织

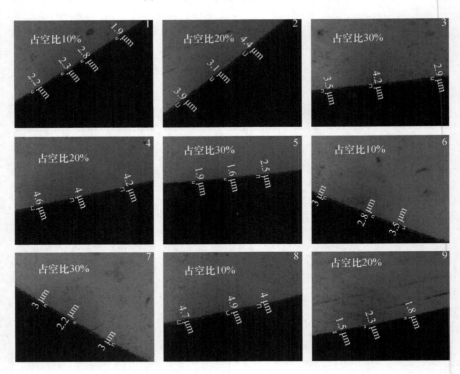

图4 1#～9#脉冲膜层截面金相图片

冲电压越高，膜层越厚。当电压超出该范围，电压越高，在阳极氧化膜与电解液界面上产生的热量越多，对阳极氧化膜的溶解越快，阳极氧化膜的厚度反而降低，电压过高，会产生粉状膜层甚至将膜层烧伤。根据试验结果显示，占空比与脉冲膜层厚度不成线性关系，在试验设置的占空比范围内（10%、20%、30%），膜层平均厚度分别为 3.30 μm、3.33 μm 和 2.73 μm。此外有文献[8]显示占空比越小,阳极氧化膜越厚,而占空比越高,断电时间缩短,削弱了脉冲阳极氧化降低浓差极化的作用,更接近于直流阳极氧化,对成膜速率和膜厚有负面影响,所以占空比过高会导致膜层质量下降。对于脉冲时间而言,达到一定时间后,阳极氧化的厚度基本不再随时间改变,成膜速率与膜层溶解速率达到动态平衡时,膜层厚度保持恒定。在实际验证过程中也发现,当脉冲时间至 20 min 左右时,脉冲电流已降为 0 A,表示脉冲膜层完全形成,在此基础上增加脉冲时间不会影响脉冲膜层。所以本次验证试验不再考虑脉冲时间对膜层的影响。

表 3　平均脉冲膜层厚度

脉冲电压	120 V(括号内数值为占空比)			140 V(括号内数值为占空比)			160 V(括号内数值为占空比)		
脉冲样件	1#(10%)	5#(30%)	9#(20%)	2#(20%)	6#(10%)	7#(30%)	3#(30%)	4#(20%)	8#(10%)
平均厚度/μm	2.3	2.0	1.9	3.8	3.1	2.7	3.5	4.3	4.5

3.3　安装试验

将 9 组脉冲样件涂覆干膜润滑剂后进行安装试验。试验数据记录在表 4 中。

表 4　安装试验结果

试验号	安装力/kN	最大安装力/kN	平均安装力/kN	试验号	安装力/kN	最大安装力/kN	平均安装力/kN
1#	2.65	2.78	2.600	6#	2.62	2.75	2.674
	2.78				2.75		
	2.59				2.65		
	2.38				2.69		
	2.60				2.66		
2#	2.62	2.74	2.642	7#	2.65	2.65	2.540
	2.74				2.59		
	2.69				2.53		
	2.56				2.39		
	2.60				2.54		
3#	2.68	2.69	2.640	8#	2.64	2.72	2.670
	2.68				2.67		
	2.69				2.72		
	2.50				2.64		
	2.65				2.68		
4#	2.69	2.85	2.706	9#	2.61	2.61	2.536
	2.68				2.50		
	2.73				2.60		
	2.58				2.47		
	2.85				2.50		
5#	2.59	2.67	2.558				
	2.49						
	2.40						
	2.67						
	2.64						

结合表 3 中脉冲膜层厚度及表 4 中安装试验数据,总结出 9 组脉冲试验中不同电压、不同占空比对应的脉冲膜层厚度及平均安装力,具体数据如表 5 所列。

表 5　平均膜层厚度与平均安装力

脉冲电压	120 V(括号内数值为占空比)			140 V(括号内数值为占空比)			160 V(括号内数值为占空比)		
脉冲样件	1#(10%)	5#(30%)	9#(20%)	2#(20%)	6#(10%)	7#(30%)	3#(30%)	4#(20%)	8#(10%)
平均厚度/μm	2.3	2.0	1.9	3.8	3.1	2.7	3.5	4.3	4.5
平均安装力/kN	2.600	2.558	2.536	2.642	2.674	2.540	2.640	2.706	2.670

分析表 5 中 9 组脉冲试验对应平均脉冲厚度与平均安装力,两者关系如图 5 所示。

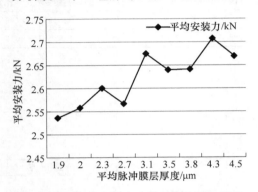

图 5　平均安装力与脉冲膜层平均厚度关系

由图 5 可知,脉冲膜层厚度与涂覆干膜润滑剂的零件安装力成正比,总体上脉冲膜层越薄,安装力越小。结合脉冲膜层微观组织,当脉冲电压过大,表面的微孔尺寸更大,涂覆干膜润滑层时,不能完全将脉冲膜层表面的大尺寸孔洞填充;而电压小的脉冲膜层表面孔洞尺寸更小,干膜润滑膜层能有效填充,涂层分子在脉冲膜层表面形成互相连锁的叠层结构,使表面形貌更为致密和平整,同时两者之间的结合力更好,这也导致过厚的脉冲膜层并不能提供良好的润滑效果。同时 MoS_2 结构中单元层间距离较大,因此在较小的应力作用下就可以滑动,从而使 MoS_2 具有优异的摩擦学性能[10]。

经过验证,当涂覆干膜润滑膜层时,进行脉冲阳极化前处理时,脉冲电压选取 120 V,占空比选取 20%,电压低,能耗低,且此工艺参数下安装力最小。

3.4　复合涂层厚度

测量部位分别选取 1/2 光杆部位 2 个点、1/2 支撑面处 2 个点、螺纹中径处 2 个点进行测量。

对涂覆干膜润滑剂的零件进行镶样、金相测厚度。选取典型图片以对杆部、支撑面和螺纹处涂层厚度进行说明,金相图片如图 6～图 8 所示。

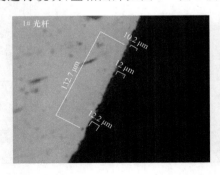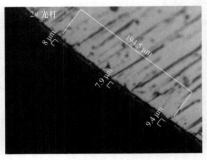

图 6　杆部 1/2 处涂层厚度

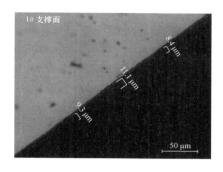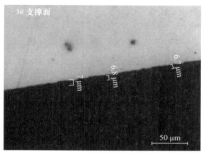

图 7 支撑面 1/2 处涂层厚度

图 8 螺纹 1/2 处涂层厚度

从图中可以看出零件杆部、头部支撑面、螺纹处的二硫化钼膜层厚度均可控制在 5～13 μm 范围内。

3.5 结合力

使用落锤法进行结合力测试试验，结果如图 9 所示。

零件通过落锤法测试后，头部的干膜润滑剂膜层未出现与基体金属分离的现象，膜层结合力合格。

图 9 结合力测试后零件图片

3.6 耐脱漆剂性

耐脱漆剂测试时，将零件浸泡在 Turco-5351 脱漆剂中，并在（25±3）℃下保持 24 h，再进行铅笔硬度测试。使用脱漆剂浸泡后，零件涂层不应出现起泡，按照《色漆和清漆铅笔法测定漆膜硬度》（GB/T 6739—2022）进行测试，浸泡脱漆剂后的紧固件与未浸泡紧固件相比，涂层的铅笔硬度降低不应超过 2 个单位。涂干膜润滑剂零件耐脱漆剂试验情况如表 6 所列。

表 6 耐脱漆剂试验结果

脉冲阳极化-干膜润滑剂	铅笔硬度	降低等级	结果
浸泡前涂层铅笔硬度	5 H	2	合格
浸泡后涂层铅笔硬度	3 H		

3.7 耐热性

耐热性测试,设定烘箱温度为(260±3)℃,温度稳定后,零件放入烘箱,保温 4 h。保温结束后取出零件,在空气中冷却至室温。零件不能起泡,使用胶带法进行结合力试验应合格。试验结果如图 10 所示,涂层未起泡,使用胶带法测试结合力合格。

图 10　耐热性试验结果

4 结 论

本文通过不同工艺参数对钛合金进行脉冲阳极化前处理,并确定合适参数,涂覆干膜润滑剂后对紧固件复合膜层的厚度、结合力、耐脱漆剂性、耐热性等指标进行分析,得出如下结论:

(1) 对于涂干膜润滑剂的零件,采用脉冲阳极化作为前处理,脉冲阳极化参数为脉冲电压 120 V,占空比 20%,脉冲时间 20 min,脉冲膜层与基体结合良好,平均厚度约为 1.9 μm 且连续均匀;

(2) 由试验结果可知,脉冲阳极化–干膜润滑剂膜层厚度、结合力、耐热性、耐脱漆剂性均满足相关要求。

参 考 文 献

[1] 张庆玲,王庆如,李兴无.航空用钛合金紧固件选材分析[J].材料工程,2007(1):11-14.

[2] 李冬冬,谷胜民,刘涛,等.钛合金螺栓与自锁螺母咬死故障分析[J].失效分析与防护,2012,7(4):235-239.

[3] 郑建锋,王旭.民用飞机钛合金紧固件表面处理的应用与研究[J].上海涂料,2012,50(5):17-20.

[4] 万冰华,林忠亮,魏亮亮,等.不同前处理方式对钛合金紧固件铝涂层附着力性能影响分析[J].航天标准化,2019,(03):6-10,38.DOI:10.19314/j.cnki.1009-234x.2019.03.002.

[5] 王婕,高学敏,刘凯学,等.脉冲阳极氧化-MoS_(2)复合处理 TC4 钛合金摩擦学性能研究[J/OL].润滑与密封,1-7[2024-08-13].http://kns.cnki.net/kcms/detail/44.1260.th.20240605.1420.020.html.

[6] 冯慧峤,张旭,师玉英,等.Ti-6Al-4V 钛合金脉冲阳极氧化工艺[J].电镀与环保,2016,36(05):40-42.

[7] 刘岩,李云川,吕瑞祥.TC4 钛合金耐磨阳极氧化工艺研究[J].江西化工,2021,37(02):71-74.DOI:10.14127/j.cnki.jiangxihuagong.2021.02.019.

[8] WANG Y, JIANG B, LEI T, et al. Dependence of growth features of microarc oxidation coatings of titanium alloy on control modes of alternate pulse[J]. Materials Letters, 2004, 58(12-13):1907-1911.

[9] 于凯,王静静,刘平,等.二硫化钼自润滑涂层性能及制备工艺的研究进展[J].材料导报,2024,38(07):50-59.

一种复合材料包装箱成型工艺的研究

宋传铁　张臻　高成雷　高会信

（山东圣泉新材料股份有限公司,山东·济南,250204）

摘要：目前复合材料(GRP)因其轻质高强的性能被广泛应用于各种领域,复合材料成型工艺随着时代的进步不断地提升和创新。为满足大型包装运输箱的轻质化,实现更高的运输里程,制造轻质高强的复合材料包装箱成为包装运输箱的一大发展方向。本文就本公司利用真空导入工艺实现大型复合材料包装箱的成型技术,详细论述了真空导入工艺的原理、理论基础、工艺难点和品质控制的关键因素。

关键词：真空导入;成型工艺;大型包装箱;复合材料

1　绪　论

真空导入工艺(Vacuum Infusion Process)使用的是单面模具,在模具上铺设干态纤维及芯材,铺设完成后利用真空袋膜构成密封体系,在真空的作用下形成负压,通过预先铺设的注胶管将树脂注入增强材料,树脂固化、脱模后得到制品雏形。相较于传统的手糊工艺,真空导入工艺制品气泡少、孔隙率低、纤维体积含量高、重量更轻、树脂用量及损耗更低、质量稳定。相对于 RTM 工艺成本低,使用单面模具即可。真空导入工艺如图 1 所示。

2　理论基础

真空导入工艺的理论基础是 1855 年法国物理学家达西提出的水力学理论,即达西定律。达西定律原是反映水在岩石孔隙中渗流规律的试验定律,其后被推广到真空导入工艺中,树脂在增强体系的流动可以用达西定律来描述和分析。

达西定律中树脂导入时间 T 由 4 个因素决定,分别是树脂黏度 h、导入长度 l、压力差 Δp 和渗透性 k,且与树脂黏度与导入长度成正比,与压力差和渗透性成反比,即 $T = 2hl/(2k\Delta p)$。

3　工艺难点

利用真空导入工艺实现大型包装箱成型的工艺难点存在于以下几个方面。

3.1　模具的要求

为保证真空导入产品的质量,对模具质量和结构是有相应要求的。

（1）模具应有较高的硬度和较高的光泽。

（2）模具应留有一定空间便于密封条和管路的布置。

（3）模具应综合考虑固化和脱模,尤其是脱模,对于大型制件,真空导入后如何不损坏制品

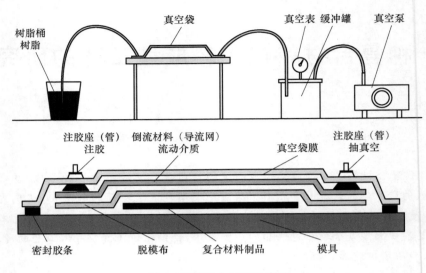

图 1　真空导入工艺示意图

的脱模至关重要,因此在模具设计时就要考虑怎样设计拔模角度,并预留出气孔等以利于脱模。

综上所述,本公司为保证产品的表面质量选择金属模具,并且对其表面粗糙度进行了要求。模具分大小端,留有拔模角度,且两侧留有粘贴密封条的部位,并根据产品和模具结构设计制作了相应的脱模装置。

3.2　树脂的选择

根据达西定律,树脂的黏度与树脂导入时间成正比,因此树脂选择必须考虑树脂的黏度。一般情况下,真空导入工艺树脂黏度选用 $200\sim300$ mPa·s。若黏度过高,树脂流动速度慢,导入效率低,不适合长程浸渍;若黏度过低,树脂流动过快,从而形成流到效应,浸润不通,形成干砂等缺陷。

树脂选用还须考虑树脂的适用期,这里的适用期指的是树脂凝胶前具有足够长的低黏度平台时间,若树脂适用期过短,在真空导入过程中,树脂就会发生固化;若适用期过长,树脂在导入完成后还长时间处于流动状态,影响生产效率,因此适当的树脂适用期可以确保导入完成时的浸润,提高产品性能。

除此之外,树脂选择还应满足制品的要求,须综合考虑树脂的固化特性、力学性能、耐化学腐蚀性、热性能、收缩率、相容性以及成本。

经综合考虑本公司的大型复合材料包装运输箱项目选用环氧树脂,黏度约为 260 mPa·s,适用期约 120 min,性能满足制品相关要求。

3.3　管路的布置

大型制件真空导入时的管路布置是成败的关键,是决定导入后产品质量和导入时间的重要因素,如果管路布置不合理,轻则出现导入时间过长、材料浪费;重则会在导入过程中形成"孤岛",树脂无法浸润,最终局部缺胶等缺陷。

本公司大型复合材料包装运输箱项目的真空导入工艺采用高渗透型介质,导流介质为导流网,其渗透率远远高于脱模布和增强材料。在导入时,导流网内树脂流动要超前于增强纤维和芯材中树脂流动,同时导流网内树脂不断往增强体和芯层内渗透,因此采用平行布管推进式的方式导入。

平行布管时要考虑每段导入的长度,即合理布置进胶口的数量和位置,想要高效率地利用真空导入工艺完成制件需布置合理的单段导入长度,一般情况,单段的导入长度设计为 400～600 mm,因此单段导入长度设计为不大于 500 mm。

4　品质控制关键

4.1　温　度

真空导入过程中温度影响树脂黏度和树脂浸润性,温度越低,树脂黏度越高,浸润性越差,可如果温度过高,虽然树脂黏度降低,导入、渗透迅速,但是树脂适用期会变短,容易发生固化,因此合适的导入温度是真空导入品质控制的关键。

在本公司大型复合材料包装运输箱的生产过程中,真空导入的温度控制在 20～35 ℃,保证树脂的低黏度和适当的适用期。当温度由 15 ℃升至 20 ℃时,孔隙含量显著减少,当温度高于 20 ℃时,孔隙含量变化不大。

4.2　真空度

真空度提供体系内外的压力差,影响导入的速率,但真空度并非越高越好。当真空度过高时,真空度对树脂的浸润驱动力高于毛细作用的驱动力,浸润纤维时纤维束间的流动较纤维束内流动快,容易形成较小的微孔隙;当真空度过低时,首先压力差减小,导入速度降低,其次真空对树脂的驱动力低于毛细作用的驱动力,树脂在纤维束内流动快于纤维束之间的流动,会产生较大的微孔隙。

本公司大型复合材料包装运输箱的生产过程中,真空度控制在 80～90 kPa 之间,在提供足够压力差的同时,平衡两类驱动力,提高产品质量。

5　小　结

本公司通过真空导入工艺完成了大型复合材料包装运输箱的制作,在此过程中攻克模具设计、树脂选择、管路布置等工艺难点,并通过对温度和真空度的控制保证了产品的质量,实现了包装运输箱的轻量化和优良的性能,产品现已按照相关技术要求通过了承载、承压、运输试验和环境试验,可以满足客户的相关要求。

参考文献

[1] 杨金水,肖加余,曾竟成,等.复合材料风电叶片专用树脂体系流变学特性[J].武汉理工大学学报,2009,31(21):125.

[2] 李传胜,张锦南.真空灌注成型工艺在大型风力机叶片中的应用[C]//玻璃钢学会第十六届全国玻璃钢/复合材料学术年会.黄山,2006:254.

[3] ZHU Y D,WANG J H,YANG Z,et al. Vacuum infusion molding process(Partl:VIMP based on a high-permeable medium)[J]. J Wuhan University of Technology:Mater SciEd,2003,18(3):72.

[4] 郭明恩,孙祖莉.真空导入工艺参数对复合材料孔隙含量的影响[J].材料工程,2012(10):54-57.

提高宇航类电子产品机壳加工工艺水平的探讨

王振鲁　刁奎斌　代树政　刘丰林　李伟

（山东航天电子技术研究所,山东·烟台,264000）

摘要： 本文聚焦提高宇航类电子产品机壳加工工艺水平。首先分析了宇航电子产品机壳的特点,包括小批量生产、尺寸公差要求严格、材料多样化以及涉及多个专业等。接着从专业规划、小批量高质量管控、工艺队伍建设、薄弱环节治理和技术沉淀总结五个方面提出了具体措施。

在专业规划方面,明确了高精度加工、自动化加工和绿色加工技术的发展方向,并提出设备更新与升级的策略,包括引进先进设备、升级现有设备和建立设备维护管理体系。小批量高质量管控措施涵盖生产计划管理、工艺过程控制和质量检验与控制,以确保产品质量稳定可靠。工艺队伍建设强调人才培养与引进,通过内部培训、引进外部人才和建立人才激励机制提升工艺人员专业水平;同时注重团队建设与协作,增强团队凝聚力。薄弱环节治理包括建立质量问题数据库、开展专项整治和加强预防,以及优化工艺参数、加强设备维护保养和强化工艺纪律来提高产品质量。技术沉淀总结包括定期总结技术经验和开展技术交流活动,鼓励技术创新并跟踪技术发展趋势。最后得出结论,提高宇航类电子产品机壳加工工艺水平须多方面努力。

关键词： 宇航电子;机壳加工;专业规划;质量管控;技术沉淀

1　引　言

机壳作为电子产品的重要组成部分,其加工水平的高低对产品的整体质量有着重要影响。本文旨在分析宇航电子产品机壳的特点,探讨提高其加工工艺水平的方法和措施,包括专业规划、小批量高质量管控、工艺队伍建设、薄弱环节治理以及技术沉淀总结等方面,为提升宇航类电子产品的质量和性能提供参考。

2　宇航电子产品机壳的特点分析

2.1　小批量生产

宇航类电子产品通常具有小批量生产的特点。这是由于需求的特殊性,订单数量相对较少,且产品更新换代较快。小批量生产给机壳加工带来了一系列挑战,如生产组织难度大、成本控制困难、工艺稳定性要求高等。

2.2　尺寸公差要求严格

宇航类电子产品对机壳的尺寸公差要求非常严格。这是为了确保电子产品在恶劣的环境下能够正常工作,同时保证与其他部件的配合精度。尺寸公差要求严格对加工工艺提出了更高的要求,需要采用高精度的加工设备和先进的测量技术。

2.3 材料多样化

宇航类电子产品机壳的材料多样,常见的有铝合金、镁合金、钛合金等金属材料,以及工程塑料等非金属材料。不同的材料具有不同的物理和力学性能,因此对加工工艺也有不同的要求。例如,金属材料需要进行切削、冲压、焊接等加工工艺,而非金属材料则需要进行注塑、挤出等加工工艺。

2.4 涉及多个专业

宇航类电子产品机壳的加工涉及材料、焊接、表面处理等多个专业。这需要加工企业具备跨专业的技术能力和协同合作能力。例如,在材料选择方面,需要考虑材料的强度、硬度、耐腐蚀性等性能;在焊接工艺方面,需要选择合适的焊接方法和焊接材料,确保焊接质量;在表面处理方面,需要根据产品的使用环境和要求,选择合适的表面处理方法,提高产品的耐腐蚀性和耐磨性。

3 专业规划

3.1 技术发展方向

3.1.1 高精度加工技术
随着装备的不断发展,对宇航类电子产品机壳的尺寸精度和表面质量要求越来越高。因此,高精度加工技术将是未来宇航类电子产品机壳加工的重要发展方向。例如,采用高速切削、精密冲压、电火花加工等先进的加工技术,提高加工精度和表面质量。

3.1.2 自动化加工技术
为了提高生产效率和降低劳动强度,自动化加工技术将在宇航类电子产品机壳加工中得到广泛应用。例如,采用自动化生产线、机器人加工等技术,实现加工过程的自动化和智能化。

3.1.3 绿色加工技术
随着环保意识的不断提高,绿色加工技术将成为未来宇航类电子产品机壳加工的必然选择。例如,采用干式切削、微量润滑等技术,减少加工过程中的环境污染;采用可回收材料和可再生能源,降低资源消耗和碳排放。

3.2 设备更新与升级

3.2.1 引进先进的加工设备
为了满足宇航类电子产品机壳加工的高精度、高效率要求,加工企业需要引进先进的加工设备。例如,高速加工中心、精密电火花加工机床、自动化焊接设备等。这些设备具有高精度、高效率、高自动化等优点,可以大大提高加工质量和生产效率。

3.2.2 升级现有设备
对于一些现有的加工设备,可以通过升级改造来提高性能,拓展功能。例如,对普通加工中心进行数控化改造,增加自动换刀装置、刀具监测系统等;对焊接设备进行智能化改造,增加焊缝跟踪系统、焊接参数自动调节系统等。

3.2.3　建立设备维护管理体系

为了确保加工设备的正常运行和延长设备的使用寿命,加工企业需要建立完善的设备维护管理体系。例如,制订设备维护计划、建立设备档案、定期进行设备保养和检修等。同时,还需要加强设备操作人员的培训和管理,提高设备操作水平,增强维护意识。

4　小批量高质量管控措施

4.1　生产计划管理

4.1.1　合理安排生产任务

根据订单需求和生产能力,合理安排生产任务,避免生产过剩和浪费。对于小批量生产的订单,可以采用灵活的生产组织方式,如分批生产、并行生产等,提高生产效率。

4.1.2　优化生产流程

对生产流程进行优化,减少生产环节和工序,提高生产效率。同时,要加强生产过程中的质量控制,确保产品质量稳定可靠。

4.1.3　加强生产进度监控

建立生产进度监控体系,对生产过程进行实时监控,及时发现和解决生产中出现的问题。同时,要加强与客户的沟通,及时反馈生产进度和产品质量情况,确保客户满意度。

4.2　工艺过程控制

4.2.1　制定详细的工艺文件

根据产品的特点和要求,制定详细的工艺文件,包括加工工艺流程图、工艺参数表、操作规程等。工艺文件要具有可操作性和指导性,确保工艺人员能够严格按照工艺要求进行操作。

4.2.2　加强工艺过程监控

对工艺过程进行全程监控,确保工艺参数的稳定性和一致性。采用先进的检测设备和方法,对关键工艺环节进行重点监控和检测,及时发现和解决工艺问题。

4.2.3　开展工艺改进和优化活动

定期对工艺过程进行分析和总结,找出存在的问题和不足之处,及时进行工艺改进和优化。通过工艺改进和优化,提高产品质量和生产效率,降低生产成本。

4.3　质量检验与控制

4.3.1　建立严格的质量检验制度

建立严格的质量检验制度,对原材料、半成品和成品进行全面检验和检测。质量检验要覆盖产品的各个环节和工序,确保产品质量符合标准和要求。

4.3.2　加强质量控制

采用先进的质量控制方法和手段,如统计过程控制(SPC)、六西格玛管理等,对产品质量进行实时监控和分析。通过质量控制,及时发现和解决质量问题,提高产品质量稳定性和一致性。

4.3.3　开展质量追溯

建立质量追溯体系,对产品质量进行全程追溯。一旦发现质量问题,可以迅速追溯问题的根源,采取有效的措施进行整改和处理。同时,质量追溯体系也可以为产品质量改进提供依据和参考。

5　工艺队伍建设

5.1　人才培养与引进

5.1.1　加强内部培训

制订内部培训计划,定期组织工艺人员进行培训和学习。培训内容包括专业知识、技能操作、质量管理等方面,提高工艺人员的专业水平和综合素质。

5.1.2　引进外部人才

积极引进外部人才,尤其是具有丰富经验和专业技能的高端人才。提供优厚的待遇和良好的发展空间,吸引外部人才加入企业,为企业的发展注入新的活力。

5.1.3　建立人才激励机制

建立科学合理的人才激励机制,对表现优秀的工艺人员进行表彰和奖励。激励机制应包括物质奖励和精神奖励,激发工艺人员的工作积极性和创造性。

5.2　团队建设与协作

5.2.1　建立团队合作机制

建立团队合作机制,加强工艺人员之间的沟通和协作。通过团队合作,可以充分发挥每个人的优势和特长,提高工作效率和质量。

5.2.2　开展团队建设活动

定期组织团队建设活动,增强团队凝聚力和向心力。团队建设活动可以包括拓展训练、文化活动、技术交流等,丰富工艺人员的业余生活,提高团队的整体素质。

5.2.3　加强与其他部门的协作

加强与其他部门的协作,如设计部门、质量部门、生产部门等。通过跨部门协作,可以实现信息共享和资源优化配置,提高企业的整体运营效率。

6　薄弱环节治理

6.1　质量问题分析

6.1.1　建立质量问题数据库

建立质量问题数据库,对生产过程中出现的质量问题进行记录和分析。质量问题数据库要包括问题描述、原因分析、整改措施等内容,为质量问题的解决提供依据和参考。

6.1.2　开展质量问题专项整治

针对质量问题突出的环节和工序,开展质量问题专项整治活动。通过专项整治,找出问题的根源和解决办法,提高产品质量的稳定性和一致性。

6.1.3　加强质量问题预防

加强质量问题预防,从源头上控制质量问题的发生。通过加强设计评审、工艺评审、原材料检验等环节的质量控制,提高产品的质量可靠性。

6.2　工艺稳定性提升

6.2.1　优化工艺参数

对工艺参数进行优化,提高工艺稳定性和一致性。通过试验和分析,确定最佳的工艺参数组合,确保产品质量稳定可靠。

6.2.2　加强设备维护保养

加强设备维护保养,确保设备的正常运行。定期对设备进行保养和检修,及时更换磨损的零部件,提高设备的精度和稳定性。

6.2.3　强化工艺纪律

强化工艺纪律,严格按照工艺文件进行操作。加强工艺纪律检查和考核,对违反工艺纪律的行为进行严肃处理,确保工艺文件的执行力度。

7　技术沉淀总结

7.1　技术经验总结

7.1.1　定期总结技术经验

定期对生产过程中的技术经验进行总结和归纳,形成技术文档和报告。技术经验总结要包括成功案例和失败教训,为今后的生产提供参考和借鉴。

7.1.2　开展技术交流活动

组织开展技术交流活动,分享技术经验和成果。技术交流活动可以包括内部技术研讨会、外部技术交流会等,促进技术人员之间的交流和合作,提高企业的整体技术水平。

7.2　技术创新与发展

7.2.1　鼓励技术创新

鼓励工艺人员积极开展技术创新活动,提出新的加工工艺和方法。建立技术创新奖励机制,对取得显著成果的技术创新项目进行表彰和奖励,激发工艺人员的创新热情。

7.2.2　跟踪技术发展趋势

跟踪国内外先进的加工技术和工艺发展趋势,及时引进和应用新技术、新工艺。通过技术创新和引进,提高企业的核心竞争力,满足市场和客户的需求。

8　结　论

提高宇航类电子产品机壳加工工艺水平是一项长期而艰巨的任务,需要我们从专业规划、小批量高质量管控、工艺队伍建设、薄弱环节治理以及技术沉淀总结等方面入手,采取有效措施,不断努力。通过加强技术创新、提高生产效率、保证产品质量,可以为国家建设提供更加优质的宇航类电子产品机壳,为实现强国目标做出更大的贡献。

在未来的发展中,不仅要不断适应市场和客户的需求变化,加强与科研机构和高校的合作,引进和培养更多的专业人才,提高企业的核心竞争力。同时,还要积极推进绿色加工技术的应用,降低资源消耗和环境污染,实现可持续发展。相信在多方面的共同努力下,宇航类电子产品机壳加工工艺水平一定会不断提高,为我国的国家建设和经济发展做出更大的贡献。

参考文献

[1] 吴毅民,戴苏榕.航空机载电子产品生产计划编制方法与思考[J].航空电子技术,2017,48(4):49-53.

[2] 孙晓博.基于云平台的线切割系统设计与实现[D].西安:西安工业大学,2023.

[3] 王健.数控机床现代加工工艺探究[J].科技与企业,2014,(17):206.

[4] 贾宗彪.P-GMAW电弧传感焊缝跟踪精度研究[D].天津:天津工业大学,2021.

[5] 姬澄,宋一平.液体火箭发动机研制生产的批量化管理分析[J].智慧中国,2024(4):15-17.

[6] 常海燕.制造业企业经济管理中的成本控制与效益优化研究[J].现代工业经济和信息化,2024,14(2):218-220.

[7] 刘彩霞.新质生产力赋能绿色物流的内在价值、现实挑战与实践构想[J].当代经济管理,2024,46(9):42-49.

耐高温长针电连接器再流焊接工艺方法研究

李广富　任晓刚　阎斌　戴营营　周璐

（山东航天电子技术研究所,山东·烟台,264000）

摘要：本文主要针对航天领域所用耐高温长针电连接器再流焊接技术工艺方法进行研究,重点对耐高温长针电连接器锡环设计、助焊膏的选择、再流焊接曲线设置及原则进行了说明。对耐高温长针电连接器再流焊接工艺分工序进行讲解,为小批量产品自动化焊接提供参考。

关键词：耐高温长针电连接器；再流焊接工艺方法；锡环；助焊膏；焊接曲线

1 引 言

电连接器作为产品的常用接口元器件,对电子设备的电信号传输起着决定性作用。常用电连接器分为弯针直焊式、焊线式、短针对插式、长针对插式,其中弯针直焊式、短针对插式电连接器已实现自动焊接生产,长针电连接器的生产现阶段还是采用智能烙铁手工焊接的方式,生产效率较低,无法实现批量生产,因此,对长针电连接器再流焊接工艺方法的研究至关重要。

2 长针电连接器本体材料分析

对产品使用的长针电连接器主要型号进行统计分析,常用的电连接器为 HRM 型、CRM型、RM 型、J80 型、J56 型等,可以发现这些型号的电连接器本体材料为 PPS 和 PBT,不同型号的长针电连接器本体材料信息如表 1 所列,长针电连接器实物图如图 1 所示。

表 1　不同型号的长针电连接器本体材料

型号	中航光电	贵航	AirBorn	四川华丰	备注
HRM 型	—	PPS	—	PPS	
CRM 型	PPS	—	耐波峰焊	PPS	
RM 型	—	—	PPS	—	
J80 型	—	PBT/PPS	—	—	
J56 型	—	PBT/PPS	—	—	

PPS(聚苯硫醚)材料的长针电连接器具有良好的热稳定性、耐热性、化学稳定性、尺寸稳定性以及耐腐蚀性等。PPS 的热分解温度超过 480 ℃,熔点为 280~290 ℃,热变形温度超过 260 ℃,短期可耐温 260 ℃,最高持续工作温度为 230 ℃,线膨胀系数为 50 ppm/℃,玻璃化温度为 110 ℃。

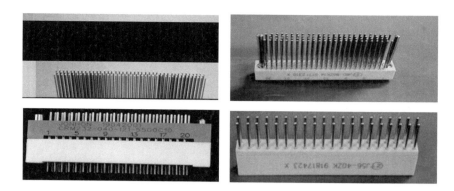

图 1　长针电连接器实物

PBT(聚对苯二甲酸丁二醇酯)为乳白色半透明到不透明的结晶型热塑性聚酯,具有高耐热性、韧性、耐疲劳性。PBT 的玻璃化转变温度在 22～43 ℃之间,熔化温度为 225～275 ℃,热变形温度为160～180 ℃,经过玻璃纤维增强,可在 130 ℃条件下长期使用,在 200 ℃条件下短时使用。

通过以上分析可知,PPS 材料的长针电连接器(以下简称耐高温长针电连接器)能承受在 230 ℃条件下持续工作的考验,可以进行再流焊接。

3　锡环尺寸计算

为了获取合适的焊锡量,根据计算公式 $V_{top}=V_{bot}=1/3\pi(R-a)(R^2+a^2+Ra)-\pi(R-a)a^2$、$V_{hole}=\pi h(r^2-a^2)$ $V_{total}=2V_{top}+V_{hole}$ 计算出理想焊点的焊锡体积。

有了理想焊点的焊锡体积,获取圆形锡环的尺寸是关键。锡环的尺寸包括外径 R_1、内径 R_2 及高度 h,如图 2 所示。

锡环的外径 R_1 即长针电连接器引线所在焊盘外径 R,锡环的内径 R_2＝长针电连接器引线直径 R_3＋0.16 mm,在一块印制板中,长针电连接器焊盘尺寸是已知参数,长针电连接器引线直径为已知参数,圆形锡环的体积为已知参数,因此可根据圆柱体体积计算公式计算出锡环高度。

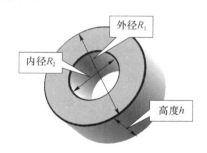

图 2　锡环尺寸示意图

4　助焊剂选择

焊锡丝有助于焊剂芯,使用智能烙铁焊接时,焊锡丝内的助焊剂芯和外部施加的助焊剂能有效去除氧化层,形成良好的焊点。

焊锡膏中包含助焊剂、焊锡及其他物质,在进行再流焊接时,焊锡膏内的助焊剂能有效去除氧化层,形成良好的焊点。

焊锡环为实体的焊锡,内部无助焊剂芯,外部无合适的助焊剂,为了能有效去除焊锡环上的氧化层,获取光滑明亮的焊点,经过试验验证及多种助焊剂对比,选择中性助焊膏为焊锡环熔化过程中的助焊剂。

5　长针电连接器锡环套装及再流焊接方法

5.1　长针电连接器锡环套装工艺方法

为了在兼容印制板组装件上的重要器件的条件下焊接,如 BGA 和 CCGA 器件,根据长针电连接器与重要器件的安装位置确定锡环放置位置。长针电连接器对插面与重要器件在印制板组装件同一面,需要将锡环放置到长针电连接器与印制板之间。

此种情况可采用单一工装锡环套装方法和组批锡环套装方法。

5.1.1　单一工装锡环套装方法

按照长针电连接器引脚尺寸及数量设计单一工装形式,将锡环逐个摆放到工装上,然后将长针电连接器插针插入锡环及工装中,完成后将工装连同长针电连接器一起倒放,使锡环落入长针电连接器引脚上,最后将工装取出,如图 3 所示。

单一工装分为内孔和外孔,内孔为长针电连接器引脚能顺利插入的孔,外孔为放置锡环的孔,外孔直径为锡环外径 $R_1+0.2$ mm,工装的整体高度为长针电连接器引脚长度 H,如图 4 所示。

图 3　锡环套入插针

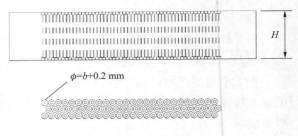

$\phi = b + 0.2$ mm

图 4　单一工装设计图

5.1.2　组批锡环套装方法

组批锡环套装方法将多个单一锡环套装工装集成在一个工装上,开孔尺寸与单一锡环套装工装一致,将散料锡环全部倒入集成工装内,使用刮板将多余的锡环带走,留下进入孔内的锡环,这提高了锡环的摆放速度,完成后将工装连同长针电连接器一起倒放,使锡环落入长针电连接器引脚上,最后将工装取出,如图 5 所示。

5.2　长针电连接器再流焊接工艺方法

根据印制板层数、印制板上的器件密度以及重要器件的要求选择再流焊接曲线,调整链条宽度进行再流焊接。

通过 X 光检查焊锡能否填充满整个焊孔,并形成良好的焊点,无拉尖,无漏焊,无多余物,如图 6 所示。

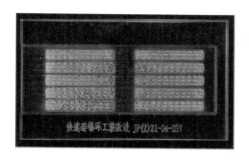

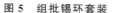

图 5 组批锡环套装

图 6 X 光检测图

使用显微镜检查各焊点是否无漏焊、无短路、焊点完好且无拉尖。合格焊点如图 7 所示。

(a)

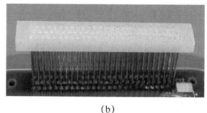

(b)

图 7 合格焊点

6 结束语

通过上述工艺流程及操作方法可以看出,通过选取合适的锡环、工装、助焊剂、温度曲线可实现耐高温长针电连接器再流焊接,焊接后焊点质量和可靠性满足标准要求,工艺方法的固定和操作参数的固定,为耐高温长针电连接器再流焊接的广泛应用提供了保障。

参考文献

[1] 白邈,陈曦,张煜堃,等.航天器用板间长针连接器焊接难点与工艺方法研究[J].航天制造技术,2017,(3):21-24.

[2] 邓志芳.通孔回流焊技术在 SMT 制程中的应用[J].中国科技纵横,2012(17):9-10.

[3] 张威,王春青,孙福江.钎料量对通孔再流焊焊点强度的影响规律[J].电子工艺技术,2004,25(1):17-19.

[4] 全国有色金属标准化技术委员会.锡铅膏状焊料通用规范:SJ/T 11186—2019[S].北京:中国标准出版社,2019.

星载电源模块精密加工的工艺研究及应用

胡庆德　李芳　王黎明　代树政　刘孟孟

（山东航天电子技术研究所,山东·烟台,264003）

摘要：随着航天事业的发展,航天器应用越来越多,星载系统的电源设备逐步国产化,Sunlight 模块是电源设备的重要组成部分,单个模块集成了众多的控制功能,其结构复杂,整体精度要求较高,加工中容易变形,影响整个模块的外形特性和尺寸精度。本文为解决零件变形的问题,分析零件结构特性,制定详细的工艺方法,从工艺方案、加工参数、热处理方式、工装装夹等方面考虑,有效解决了 Sunlight 模块加工变形的问题,为推动卫星电源国产化奠定了基础。

关键字：精密加工;工艺方案;加工参数;工装;消除应力

1　概　述

随着我国航天事业的发展,卫星应用越来越多,航天电子及相应的配套系统都取得了长足发展,各系统的设计、保障、生产工艺方面的能力水平显著提高。在保证航天器质量的同时,降低航天器的成本至关重要,随着关键系统设备逐步国产化,其中为卫星供电的电源系统也逐步实现了国产化,其供电性能优越,满足在轨应用需求,使应用成本大幅降低。

Sunlight 模块是星载电源模块中结构最大、外形最复杂、去除材料最多、内部装配件最多的一种模块,是典型的航天综合电子模块的结构大件。针对航天产品短、平、快且高质量的研制要求,对 Sunlight 模块的加工要充分考虑各方面因素,例如,工艺方法要科学合理;装夹方式要方便、有效;加工过程中必须充分考虑去除材料所产生的内应力;怎样消耗掉加长刀具所产生的共振力;怎样降低或吸收较大行腔内部产生的共振;怎样利用好细长刀具去除薄壁板的材料等。总之,加工时需要结合各方面因素,制定合理加工过程,按预设的目标方向前进,又好又快地完成产品的加工。

2　Sunlight 模块加工工艺性能分析

2.1　Sunlight 模块框架结构加工性能变形趋势分析

Sunlight 模块的加工难度在于长度跨度较大,较长方向的 4 个面是不对称的非规则型面,加工过程会因某一面去除材料少、某一面去除材料多而发生倾向性的弯曲变形,若材料自身应力较大,吸收应力的能力又较小时,容易发生弯曲变形。同时由于其形状的不规则性,很有可能再次发生扭曲变形,其零件将呈麻花状,最高点与最低点的落差将会再次增加。

Sunlight 模块结构三维模型如图 1 所示,其具有 6 个面,若原材料选取不适当,其底面、前面、后面、顶面将发生较大变形;如过程方法不得当,参数不合理,整个零件将发生如图 2 所示的拱形变形,中间部位距离水平基准线垂直距离将偏移 4 mm 左右。由于其不均匀及不对称性,零件发生的是塑性变形,难以在较短时间内恢复平行状态,进而影响到另外 2 个面,使整个 6 个面都产生不同程度变形。

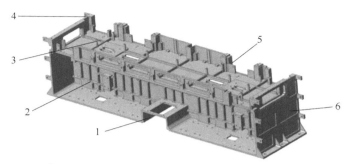

1—底面; 2—前面; 3—顶面; 4—左侧面; 5—顶面; 6—右侧面

图 1　Sunligth 模块模型

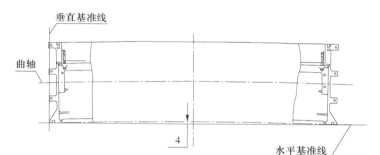

图 2　应力变形

2.2　Sunlight 模块框架加工方案分析

Sunlight 模块结构框架长度为 700 mm,考虑到各个面的加工余量,原材料通常选用长度 730 mm 左右,厚度 170 mm 左右,宽度 170 mm 左右的铝板。由于原材料体基比较大,加工过程中需要考虑诸多因数,必须采取措施消耗掉每一个阶段所产生的应力,因此应充分考虑装夹方式、刀具选择、加工参数匹配、加工步骤(包括粗加工、半精加工、精加工,先加工哪一面,加工余量等)、热处理方法及时机等。

2.2.1　加工步骤方案

参照 Sunlight 模块结构三维图,其部分工程如图 3 所示。

图 3 中,由于其上下结构面的差异性,F 面(底面)与对应的 A 面(顶面)变形量最大,此两面在加工时采用辅助工艺方案,以平衡两面产生的差异内应力,使两面的内应力通过自身内部结构均匀分担,保持较好的平衡度。后期再通过热处理时效的工艺方法,将大部分内应力消除,最后再将辅助工艺材料去除掉,使其状态保持稳定。因此,加工 F、A 面工艺方案的关键在于怎样额外增加 F 面的工艺桥接面、A 面去除材料的步骤、留余量的多少、热处理的时机等。

图 3 中 B、C 面的结构框架基本相当,两面能均匀分配内应力,但加工过程中须先加工完一面后再加工另一面,这样容易破坏两面的平衡性,加工完一面时内应力集中,造成零件变形较大,极有可能形成明显的拱形状态。因此,必须以多步往复的方式加工 B、C 面,并留有一定

余量,在每个面的每步加工结束后进行热处理,使加工后产生的不规则内应力自然消除。待粗加工完成后,经热处理时效,再进行半精加工和精加工循环。

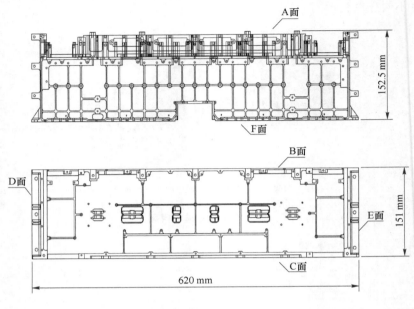

图 3   Sunlight 工程图

图 3 中的 D、E 面是相对较小的面,这两个面的变形主要受其他 4 个面的影响,而 D、E 面对其他 4 个面的影响较小,加工两侧产生的内应力相对较小,因此可以采取先粗加工两侧的思路,粗加工时留有一定的余量,待其他面加工完后再精加工到位,留有余量可在加工其他面时作为辅助工艺方案。

整个加工步骤方案如图 4 所示。

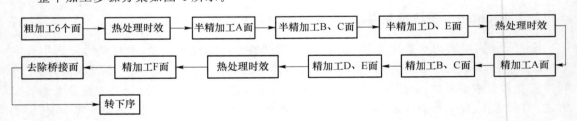

图 4   加工步骤方案

加工过程中,根据材料的实际变形情况,每一面的粗、半精加工可进行多次留余量、循环热处理。加工余量的留取根据每面的厚度应有差异,每组对应面中,加工余量去除较多的应多留加工余量,并分多次将余量去除,通过热处理减少不规则内应力。热处理步骤必须确保热处理时间在 6~8 h 及以上,并进行炉温自然冷却。

2.2.2   解析装夹方法及辅助夹紧方式

Sunlight 模块结构框架较大,两侧加工时比较容易施加外力压紧零件,而长度方向若使用压板则不利于产品的加工,因此选用 3 台精密虎钳配合使用夹紧零件。

加工 Sunlight 模块结构的 4 个大面过程中,随材料的去除零件会发生变形,虽留有余量不影响零件的结构,但还应考虑将变形降低到最小,同时应将切削时型腔内产生的切削共振力快速传递并消耗掉。采取辅助夹紧方式,增加吸振板工装,将产生的切削共振力同时由 3 个虎钳来分担,其装夹方式如图 5 所示。

外侧的两个虎钳施加主要的夹紧力,其两虎钳口的平行度、夹紧力对装夹零件起主要决定作用。中间虎钳再施加安全力,配合两侧虎钳将零件装夹得更牢固、更可靠、吸振效果更好,虎钳口的固定侧保持平行。

两块吸振板自身的平面度应符合要求,厚度应大于 25 mm,具有良好的强度、吸振能力和抗变形力,根据要求选用铝板比较有经济性。采用吸振板后具有以下优点。

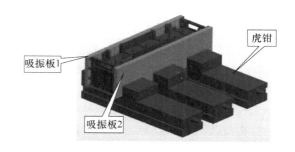

图 5　模块结构框架装夹方法示意图

（1）增大压紧力,使零件更牢固。用吸振板后,可增加接触面积,使零件整个长度方向都能较均匀的受力,提高了承受压力的强度。用虎钳施加更大的夹紧力时,不会压伤零件。

（2）增大接触面,提高加工稳定性。使零件从原来的局部面接触扩大到整个长度方向。

（3）降低加工时的共振力,提高加工性能。吸振板与零件表面紧密接触,类似于增加了零件的壁厚,提高了强度,切削时可将产生的共振力吸收一部分。

（4）具有校正能力。吸振板大面积接触零件,施加一定夹紧力后,使零件的弯曲变形减小,降低零件的变形量。

3　具体加工方法的选择及参数的确定

根据 Sunlight 模块结构框架的工艺性能分析,整个模块框架的加工应采用冷热加工相结合的方式。冷加工主要在 CNC 设备上完成,热加工主要是时效热处理,消除加工过程中产生的内应力,但应根据不同阶段的变形状况采用不同温度、不同加热时长、选择不同加热时机。

3.1　主要步骤的建立

Sunlight 模块结构框架的加工主要在数控设备上完成,要加工出符合要求的零件,在每一步加工方案的执行中,必须根据材料的变形情况灵活运用加工方法。

3.1.1　桥接辅助工艺的建立

Sunlight 模块结构（见图 3）中,其 F 面与 A 面的结构框架差异较大,此两面又是对应面,加工后产生的内应力会集中到 F 面上,此面的内应力在缺口处不连续,容易应力集中,累积到一定程度后零件容易发生严重的弯曲变形。

为解决 F 面缺口处应力集中的问题,应在缺口处增添辅助桥接面,使缺口两边能相连,应力可通过桥接面传递到另一边。桥接面的建立可分三段,缺口两边及中间可各留一处,使缺口在 F 面上连接起来。桥接面可根据原材料及零件结构,去除缺口处局部材料即可形成。

3.1.2　各加工面图形的建模

加工模型的建模主要考虑不同加工面的分布问题,方便对变形趋势的控制及一次性装夹等。粗加工建模时一些外形结构可以不用体现出来,将加工部位留到加工余量当中,待粗加工完成内应力完全释放后再考虑局部尺寸到位。同时,建模时应将各辅助工艺型面体现出来,以方便准确控制加工路径。

3.1.3　各面加工余量的确定

考虑到零件过程中变形的最大趋势及个别面的不稳定性,各加工过程中的加工余量应区分对待。变形量较大的对应面及去除材料多的一面应留有较多的加工余量,可分多次留加工余量,避免产生较大的内应力。每次去除设定的余量后要进行热处理时效,及时去除产生的内应力,将零件变形控制在较小范围内,通过时效后趋于平面。

3.1.4　小直径细长刀具的使用

小直径细长刀具主要用加工零件型腔,以满足电路部分的安装。框架各边的转角设计圆角为 $R3$,转角面最大深度为 80 mm,而两面腹板上各有多个小型腔,腔内有若干 $R3$ 的转角,其最大深度为 80 mm。所用刀具的最佳长度,应考虑加工有效长度及最小装夹长度,刀具材料选用硬质合金。

小直径加长铣刀使用过程中,切削量、转数、进给控制不当时,极易产生共振,发生共振后刀具会弹伤、拉伤零件,振动量过大时可能会使刀具断裂,伤及零件其他表面。因此加工时应选用相对较高转数,采用小进给、小吃刀量的参数匹配,气冷或量足够大的冷却液清理及冷却。

3.2　去应力处理时机的选择

热处理的选择应在每次装夹的零件单个或多个面加工后进行。对于材料去除较多,变形量较大的几个面应分多次余量加工,加工后及时进行热处理时效。

粗加工后热处理时应采用低温加热保温,每次热处理过程中,应确保零件放置基准平整,零件没有较大倾斜。当对变形较大的零件施加外力加速释放内应力时,可施加零件变形的反向力,选用一配重物同时使用。所使用的配重物应平整,没有尖角、锋利棱角等,热处理过程中应平整、垂直、较大面积接触零件施加外力,外力重心尽可能地接近变形的中部。

4　结　论

本文从多个方面分析了卫星供电系统中 Sunlight 结构件的加工工艺特性,首先分析了零件的结构特点,有针对性地制定了详细的工艺方案。工艺实施过程中充分考虑影响变形的薄弱环节,增加辅助工艺连接,分阶段减少加工内应力,采用组合工装,消除加工过程中的共振,保证了装夹过程的平稳性。最后通过实例应用分析,优化刀具参数,及时采用有针对性的热处理方法,有效保证了星载电源模块零件的尺寸精度和形位公差。

该工艺方法的应用,成功解决了电源系统加工困难的问题,为该类型零部件的加工开辟了新工艺、新方法,保证了各类型电源系统研制计划中结构件加工的顺利开展,在各项卫星电源供电系统国产化道路上提供了有力保障,目前多个在轨卫星已经使用 Sunlight 模块在内的电源系统,且电源系统的外形公差、尺寸精度均符合整星装配精度要求,用该方法加工的结构件外形均未发生变形和超差的质量问题。

参考文献

[1] 宋绪丁. 机械制造技术基础[M]. 3 版. 西安:西北工业大学出版社,2011.
[2] 陈红霞. 机械制造工艺学[M]. 北京:北京大学出版社,2010.
[3] 甘水立,吕林森. 新编公差原则与几何精度设计[M]. 北京:国防工业出版社,2007.
[4] 周登攀,唐红春,王海叶,等. 金属材料与热处理[M]. 武汉:华中科技大学出版社,2016.

热处理工艺对 A286 螺母
硬度和显微组织的影响

董志林　刘雪涛　刘岩松　孙嫣然　孔艳霞　吕杰

（东方蓝天钛金科技有限公司，山东·烟台，264003）

摘要：使用光学显微镜、显微硬度计研究了不同热处理工艺对 A286 螺母显微组织和性能的影响。结果表明：镦制状态下螺母晶粒形态主要呈长条状，部分晶粒为纤维状，沿着镦制方向被拉长，晶界难以区分；镦制＋固溶＋时效状态下主要由细小的等轴晶组成，晶粒与坯料相比较为细小；镦制＋时效状态下，显微组织主要由拉长的晶粒组成。通过对显微硬度进行研究发现，三种状态的螺母显微硬度与坯料相比都有所提升，但镦制＋时效状态螺母的显微硬度较其他两种状态螺母高且一致性较好，这是由于镦制加工时形变强化效果在时效后部分保留造成的。

关键词：A286；螺母；显微组织；硬度

1　前　言

A286 对应国内牌号 GH2132，是在 Fe－25Ni－15Cr 的基础上加入 Mo、Al、Ti、V 等合金元素得到的铁基高温合金，在较高温度下具有较好的热稳定性与耐氧化性能，广泛应用于工业燃气轮机、发动机承力部件以及 900 MPa 级别的螺栓、螺母等紧固件。

A286 螺母的主要加工方式为坯料经下料、磨削、镦制后固溶，然后钻孔、攻丝，最后进行时效处理，硬度一般为 24～38 HRC，NASM 21076 双耳游动托板自锁螺母要求 A286 螺母硬度小于等于 49 HRC，并且在常温下有较高的轴载性能，性能要求较为严苛。由于螺纹强化不足、有效螺纹长度较短等，故通过前述工序难以达到所需性能要求。因此，提高螺母强度，达到标准要求的使用性能成为主要目标。

本文采用光学显微镜、显微硬度计分析了不同热处理机制下螺母的显微组织及硬度，分析其对 A286 螺母坯料组织和性能影响，了解螺母强化理论及机理，为后期工厂加工提供理论依据与数据支持。

2　试验方案

2.1　加工路线

试验螺母为 0.312 5 in[①] 规格的十二角螺母。棒材经下料后将其外圆车削到所需尺寸，然后将所得坯料镦制成形，获得所需的螺母坯料，最后将螺母分组在不同热处理机制下进行热处理。

---

① 1 in＝0.025 4 m。

2.2 显微组织检测

将原材料经过磨抛腐蚀之后,采用光学显微镜对显微组织进行观察,其初始显微组织如图 1(a)所示。从图中可以看出,A286 原材料在固溶状态下的显微组织主要由不规则块状的奥氏体晶粒组成,晶粒尺寸大小不一,最大晶粒尺寸约为 40 μm,并且存在少量的孪晶晶粒。螺母在镦制过程中,不同区域之间金属所受的挤压力各不相同,造成微区显微组织的差异性。为研究不同区域的组织,将螺母沿着纵向轴线剖开,磨抛腐蚀后,分别对螺母的不同微区之间的显微组织进行观测,主要观测部位如图 1(b)所示。

(a) A286固溶态显微组织　　　　(b) 螺母显微组织观察部位图

图 1　原材料显微组织典型图

2.3 显微维氏硬度测试

显微硬度试验用来反映连续组织变化的剧烈程度。由于螺母尺寸较小,并且在镦制过程中不同区域组织变化较大,针对各微区的显微组织难以进行力学性能测定,所以用显微硬度试验来表征各个区域的性能。本次试验采用 Q30M 型显微硬度计,试验力为 10 g,保载时间约为 5 s,原材料的维氏硬度为 180 HV_{10}。将螺母纵向剖开,沿着螺母截面每隔 0.1 mm 进行硬度检测,硬度位置如图 2 所示。

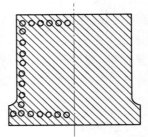

图 2　螺母显微硬度测试示意图

3　试验结果及讨论

3.1 显微组织观察

图 3(a)为镦制状态下螺母法兰盘处的显微组织,从图中可以看出,该区域的显微组织主要由沿金属流动方向被拉长的长条状晶粒组成,少量晶粒仍保持块状结构,组织形态较为复

杂；图 3(d)、图 3(g)为过渡弧区及扳拧区的显微组织图片，可以观察到该区域的晶粒沿着金属流动方向完全被拉长，呈纤维状分布，已经难以区分晶界；扳拧区前端的显微组织如图 3(j)所示，该区域在螺母变形过程中所受应力较小，部分组织仍保持块状结构，少量晶粒被拉长，与坯料相比晶粒较为细小。

图 3(b)、图 3(e)、图 3(h)、图 3(k)为螺母经镦制＋固溶＋时效处理后 4 个微区的显微组织。从图中可以看出，4 个微区主要由细小的块状奥氏体晶粒组成，晶粒大小均匀，与坯料相比较为细小，并且过渡弧区、扳拧区在冷镦过程中形成的纤维状组织经固溶＋时效处理后已完全转变为等轴状的块状晶粒，但扳拧区前端组织与其他 3 个区域相比则较为粗大。

图 3(c)为螺母经镦制＋时效后法兰盘处的显微组织，该区域部分晶粒被挤压破碎呈较小块状结构；图 3(f)、(i)为过渡弧处及流动区的显微组织，呈狭长状的晶粒，晶粒形态不明显；图 3(l)为扳拧区前端的显微组织，主要由尺寸较为细小的等轴的状奥氏体晶粒组成。

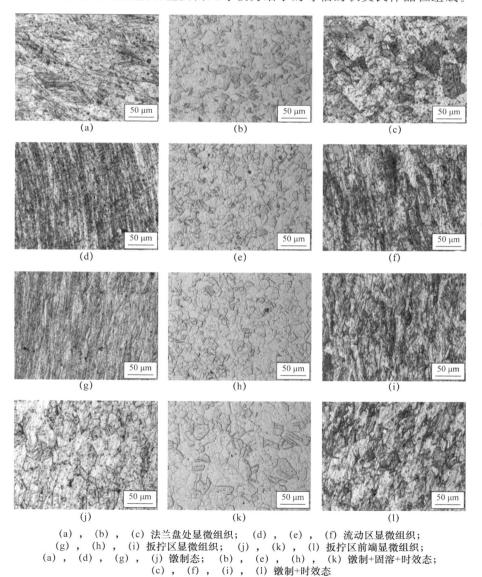

(a)，(b)，(c)法兰盘处显微组织；(d)，(e)，(f)流动区显微组织；
(g)，(h)，(i)扳拧区显微组织；(j)，(k)，(l)扳拧区前端显微组织；
(a)，(d)，(g)，(j)镦制态；(b)，(e)，(h)，(k)镦制+固溶+时效态；
(c)，(f)，(i)，(l)镦制+时效态

图 3　不同加工方式下螺母各微区显微组织

3.2 显微维氏硬度测试

对三种不同加工状态下的螺母进行显微硬度测试,其结果如图 4 所示。从硬度变化曲线可以看出,三种加工方式下的螺母都呈现出相同规律:三种螺母不同区域的硬度与坯料相比都有所提高,并且硬度的最大值都出现在螺母的扳拧区。

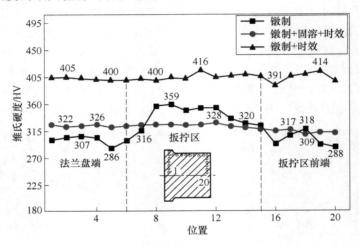

图 4 不同热处理状态下螺母维氏硬度分布曲线

对不同状态下螺母硬度进行比较,螺母在镦制状态下的硬度变化趋势较为明显,即使在相同区域下不同部位之间硬度也存在差距,这是由于螺母在变形过程中同一区域金属变形量不同,造成形变强化效果存在差距,对该状态下螺母不同区域之间的硬度进行比较,最大值与最小值之间的差值为 73 HV_{10},一致性较差。对其他状态下螺母硬度进行观察,发现镦制＋固溶＋时效与镦制＋时效态螺母各区域之间有较好的一致性,各区域之间差值小于 20 HV_{10},并且镦制＋时效态螺母的硬度整体高于镦制＋固溶＋时效态螺母。

3.3 分析讨论

A286 合金在固溶状态下为块状的奥氏体组织,基体中各种合金元素在高温下充分溶解,冷却过程中来不及析出,得到了过饱和固溶体,具有优良的塑韧性。坯料在镦制过程中,不同部位的金属在强烈的三向挤压应力下发生变形,原来的块状晶粒在应力的作用下沿着金属流动方向不断拉长,尤其是过渡弧及扳拧区,造成了不同区域显微组织之间的差异性,同时由于不同区域之间金属变形量存在差距,冷却强化效果也各不相同,导致各个区域之间硬度差距也较大。

镦制状态下的螺母经固溶后,法兰盘处、过渡弧区、扳拧区以及扳拧区前端的组织完全再结晶,产生了新的等轴晶粒,镦制过程中的冷作强化效果完全消失。在随后的时效过程中,过饱和固溶体中的 γ′ 等第二相粒子析出,强度不断提高,硬度增大,并且各微区的硬度也趋于一致。

螺母经镦制后在时效过程中,镦制变形过程中形成的应力部分释放,变形孪晶也在热处理过程中因回复而湮灭,大部分孪晶消失。随着保温的进行,过饱和的奥氏体晶粒中开始析出强化相,变形量大的法兰盘处扳拧区过渡弧处、扳拧区的第二相粒子最先析出在晶界上,这是由于大变形量下组织中积蓄的畸变能较高,对新相形核及长大所需的外界激活能较低。随着保温时间的延长,第二相粒子析出数量减少,并且开始出现尺寸增大现象,强化作用大幅下降,而此时扳拧区前端及法兰盘处的第二相粒子才开始析出,此消彼长,最终造成法兰盘处硬度与扳拧区趋于一致,实现硬度均匀化,同时镦制过程中产生的形变强化在时效后部分得到保留,使其强度硬度提高。

4 结 论

(1) 对不同状态下三种螺母的显微组织进行比较,镦制状态下变形部位螺母晶粒形态主要呈长条状,部分晶粒为纤维状,晶界难以区分;镦制+固溶+时效状态下主要由细小的等轴晶粒组成,晶粒与坯料相比较为细小;而镦制+时效状态下,变形部位的显微组织主要由拉长的晶粒组织组成。

(2) 对三种加工方式的螺母进行显微硬度测试,结果都呈现出相同规律:扳拧区硬度大于其他区域,但镦制态螺母不同区域之间硬度极差为 73 HV_{10},一致性较差,而镦制+固溶+时效以及镦制+时效态二者螺母一致性较好,并且镦制+时效态螺母硬度整体高于其他两种螺母硬度。

参考文献

[1] MUSTAFA A H, HASHMI M S, YILBAS B S, et al. Investigation into thermal stresses in gas turbine transition-piece: influence of material properties on stress levels[J]. Journal of Materials Processing Technology, 2008, 201: 369-373.

[2] WU H, SSHIDA Y, HAMADA S, et al. Fatigue strength properties of precipitation strengthening stainless steel A286 focused attention on small fatigue[J]. Engineering Procedia, 2011, 10: 1973-1978.

[3] 高云,柳思成,余传魁,等. 预热变形对 A286 高温合金时效后组织和硬度的影响[J]. 金属热处理, 2019, 44(3): 5. DOI: CNKI: SUN: JSRC0.02019-03-044.

[4] 凡进军. 某航空发动机自锁螺母加工的探讨[J]. 科技展望, 2016, 26(030): 60. DOI: 10.3969/j. issn. 1672-8289.2016.30.056.

[5] 梁坤. A286 高温合金 MJ 槽型自锁螺母冷挤成形及其硬化规律研究[D]. 洛阳:河南科技大学, 2013.

易损件芯轴淬火变形的工艺研究及解决方案

李懿龄　王蕴博　王世龙　于克毅　李生平

(东方蓝天钛金科技有限公司,山东·烟台,264003)

摘要: 我公司测量仪器中的易损件产品 GCr15 钢制芯轴在淬火过程中易发生向键槽方向弯曲过大的情况,且由于其自身结构原因,淬后难以校正,导致工件返修率一直居高不下,特别是近年来市场对测量仪器的需求量增不断增大,芯轴的投产量也直线上升,达到原投产量的十几倍,甚至几十倍,这就迫切要求改进工艺方法,从根本上解决其弯曲变形问题。经过 2004 年 8 月至 2005 年 4 月对该工件几个批次的生产,在生产中反复试验,对其工艺进行了不断改进与完善,确立了以淬前加热预变形、人工时效、淬前预热等工艺为基础的芯轴生产工艺,很好地解决了这一问题。

关键词: GCr15 钢制芯轴;键槽方向弯曲;淬后难以校正;加热预变形;人工时效;淬前预热

1　前　言

我公司 GCr15 钢制芯轴为 X095 仪器关键部件,该工件的原淬火工艺如下:加热温度为 850 ℃,保温时间为 1 min/mm,碱浴分级淬火,分级时间为 2 min/mm,分级后空冷。淬火过程中其键槽部分冷速过快,极易发生弯曲变形,且因其材质及自身结构问题,废品率一直居高不下,因此被公司列为易损件范畴,生产中通常是通过多投产的方式来保证正品的数量,但这样不仅提高了生产成本,造成了资源浪费,也不符合节能降耗的基本精神。由于市场的发展,近年来对该产品的需求呈直线上升趋势,原生产方式已难以满足客户的需求,往往会延迟交货时间,影响公司的信誉。解决芯轴弯曲变形问题,实现大批量、高质量生产刻不容缓。

2　工件变形原因分析

2.1　冷却方法对工件变形的影响

合理的冷却方法主要是淬火冷却方法,包括对淬火介质和淬火方法的选择,应根据对零件的材料、组织和性能的要求,以及对具体零件结构的分析选择淬火介质,采取必要的预防对策,在保证组织与性能的前提下,尽量选用冷却速度较缓和的介质,对结构上严重不对称(如厚薄不对称,孔洞不对称,存在直角、盲孔、凹槽等情况)的零件,冷却时可以采用局部预冷、分级淬火、等温淬火等方法。

2.2　浸入淬火介质的方式对工件变形的影响

工件的浸入方式也是淬火冷却工艺中极为重要的一个环节,如果浸入方式不当会使工件冷却不均匀,不仅造成较大的内应力,还会引起严重的变形。对工件浸入方式的最根本原则有三条:① 淬入时保证工件得到最均匀的冷却;② 保证工件以最小的阻力方向淬入;③ 考虑到工件重心的稳定,应保证该工件沿轴向垂直淬入,淬入后,可作上下垂直运动。

2.3 向键槽方向弯曲变形的分析

淬火变形是工件淬火加热和冷却过程中,工件内的热应力和组织应力叠加作用超过材料的屈服强度导致的。

对几何形状复杂,截面形状不对称的工件,如带键槽的轴等,在淬火冷却时,一个面散热快,冷却速度大,另一面散热慢,冷却速度小,也就是截面形状不对称。工件淬火冷却是一种不均匀冷却,这种不均匀淬火冷却对变形的影响可以用一个形状简单的长板形工件横向入油淬火为例加以说明,如图 1 所示。

图 1　长板形工件横向入油淬火

由于平坂下表面先入油,故下表面比上表面冷却快,其上表面及心部温度随冷却时间的变化如图 2 所示。

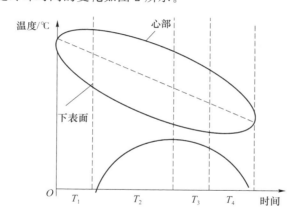

图 2　心部温度随冷却时间的变化曲线

图 3 则为不同冷却时刻截面温度的分布。

在图 3 中,T_1 表示冷却开始时上下表面都比心部冷却快,温度比心部低,但是心表温差引起的瞬时热应力尚未达到材料的屈服强度。随冷却的进行,温度的降低,瞬时热应力和材料的屈服强度都在升高,但由于下表面的冷却快,其屈服强度高于上表层的屈服强度,于 T_2 时刻心部和上表面的瞬时热应力,达到材料的屈服强度时,上表面在拉应力下伸长,心部在压应力作用下被压缩,结果使板向上拱,即冷却快的下表面成为凹面。进一步冷却至 T_3 和 T_4 时,随着心部温度的降低和收缩,热应力不再引起塑性变形,即热应力造成的变形是使工件向冷却慢的一面凸起,冷却到 Ms 点以下发生马氏体转变时,其应力与变形恰恰相反,瞬时组织应力使冷却快的下表面成为凸面,平板向上弯。冷却终了的变形是这两种变形叠加的结果,如果在 Ms 点以上的不均匀冷却引起的变形占优势,则冷却快的一面为凹面;若在 Ms 点以下的不均匀冷却引起的变形占优势,则冷却快的一面为凸面,工件向慢冷面的一面弯曲。根据对该 GCr15 钢制芯轴实测的热处理变形情况表明,Ms 点以上的不均匀冷却引起的变形起主导作用,导致了芯轴向键槽方向弯曲过大。

3　对 GCr15 钢制芯轴淬火弯曲变形的解决办法

图 4 为芯轴示意图,该工件具有形状复杂、截面变化大、淬火后难于校正的特点。

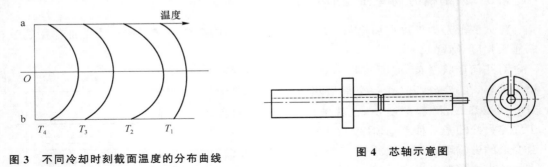

图 3　不同冷却时刻截面温度的分布曲线　　　　**图 4　芯轴示意图**

3.1　采用加热预变形措施

在掌握了工件的变形规律之后,可以首先采用预先施加反向变形量的方法,使热处理后的弯曲变形相互抵消,从而达到减小或防止变形的目的,对于此 GCr15 钢制芯轴,其淬火后的变形规律为总是向着键槽方向发生弯曲,变形量基本为 0.7～0.8 mm,而其所留磨削余量为 0.20～0.25 mm。因此,可以将芯轴的键槽处反敲凸起至 0.8～0.9 mm,淬后得到理想效果。在预变形过程中工件会承受较大瞬时冲击力,为防止工件表面产生疤痕等表面缺陷,在预变形前应在工件两侧与 V 形台接触处及受力点处用铅板予以保护,这样可以有效保护工件不会产生疤痕等表面缺陷。但在预加变形过程中出现了沿工件 90°V 形槽处发生断裂的现象,经分析,部分原因是此 90°V 形槽处存在应力集中现象,但主要还是由于金属材料的韧性是随温度变化而改变的,特别是在低温下,材料的冲击韧性值会显著下降,而使材料发生冷脆现象,如图 5 所示。

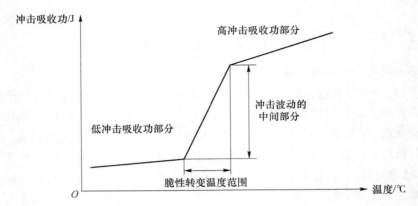

图 5　冲击韧性随温度变化曲线图

温度是影响金属材料断裂的重要因素之一,许多断裂均发生在低温时,这是由于温度对金属材料的影响很大。随着温度的降低,钢的屈服强度增加,韧度下降,体心立方金属存在脆性随温度及加载速率不同而变化的特点,这属于其脆性特点之一。随着温度降低和工件有效尺寸、加载速率及应力集中的增大,脆性断裂倾向增大,这些因素属于外部因素,与热处理内部组织转变无关。

　　为了避免工件在预变形过程中发生断裂,在预加变形前先将工件放在硝盐炉中加热至 400~450 ℃,待内外均温后,用铁钳将芯轴钳出,在 80 ℃ 热水中迅速爆盐 1.5 s,以清除芯轴表面残留的硝盐,然后再加预变形,这种方法取得了良好的效果,没有再发生沿 90°V 形槽断裂现象,从根本上解决了这个问题。

　　待工件冷至室温后,再进行 300 ℃＋2 h 的人工时效,以充分消除预变形过程中所产生的内应力。

3.2　淬火工艺的改进

　　淬前进行 300~400 ℃ 的烘烤预热,以减少淬火加热过程中的热应力,淬火温度为 830 ℃,加热时间为 0.8 min/mm,碱浴分级淬火,停留时间为 1.6 min/mm,空冷,如图 6 所示。

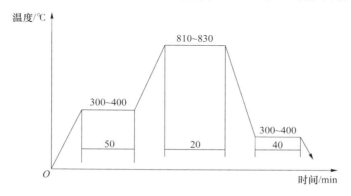

图 6　碱浴分级淬火工艺曲线图

　　加强操作者专业素质,淬火操作过程中严格保证工件沿轴向垂直淬入,对因操作不当产生的弯曲过量件,在退火后仍可采用加热预变形法进行校正后重新淬火。

　　经生产实践证明,通过对该工件几个批次的生产,不断探索与试验,分析加热和冷却过程中的各种问题,对症下药,最终确定了以加热预变形为主的工艺方法,很好地解决了芯轴淬火的键槽方向弯曲过大的技术难题。

4　结　论

　　芯轴的弯曲变形主要是由于其键槽结构引起。工件在预变形过程中产生的断裂是由 90°V 形槽处的应力集中与工件的冷脆现象引起的。

　　通过加热预变形、人工时效、淬前预热等措施,可很好地解决芯轴弯曲过量问题。

　　效益:通过采用此工艺方法,不仅很好地解决了淬火变形后难以校正的问题,废品率也由 20％以上降为 3％以下,而且保证了生产进度,维护了公司的信誉。

参考文献

[1] 陈卫国.热处理工工艺学[M].北京:中国劳动出版社.1989.
[2] 王广生.金属热处理缺陷分析及案例[M].北京:机械工业出版社.2003.
[3] 夏立芳.金属热处理工艺学[M].哈尔滨:哈尔滨工业大学出版社.1996.
[4] 樊东黎.热处理技术数据手册[M].北京:机械工业出版社.2006.

测 试 技 术

面向航天医学检测的机器人超声扫查定位方法

李港　薛云舒　张博恒　方琴　孙明健

(哈尔滨工业大学(威海),山东·威海,264200)

摘要: 在航天员健康监测和评估中,超声成像发挥了重要作用,实现机器人自主超声扫描,将极大地促进航天飞行的医学保障。为实现机器人对人体的精准超声扫描,本文提出了一种基于 SCA-D-HRNet 的网络模型,并结合了深度图像与注意力机制以提高模型的泛化性能与检测精度。实验结果表明,所提出的模型可以精准识别人体关键部位,平均定位精度为 0.831,为机器人自主化超声扫描奠定了基础,对于进一步扩展医疗机器人在航天领域的应用具有重要意义。

关键词: 超声成像;航天医学监测;医疗机械人;HRNet

1 前　言

航天员在太空中的身体健康状况是航天医学检测的核心关注点,而远程医疗技术为解决航天环境中医疗资源有限的问题提供了有效的解决方案。通过地面医生的远程操控,机器人可以对航天员进行实时身体检查,克服失重环境带来的操作难题,提供精确稳定的检测,极大提升了航天任务中的健康保障能力。超声成像在航天员健康监测中也扮演了不可替代的角色,特别是在长期太空飞行中,超声成像因其无辐射、便携、即时反馈和全身覆盖等优点,成为目前唯一应用于在轨医学影像的设备。

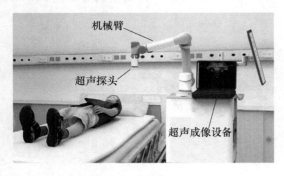

图1　机器人超声扫描系统

机器人超声扫查系统将机器人技术与超声成像技术相结合,进一步提升了远程健康监测的效率和精度。远程超声机器人系统在早期风险评估和长期健康监测方面具有巨大的潜力,将极大地促进航天飞行的医学、生理学研究和医学保障。现有的机器人超声扫描系统如图1所示。

近年来,国内外许多研究机构开发了不同功能和原理的机器人超声扫描系统。R. Nakadate 等人研制了一种超声探头夹持机器人,可以检测颈动脉及其血管壁的组织层,同时提出了基于超声图像反馈的自动扫描算法,并进行了一系列实验来验证所提出系统的有效性。Ma 等人提出的机器人系统则利用 RGB-D 相机,通过基于学习的人体姿态估计算法识别患者身上的扫描目标,在肺体模型上进行了实验,以获得高质量的肺部超声图像。Wang 等人提出了一种用于乳腺超声自动扫描的机器人系统,使用等距三维点云搜索算法进行扫描路径规划,以实现完全均匀的覆盖。

人体关键点检测是机器人超声扫描系统中定位人体待测区域的基础,其精度将直接影响超声检查的最终效果。然而,现有的检测算法在精准度和实时性上仍存在一定的不足,难以满足航天医学检测要求。对此,本文提出了基于 SCA－D－HRNet 的深度网络模型,可以实现更加准确快速的人体关键点检测。该模型引入了深度图像和注意力机制,以增强网络模型性能,制作了丰富的数据集以对网络模型进行训练。实验结果表明,本文提出的 SCA－D－HRNet 网络取得了较好的定位精度,平均定位精度为 0.831,为面向航天医学检测的机器人超声扫查定位提供了技术支持。

2 基于 SCA－D－HRNet 网络模型的人体关键点检测算法

2.1 HRNet 网络模型

能否准确识别颈部动脉、肺部上蓝点和手臂关节等特征点,是机器人自主超声扫描的关键,所以应采用深度学习的方法,高精度地识别并定位待扫描区域的人体关键点。现有的很多模型是利用降低分辨率的网络结构(High－to－Low Resolution Network)产生低分辨率的特征图,然后再重新生成高分辨率的特征图,比如,Hourglass、CPN、SimpleBaseline 等。对于人体目标点检测任务来说,这些方法会造成图像空间位置信息的损失。

为了提高精度,本文采用 HRNet(High Resolution Network)作为骨干网络进行人体关键点检测。HRNet 将各高分辨率和低分辨率的分支进行并联,而不是其他模型的串行连接。并联可使 HRNet 高分辨率的特征图一直被留存,而不是再重新从低到高生成高分辨率的特征图,故 HRNet 的位置精确度更高。HRNet 的主要结构如图 2 所示。

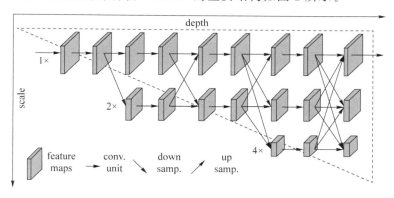

图 2 HRNet 主要结构

2.2 引入深度图像提升 HRNet 网络模型输入

在机器人自主超声扫描系统中,视觉传感器 D435i 除了可以提供可见光波段的 RGB 图像,也可以同时通过"结构光"技术提供深度图像。在超声扫描机器人的实际应用场景中,可能会遇到光照过强或过弱的情况,造成误识别。为了适应临床场景,提高模型的鲁棒性,将深度图像也作为模型的输入,此时 HRNet 的输入从原有的 RGB 三通道张量提升为 RGBD 四通道张量。

在 PyTorch 深度学习框架中,调用 torch.cat()函数,将 RGB 图像与深度图像连接起来成为四通道的输入张量,调用将这两者在通道维度上连接起来,利用 RGBD 图像进行模型学习和关键点检测。改进后的输入端如图 3 所示。可以看出,第一个卷积模块的输入通道变为了4,其卷积核的大小和步距不变。

然而,引入 D 通道也可能会造成模型的复杂度增加,需要训练更多的参数。如果深度信息对于特定场景的应用并不是必要的,模型可能会出现过拟合的情况。如果深度学习对于预

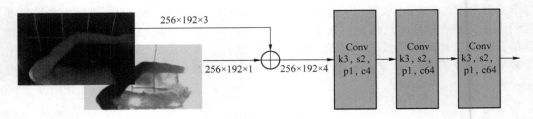

图 3　引入深度图像改进后的 HRNet 输入端

测的贡献较小,而 D 通道又占了四分之一的输入数据量,可能会造成数据的不平衡,影响模型的性能。因此,引入通道注意力机制(Channel Attention Mechanism,CAM)模块,可以学习 RGBD 四个不同通道对人体关键点检测的重要程度,使输入数据更加平衡。

通道注意力机制会关注特征图中哪些信息是有用的。特征图包含的每一个通道都可以被当作一个特征检测器,通道注意力机制通过学习,来确定哪一个通道(特征检测器)更加重要,以分配不同通道间的权重。如图 4 所示,通道注意力机制的基本流程如下。

(1) 假设输入的特征图 F 的大小为 $H \times W \times C$,在空间维度上,分别进行全局最大池化和全局平均池化,得到两个 $1 \times 1 \times C$ 的特征图。这样可以做到在空间维度上压缩尺寸,便于学习通道的重要性。

(2) 将全局最大池化和全局平均池化得到的两个 $1 \times 1 \times C$ 的特征图,分别输入到一个共同的多层感知机(MLP)中进行学习。多层感知机第一层的神经元个数为 C/r,输出层(即第二层)的神经元个数为 C,感知机的激活函数为 ReLU。这样,通过多层感知机,便可以学习各个特征通道的权重。

(3) 将两个特征图经过多层感知机的输出相加,然后再通过 Sigmoid 函数映射为通道注意力权重矩阵 $\boldsymbol{M}_c$。

在通道注意力机制中,通道注意力权重矩阵设为

$$\boldsymbol{M}_c \in \boldsymbol{R}^{1 \times 1 \times C} \tag{1}$$

通道注意力权重矩阵的计算公式为

$$\boldsymbol{M}_c(\boldsymbol{F}) = \sigma[MLP(\boldsymbol{F}_{avg}^c) + MLP(\boldsymbol{F}_{max}^c)] \tag{2}$$
$$= \sigma(W_1 W_0 \boldsymbol{F}_{avg}^c + W_1 W_0 \boldsymbol{F}_{max}^c)$$

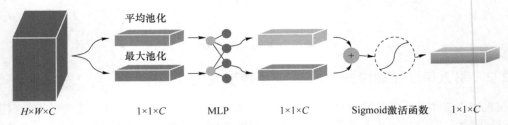

图 4　通道注意力机制流程图

引入通道注意力机制改进后的 HRNet 网络模型输入端如图 5 所示。

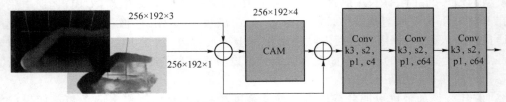

图 5　引入通道注意力机制改进后的 HRNet 网络模型输入端

2.3　引入注意力机制提升 HRNet 网络模型输出

为了进一步提高人体关键点检测的精确度,根据 HRNet 网络模型的输出端具有高分辨率与低分辨率分支并联的特点进行进一步改进。

在高分辨率分支的输出部分,加入空间注意力机制(Spatial Attention Mechanism,SAM)模块,进一步强化网络模型对位置的预测精度。在低分辨率分支的输出部分,加入通道注意力机制模块,增强网络模型的语义预测准确度。

空间注意力机制模仿哺乳动物的视觉系统,聚焦于特征图上的有价值信息在哪里,而忽略场景中不重要的部分,即位置敏感。如图 6 所示,空间注意力机制的基本流程如下。

(1)假设输入的特征图 F 的大小为 $H×W×C$,在通道维度上,对 C 个像素值分别进行全局最大池化(Max Pooling)和全局平均池化(Average Pooling),生成两张特征图,以压缩通道大小。

(2)将这两张特征图在通道维度上拼接,合为一张 $H×W×2$ 的特征图。

(3)对 $H×W×2$ 的特征图进行 7×7 的卷积运算,输出 $H×W×1$ 的特征图。

对 $H×W×1$ 的特征图进行 Sigmoid 激活函数运算,于是就得到了空间注意力权重矩阵 M_s。

在空间注意力机制中,空间注意力权重矩阵设为

$$M_s(F)\in R^{H,W} \tag{3}$$

设经过全局最大池化和全局平均池化后的特征图为

$$F_{max}^s\in R^{1×H×W} \tag{4}$$
$$F_{avg}^s\in R^{1×H×W} \tag{5}$$

于是,空间注意力机制的数学表达为

$$M_s(F)=\sigma[\mathrm{conv}^{7×7}(F_{max}^s;F_{avg}^s)] \tag{6}$$

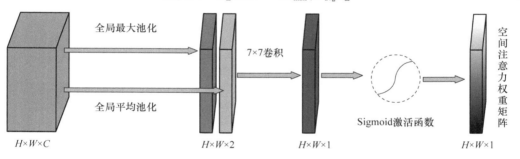

图 6　空间注意力机制

引入空间注意力机制和通道注意力机制改进后的 HRNet 网络模型输出端如图 7 所示。

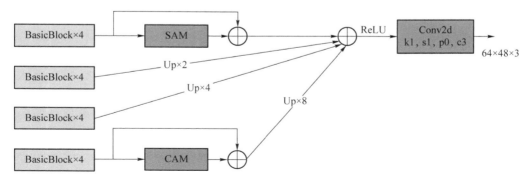

图 7　引入 SAM 和 CAM 改进后的 HRNet 输出端

通过对 HRNet 网络模型输入端和输出端进行改进,完成了 SCM - D - HRNet 网络模型设计。下一步,对网络模型进行训练。

3　模型训练结果及系统验证

3.1　模型的训练结果及分析

在 SCA - D - HRNet 网络模型的训练中,模拟临床医疗环境,在光照充足和光照不足的两种场景下用 D435i 采集图像,并采集体型不同的三位志愿者丰富数据集。采集的图像为各种姿势的人体手臂,如图 8 所示。

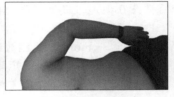

(a) 黑暗条件下的数据集　　　　(b) 不同体型的志愿者

图 8　不同光照下对不同志愿者采集的图像

数据集有 257 张图片,格式为 COCO 数据集的通用格式。采用 Labelme 脚本对数据集图像进行标注,标注点为手臂部位的三个关节点,如图 9 所示。按照 0.85 : 0.15 的比例划分训练集和测试集。

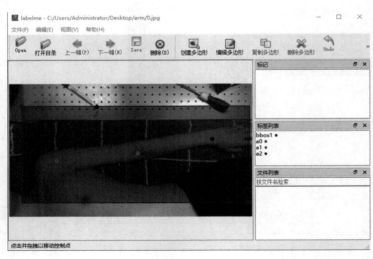

图 9　对采集好的数据集图像进行标注

训练的硬件环境为 Nvidia RTX3060Ti 显卡,采用 CUDA 进行加速。训练的软件环境为 Windows 10 操作系统,Python 版本为 3.8,PyTorch 的版本为 1.0,OpenCV 的版本为 4.5。选用 CPN 模型为对照组,对 HRNet 模型、引入 D 通道的 D - HRNet 模型和 SCA - D - HRNet 模型进行训练。训练的 Epoch 数为 210 轮。训练过程中的损失(Loss)随着训练轮数的变化和对比如图 10 所示。在训练中采用预训练好的权重参数。

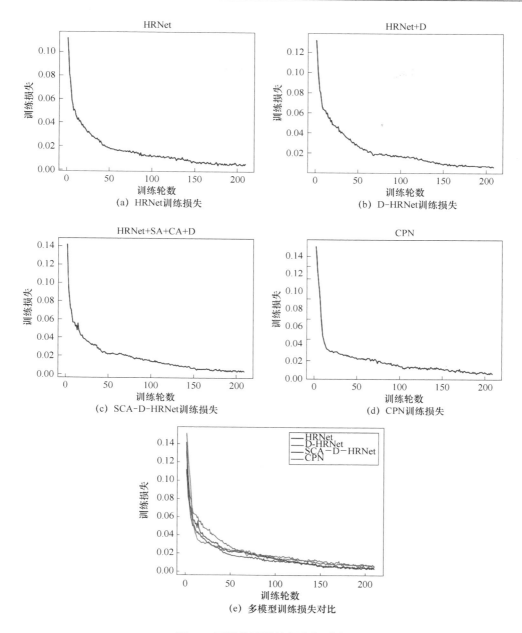

图 10   不同模型训练损失与对比

同时测试了这些模型在测试集上的表现,包括 OKS(Object Keypoint Similarity)和实时性,数据如表 1 所列。实时性为预测一帧图像所需要的平均时间。由于实时性相差不大,在不同条件下仅测试 OKS 的数据如表 2 所列。

表 1   多模型在测试集上的性能表现

模型名称	OKS	实时性/s	模型名称	OKS	实时性/s
HRNet	0.813	0.09	CPN	0.768	0.08
D－HRNet	0.799	0.10	SCA－D－HRNet	0.831	0.12

表 2   多模型在不同条件下测试集上的性能表现

模型名称	黑暗条件下 OKS	光照良好下 OKS	模型名称	黑暗条件下 OKS	光照良好下 OKS
HRNet	0.804	0.822	CPN	0.761	0.775
D-HRNet	0.811	0.787	SCA-D-HRNet	0.825	0.837

可以看出,SCA-D-HRNet 模型在满足实际应用场景的实时性下,精准度最高,可以更好地完成人体关键点检测的任务。

3.2 系统验证

系统的关键硬件设备是视觉传感器,采用 Intel 公司的 RealSense D435i 型号深度相机,集成了深度传感器、RGB 摄像头和惯性测量单元(IMU),满足应用需求;机器人为 UR5e 型机械臂,参数如表 3 所列;机器人感知采用眼在手上(Eye-In-Hand)的标定模式,将

表 3   UR5e 机械臂主要参数

工作半径	850 mm
有效载荷	5 kg
基座尺寸(直径)	149 mm
重量	20.6 kg

深度相机固定在机械臂的末端;超声成像设备为我国台湾 S-Sharp 公司生产的 Prodigy 系统,搭配 L7.5 型超声探头,可以实现全身各部位超声扫描;计算机运行在 Linux Ubuntu18.04 操作系统下,硬件配置为 Intel i7 处理器和 RTX 3060Ti 显卡。

使用机器人自主超声扫描系统,对基于 SCA-D-HRNet 网络模型的人体关键点检测算法进行实验室环境下的测试验证,如图 11 所示。

(a) 感知阶段   (b) 路径规划   (c) 小压力扫描

(d) 中压力扫描   (e) 大压力扫描   (f) 复位

图 11   机器人自主超声扫描系统的实际测试

在图 11(a)阶段,机器人对环境和患者进行感知,通过 SCA-D-HRNet 网络检测出待检测人体关键点,即人体手臂关节,并对人体和环境进行三维点云重建,求出待检测部位的法向量。

在图 11(b)阶段,机器人规划出到达患者待检测部位的路径,并控制机械臂末端进行移动。

在图 11(c)~(e)阶段,机械臂对人体进行扫描,在检测点周围以十字轨迹小范围扫描,同时机械臂纵向上下移动,对皮肤施加不同压力,以获得不同的成像结果。

在图 11(f)阶段,完成超声扫描,机械臂返回初始点。

可以看出,本系统所预期的功能已经基本得到了实现,可以对人体的待检测部位进行自动识别和扫描。

在图 11(c)~(e)阶段,由 SCA - D - HRNet 模型检测到人体关键点,引导机械臂进行扫描获得超声图像,如图 12 所示。第一列为手腕关节,第二列为肘关节,第三列为大臂关节。第一至第三行表示探头对皮肤施加的挤压力度依次为轻、中、重。

可以看出,不同的力度对超声成像效果有着明显的影响。系统经过不同力度的扫描,清晰展示了皮下不同深度的组织结构图,这种力度变化对于确定不同皮下层次的健康状况尤为关键,可以为医生提供丰富的图像信息。

(1)轻力度成像效果(见图 12(a)~图 12(c))

在轻力度下,超声图像显示较浅层的组织结构。手腕、小臂和大臂的表皮和浅层皮下组织清晰可见,但对深层组织的成像较弱。轻力度成像的主要优点是不会对患者造成不适,适用于初步检查和表浅组织的快速评估。

(2)中力度成像效果(见图 12(d)~图 12(f))

中力度下,探头压力增加,成像深度增加,能够显示更深层次的组织结构,如肌肉层和部分关节结构。图像清晰度良好,能够为医生提供更全面的组织信息,有助于识别中层病变。

(3)重力度成像效果(见图 12(g)~图 12(i))

在重力度下,超声波穿透更深,能显示出较深层次的组织结构,如骨骼附近和深层肌肉组织,适用于需要深入评估的病变区,对于细微病灶的检测较为有效。但重力度对组织的压迫较大,需谨慎应用,以避免对患者产生不适或潜在伤害。

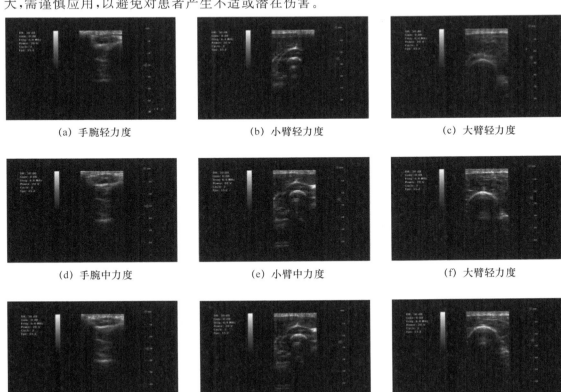

(a) 手腕轻力度	(b) 小臂轻力度	(c) 大臂轻力度
(d) 手腕中力度	(e) 小臂中力度	(f) 大臂轻力度
(g) 手腕重力度	(h) 小臂重力度	(i) 大臂轻力度

图 12　机器人自主超声扫描系统的实际成像效果

4　结　论

本文提出并验证了 SCA－D－HRNet 深度学习网络模型,在 HRNet 的基础上进一步改进,在输入端加入深度图像通道和通道注意力机制,在输出端加入空间注意力机制和通道注意力机制,实现机器人自主超声扫描系统的人体关键点检测。

经实验验证,SCA－D－HRNet 模型性能优异,精准度高,实时性好,定位精度为 0.831,实时性为 0.12 s,能够快速准确识别并定位患者待检查的部位。在部署了 SCA－D－HRNet 模型的机器人自动扫描系统中进行系统验证,证明 SCA－D－HRNet 模型可以准确检测人体关键点,引导机械臂进行人体不同部位的精准超声扫描,生成有效的超声图像,有助于航天医学中对航天员进行长期健康监测。

参考文献

［1］邢文娟,邢长洋,凌树宽,等.长期航天飞行心血管保护:问题与挑战[J].中国科学:生命科学,2022,52(2):190-203.

［2］高峰,邢长洋.人在太空:长期航天飞行心血管监测及保护策略[J].空军军医大学学报,2023,44(1):1-6.

［3］MOSHAII A A, NAJAFI F. A review of robotic mechanisms for ultrasound examinations[J]. Industrial Robot-the International Journal of Robotics Research and Application, 2014, 41(4): 373-380.

［4］NAKADATE R, SOLIS J, Takanishi A, et al. Development of the ultrasound probe holding robot WTA-1Rll and an automated scanning algorithm based on ultrasound image feedback[C]//In 18th CISM-IFToMM Symposium on Robot Design, Dynamics and Control, Udine, Italy, 2010.

［5］MA X H, ZHANG Z M, ZHANG H K. Autonomous scanning target localization for robotic lung ultrasound imaging[C]//In IEEE International Conference on Intelligent Robots and Systems, ELECTR NETWORK, 2021: 9467-9474.

［6］WANG Z W, ZHAO B L, ZHANG P, et al. Full-coverage path planning and stable interaction control for automated robotic breast ultrasound scanning[J]. IEEE Transactions on Industrial Electronics, 2023, 70(7): 7051-7061.

［7］NEWELL A, YANG K, DENG J. Stacked hourglass networks for human pose estimation[C]//In ECCV, 2016: 483-499.

［8］CHEN Y, WANG Z, PENG Y, et al. Cascaded pyramid network for multi-person pose estimation[C]//CoRR, 2017, abs/1711.07319.

［9］XIAO B, WU H, WEI Y. Simple baselines for human pose estimation and tracking[C]//In ECCV, 2018: 472-487.

［10］SUN K, XIAO B, LIU D, et al. Deep high-resolution representation learning for human pose estimation [C]//In 2019 IEEE/CVF Conference on Computer Vision and Pattern Recognition (CVPR), Long Beach, CA, USA, 2019: 5686-5696.

［11］温树仁,李艳杰.六自由度机械臂建模与仿真[J].上海电气技术,2024,17(1):67－72,40.

［12］COHEN J D, ROMERO R D, SERVAN-SCHREIBER D, et al. Mechanisms of spatial attention: the relation of macrostructure to microstructure in parietal neglect[J]. Journal of Cognitive Neuroscience, 1994, 6(4): 377-387.

三坐标批量检测系统的应用

吴国伟

(青岛前哨风动工具制造技术有限公司,山东·青岛,266000)

摘要: 在工具国产化的大趋势下,产品质量尤为关键,必须保证关键零件100%合格入库,这对零件检测提出更高要求,按照原来的检测方法不能准确、按时地完成检测入库。为按时高效地完成检测任务,须改进原有的检测方法。本文研究通过三坐标编程、固定工装夹具设计等实现零件批量快速自动检测,提高检测系统的可靠性和检测效率,为质量提升提供有效保障。

关键词: 三坐标;批量检测;定位工装

1 引 言

在检验图纸中可以发现有些形位公差用常规的计量器具无法检测,只能通过机加工保证,无法验证实际尺寸是否合格;而且,关键零件需要全尺寸100%检测,在批量检测时,普通检测方法用到的计量器具种类和数量较多,人员重复性检测速度慢、易疲劳、出错率高、效率低。而三坐标检测批量关键零件的检测方案既可以保证检测质量,又可以提高检测效率,保证生产进度。

2 零件的定位及编程

2.1 设计固定工装夹具

在批量检测时,若用单件测量方法,测量完成后,再停机取件换另一件运行程序,效率较低。为提高效率和精度,设计固定工装夹具(见图1)可一次装夹检测多个零件。此外,零件的正确定位与装夹是三坐标批量检测过程中非常重要的一步。通过研究和分析零件的结构特点及所测零件的尺寸和形位公差要求,确定该零件在三坐标测量机上的正确定位与装夹方式。此工装可以提高零件摆放的一致性,保证被测要素能够在一次装夹过程中完成。

图1 三坐标检测用固定工装夹具

2.2 建立零件坐标系

三坐标测头运行位置坐标均以机器坐标系为准。要实现对零件的批量检测,必须将机器坐标系转换为零件坐标系。零件坐标系的建立是后续测量的基础,错误的零件坐标系将导致后面的编程错误及尺寸测量错误,因此建立正确零件坐标系是编程的重要一步。

一般情况下,零件坐标系的建立按照三个步骤进行:零件找正、设置旋转轴和设置原点。以齿轮架这类回转类零件为例,按照平面/圆/圆建立零件坐标系。

第一步:测量顶部平面,找正零件,即确定第一轴线 Z 轴。

第二步:测量两个圆,两圆心的连线与 Z 轴相互垂直为第二轴向。

第三步:设置原点为大外圆圆心投影。这样零件坐标系就建好了(见图2)。

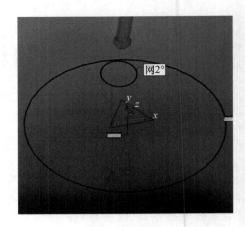

图 2　建立零件坐标系

2.3　零件的批量检测及数据分析

本文使用的三坐标测量机为海克斯康 global 07－10－07,软件为 PC－DIMS。零件坐标系建好后,根据图纸要求确定被测的特征要素及数量后,对测量要素进行合理的编程自动进行检测,得到工装上首个零件的尺寸评价结果,然后零件坐标系偏移到第二个零件重复测量程序,以此类推,直到工装上所有零件检测完毕,并对检测数据进行处理,评价图纸要求的尺寸及形位公差(见图3),确定被测特征元素的尺寸或形位公差是否合格,判定入库数量。

生产零件检测结果

零件名称:						
齿轮架						
零件图号:						
DA350A0130						
项目	标准值	上公差	下公差	实测值	合格	不合格
1	2.500 0(位置1-D)	−0.014 0	−0.024 0	2.472 7		🚫
2	2.500 0(位置2-D)	−0.014 0	−0.024 0	2.471 4		🚫
3	2.500 0(位置3-D)	−0.014 0	−0.024 0	2.470 5		🚫
4(1)	⫽ φ0.025 A (FCF平行度1)圆柱1	0.025 0	0.000 0	0.006 3	✓	
4(2)	⫽ φ0.025 A (FCF平行度1)圆柱2	0.025 0	0.000 0	0.012 1	✓	
4(3)	⫽ φ0.025 A (FCF平行度1)圆柱3	0.025 0	0.000 0	0.009 0	✓	
5	13.000 0(位置4-D)	0.050 0	0.050 0	12.996 8	✓	
6(1)	⊕ φ0.025 A (FC位置1)	0.050 0	0.000 0	0.048 0	✓	
7	6.500 0(距离1-M)	0.025 0	0.025 0	6.481 1	✓	
8	6.500 0(距离2-M)	0.025 0	0.025 0	6.495 7	✓	
9	6.500 8(距离3-M)	0.025 0	0.025 0	6.518 4	✓	
10	120°00′00″(角度1-A)	0°30′00″	0°30′00″	120°09′19″	✓	
11	120°00′00″(角度2-A)	0°30′00″	0°30′00″	119°47′52″	✓	

图 3　尺寸及形位公差评价结果

3 结 论

实验证明,通过设计工装夹具,三坐标测量机编程自动连续检测,能够实现批量零件的检测,不仅可以保证测量精度、提高检测效率,而且可以避免通用量具检测不稳定问题,同时降低了检测人员的工作强度。

4 展 望

以上批量检测系统只检测了单一零件的尺寸要素,在实际装配过程中,齿轮架上的孔与零件圆柱销为过盈配合,能否通过设计工装,利用三坐标编程同时检测两种配合零件,并根据尺寸评价选配圆柱销与齿轮架的最佳配合,来提高产品质量是可以进一步探讨的问题。

基于云计算的航天器通用测试系统架构

吕冬满　　刘国栋

（山东航天电子技术研究所，山东·烟台，264003）

摘要：为了解决现有航天器测试系统中航天器和测试设备的耦合性高、可扩展性差、信息无法共享、测试设备功能模块利用率低的问题，本文提出了一种基于云计算的航天器通用测试系统架构。该架构基于云计算技术，由交互界面、中心云平台、基础设施三个部分组成。相较于传统的航天器测试系统而言，该架构可以实现测试数据的共享，提高通用测试系统的利用率，完成对航天器全寿命周期的测试需求，对实际工程应用具有重要的指导价值。

关键词：云计算；航天器测试；云架构

1 引　言

航天器在进行卫星总装之前，需要对设备进行功能、性能和环境试验的验证，以确保航天器在装载后的正常运行和可靠工作。针对不同功能的航天器需要配套专用测试系统和测试软件，这就造成航天器和测试设备耦合性高、可扩展性差、信息无法共享、测试设备功能模块利用率低。

随着航天技术的发展，卫星发射数量与日俱增，航天器的型号研制任务也逐年攀升，这就导致对测试系统的需求巨大，对测试效率的要求不断提高。一方面，由于对测试系统重复利用、多型号共用的需求不断提高，因此，在构建测试系统时需要提高其通用性，统一相应接口；另一方面，由于对测试数据共享、远程访问测试系统、多人同时在线等功能有了新的要求，现有系统还无法实现此功能，势必造成工作效率低下。因此，构建基于云计算的航天器通用测试系统，提高测试效率，实现信息共享势在必行。

基于云计算的航天器通用测试系统架构分为中心云、通用测试设备和瘦客户端三部分。中心云集多个虚拟机于一体，负责软件运行、数据接收、存储、处理和分发；通用测试设备负责完成具体测试任务，针对不同航天器测试可重复使用同一套测试设备，只需对接口进行适配即可；瘦客户端只需要安装虚拟机管理软件，通过该软件即可访问中心云中的虚拟机，进而对通用测试设备进行操作，对中心云中的数据进行读写。基于云计算的航天器通用测试系统，按需获取计算能力，提高了测试设备利用率、存储和分析能力，提高了测试效率，实现了全平台信息共享，可以覆盖航天器全寿命周期各阶段的测试需求。

2 现有航天器测试系统架构

20世纪六七十年代，测试系统多采用PXI、VXI、PCI总线技术，形成了标准化、模块化和通用化的行业规范。现有的航天器测试系统，针对每一个航天器都需要一个独立的测试系统和测试软件，测试软件根据具体的硬件测试需求，由专业的软件工程师编写，然后固化在测试系统中。现有航天器测试系统架构如图 1 所示。虽然现有测试系统架构简单,但其局限性很大,通用性差,后期很难将测试设备应用到其他航天器。同时,现有测试设备独立服务于单一航天器,与航天器布置在同一调试间,不同测试设备分布在不同调试间,彼此之间没有信息交互,在面对批量的测试需求时,无法对航天器横向管理,进行大数据分析。现有测试设备还面临成本高的问题,针对功能简单航天器仍需配套相应测试系统,造成硬件资源浪费。

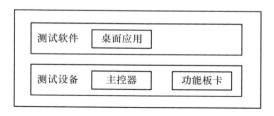

图 1　现有航天器测试系统架构

3　基于云计算的航天器通用测试系统总体架构

基于云计算的航天器通用测试系统是一种基于云计算技术的新型测试模式,对底层测试系统等测试资源进行抽象处理,形成资源池,实现硬件资源配置动态化,能够有效提高各类资源的利用率。基于云计算的航天器通用测试系统总体框架如图 2 所示。

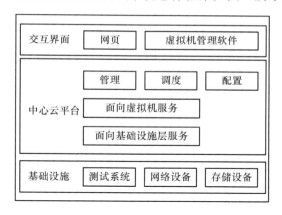

图 2　基于云计算的航天器通用测试系统总体框架

框架分为交互界面、中心云平台、基础设施三个层次。各层次主要功能如下。

交互界面层的主要功能是实现用户对测试系统进行操作和数据访问,以及对中心云平台进行管理和配置。

中心云平台层的主要功能是依据测试需求,提供测试服务管理、调度和配置功能;通过不同软件面向不同虚拟机服务;同时面向基础设施层进行服务,包括资源管理、数据收发、存储服务等。

基础设施层是系统最底端的硬件设施,包括测试系统、交换机、物理链路、存储设备等,用来实现航天器的测试与中心云平台之间的数据交互。

4　基于云计算的航天器通用测试系统硬件架构

基于云计算的航天器通用测试系统适用于现代航天器的全流程测试,可实现近端和远端共同测试及数据判读。系统通过中心云平台构建前后端数据高速传输,平台将服务器、工作站等运算资源一体化,通用测试设备可以按需获取计算能力,并将数据存储在云平台上,可大幅提高计算、存储和数据分析能力。其系统硬件模型如图 3 所示。

基于云计算的航天器通用测试系统硬件模型包括通用测试设备、中心云平台、瘦客户端三部分。各部分主要功能如下。

通用测试设备采用 PXI、PXIe、PCI 总线技术,配备电源、示波器、交换机、工控机等硬件设备,工控机中插有指令卡、采集卡、总线卡等功能板卡。其主要功能是对航天器进行测试,用于和中心云平台之间进行数据交换。不同航天器的测试工作均可由同一套测试设备完成测试工作。

中心云平台通过服务器组合磁盘阵列,采用虚拟化集成技术进行运算资源一体化设计,同时采用"桌面云"技术实现瘦客户端的终端访问服务。中心云平台是整个系统的核心,单个测试系统的控制程序都独立封装在单个虚拟机中,不同测试系统的控制程序对应不同的虚拟机。控制程序接收到通用测试设备的信息后,对其进行数据存储、分析和处理,返回处理结果等待用户调用。

瘦客户端的主要功能是用于访问中心云平台任意虚拟机中的程序,进而实现对通用测试设备进行远程或进程控制,以及与中心云平台进行数据交互。中心云平台可以同时接入多个瘦客户端,模拟出一个相互独立又在服务器上的工作环境,彼此之间互不影响又数据互通。

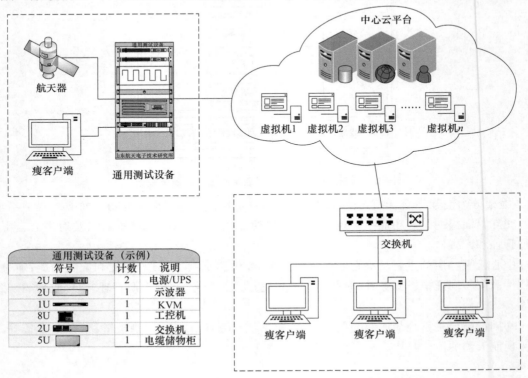

通用测试设备（示例）		
符号	计数	说明
2U	2	电源/UPS
2U	1	示波器
1U	1	KVM
8U	1	工控机
2U	1	交换机
5U	1	电缆储物柜

图 3　基于云计算的航天器通用测试系统硬件模型

5　基于云计算的航天器通用测试系统云架构

"桌面云"技术采用远程桌面协议（Remote Desktop Protocol，RDP）和瘦客户端来实现。RDP 是在远程主机上应用程序通过编码的"位图流"控制，通过单播路由协议传输位图至本地终端。此技术占用得 CPU 资源较少，采用 RDP 终端模式，通过虚拟计算环境提供的动态资源分配，终端服务器可以动态地适应接入瘦客户端的数量，提高显示需求的响应速度，应用程序无论在 C/S 或 B/S 架构下、Java 或 Net 开发环境中，均可使瘦客户端在终端模式下运行。在实现过程中，各系统终端机为瘦客户端，只需要配置显示器、鼠标、键盘以及网络通信设备，即可实现原来所有的操作。对各系统用户而言，其操作没有任何变化，可以实现用户层面上的无缝转移。基于云计算的航天器通用测试系统云架构如图 4 所示。

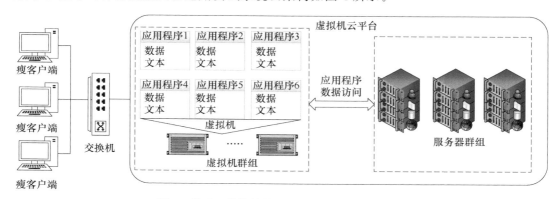

图 4　基于云计算的航天器通用测试系统云架构

6　结　论

本文在分析现有航天器测试系统基础上，研究了基于云计算的航天器通用测试系统架构，设计了系统的硬件架构及云架构，提出了在中心云平台上运行虚拟机群组的思路。通过资源整合，多台瘦客户端同时在线，完成对航天器的测试。基于云计算的航天器通用测试系统可以实现测试数据的共享，提高通用测试系统的利用率，完成对航天器全寿命周期的测试需求。

参考文献

［1］刘志飘,温洁,张鑫.一种应用云计算技术的航天器综合测试方法[J].航天器工程,2015,24(1):140-145.
［2］张迪,李志鹏.基于云测试的飞行试验测试系统检测平台构架[J].中国科技信息,2019(15):48-49.
［3］杨同智,党建成,刘廷玉,等.批产航天器自测试系统设计[J].宇航计测技术,2023,43(2):76-82.
［4］赵欣,李鹏,梁岩里,等.航天器测试数字化转型探索和实践[J].航天器工程,2023,32(1):144-149.
［5］王华茂.航天器综合测试技术发展与展望[J].航天器工程,2021,30(5):125-132.
［6］刘勇.机载设备自动化测试中应用系统的研究[J].中国设备工程,2022(21):150-152.
［7］刘杰强,张阿真,刘恒毅,等.基于云计算的并行化自动测试系统设计[J].测试技术学报,2018,32(4):363-368.
［8］张杰坦,刘垚圻,韦二龙,等.基于云原生的天地一体化信息网络综合试验平台[J].移动通信,2023(7):49-57.
［9］杨新宇.云桌面系统应用浅析[J].科学与信息化,2023(4):28-31.

人工智能在软件测试领域的应用研究

隋霞　黄梅　王丽君

（山东航天电子技术研究所，山东·烟台，264001）

摘要：软件测试是嵌入式软件开发的重要环节。随着嵌入式软件开发需求的增多，软件测试从人工测试发展到自动化测试，仍然不能满足快节奏的软件研制流程。为了减轻测试人员的压力，提升测试效率，人们逐渐将目光转向以深度学习为首的人工智能领域，尝试寻求技术上的突破。本文对人工智能（AI）技术在软件测试中应用的相关工作进行了归纳总结，介绍了软件测试从手工测试到人工智能测试的进阶发展，并阐述了目前软件测试与人工智能结合在相关领域的发展情况，对未来软件测试发展方向作了进一步探讨。

关键词：软件测试；人工智能（AI）；测试设计；深度学习；代码审查

1　引　言

软件测试经历了从无到有，到逐渐形成系统理论，最终形成一门独立学科的历程。伴随着软件产品趋于大型化、复杂化，软件测试也朝自动化的方向发展。自动化测试工具经历了由简单到复杂的过程，从捕捉回放，到利用测试脚本，到利用数据驱动把测试脚本与测试数据分离，再到采用框架结构和数据驱动。随着人工智能技术的发展，人工智能与自动化测试工具相融合是当前软件测试技术的热点，本文旨在对目前与软件测试相关的人工智能研究成果进行归纳总结，并探讨未来软件测试发展的方向。

2　软件测试概述

软件测试最精简的定义是为了发现错误而执行程序的过程。对测试用例好坏的评判在于它能否发现至今未发现的错误。从是否关注软件内部逻辑结构和具体设计的角度划分，软件测试包括白盒测试和黑盒测试；从是否执行程序的角度划分，包括静态测试和动态测试；从软件开发的过程划分，包括单元测试、集成测试、确认测试、验收测试、系统测试；从测试内容分类，包括功能测试、性能测试、可靠性测试、安全性测试、恢复性测试、强度测试等。软件测试从不同角度的分类并不矛盾，而是融合、统一的，贯穿软件工程研制的整个过程。

3　从手工测试到 AI 测试的进阶

软件测试是一个动态往复迭代的过程，即不断进行测试、发现错误、修改代码、回归测试，循环往复。如果软件功能不变，仅仅是设计修改，那么即存在重复测试的问题。在这个过程中，测试人员逐渐探索出自动化测试的方法，相对于传统的手工测试，自动化测试更偏向于解决重复、繁琐、耗时的工作。自动化测试进阶主要经历了 5 个级别：级别 1 是捕获和回放；级别

2 是捕获、编辑和回放;级别 3 是编程和回放;级别 4 是数据驱动的测试;级别 5 是使用动作词的测试自动化。自动化测试作为一种工具和手段,只能执行固有的测试流程,但无法及时思考和创造测试灵感;而在实际测试中,大多数的软件错误都是在手工测试的不断尝试和深度思考中发现的,测试人员的知识积累和经验在新问题的发现上起主要作用,自动化测试仍然无法完全替代手工测试。

随着软件趋于复杂和大型化,需求繁复的变更迭代给软件测试带来巨大的工作量和挑战。即使是自动化测试,测试人员也要不断耗时修改测试用例、修改自动测试脚本,伴随逻辑分析思考、经验排错等,穿插不计其数的人工测试,但测试覆盖率却不一定能得到保障。一般情况下,测试中会按线性递增的方式每次增加一个测试元素,但测试的复杂度明显不是线性递增的,因为新元素除了自身引入的复杂度外,还会与已有元素特性相互作用,带来更多的复杂度。

人们亟须一种更高效的测试方法来应对挑战,于是把目光投向了人工智能。人工智能,即模拟和扩展人的智能,让机器像人一样有感知、认知以及计算的能力。目前在软件测试领域,基于人工智能技术的软件测试方法的发展和应用前景广阔,其主要的三个组件是机器学习、深度学习和自然语言处理。现阶段人工智能主要通过机器学习来实现,而深度学习是最有效的一种算法。在软件测试中,归纳学习、主动学习、自然语言处理、增强学习等 AI 技术应用于创建测试用例;遗传算法、深度强化学习、启发式方法等 AI 技术应用于创建测试数据;人工神经网络、决策树等 AI 技术应用于执行结果验证;K 均值聚类 AI 算法应用于测试用例分类,以提升回归测试的效率。将人工智能算法应用于生成测试用例,并付诸测试实践活动,有助于提高测试的质量和覆盖率。

4 软件静态测试与 AI 的结合应用

静态测试不运行软件,而是充分发挥人的逻辑思维优势,通过阅读分析代码展开测试。代码审查是静态测试中一种常用的方法,主要检查代码和设计的一致性、代码的逻辑表达的正确性、代码结构的合理性。在某些方面代码审查比动态测试更有效率,能快速找到缺陷,直接定位问题,特别是在动态测试中隐藏较深,不易发现的概率性问题,以及真实测试工况中无法开展的不可测试项。代码审查像直接看到问题本身而非征兆或现象;而动态测试通过各种检查,对异常指标或异常表现进行分析,从而做出诊断。但是代码审查除了耗费时间之外,对测试人员的知识和经验积累也有更高的要求。

目前在代码审查中应用的人工智能,主要是深度学习。提出处理特定审查任务的深度学习模型之后,深度学习模型通过训练获取处理特定任务的经验,并将经验应用于实际任务中。软件代码审查中,审查人员阅读代码、理解代码、审查代码的过程即为程序理解活动。程序理解是软件工程中的一个经典话题,又称软件理解或系统理解。自软件出现以来,甚至在软件工程提出之前,就有了程序理解这个问题。将基于人工智能的程序理解算法应用于代码审查过程,能够减轻测试人员的认知负担,提升代码审查的工作效率。

程序理解是一个学习和认知的过程,程序理解的基本策略可以分为三种:自底向上的策略,自顶向下的策略和集成式程序理解模式。自底向上策略的认知框架区分为程序模型和情景模型,程序模型对程序的控制流进行抽象,情景模型则封装了关于数据流抽象和功能抽象的知识,表达了程序的目标层次。自顶向下的策略体现的是模型驱动的思想,程序理解就是将具体的程序片段关联到已知的模型上,通过模型的结构去刻画程序的结构和语义。集成式程序理解模式结合前两种策略,对比较熟悉的代码采用自顶向下的方式进行理解,直接建立源码和应用知识之间的关联;对比较生疏的代码采用自底向上的策略从底层开始进行逐层抽象,以获得程序所表达的领域知识。程序理解的发展目前面临着准确性、可拓展性的挑战,人工智能技术能否很好地运用在程序理解领域是目前需要探索的一个命题,因此人工智能技术在代码审查领域有很大的应用潜力。

5　软件动态测试与 AI 的结合应用

动态测试是通过运行程序检查软件的动态行为和运行结果的正确性,动态测试包括功能确认、接口测试、覆盖率分析、性能分析、内存分析等内容。动态测试必须具备测试用例,同时贯穿于传统的软件测试流程中。软件测试流程通常包括需求分析、测试计划、测试设计、测试环境搭建、测试执行、报告测试结果、缺陷管理等,如图 1 所示。以当前热门的 OpenAI 的 ChatGPT 人工智能技术为例,重点探讨测试人员关心的测试阶段。缺陷管理在鱼骨图上被作者省略了,可忽略。

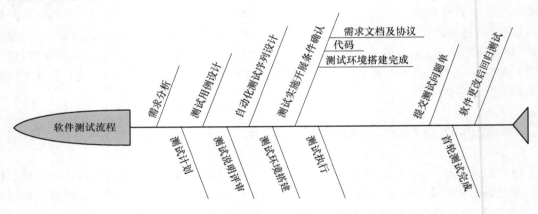

图 1　软件测试流程

ChatGPT 作为一种预训练语言生成模型,能够快速生成自然语言文本。在需求分析阶段,ChatGPT 可自动阅读并理解需求文档,梳理和总结用户需求,助力测试人员把握测试需求,但是作为一个通用的自然语言处理模型,在特定的专业领域缺乏模型训练。针对某类项目,如果测试工程师利用专业领域知识、历史测试数据、积累的测试经验等对其进行模型训练,ChatGPT 可以助力测试人员识别和评估项目风险,辅助生成测试计划。

测试设计的主要工作是测试用例设计。测试设计是一种设计活动,是依据测试点按照一定的方法和规范要求,得到测试执行依据(即测试用例)的过程。测试点不等于测试用例,测试也不是越多越好,而应根据产品的实际情况来确定测试的广度和深度,这就是测试策略。一方面,ChatGPT 根据需求文档、历史测试数据、测试经验,自动生成测试用例,并且优化测试用例的覆盖率;另一方面,ChatGPT 也能调整测试用例的设计和执行顺序,优化测试策略,以提高测试效率和发现缺陷的概率。但因涉及复杂的需求和软件业务逻辑,以及在特定测试工况下的可靠性、安全性等方面,需要测试人员及时介入调整,防止测试设计发生偏离。

在测试执行阶段,ChatGPT 本身不会直接执行软件测试,但是可与自动化测试工具集成,协助执行测试用例,监控系统的性能,收集测试数据,参与测试过程的决策,提高测试过程的质量。

在测试结果分析阶段，ChatGPT 自动化程度较高，可自动生成测试报告，包括测试结果、测试覆盖率、性能指标，自动分析测试数据和缺陷。但在缺陷管理环节需要人工干预，因为测试人员需要在测试结果基础上进一步深入分析，识别缺陷并对缺陷进行跟踪和修复，形成闭环。

6 测试人员未来的转变

人工智能系统与自动化测试技术相结合，将测试人员从繁复的手动测试中解放出来，意味着测试人员有更多的时间和精力从事更高级的技术研究，提出特定测试任务的深度学习模型，并依靠专家经验系统对人工智能进行训练，测试人员的角色将逐步向"科学家"转变。

7 小 结

人工智能已经渗入软件测试的各个环节，人工智能参与需求分析，参与代码审查，进行测试用例设计，与自动化测试工具相融合，自动分析测试结果和缺陷数据，定位设计缺陷，来提高测试效率、测试覆盖率以及发现问题的概率。深度学习、自然语言处理等 AI 技术将在软件测试中发挥越来越重要的作用，同时当前的人工智能测试算法将与新出现的技术相融合，带动软件测试逐渐前移，与软件开发相融合，引起新一轮的软件革命。

参考文献

[1] MYERS G J,BADGETT T,SANDLER C. 软件测试的艺术[M]. 3 版. 张晓明,黄琳,译. 北京:机械工业出版社,2012.

[2] LUCCI S,MUSA M S,KOPEC D. 人工智能[M]. 3 版. 王斌,王鹏鸣,王书鑫,译. 北京:人民邮电出版社,2023.

[3] 金芝,刘芳,李戈. 程序理解:现状与未来[J]. 软件学报,2019,30(1):113-129.

[4] FAGEN M E. Advances in software inspections[J]. IEEE Transactions on software engineering,1986,12 (7):744-751.

[5] 刘琛梅. 测试架构师修炼之道[M]. 2 版. 北京:机械工业出版社,2022.

金相法测量 Ti-6Al-4V 污染层测量不确定度评定

邱荣华　冯坤　杨春峰　宋雪岭　刘继泰　张友明

(东方蓝天钛金科技有限公司,山东·烟台,264003)

摘要: 本文介绍了金相法测量 Ti-6Al-4V 污染层测量不确定度的评定,根据《测量不确定度评定与表示》(JJF1059.1—2012)对测量过程中引入的不确定度来源进行分析,计算各影响因素的不确定度分量,对合成不确定度、扩展不确定度进行了评定,并用不确定度的方式表示了最终的测量评定结果。

关键词: Ti-6Al-4V;污染层;测量不确定度

1　前　言

钛合金具有比强度高、抗蚀性优异两大特性,广泛应用于航空航天、医学、化学等领域。Ti-6Al-4V 是一种中等强度的 α+β 双相钛合金,含有 6% 的 α 稳定元素 Al 和 4% 的 β 稳定元素 V,能够长时间在 400 ℃条件下保持稳定状态,用 Ti-6Al-4V 代替 30CrMnSiA 等材料,能够实现减重约 30%。但是当环境气氛中存在氧、氮和碳元素,且产品表面温度达到一定范围时,这些元素会扩散渗入产品表面,从而产生污染层。污染层为一种硬而脆的组织,对产品的性能有极大危害。因此,在钛合金产品生产企业,污染层深度检测是一个必检项。

2　测试过程及样品信息

(1) 环境条件:温度为 10~35 ℃,相对湿度小于等于 80%。

(2) 测量设备:经校准合格的蔡司金相显微镜,型号为 Vert. A1,设备校准由钢研纳克检测技术有限公司进行,证书编号为 CD23SJ039221。

(3) 测试样品:法国 PTP 污染层样品。

(4) 测量过程:将试样进行镶嵌、磨抛、腐蚀并清洗吹干,制备完成后在 50 倍物镜下观察试样显微组织,根据《钛及钛合金表面污染层检测方法》(GB/T 23603—2024),找出 1 个具有代表性的区域,测量污染层最深的位置,独立重复测量 10 次。

3　建立数学模型

建立数学模型

$$y = x \tag{1}$$

式中,y 为样品污染层深度测量值,μm;x 为样品污染层深度测量结果,μm。

4 测量不确定度来源分析

对于污染层深度测量结果,经分析得出其测量结果的不确定度来源主要有:重复测量引入的输入量 x 的 A 类标准不确定度分量 $u_{(x_1)}$;图像分析系统准确度引入的输入量 x 的 B 类标准不确定度分量 $u_{(x_2)}$;图像分析系统分辨率引入的输入量 x 的 B 类标准不确定度分量 $u_{(x_3)}$;测微尺准确度引入的输入量 x 的 B 类标准不确定度分量 $u_{(x_4)}$。

5 测量不确定度评定

5.1 不确定度分量的确定

5.1.1 重复测量引入的输入量 x 的 A 类标准不确定度分量 $u_{(x_1)}$ 的评定

在试样检验面上选择 1 个有代表性的区域,即污染层厚度最深的位置,分别独立测量 10 次,由 1 名检测人员使用同一设备在相同条件下进行测量,取 10 次的测量平均值 $\overline{x}$ 作为测量结果(i 为测量序号,$i=1,2,\cdots,n$),数据如表 1 所列。

表 1 重复性测量数据

测量序号	1	2	3	4	5	6	7	8	9	10
污染层结果/μm	12.9	13.0	13.0	13.0	12.9	13.1	13.0	12.9	13.0	13.0

测定的污染层深度平均值为

$$\overline{x} = \frac{1}{n}\sum_{i=1}^{n} x_i \tag{2}$$

式中,x_i 为污染层深度的第 i 次测试值,μm;得出 $\overline{x}=12.98$。根据表 1 和贝塞尔公式计算出标准偏差 s,即

$$s(x) = \sqrt{\frac{\sum\limits_{i=1}^{n}(x_i - \overline{x})^2}{n-1}} \tag{3}$$

式中,i 为测量次数编号,$i=1,2,\cdots,n$,$n=10$;x_i 为污染层深度测量值;$\overline{x}$ 为 10 次测量的污染层深度的平均值。$s=0.06\ \mu$m,由于该试验是在重复条件下进行多次独立测量,所以重复测量引入的不确定度 $u_{(x_1)}=0.06\ \mu$m。

5.1.2 图像分析系统准确度引入的输入量 x 的 B 类标准不确定度分量 $u_{(x_2)}$ 的评定

校准图像分析系统时,整个图像系统(包括显微镜物镜放大倍数和分析软件提供的测量尺等)同时校准。由校准证书可知,在 50 倍物镜下图像分析系统测量时产生的相对误差为 -0.20%,属于均匀分布。则由图像分析系统准确度引入的标准不确定度分量为

$$u_{(x_2)} = \frac{a}{k} = \frac{12.98 \times 0.20\%}{2\sqrt{3}} = 0.008\ \mu m$$

其中,a 为区间半宽。

5.1.3 图像分析系统分辨率引入的输入量 x 的 B 类标准不确定度分量 $u_{(x_3)}$ 的评定

图像分析系统分辨率公式为

$$\delta_x = 0.61\lambda/A \tag{4}$$

式中,δ_x 为最小分辨率;λ 为光线的波长;A 为物镜的数值孔径。式(4)中,λ 取 0.55 μm,50 倍的物镜的数值孔径为 0.55,由图像分析系统分辨率引入的标准不确定度属于均匀分布,则由分辨率 δ_x 引入的标准不确定度分量为

$$u_{x_3} = \frac{\delta_x}{2\sqrt{3}} = \frac{0.61}{2\sqrt{3}} \times \frac{\lambda}{A} = 0.176\ \mu m$$

5.1.4　测微尺准确度引入的输入量 x 的 B 类标准不确定度分量 $u_{(x_4)}$ 的评定

校准图像分析系统所用的标准测微尺引入的标准不确定度属于均匀分布,根据校准证书可知

$$u_{(x_4)} = \frac{U}{k} = 0.5/2 = 0.25\ \mu m$$

其中,U 为校准证书给出的扩展不确定度;k 为校准证书中的包含因子,这里 $k=2$。

5.2　合成标准不确定度的评定

由于重复性引入的不确定度远小于图像分析系统分辨率引入的不确定度,两者取大者,故在计算合成标准不确定度时忽略重复性引入的不确定分量。

由于上述各不确定度分量彼此独立不相关,根据式(1),则合成标准不确定度为

$$u_c(y) = \sqrt{\sum_{i=1}^{N} u^2(x_i)} = \sqrt{u(x_2)^2 + u(x_3)^2 + u(x_4)^2} = 0.31\ \mu m \tag{5}$$

5.3　扩展不确定度的评定

取包含概率 $p \approx 95\%$,包含因子 $k=2$,则污染层深度的扩展不确定度为

$$U = k \cdot u_c(y) = 2 \times 0.31\ \mu m = 0.62\ \mu m$$

6　不确定度报告

该样品的污染层深度为 (12.98±0.62)μm,$k=2$。

7　结　论

(1) 金相法测量 Ti - 6Al - 4V 污染层厚度试验,测微尺引入的不确定度较大,而图像分析系统引入的不确定度较小。

(2) 污染层厚度 12.98 μm 的扩展不确定度为 $U_{95\%} = 0.62\ \mu m$,说明 12.98 μm 的污染层厚度均在 (12.98-0.62)μm 至 (12.98+0.62)μm 区间,包含了试验结果可能值的 95%。

参考文献

[1] 全国法制计量管理计量技术委员会. 测量不确定度评定与表示:JJF 1059.1—2012[S]. 北京:中国质检出版社,2012.

[2] 全国有色金属标准化技术委员会. 钛及钛合金表面污染层检测方法:GB/T 23603—2024[S]. 北京:中国标准出版社,2024.

无人机技术

小型固定翼无人机磁控设计研究

高爽　史钰峰　任文冠　曲亚楠　肖婷　宋晓林

（山东航天电子技术研究所,山东·烟台,264000）

摘要： 小型固定翼无人机凭借其飞行安全性高、易攻难防、便携、可集群协作等显著优势,逐渐在国际舞台上崭露头角,为各类武器、探测设备提供了绝佳的搭载平台。选用小型固定翼无人机作为磁探测设备的搭载平台时,受限于无人机内部空间以及外部安装空间尺寸,无法采用常规伸杆的方式拉开磁探测设备与无人机平台的距离,因此,需采用对无人机平台本体进行磁控设计的方式,削弱无人机平台的磁噪声干扰,提升磁探测设备探测性能。本文通过测试无人机内部部组件磁干扰情况,厘清无人机内部部组件中的主要磁干扰源,针对性地对主要磁干扰源进行磁屏蔽设计,并测试验证了磁屏蔽罩的磁屏蔽性能,有效抑制了主要磁干扰源的磁干扰噪声,达到了削弱无人机平台磁干扰噪声的目的。测试结果表明,舵机的磁屏蔽罩的磁屏蔽效能为 23.6 dB,电机的磁屏蔽罩的磁屏蔽效能为 11 dB,通过对主要磁干扰源加装磁屏蔽罩的方式,磁探测设备处的磁干扰噪声降低了 13.6 nT,屏蔽后的噪声干扰数值在后续软件消噪算法处理的数值允许范围内,有效提升了系统的磁探测性能。

关键词： 小型固定翼无人机;磁探测;磁控设计;磁屏蔽;屏蔽效能

1 引　言

近年来,随着无人机技术的发展,小型无人机凭借多种优势已逐步在国际舞台上崭露头角。与常规有人机相比,小型固定翼无人机飞行安全性高,可实现人员零伤亡;通过航迹规划与自主控制,可长时间低空飞行;因目标小、飞行高度低,很难被防空雷达探测,不易受到攻击;造价低,使用、保障以及人员成本低;可通过便携式装备发射,能够远距离大批量快速部署,实现集群协同或多方向执行探测任务,作战效能高。

尽管选用小型固定翼无人机作为磁探测设备搭载平台充分利用了小型化的优势,但受限于无人机内部空间以及外部安装空间尺寸,磁探测设备必会受无人机平台磁干扰噪声影响,系统磁探测性能很难达到最优。通常在航测测量过程中,为削弱飞机平台对磁探测设备的影响,磁探测设备在安装时需远离飞行平台的磁性材料。当前,大型固定翼飞机航磁系统的磁探测设备的安装方式主要是通过无磁探杆固定于机头前端或机尾后端,或者直接固定在机翼两侧。但对于小型固定翼无人机而言,很难通过以上两种方式拉开磁探测设备与无人机平台的距离。小型固定翼无人机翼展较小,与无人机本体拉开距离有限,磁探测设备仍会受到无人机平台磁干扰;通过无磁探杆将磁探测设备固定于无人机平台头部或者尾部,一方面会影响无人机飞行品质,另一方面会带来携带上的不便。解决磁探测设备在无人机平台上的安装问题,提升系统磁探测性能,是小型固定翼无人机实施磁探测任务亟须解决的难题。

小型固定翼无人机磁探测性能的提升是一个系统性问题,可通过无人机平台低磁化设计和高精度磁补偿技术解决。无人机平台低磁化设计,即磁控设计,主要的技术手段有无磁材料替换、消退磁、磁屏蔽、导线走向处理等。其中,磁屏蔽设计是实现无人机平台磁控设计的关键。通过测量无人机平台内部组件剩磁情况,辨识主要磁干扰源,对主要磁干扰源采取磁屏蔽措施,削弱主要磁干扰源的剩磁影响,进而降低无人机平台磁干扰噪声,实现提升无人机磁探测系统性能的目标。

2 磁屏蔽原理

当前,磁屏蔽有两种实现方式:一种是利用强大的可控场,将源磁的磁力线限制在一个小范围内以实现磁屏蔽的效果,即有源磁屏蔽;另一种是利用高磁导率材料将磁力线短路,从而在特定范围内营造出一个弱磁场甚至无磁场的空间,称为无源磁屏蔽。无源磁屏蔽可操作性强,因此可应用在小型固定翼无人机平台磁控设计中。

磁场屏蔽是利用高磁导率材料(如铁、硅钢片、坡莫合金)构成低磁阻通路,即采用高磁导材料的外壳将磁源包裹起来,则屏蔽外壳与空气介质组成一个并联的磁路,如图1所示。

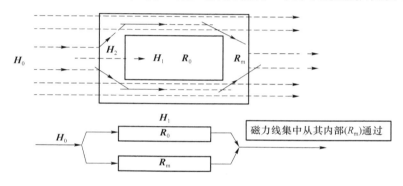

图 1　磁路分析图

由于空气的相对磁导率接近1,而屏蔽体外壳相对磁导率最高可达几千,所以屏蔽外壳的磁阻 R_m 比空气介质的磁阻 R_0 小很多,使得磁力线主要从屏蔽壳内通过,屏蔽体壳外通过的磁力线很少,改变磁场传播方向和磁场分布状态,以达到隔离磁场的目的,如图2所示。

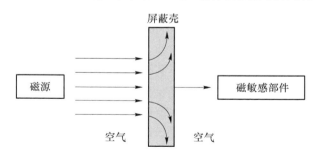

图 2　磁场屏蔽示意图

3 磁屏蔽性能评估

磁屏蔽装置的磁屏蔽性能通常用磁屏蔽效能来评价,磁屏蔽效能越大说明磁屏蔽效果越好。对于图2所示的磁屏蔽装置,若以 dB 为单位,则磁屏蔽效能可表示为

$$SE = 20 \cdot \lg \frac{H_0}{H_1}$$

其中,H_0为干扰源未加装磁屏蔽时磁探测设备处的磁场强度,H_1为干扰源加装磁屏蔽时磁探测设备处的磁场强度。

影响磁屏蔽效果的因素包括磁源的大小、屏蔽材料的接缝、磁场的频率、屏蔽到磁源的距离、屏蔽与磁源的相对方向、磁屏蔽材料的厚度和热处理等。屏蔽效果通常与材料的电磁性质和几何结构有关。对于不同的屏蔽材料,磁导率越高,材料的屏蔽效果越好;对于特定的屏蔽材料,材料厚度越大屏蔽效果越好;对于给定厚度的某种磁屏蔽材料,屏蔽层数越多屏蔽效果越好。同时,对于磁源位于屏蔽壳体内部的情况,屏蔽壳的作用是防止该磁源所产生的磁场泄漏到壳体外部,此时应将磁源放置于屏蔽壳体的几何中心,同时避免磁源放置位置与屏蔽壳某一面距离太近,造成该区域磁力线过于集中,漏出屏蔽壳体的磁力线增多而降低屏蔽效果。

4 磁屏蔽设计

磁屏蔽的设计与静电屏蔽设计类似,均选用高磁/电导率材料。但电场与磁场的不同之处在于电场的旋度为零,磁场的散度为零,电场线可以被中断,其头尾不相连,磁场线一定是一条闭合、头尾相连的线,所以磁屏蔽只能尽可能引导磁力线,而不能完全屏蔽磁力线。

磁屏蔽的设计方式有两种,如图 3 所示。一种为屏蔽外磁场,例如,建造屏蔽桶/箱/室,屏蔽地磁场,制造内部的零磁环境,一般采用多层结构,经过层层衰减能起到很好的屏蔽效果;另一种为屏蔽内磁场,一般用于屏蔽电子产品内部的强磁源,避免对其他器件和设备产生干扰。

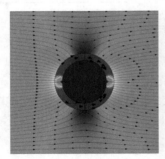 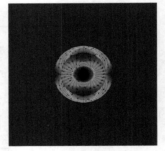

(a) 屏蔽外磁场　　　　　　　(b) 屏蔽内磁场

图 3　不同磁屏蔽示意图

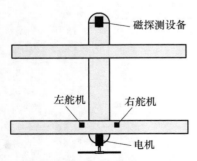

图 4　磁探测设备与电机、舵机
相对位置示意图

本文采用屏蔽内磁场的磁屏蔽设计方式,无人机平台内部主要磁干扰源的磁场量级要比常规情况下小许多,采用单层设计即可达到良好的磁屏蔽效果。考虑到磁屏蔽材料都是高磁导率材料,自身也会在地磁场下磁化,产生干扰磁场,因此设计过程中要控制磁屏蔽结构的厚度。

无人机平台磁屏蔽设计前,需明确主要磁干扰源,通过对无人机内部组件进行剩磁测试发现,无人机内部电机和舵机剩磁干扰大。电机是无人机平台动力系统的主部件,位于无人机系统尾端,舵机是无人机平台控制系统的主要执行部件,位于机翼根部,靠近无人机系统尾端。为有效拉开磁探测设备与主要磁干扰源的距离,将磁探测设备固定安装于无人机头部,如图 4 所示。测试结果表明,磁探测设备位置处,电机的剩磁可达 16.5 nT,左舵机剩磁可达 45.2 nT,右舵机剩磁可达 42.5 nT。

左、右舵机的型号相同,其内部组成如图 5 所示。经分析,舵机内部的电机是剩磁干扰的主要贡献者,考虑安装耳片的位置以及舵机连杆需机动摇摆的情况,舵机磁屏蔽罩设计如图 6 所示。其中,磁屏蔽罩材料为 1J85 坡莫合金,厚度为 1 mm。

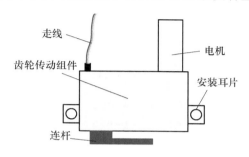

图 5　舵机组成示意图

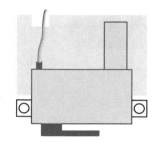

图 6　舵机磁屏蔽罩示意图

无人机内部电机组成如图 7 所示。经分析,电机内部的磁钢片以及缠绕线圈是剩磁干扰的主要贡献者,考虑电机安装耳片的位置以及散热需求,电机磁屏蔽罩示意图如图 8 所示。其中,磁屏蔽罩材料为 1J85 坡莫合金,厚度为 1 mm。

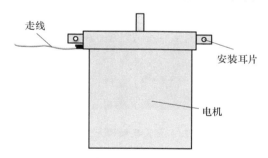

图 7　无人机内部电机组成示意图

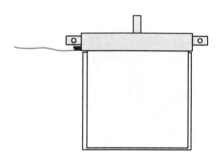

图 8　电机磁屏蔽罩示意图

5　测试验证

测试场地位于烟台市牟平区鱼鸟河公园内部,场地周边 10 m 内无明显磁性物件,不存在测试无关人员。剩磁测试设备选用西安华舜测量设备有限责任公司的 HSF113 - 2H3 - AHB 磁通门,测试场地布置如图 9 所示。场地内,数据处理计算机和磁通门机箱距离磁通门探头 8 m 以上,磁通门探头处附近刻画有距离标识,用于模拟实际安装中磁探测设备与舵机和电机的相对距离。

对磁屏蔽后的舵机和电机进行剩磁测试,被测物与探头的相对位置距离与无人机上的安装相对位置距离一致。测试结果表明,磁屏蔽后的左舵机剩磁为 2.1 nT,磁屏蔽后的右舵机剩磁为 2.8 nT,磁屏蔽后的电机剩磁为 4.6 nT。经计算,左舵机磁屏蔽罩的磁屏蔽效能为 26.7 dB,右舵机磁屏蔽罩的磁屏蔽效能为 23.6 dB,电机磁屏蔽罩的磁屏蔽效能为 11 dB。(见图 10、图 11)

图 9　测试场地布置

图 10　舵机磁屏蔽罩

图 11　电机磁屏蔽罩

　　如图 12、图 13 所示,对无人机进行屏蔽前系统剩磁测试和屏蔽后系统剩磁测试,屏蔽前系统剩磁为 25 nT,屏蔽后系统剩磁为 11.4 nT。测试结果表明,对无人机内部主要磁干扰源采取磁屏蔽措施,可有效削弱无人机平台的磁干扰。

图 12　无人机模型含屏蔽

图 13　无人机模型无屏蔽

6　结　论

　　为有效削弱小型固定翼无人机平台磁干扰,提升系统磁探测性能,本文对小型固定翼无人机平台进行磁控设计,对无人机内部组件主要磁干扰源进行磁屏蔽设计,经测试验证,舵机磁屏蔽罩的磁屏蔽效能为 23.6 dB,电机磁屏蔽罩的磁屏蔽效能为 11 dB,屏蔽后的系统剩磁为 11.4 nT,在后续软件消噪算法处理的磁干扰噪声允许数值范围内,可有效提升系统的磁探测性能。

参考文献

[1] 李巧燕.应用于光纤陀螺的磁屏蔽设计研究[J].科技与创新,2015 (7):15-16.

[2] 袁岩兴.低频磁屏蔽材料的制备与研究[D].北京:北京工业大学,2005.

[3] 刘琳,张东.电磁屏蔽材料的研究进展[J].功能材料,2015,46(3):3016-3022.

[4] 顾元鑫.光纤陀螺的磁屏蔽技术研究[D].哈尔滨:哈尔滨工程大学,2019.

基于 U－Net＋＋网络的无人机图像分割方法

张博恒　黄昊睿　孙明健*

(哈尔滨工业大学(威海),山东·威海,264200)

摘要：无人机图像分割技术在多个领域如土地资源管理、环境监测和城市规划中发挥着重要作用。尽管现有模型在这些应用中取得了一定进展,但无人机图像分割仍面临复杂背景处理和快速准确分割的挑战。本文提出了一种新的无人机图像分割方法,在 U－Net＋＋的基础上使用 Kolmogorov－Arnold Networks(KAN)替换传统的多层感知器(MLP),利用 KAN 可以更好地拟合复杂函数,提高分割准确性。最后,在 UAV123 数据集上测试网络分割的性能。实验结果表明,本文提出的网络在分割准确率上明显优于其他分割网络,而在分割视觉效果上,新网络能够更准确地分割出边界,并且在处理较小目标时也表现出较好的准确性,证明了 KAN 和 U－Net＋＋结合的网络在无人机图像分割任务中的有效性,尤其是在处理复杂背景和不同尺度目标时具有更好的性能。这对于无人机图像分割领域,尤其是在处理具有复杂背景和多尺度目标的图像时,具有重要的实际应用价值。

关键词：图像分割;无人机图像;KAN;U－Net＋＋;深度学习

1 引 言

无人机图像分割作为计算机视觉领域的一个热点研究方向,近年来受到了广泛关注。由于飞行高度和传感器集成的灵活性,无人机航拍图像在土地资源管理、环境监测、地形测绘、城市规划等需要高劳动力成本或可能影响人身安全的任务中发挥着越来越重要的作用,例如,在林业应用中,一些研究将无人机图像应用于害虫侵扰监测、森林火灾探测等。在损伤评估方面,相关文献已经证明了无人机图像用于分析结构裂纹的有效性和适应性,并将其用于桥梁检查和管理以及灾害评估等方面。此外,在一些文献中,运用无人机图像来监测和计数野生动物方面也取得了理想的效果。在这些应用中,无人机遥感与图像语义分割的结合表现出了与卫星遥感相比的几个明显优势。首先,基于无人机的语义分割更适合于需要更高时空分辨率的实际应用场景,如环境和农业监测、紧急响应和灾害评估。此外,语义分割模型可以从无人机获取的不同高度、不同角度的高分辨率遥感图像中提取出多样、细粒度的语义特征,有助于从多视角对复杂场景进行全面理解。因此,基于无人机的图像语义分割在具有精细语义对象和复杂背景的图像分析任务中起着至关重要的作用。

近年来,深度学习技术的发展为无人机图像分割带来了革命性的进步,研究人员提出了许多针对无人机图像分割的网络结构。例如,基于 ResNet 和改进图卷积(GCN)模块的语义分割模型 GRNet,该模型通过引入坐标图卷积和通道图卷积对特征进行全局信息建模,同时引入类别动态图卷积对输入特征的类别动态相关性进行建模,从而提高模型的分割精度。此外,还有基于 U－Net 网络的无人机遥感图像语义分割方法,该方法通过引入注意力机制模块来加强对特征的关注度,提升网络性能。

在无人机图像分割的技术方法上,研究人员也进行了大量的探索和创新。例如,编码器-解码器结构、多尺度和特征融合策略以及关系建模方法等。编码器-解码器结构通过卷积操作对输入图像进行降维和特征提取,而解码器则负责将这些特征映射回原始分辨率,生成像素级的预测结果。多尺度和特征融合策略通过捕获和处理不同尺度的信息,提高了分割精度。关系建模方法则通过显式地建立特征之间的关系,改善了预测结果。另外,还有基于深度学习的无人机遥感图像语义分割方法,通过改进 DeepLabV3+模型,包括替换主干网络、引入联合采样模块、调整扩张卷积空间金字塔池化模块的扩张率等以提高分割精度。还有研究者提出了基于超像素和超度量轮廓图的无人机图像分割算法,该算法通过线性谱聚类生成超像素,然后根据 HSV 颜色空间的直方图特征计算超像素区域间的不相似度,最后利用阈值删除边缘强度低于该阈值的轮廓,并将所对应的区域进行合并得到分割后的图像。

总的来说,无人机图像分割技术在不同场景下的应用都取得了显著进展,但仍然面临着许多挑战,如处理无人机图像中的复杂背景的问题,涉及的拟合函数较为复杂,如何快速、准确地从这些复杂图像中分割出不同的类别,成了一个亟待解决的问题。由于传统的 MLP 在复杂背景下可能会导致拟合效果不好,本文提出了一种使用 KAN 来替换 MLP 进行拟合的方法,通过 KAN 网络来对复杂背景下的特征进行分割,提高复杂背景下无人机图像分割的准确性。

2 方 法

2.1 U-Net++

U-Net 已经证明了使用跳跃连接在重新覆盖完整空间分辨率方面的有效性,然而它的跳跃连接仅在编码器和解码器的相同比例特征图上进行聚合,使得该过程存在一定的信息丢失。受 DenseNet 及 U-Net++的启发,本文采用 U-Net++作为网络的基础架构,将编码器的部分更换为 TOK-KAN 模块,结构如图 1 所示。

这个网络首先对无人机上采集到的三通道图像通过 TOK-KAN 模块进行 5 次编码,进行初始的特征提取。然后对 5 次编码的结果经过密集连接的解码器来融合不同尺度下的特征,最终得到分割结果。其中,密集连接的解码器接收同层前面的所有输出以及上一层采样后的结果作为输入,并将自身的输出传递给后续同层的所有解码器,这种引入多尺度的跳跃连接,能够更有效地结合不同层次的特征,有助于模型在分割过程中更好地理解图像的上下文信息。而解码器中的每个节点不仅会显示最终的聚合特征图,还会显示中间聚合特征图和来自编码器的原始相同比例的特征图。这种设计使得网络中的信息可以多路传递,解码器节点中的聚合层不仅可以学习编码器中相同比例特征图,还可以学习输入图像的原始特征,减少了因下采样和上采样过程中导致的特征信息丢失,从而在分割结果中保留了更多的细节信息,增强了网络的学习能力。

2.2 KAN

基于 Kolmogorov-Arnold 表示定理的 KAN 已被证明是有效且可解释的。KAN 通过使用具有可学习权重的样条函数来拟合非线性特征,从而使非线性特征的表示更准确。为了在图像分割中使用 KAN,需要对原始图像及特征图进行编码,构成一个 token 化的 KAN 模块,结构如图 2 所示。

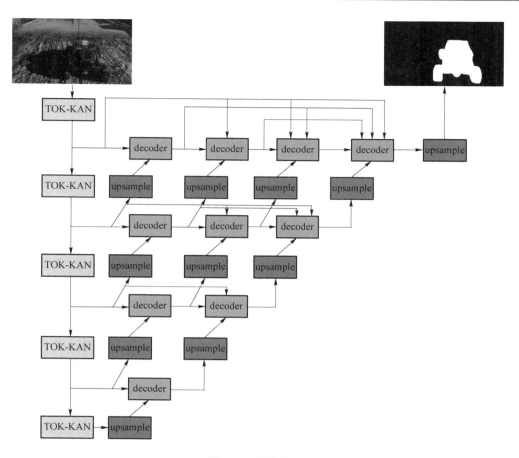

图 1　网络结构图

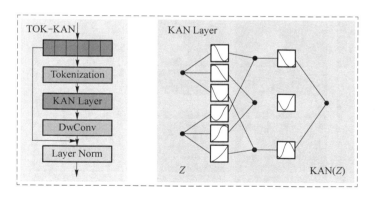

图 2　KAN 模块结构图

　　TOK－KAN 模块首先对特征进行重塑,得到一系列扁平化的二维 patch。接着进行线性投影,线性投影是通过一个核大小为 3 的卷积层实现的。然后将获取到的 token 化之后的数据传入 KAN 层,在 KAN 层之后,特征会通过一个高效的深度卷积层(DwConv),通过残差连接并通过一个归一化层(Layer Norm)得到最终的输出。

　　TOK－KAN 模块旨在增强网络复杂背景下的拟合能力。复杂背景往往意味着复杂的数据关系,KAN 模块通过在网络的边缘(权重)上引入可学习的激活函数,而不是在节点(神经元)上,这种方法允许每个权重参数被参数化为样条的单变量函数。这种设计提供了更高的表达能力,能够捕捉更复杂的数据关系。同时,复杂背景意味着使用传统的 MLP 需要更多的参数,而 KAN 模块能够在参数数量较少的情况下实现与 MLP 相似或更好的性能。这是因为KAN 通过优化激活函数而不是仅仅依赖于增加网络宽度或深度来提高性能,从而提高了参数的使用效率。在进行图像分割时,由于无人机图像的尺寸相对较大,为达到较好的分割性能,其网络的参数量也会相对较大,而 KAN 能够使用较少的参数量来对复杂的关系进行拟合,这将大大提高模型的训练及推理速度。

3　实验结果

在实验中对不同的分割网络及本文的网络进行测试,效果如表 1 所示。

表 1　分割结果

分割网络	U－Net	U－Net++	Ours
mAcc[%]↑	88.65	90.38	92.29
mPre[%]↑	92.93	93.58	94.32
mIoU[%]↑	84.21	84.76	85.64
mDice[%]↑	88.23	90.89	91.73
mRecall[%]↑	91.06	91.67	92.51

通过对比实验结果可以看出,相比其他分割网络,该网络在分割准确率上有明显提升,其中两组实验的对比如图 3 所示,在 A 组实验中,该网络相比起其他网络在视觉上的分割效果更准确,其分割的边界与实际更接近,在 B 组实验中,该网络将较小的目标较为准确地分割了出来。

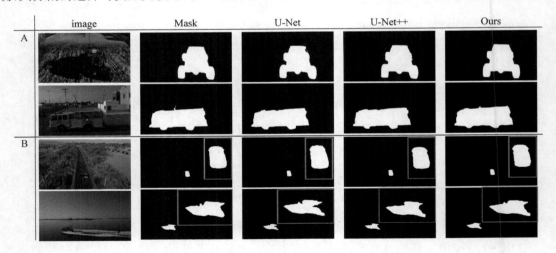

图 3　不同网络的分割结果(B 组框内是放大后的分割结果)

4　结　论

本文的主要贡献是在 U－Net++中用 KAN 替换 MLP,通过 U－Net++网络的多尺度特征融合能力及 KAN 使用较少参数拟合复杂非线性特征的特点,来增强网络对复杂特征提取的能力,降低网络复杂性的同时提高特征提取的速度及精度。用不同网络进行了分割实验,在 UAV123 数据集上进行的实验结果说明,使用 KAN 替代 MLP 可以在减少参数量的同时提高分割的效果,且在复杂背景下一些微小的目标也可以被该网络精准分割出来,表现出不同尺度下的泛化性,对于无人机图像分割这种尺度较大且背景较为复杂的任务来说,其对分割网络的推理速度有了较大提升。未来计划使用 KAN 在不同网络结构下进行无人机图像分割,以进一步提高分割的精度。

参考文献

[1] TORRESAN C, BERTON A, CAROTENUTO F, et al. Forestry applications of UAVs in europe: A review[J]. International Journal of Remote Sensing, 2017, 38(8-10): 2427-2447.

[2] LEHMANN J R K, NIEBERDING F, PRINZ T, et al. Analysis of unmanned aerial system-based CIR images in forestry: A new perspective to monitor pest infestation levels[J]. Forests, 2015, 6(3): 594-612.

[3] BOUGUETTAYA A, ZARZOUR H, TABERKIT A M, et al. A review on early wildfire detection from unmanned aerial vehicles using deep learning-based computer vision algorithms[J]. Signal Processing, 2022, 190: 108309.

[4] YUAN C, ZHANG Y, LIU Z. A survey on technologies for automatic forest fire monitoring, detection, and fighting using unmanned aerial vehicles and remote sensing techniques[J]. Canadian Journal of Forest Research, 2015, 45(7): 783-792.

[5] MA Y, LI Q, CHU L, et al. Real-time detection and spatial localization of insulators for UAV inspection based on binocular stereo vision[J]. Remote Sensing, 2021, 13(2): 230.

[6] ZHONG X, PENG X, YAN S, et al. Assessment of the feasibility of detecting concrete cracks in images acquired by unmanned aerial vehicles[J]. Automation in Construction, 2018, 89: 49-57.

[7] LIANG H, LEE S C, SEO S. UAV-based low altitude remote sensing for concrete bridge multi-category damage automatic detection system[J]. Drones, 2023, 7(6): 386.

[8] FEROZ S, DABOUS S A. Uav-based remote sensing applications for bridge condition assessment[J]. Remote Sensing, 2021, 13(9): 1809.

[9] AYELE Y Z, ALIYARI M, GRIFFITHS D, et al. Automatic crack segmentation for UAV-assisted bridge inspection[J]. Energies, 2020, 13(23): 6250.

[10] KERLE N, NEX F, GERKE M, et al. UAV-based structural damage mapping: A review[J]. ISPRS International Journal of Geo-Information, 2019, 9(1): 14.

[11] CHAMOSO P, RAVEANE W, PARRA V, et al. UAVs applied to the counting and monitoring of animals[C]//Ambient Intelligence-Software and Applications. Springer, 2014: 71-80.

[12] ADÃO T, HRUŠKA J, PÁDUA L, et al. Hyperspectral imaging: A review on UAV-based sensors, data processing and applications for agriculture and forestry[J]. Remote Sensing, 2017, 9(11): 1110.

[13] CHEN Y, WANG Y, LU P, et al. Large-scale structure from motion with semantic constraints of aerial images[C]//Chinese Conference on Pattern Recognition and Computer Vision. PRCV, Springer, 2018: 347-359.

[14] SHAMSOSHOARA A, AFGHAH F, RAZI A, et al. Aerial imagery pile burn detection using deep learning: The FLAME dataset[J]. Computer Networks, 2021, 193: 108001.

[15] RAHNEMOONFAR M, CHOWDHURY T, SARKAR A, et al. Floodnet: A high resolution aerial imagery dataset for post flood scene understanding[J]. IEEE Access, 2021, 9: 89644-89654.

[16] ZHONG X, PENG X, Yan S, et al. Assessment of the feasibility of detecting concrete cracks in images acquired by unmanned aerial vehicles[J]. Automation in Construction, 2018, 89: 49-57.

[17] ZENG J, WANG Y, LUO W, et al. Improved graph convolution for semantic segmentation of drone images[J]. Journal of Signal Processing, 2023, 39(5).

[18] 苏健民,杨岚心,景维鹏. 基于 U-Net 的高分辨率遥感图像语义分割方法[J]. 计算机工程与应用, 2019, 55(7): 207-213.

[19] SUN G W, LUO X B, ZHANG K Q. DeepLabV3_DHC: Semantic segmentation of urban unmanned aerial vehicle remote sensing image[J]. Laser&Optoelectronics Progress, 2024, 61(4):0428005.

[20] GAO H, ZHUANG L, LAURENS V D M, et al. Densely connected convolutional networks[C]//30th IEEE Conference on Computer Vision and Pattern Recognition (CVPR 2017). 2017(1): 2261-2269.

基于图像的无人机目标识别与跟踪

杜丙川[1]　赵雷[1]　侯欣宾[2]　黄雷[1]　马小勇[1]

（1. 山东航天电子技术研究所，山东·烟台，264000）

2. 钱学森空间技术实验室，北京，100094）

摘要：本文针对无人机飞行的特点，对无人机目标的特征进行了分析，开展了基于图像的无人机目标识别与跟踪算法研究，采用 LabVIEW 编程语言实现了对无人机目标的特征识别与跟踪控制，对目标识别与目标跟踪的关键算法进行了程序实现，在此基础上完成了无人机目标识别与跟踪系统的搭建，并通过外场试验对识别稳定性和跟踪精度进行了验证，对关键的试验数据进行了统计，包括目标识别准确性、目标跟踪稳定性、程序运行帧频等参数的重点关注，为其他类似的目标识别与跟踪应用提供了设计参考和思路。

关键词：无人机；目标识别；目标跟踪；LabVIEW 语言

1　引　言

随着社会的发展和科技的进步，无人机凭借着其安全可靠、低成本等优势，得到了越来越多的关注和投入。在军事应用方面，无人机已经参与多个局部战争，包括中东战争、海湾战争、俄乌冲突等；而在民用方面，无人机也在紧急救援、地面勘探、航拍等领域广泛应用。但是，无人机的应用也带来很多安全隐患，比如，国家安全、人身安全等，反无人机的需求也日益强烈。本文针对无人机的飞行特征，开展了基于图像的无人机目标识别与跟踪设计研究。

2　无人机目标的特征分析

在计算机视觉领域，无人机目标的实时检测和跟踪一直是非常重要的问题。无论是旋翼无人机还是固定翼无人机，能够快速稳定地识别跟踪特定无人机目标，在实际应用中是非常关键的问题。目标检测一般包括针对普通场景的检测和针对专属目标的检测，无人机的目标检测属于针对专属目标的检测。

在图像识别领域，对输入的图像能够快速地运行目标检测算法，首先要提取无人机的特征数据，对输入图像进行快速判断，判断所获取的图像数据是否含有目标。如果所获取的输入图像含有目标数据，则在二维图像中计算无人机目标的坐标。在获取到飞行移动的无人机目标后，转台的跟踪控制算法可以实现对无人机目标的稳定跟踪。

3　设计方案

3.1　总体方案设计

本文搭建一套无人机目标识别与跟踪系统，系统组成包括旋翼无人机、转台、相机、上位机。其中旋翼无人机为检测目标,通过地面遥控器控制其飞行模式和飞行状态。相机是图像探测装置,实时获取当前场景的图像数据,将其安装在转台上。转台为系统的跟踪装置,其作用是根据无人机目标的实时位置,实现对目标的指向。上位机程序实现相机控制程序、目标识别算法、转台跟踪算法、界面显示等功能。系统架构如图 1 所示。

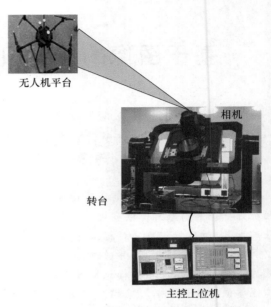

其中,旋翼无人机选用大疆无人机;转台选用 XY 型跟踪转台,可以实现对高于地平面 30°区域 360°全方位跟踪;相机选用大恒高帧频相机;上位机则运行基于 LabVIEW 语言开发的上位机程序。

图 1 无人机目标识别与跟踪系统架构

3.2 软件架构设计

软件在基于 LabVIEW 语言开发上位机实现,按照实现功能可以分成两部分,一是相机的图像识别,完成的功能是读取相机的图像数据,并对当前图像进行无人机目标的模板匹配,实现对目标的特征提取和识别;二是转台的跟踪控制,根据无人机目标识别的结果,通过控制算法,实现转台对无人机目标的跟踪控制,使无人机在飞行过程中,一直处于相机的视场中心,达到稳定跟踪的目的。

3.2.1 无人机目标图像识别

实际的无人机识别应用对识别速率有较高的要求,并且能够实现对图像内的目标数据的稳定跟踪。本文采用模板匹配法对无人机运动目标进行识别和定位。模板匹配法首先要获取跟踪目标的特征量形成模板,然后通过对比当前相机图像与目标模板进行匹配,计算匹配度,若大于匹配度所设置的阈值,则认为当前图像有无人机运动目标。采用模板匹配算法进行运动目标跟踪的主要步骤一般可以分为 5 个过程:采集图像、处理图像、制作模板、学习模板以及匹配显示,具体工作流程如图 2 所示。

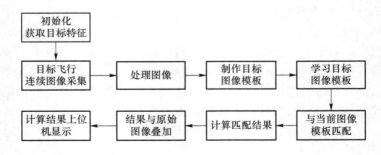

图 2 无人机目标图像识别的工作流程

其中,采集图像是将探测相机接入上位机后,直接通过上位机程序对相机进行连续采集。处理图像主要包括对图像信息的预处理操作,图像增强等操作。制作模板是通过模板匹配函数中的模板 Template 选项卡完成模板的制作,也可以通过 NI 模板编辑器(Template Editor)

创建一个新模板,在模板设置选项卡里可以创建两种类型的模板,分别是模式匹配模板(Pattern Matching Template)和几何模式匹配模板(Geometric Pattern Matching Template)。在 Pattern Matching Template 中有三种模板匹配算法,包括低差异抽样(Low Discrepancy Sampling)、灰度值金字塔(Grayscale Value Pyramid)、梯度值金字塔(Gradients Value Pyramid),在 Geometric Pattern Matching Template 中有基于边缘曲线(Edge Based)和基于目标外形特征(Feature Based)的两种匹配算法,本文根据现场试验,针对此场景,选择 Grayscale Value Pyramid 设置参数,处理效果最好,处理速度最快。学习模板则是通过调用 IMAQ Learn Pattern 4 字Ⅵ完成的。基于 LabVIEW 的模板匹配程序后面板如图 3 所示。

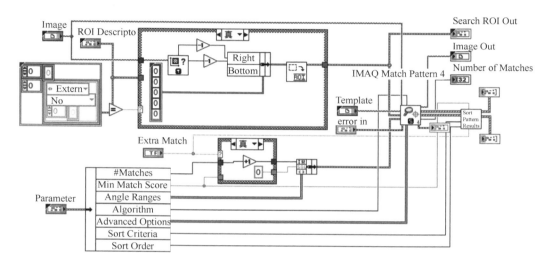

图 3   基于 LabVIEW 的模板匹配程序后面板

3.2.2   无人机目标的跟踪

跟踪转台主体结构如图 4 所示,由水平轴 x 轴组件、垂直轴 y 轴组件和支撑底座组成,光学负载通过螺钉固定在转台安装面上,随 x 轴、y 轴运动调整光学系统的角度。跟踪转台的两个轴系均采用精密角接触球轴承支承,直流力矩电机直接驱动,并利用时栅角度编码器作为位置反馈元件,转台 x 轴、y 轴均安装有光电限位组件和机械限位组件。

图 4   跟踪转台主体结构

　　探测相机和镜头安装在转台上,上位机跟踪软件根据探测到的实时图像所计算的目标位置坐标,计算得到转台的指向角度,将转台的指向角度信息下发给跟踪转台,实现转台对无人机目标的跟踪指向。

　　跟踪方式包括基于速度的控制方式和基于位置的控制方式,基于位置的控制方式同样也是先设定转台水平方向的旋转速度和垂直方向的俯仰速度,然后再设定转台的方位角和俯仰角两个位置参数,即可控制转台按照一定的旋转速度和俯仰速度向某一个确定的角度位置运动。该运动过程同样也是水平方向的旋转运动和垂直方向的俯仰运动二者复合的运动过程。基于位置的控制方式的特点是系统可以控制转台运动到某一个确定的角度位置,并可由此确定摄像机的姿态;但是,在向某一个确定的位置运动的过程中,转台无法接收其他的控制命令,只有等到转台运动到指定位置,即该命令执行完毕后,才能接收下一条控制命令,因此常常导致转台的控制命令阻塞,转台无法及时改变运动状态。

　　要控制飞行器实现对地面移动目标跟踪飞行,就必须知道转台的姿态。由于目标和飞行器之间的相对位置是不断变化的,为保证摄像机始终能够跟踪锁定目标,转台要能够及时响应像平面上目标位置的变化,无控制命令阻塞现象,同时还要能够实时获取转台的姿态,因此系统可以采用高速小步长运动的方法控制转台运动,即将转台从一个位置运动到另外一个位置,一步可以完成的过程细分成几步来完成,并将转台运动的速度设为最大值。转台高速小步长运动的控制方法实质上和速度控制方式是一致的,这样转台就能够及时响应目标和飞行器之间相对位置的变化,同时还可以及时获取转台的每一步运动的姿态。因此,要控制飞行器实现自主跟踪飞行,跟踪系统应该采用高速小步长运动的控制方法。

　　跟踪系统转台运动的步长的确定通常要注意以下两个问题。

　　一是要保证靶框在下一帧图像上仍然能够击中目标,避免靶框被甩离目标。因此,要保证靶框内图像具有一定的连续性,即上下两帧靶框内的图像具有重叠性。因此,转台水平方向和垂直方向的运动的角度应保证静止的目标在像平面上的偏移小于靶框的尺寸,这样才能保证上下两帧靶框内的图像具有重叠性。

　　二是当目标位于监控视野的中心区域时,转台要能够停止运动,避免监控画面不停地抖动。系统在监控视野中央同样设置了一个同样大小的区域,当目标形心位于该区域时,转台停止运动。因此,确定转台水平方向和垂直方向的运动角度应保证静止的目标在像平面上偏移半个距离的像素。根据前面的标定,两个像素的距离对应于一个转台的基本步长,因此像素坐标差对应于转台运动的角度计算公式为

$$\begin{cases} \delta_x = \alpha_u \dfrac{\Delta x}{2} \\ \delta_y = \alpha_v \dfrac{\Delta y}{2} \end{cases} \tag{1}$$

　　当目标形心到视轴中心的像素坐标差均小于 $\Delta x/2$ 和 $\Delta y/2$ 像素时,表明目标的形心位于视野的中央区域内,这时转台停止运动。当目标形心到视轴中心的像素坐标差中的任意一个大于 $\Delta x/2$ 和 $\Delta y/2$ 像素时,表明目标形心位于视野中央区域以外,那么在像素坐标差大的方向上,按转台运动步长开始运动。无人机跟踪控制流程如图 5 所示。

　　本文采用基于位置的控制方式,实现对运动目标无人机的稳定跟踪,其跟踪流程如图 6 所示。

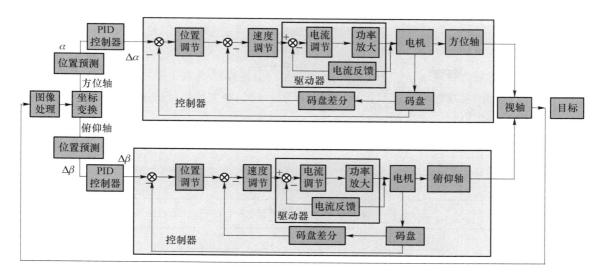

图 5　无人机跟踪控制流程

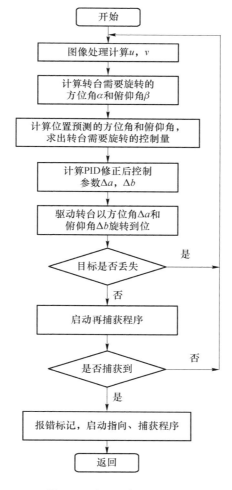

图 6　无人机目标跟踪流程

4 试验验证

本文是以大疆六旋翼无人机作为跟踪目标，XY 型跟踪转台和 CCD 探测器作为控制对象，开展外场试验，实现稳定识别目标和可靠跟踪的目的。本文所设计的基于图像的无人机目标识别与跟踪工作流程如图 7 所示。

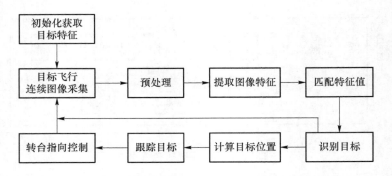

图 7　基于图像的无人机目标的识别与跟踪工作流程

按照工作流程开展外场试验，根据试验结果显示，本文所设计的识别与跟踪系统能够达到稳定的识别与可靠的跟踪。图 8 为无人机的飞行路线示意图。

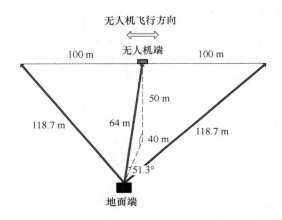

图 8　无人机的飞行路线示意图

当无人机目标出现在相机视野内，相机帧频大于 50 Hz，连续工作 10 min，对识别结果进行统计，图像识别目标无人机的 Score 值大于 900（Score 值反映识别到的目标与原始图像目标的对比度，数值为 0～1 000，分值越高，识别的目标准确度越高）。可见本文所使用的识别算法稳定性较好，有一定的应用价值。

当探测到目标无人机后，会对目标无人机进行连续跟踪，采用 3.2.2 节介绍的跟踪算法，对运动目标进行持续稳定跟踪，同样连续工作 10 min，对目标的跟踪精度进行统计（本文所指跟踪精度是指，在探测器视场中，所识别的目标偏离视场中心位置的偏差）。根据统计结果，在无人机目标运动过程中，跟踪精度小于 5 像素。根据本文所设计的系统中，像素和角度的换算关系为 1 像素对应角度 40 μrad，因此本系统跟踪精度小于 200 μrad，且跟踪稳定，同样具有一定的应用价值。

图 9 所示为无人机目标识别与跟踪结果的上位机显示。

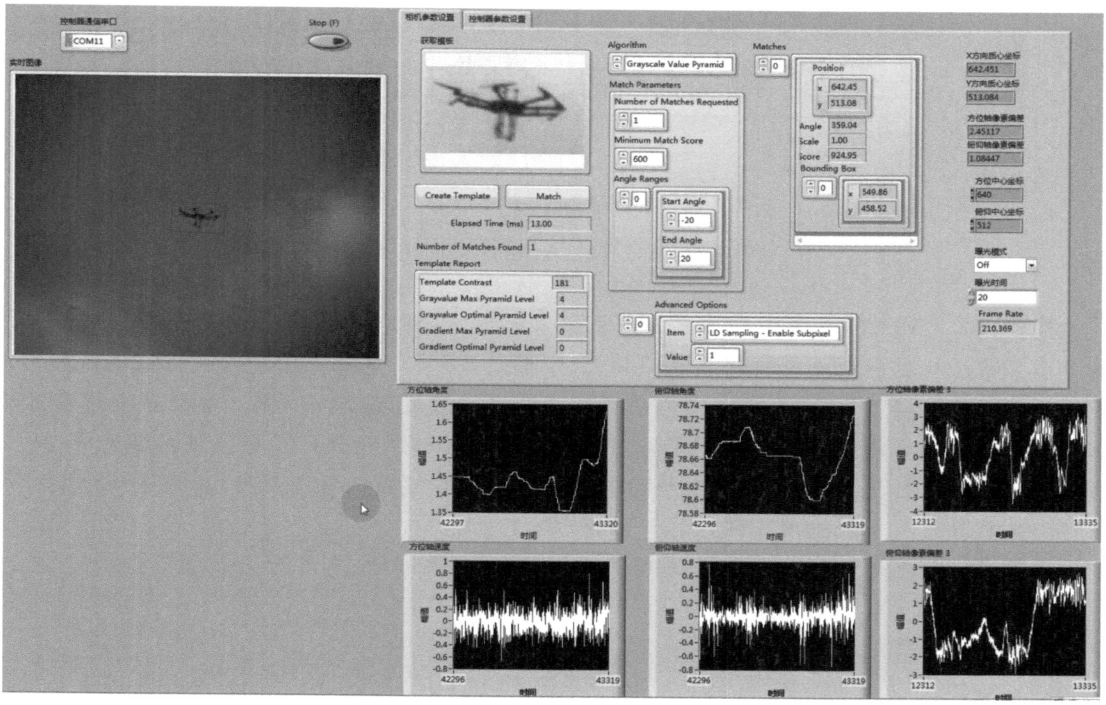

图 9 无人机目标识别与跟踪结果的上位机显示

5 结 论

本文针对无人机目标的飞行特点,开展了基于图像的无人机目标识别与跟踪设计研究,依据对目标的准确识别和稳定性跟踪设计原则,设计了一套无人机目标识别与跟踪的系统,采用 LabVIEW 语言开发目标识别软件、跟踪算法软件。以期实现对无人机目标的识别与跟踪,为其他类似目标的识别与跟踪的应用提供参考。

参考文献

[1] 薛猛,周学文,孔维亮. 反无人机系统研究现状及关键技术分析[J].飞航导弹,2021(5):52-56,60.
[2] 陈琳,刘允刚.面向无人机的视觉目标跟踪算法:综述与展望[J].信息与控制,2022,51(1):23-40.
[3] 张巧丽. 基于 LabVIEW 的运动目标跟踪算法研究与实现[D].西安:陕西科技大学,2015.
[4] 佟非. 基于 LabVIEW 的运动目标跟踪系统[D].大连:大连理工大学,2007.
[5] 辛哲奎.基于视觉的小型无人直升机地面目标跟踪技术研究[D],天津:南开大学,2010.

基于自适应超螺旋滑模的三旋翼无人机容错控制研究

李佳磊　　郝伟

（山东航空学院飞行学院，山东·滨州，256603）

摘要： 本文针对三旋翼无人机出现舵机堵塞故障时的姿态控制问题，设计了一种基于自适应超螺旋滑模控制的姿态控制算法。首先，根据欧拉方程，建立舵机故障下的三旋翼无人机姿态系统模型。接下来，为补偿姿态系统模型中的不确定项，设计一种基于自适应超螺旋滑模控制的姿态控制算法。然后，通过 Lyapunov 稳定性理论证明所设计闭环系统的稳定性，以及闭环系统的收敛时间。最后，通过数值仿真验证算法的有效性。结果表明，本文提出的控制方法针对三旋翼无人机舵机故障问题具有良好的控制性能。

关键词： 三旋翼无人机；自适应超螺旋滑模控制；舵机故障；有限时间收敛

1 引　言

近年来，多旋翼无人机作为无人驾驶航空器技术发展的代表，因其体积小、起降灵活、可定点悬停、操作简便等优势而受到青睐，在植保、应急救援、测绘巡检、快递投送等方面得到了广泛应用。与四旋翼无人机相比，三旋翼无人机以其更紧凑的结构和更高的能量利用效率受到研究人员的关注，无论是在科研院所还是在工业生产中都显示出了极高的研究价值和应用前景。

现阶段国内外针对三旋翼无人机飞行控制方面的研究尚在起步阶段。参考文献[3]针对三旋翼无人机出现舵机故障和存在外部扰动的问题，采用自适应算法获取故障估计，利用终端滑模方法建立控制器，通过半实物仿真平台验证三旋翼无人机的控制稳定性。参考文献[4]针对上述问题，使用基于 Super-Twisting 的滑模观测器获取舵机故障信息，采用基于 RISE 控制策略补偿观测误差和外部扰动，同时设计基于单位四元数的姿态控制器，在硬件在环仿真平台上验证算法的控制性能。参考文献[5]则针对三旋翼无人机的系统特点，设计二阶自抗扰控制算法，并与 PID 控制算法相比，证明所提出算法的优越性。参考文献[6]针对受到多种外部扰动的三旋翼无人机轨迹跟踪问题，设计了基于非线性干扰观测器与非奇异终端滑模相结合的外环控制策略和基于改进滑模控制器的内环控制策略，通过实验验证了控制策略的有效性。参考文献[7]针对不确定性建模和复杂机电系统的三旋翼无人机控制问题，提出基于模糊反演滑模控制的控制策略，并通过仿真实验验证了算法相对于无模糊逻辑控制的反演滑模控制算法的优越性。参考文献[8]针对三旋翼无人机的控制问题，提出了 PID 控制器和 LQG 控制器，并通过 Simlink 工具箱进行数值仿真分析。

综上所述，三旋翼无人机的控制方面已经取得一定成果，但仍有一定不足：① 现阶段无人机控制器多采用一阶滑模控制，在滑模面附近易出现抖振现象，影响控制器的实际控制效果，造成无人机结构破坏或者控制失稳；② 多数文献在稳定性证明中没有明确给出有限时间收敛的证明。基于上述不足,本文的主要工作包括:① 针对三旋翼无人机在飞行过程中出现舵机堵塞故障问题,建立具有舵机堵塞故障模型的三旋翼无人机姿态系统方程;② 考虑系统中的不确定参数,采用基于自适应超螺旋滑模算法进行控制算法设计,并通过 Lyapunov 稳定性理论证明了闭环系统的稳定性,求解出闭环系统的收敛时间;③ 通过仿真实验,验证本文所设计控制算法在舵机故障时的控制性能。

2 三旋翼无人机故障模型

2.1 三旋翼无人机姿态动力学模型

如图 1 所示,为便于后续理论研究,分别以地面上任意一点为原点建立惯性坐标系$\{I\}$和以无人机质心为原点建立机体坐标系$\{B\}$,两个坐标系均满足右手定则。

图 1   三旋翼无人机坐标示意图

根据欧拉方程,得到惯性系下三旋翼无人机的姿态系统模型为

$$\dot{\boldsymbol{\omega}} = -\boldsymbol{J}^{-1}(\boldsymbol{\omega} \times \boldsymbol{J}\boldsymbol{\omega}) + \boldsymbol{J}^{-1}\boldsymbol{\tau} \tag{1}$$

$$\dot{\boldsymbol{\eta}} = \boldsymbol{\Phi}(\eta)\boldsymbol{\omega} \tag{2}$$

式中,$\boldsymbol{\omega}(t) = [p \quad q \quad r]^{\mathrm{T}}$ 为三旋翼无人机在机体系下的角速度,其旋转方向满足右手定则;$\boldsymbol{\eta}(t) = [\varphi(t) \quad \theta(t) \quad \psi(t)]^{\mathrm{T}}$ 为姿态角向量;$\boldsymbol{J} = \mathrm{diag}(J_x \quad J_y \quad J_z)$ 为三旋翼无人机的转动惯量;$\boldsymbol{\tau}(t) = [\tau_\phi(t) \quad \tau_\theta(t) \quad \tau_\psi(t)]^{\mathrm{T}}$ 分别为滚转、俯仰、偏航三个通道的控制力矩;$\boldsymbol{\Phi}(\eta)$ 为角速度转换矩阵,表示为

$$\boldsymbol{\Phi}(\eta) = \begin{bmatrix} 1 & \tan\theta\sin\phi & \tan\theta\cos\phi \\ 0 & \cos\phi & -\sin\phi \\ 0 & \sin\phi\sec\theta & \cos\phi\sec\theta \end{bmatrix} \tag{3}$$

引入反对称矩阵 $\boldsymbol{S}(\omega)$ 为

$$\boldsymbol{S}(\omega) = \begin{bmatrix} 0 & -r & q \\ r & 0 & -p \\ -q & p & 0 \end{bmatrix} \tag{4}$$

因此,式(1)可重写为

$$\dot{\boldsymbol{\omega}} = -\boldsymbol{J}^{-1}\boldsymbol{S}(\boldsymbol{\omega})\boldsymbol{J}\boldsymbol{\omega} + \boldsymbol{J}^{-1}\boldsymbol{\tau} \tag{5}$$

三旋翼无人机控制力矩和各旋翼升力的关系可表示为

$$\boldsymbol{\tau} = \boldsymbol{A}(\delta)\boldsymbol{f} \tag{6}$$

式中,$\boldsymbol{f}(t) = \begin{bmatrix} f_1(t) & f_2(t) & f_3(t) \end{bmatrix}^{\mathrm{T}}$ 为每个旋翼产生的升力,$\boldsymbol{A}(\delta)$ 为控制分配矩阵,表示为

$$\boldsymbol{A}(\delta) = \begin{bmatrix} l_1 & -l_1 & 0 \\ -l_2 & -l_2 & l_3\cos\delta - \mu\sin\delta \\ -\mu & \mu & l_3\sin\delta - \mu\cos\delta \end{bmatrix} \tag{7}$$

式中,$l_i(i=1,2,3)$ 为每个旋翼相对于三旋翼无人机重心的距离,δ 为三旋翼无人机舵机的偏转角度,μ 为旋翼的反力矩系数,满足:

$$\tau = \mu f \tag{8}$$

2.2　舵机故障模型

当三旋翼无人机发生舵机堵塞故障时,可认为舵机角度不再发生变化,表示为

$$\delta(t) = \begin{cases} \delta(t) & t \leqslant t_f \\ \delta_f & t \geqslant t_f \end{cases} \tag{9}$$

式中,t_f 为故障发生的时间,δ_f 为故障发生后的舵机角度。为便于后文分析,定义辅助变量 λ_1,λ_2 为

$$\lambda_1 = l_3\cos\delta - \mu\sin\delta \tag{10}$$

$$\lambda_2 = l_3\sin\delta - \mu\cos\delta \tag{11}$$

将式(5)、式(6)联立,代入式(10)、式(11),可得

$$\dot{\boldsymbol{\omega}} = \boldsymbol{G}(\omega) + \boldsymbol{J}^{-1}\boldsymbol{A}(\lambda_1,\lambda_2)\boldsymbol{f} \tag{12}$$

其中:

$$\boldsymbol{G}(\omega) = -\boldsymbol{J}^{-1}\boldsymbol{S}(\omega)\boldsymbol{J}\boldsymbol{\omega} \tag{13}$$

$$\boldsymbol{A}(\lambda_1,\lambda_2) = \begin{bmatrix} l_1 & -l_1 & 0 \\ -l_2 & -l_2 & \lambda_1 \\ -\mu & \mu & \lambda_2 \end{bmatrix} \tag{14}$$

基于以上分析,本文的控制目标如下:在考虑舵机堵塞故障的三旋翼无人机姿态系统模型式(2)、式(12),设计控制输入向量 $\boldsymbol{f}(t)$,使三旋翼无人机姿态收敛至目标值。

3　控制输入和自适应律设计

3.1　滑模面与控制输入设计

定义姿态误差向量 $\boldsymbol{e} = \begin{bmatrix} e_\phi & e_\theta & e_\varphi \end{bmatrix}^{\mathrm{T}}$ 为

$$\boldsymbol{e} = \boldsymbol{\eta} - \boldsymbol{\eta}_d \tag{15}$$

式中,$\boldsymbol{\eta}_d \in \mathbf{R}^{3\times 1}$ 为期望的姿态角。对式(15)求导,可得

$$\dot{\boldsymbol{e}} = \dot{\boldsymbol{\eta}} - \dot{\boldsymbol{\eta}}_d \tag{16}$$

设计滑模面 $\boldsymbol{s} \in \mathbf{R}^{3\times 1}$ 为

$$s = ce + \dot{e} \tag{17}$$

式中，$c = \mathrm{diag}(c_1 \quad c_2 \quad c_3)$为正常数对角矩阵。对式(17)求导，并代入式(2)、式(12)可得

$$\dot{s} = c\,\dot{e} - \ddot{\boldsymbol{\eta}}_d + \dot{\boldsymbol{\Phi}}\boldsymbol{\omega} + \boldsymbol{\Phi}\boldsymbol{G} + \boldsymbol{\Phi}\boldsymbol{J}^{-1}\boldsymbol{A}(\lambda_1,\lambda_2)\boldsymbol{f} \tag{18}$$

设计控制输入向量$\boldsymbol{f}(t) \in \mathbf{R}^{3\times1}$为

$$\boldsymbol{f}(t) = (\boldsymbol{\Phi}\boldsymbol{J}^{-1}\boldsymbol{A}(\hat{\lambda}_1,\hat{\lambda}_2))^{+}\left(-\boldsymbol{\Phi}\boldsymbol{G} - c\dot{e} + \ddot{\boldsymbol{\eta}}_d - \dot{\boldsymbol{\Phi}}\boldsymbol{\omega} - k_1\parallel s \parallel^{\frac{1}{2}}\mathrm{sign}(s) - k_2\int\mathrm{sign}(s)\mathrm{d}t\right) \tag{19}$$

式中，$(\cdot)^{+}$为广义逆矩阵；$\boldsymbol{A}(\hat{\lambda}_1,\hat{\lambda}_2)$为矩阵$\boldsymbol{A}(\lambda_1,\lambda_2)$的估计值，表示为

$$\boldsymbol{A}(\hat{\lambda}_1,\hat{\lambda}_2) = \begin{bmatrix} l_1 & -l_1 & 0 \\ -l_2 & -l_2 & \hat{\lambda}_1 \\ -\mu & \mu & \hat{\lambda}_2 \end{bmatrix} \tag{20}$$

将式(19)、式(20)代入式(18)中，可得

$$\dot{s} = \boldsymbol{\Phi}\boldsymbol{J}^{-1}\boldsymbol{A}(\tilde{\lambda}_1,\tilde{\lambda}_2)\boldsymbol{f} - k_1\parallel s\parallel^{\frac{1}{2}}\mathrm{sign}(s) - k_2\int\mathrm{sign}(s)\mathrm{d}t \tag{21}$$

式中，$\boldsymbol{A}(\tilde{\lambda}_1,\tilde{\lambda}_2)$定义为

$$\boldsymbol{A}(\tilde{\lambda}_1,\tilde{\lambda}_2) = \boldsymbol{A}(\lambda_1,\lambda_2) - \boldsymbol{A}(\hat{\lambda}_1,\hat{\lambda}_2) = \begin{bmatrix} 0 & 0 & 0 \\ 0 & 0 & \tilde{\lambda}_1 \\ 0 & 0 & \tilde{\lambda}_2 \end{bmatrix} \tag{22}$$

定义$\boldsymbol{Z} = [Z_1 \quad Z_2]^{\mathrm{T}}$

$$\begin{cases} Z_1 = \parallel s\parallel^{\frac{1}{2}}\mathrm{sign}(s) \\ Z_2 = -k_2\int\mathrm{sign}(s)\mathrm{d}t \end{cases} \tag{23}$$

对式(23)求导，有

$$\begin{cases} \dot{Z}_1 = \dfrac{1}{2\parallel Z_1\parallel}(\boldsymbol{\Phi}\boldsymbol{J}^{-1}\boldsymbol{A}(\tilde{\lambda}_1,\tilde{\lambda}_2)\boldsymbol{f} - k_1 Z_1 + Z_2) \\ \dot{Z}_2 = -k_2\dfrac{1}{\parallel Z_1\parallel}Z_1 \end{cases} \tag{24}$$

整理式(24)，可得

$$\dot{\boldsymbol{Z}} = \frac{1}{\parallel Z_1\parallel}\boldsymbol{E}\boldsymbol{Z} + \frac{1}{2\parallel Z_1\parallel}\boldsymbol{F} \tag{25}$$

式中，

$$\boldsymbol{E} = \begin{bmatrix} -\dfrac{k_1}{2} & \dfrac{1}{2} \\ -k_2 & 0 \end{bmatrix} \tag{26}$$

$$\boldsymbol{F} = \begin{bmatrix} \boldsymbol{\Phi}\boldsymbol{J}^{-1}\boldsymbol{A}(\tilde{\lambda}_1,\tilde{\lambda}_2)\boldsymbol{f} \\ 0 \end{bmatrix} \tag{27}$$

3.2 自适应律设计

设计自适应律$\hat{\lambda}_1,\hat{\lambda}_2$为

$$\dot{\hat{\lambda}}_1 = \begin{cases} \sigma_1\left[(4\xi^2+1)\begin{bmatrix}0\\f_3\\0\end{bmatrix}^{\mathrm{T}}(\boldsymbol{J}^{-1})^{\mathrm{T}}\boldsymbol{\Phi}^{\mathrm{T}}\operatorname{sign}(\boldsymbol{s})+\right. \\ \left.\dfrac{2k_2\xi}{\parallel s\parallel^{\frac{1}{2}}}\begin{bmatrix}0\\f_3\\0\end{bmatrix}^{\mathrm{T}}(\boldsymbol{J}^{-1})^{\mathrm{T}}\boldsymbol{\Phi}^{\mathrm{T}}\displaystyle\int\operatorname{sign}(\boldsymbol{s})\mathrm{d}t\right] & \parallel s\parallel\geqslant a \\ 0 & \parallel s\parallel<a \end{cases} \tag{28}$$

$$\dot{\hat{\lambda}}_2 = \begin{cases} \sigma_2\left[(4\xi^2+1)\begin{bmatrix}0\\0\\f_3\end{bmatrix}^{\mathrm{T}}(\boldsymbol{J}^{-1})^{\mathrm{T}}\boldsymbol{\Phi}^{\mathrm{T}}\operatorname{sign}(\boldsymbol{s})+\right. \\ \left.\dfrac{2k_2\xi}{\parallel s\parallel^{\frac{1}{2}}}\begin{bmatrix}0\\0\\f_3\end{bmatrix}^{\mathrm{T}}(\boldsymbol{J}^{-1})^{\mathrm{T}}\boldsymbol{\Phi}^{\mathrm{T}}\displaystyle\int\operatorname{sign}(\boldsymbol{s})\mathrm{d}t\right] & \parallel s\parallel\geqslant a \\ 0 & \parallel s\parallel<a \end{cases} \tag{29}$$

式中，σ_1,σ_2,ξ,a 均为正常数。

设计自适应律 k_1,k_2 为

$$\dot{k}_1 = \begin{cases} \beta_1\sqrt{\dfrac{\gamma_1}{2}} & \parallel s\parallel\geqslant a \\ 0 & \parallel s\parallel<a \end{cases} \tag{30}$$

$$k_2 = \frac{1}{2}(4\xi^2+1)+\xi k_1 \tag{31}$$

$$k_1 > 2\xi(4\xi^2+1) \tag{32}$$

式中，β_1,γ_1 均为正常数。

4　稳定性分析

定理 1：针对基于舵机故障的三旋翼无人机姿态系统模型式(2)、式(12)，在考虑模型不确定项 λ_1,λ_2，设计控制输入式(19)和自适应律式(28)、式(29)、式(30)、式(31)，可使系统渐近稳定且在有限时间内收敛。

证明：定义 Lyapunov 候选函数为

$$V = \boldsymbol{Z}^{\mathrm{T}}\boldsymbol{P}\boldsymbol{Z}+\frac{1}{2}\sigma_1^{-1}\tilde{\lambda}_1^2+\frac{1}{2}\sigma_2^{-1}\tilde{\lambda}_2^2+\frac{1}{2\gamma_1}(k_1-k_1^*)^2+\frac{1}{2\gamma_2}(k_2-k_2^*)^2 \tag{33}$$

式中，k_1^*,k_2^* 为足够大的正常数，正定矩阵 $\boldsymbol{P}$ 为

$$\boldsymbol{P} = \begin{bmatrix} 4\xi^2+1 & -2\xi \\ -2\xi & 1 \end{bmatrix} \tag{34}$$

对式(33)求导，可得

$$\dot{V} = -\frac{1}{\parallel Z_1\parallel}\boldsymbol{Z}^{\mathrm{T}}\boldsymbol{Q}\boldsymbol{Z}+\frac{1}{\parallel Z_1\parallel}\boldsymbol{F}^{\mathrm{T}}\boldsymbol{P}\boldsymbol{Z}+\sigma_1^{-1}\tilde{\lambda}_1\dot{\tilde{\lambda}}_1+\sigma_2^{-1}\tilde{\lambda}_2\dot{\tilde{\lambda}}_2+\frac{1}{\gamma_1}(k_1-k_1^*)\dot{k}_1+\frac{1}{\gamma_2}(k_2-k_2^*)\dot{k}_2 \tag{35}$$

式中，矩阵 $\boldsymbol{Q}$ 为

$$Q = -(E^\mathrm{T}P + PE) = \begin{bmatrix} k_1(4\xi^2+1)-4\xi k_2 & -\dfrac{1}{2}(4\xi^2+1)+k_2-\xi k_1 \\ -\dfrac{1}{2}(4\xi^2+1)+k_2-\xi k_1 & 2\xi \end{bmatrix} \tag{36}$$

对式(22)求导,可得

$$\dot{\tilde{\lambda}}_1 = -\dot{\hat{\lambda}}_1 \tag{37}$$

$$\dot{\tilde{\lambda}}_2 = -\dot{\hat{\lambda}}_2 \tag{38}$$

将自适应律式(28)、式(29)和式(37)、式(38)代入式(35)中,整理得

$$\dot{V} = -\frac{1}{\|Z_1\|}Z^\mathrm{T}QZ + \frac{1}{\gamma_1}(k_1-k_1^*)\dot{k}_1 + \frac{1}{\gamma_2}(k_2-k_2^*)\dot{k}_2 \tag{39}$$

当满足式(32)时,矩阵 Q 为正定矩阵,且满足

$$-\frac{1}{\|Z_1\|}Z^\mathrm{T}QZ \leqslant -\lambda_{\min}\{Q\}\|Z\|^2 \leqslant -\frac{\lambda_{\min}\{Q\}}{\lambda_{\max}^{\frac{1}{2}}\{P\}}(Z^\mathrm{T}PZ)^{\frac{1}{2}} = -\kappa(Z^\mathrm{T}PZ)^{\frac{1}{2}} \tag{40}$$

式中,$\lambda_{\min}\{\cdot\}$,$\lambda_{\max}\{\cdot\}$ 为矩阵 P 和 Q 的最小特征值和最大特征值,将式(40)代入式(39),整理得

$$\dot{V} \leqslant -\kappa(Z^\mathrm{T}PZ)^{\frac{1}{2}} + \frac{1}{\gamma_1}(k_1-k_1^*)\dot{k}_1 + \frac{1}{\gamma_2}(k_2-k_2^*)\dot{k}_2$$

$$\leqslant -\kappa(Z^\mathrm{T}PZ)^{\frac{1}{2}} + \frac{\beta_1}{\sqrt{2\gamma_1}}|k_1-k_1^*| + \frac{\beta_2}{\sqrt{2\gamma_2}}|k_2-k_2^*| - \left(\frac{\dot{k}_1}{\gamma_1} - \right. \tag{41}$$

$$\left. \frac{\beta_1}{\sqrt{2\gamma_1}}\right)|k_1-k_1^*| - \left(\frac{\dot{k}_2}{\gamma_2} - \frac{\beta_2}{\sqrt{2\gamma_2}}\right)|k_2-k_2^*|$$

由不等式 $(x^2+y^2+z^2)^{\frac{1}{2}} \leqslant |x|+|y|+|z|$,式(41)可写为

$$\dot{V} \leqslant -\kappa V^{\frac{1}{2}} - \left(\frac{\dot{k}_1}{\gamma_1} - \frac{\beta_1}{\sqrt{2\gamma_1}}\right)|k_1-k_1^*| - \left(\frac{\dot{k}_2}{\gamma_2} - \frac{\beta_2}{\sqrt{2\gamma_2}}\right)|k_2-k_2^*| \tag{42}$$

将自适应律式(30)、式(31)代入式(42),整理得

$$\dot{V} \leqslant -\kappa V^{\frac{1}{2}} - \left(\frac{\xi\beta_1}{\gamma_2}\sqrt{\frac{\gamma_1}{2}} - \frac{\beta_2}{\sqrt{2\gamma_2}}\right)|k_2-k_2^*| \tag{43}$$

令 $\xi = \dfrac{\beta_2}{\beta_1}\sqrt{\dfrac{\gamma_2}{\gamma_1}}$,得

$$\dot{V} \leqslant -\kappa V^{\frac{1}{2}} \tag{44}$$

由 Barbalat 定理,可得误差在有限时间内收敛,收敛时间为

$$t \leqslant \frac{2V^{\frac{1}{2}}(0)}{\kappa} \tag{45}$$

5 数值仿真

5.1 仿真参数设置

为验证本文所提算法的控制性能,使用 MATLAB 构建三旋翼无人机姿态系统模型进行数值仿

真。相关系统参数定义如下：$l_1=l_2=0.15$ m，$l_3=0.25$ m，$\mu=0.05$，$a=0.003$，$\beta_1=1$，$\gamma_1=5$，$k_1=5$，$\sigma_1=5$，$\sigma_2=5$，$\xi=0.5$，$\delta_f=3°$，$c=\mathrm{diag}(20\quad 20\quad 18)$，$\eta_0=\left[\dfrac{\pi}{6}\quad -\dfrac{\pi}{4}\quad \dfrac{\pi}{3}\right]^{\mathrm{T}}$，$J=\mathrm{diag}(2.0\times 10^{-3}$ $8.3\times 10^{-3}\quad 8.2\times 10^{-3})$ kg·m²，$\eta_d=[0.4\sin(0.3t)\quad -0.3\cos(0.3t)\quad 0.4\sin(0.2t)]^{\mathrm{T}}$。

5.2　实验结果

仿真结果如图 2～图 5 所示。

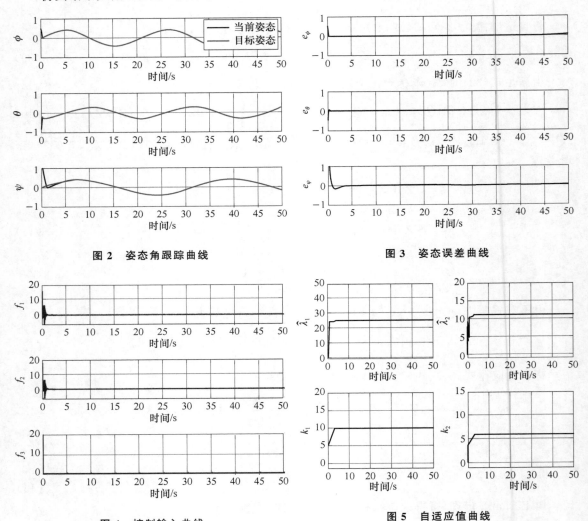

图 2　姿态角跟踪曲线　　　　　　图 3　姿态误差曲线

图 4　控制输入曲线　　　　　　图 5　自适应值曲线

图 2～图 5 分别是三旋翼无人机的姿态角跟踪曲线、姿态误差曲线、控制输入曲线和自适应值曲线。由图 2 可知，姿态角在仿真开始后约 2.5 s 左右实现稳定跟踪。图 3 表明所设计的控制算法具备较低的跟踪误差，在 0.003 附近。图 5 中可知自适应参数 $\hat{\lambda}_1$，$\hat{\lambda}_2$，k_1，k_2 在经过有限时间后收敛。

根据数值仿真的结果表明，所设计的基于自适应超螺旋算法在处理三旋翼无人机舵机堵塞故障具有良好的控制效果，跟踪性能较好，实现了较好的控制效果。

6 结 论

本文针对三旋翼无人机舵机堵塞故障时的姿态控制问题,建立含有舵机故障的三旋翼无人机姿态系统模型,提出一种基于自适应超螺旋滑模控制的姿态控制方法,并通过 Lyapunov 稳定性理论证明所设计闭环系统的稳定性,求解闭环系统的收敛时间。最后,通过数值仿真验证算法的有效性。数值仿真结果表明,本文提出的控制方法具有良好的鲁棒性。

后续将对三旋翼无人机在模型不确定项、存在外部扰动情况下的控制问题进行深入研究,并结合三旋翼无人机位置环和姿态环做相应的算法设计。

参考文献

[1] 吴绪朔,孙伟鹏,孙伟生,等. 微型非固定翼无人机自主降落方法研究进展[J]. 自动化技术与应用,2024,43(08):1-6,23.

[2] 金鑫,鲜斌. 倾转式三旋翼无人机非线性鲁棒控制设计与实验验证[J]. 控制理论与应用,2017,34(10):1303-1310.

[3] 王栋,鲜斌. 倾转式三旋翼无人机的自适应鲁棒容错控制[J]. 控制理论与应用,2020,37(4):784-792.

[4] XIAN B, HAO W. Nonlinear robust fault-tolerant control of the tilt tri-rotor UAV under rear servo's stuck fault: theory and experiments[J]. IEEE Transactions on Industrial Informatics, 2019, 15(4): 2158-2166.

[5] 黄正,魏琼,张金姣. 三旋翼飞行器建模及自抗扰控制[J]. 电光与控制,2021,28(6):20-24.

[6] XIE T, XIAN B, Gu X, et al. Disturbance observer-based fixed-time tracking control for a tilt trirotor unmanned aerial vehicle[J]. IEEE Transactions on Industrial Electronics, 2024, 71(4): 3894-3903.

[7] WANG S Q, ZHANG J J, ZHANG Q, et al. An innovative fuzzy backstepping sliding mode controller for a tri-rotor unmanned aerial vehicle[J]. Microsyst Technol, 2017, 23(12): 5621-5630.

[8] GONZÁLEZ H, ARIZMENDI C, VALENCIA C, et al. Modelling and control system design for UAV tri-rotor[C]. Colombia: International Conference on Advanced Engineering Theory and Applications, 2019: 84-93.

[9] KENDOUL F, YU Z Y, NONAMI K. Guidance and nonlinear control system for autonomous flight of minirotorcraft unmanned aerial vehicles[J]. J. Field Robotics, 2010, 27(3): 311-334.

[10] SHTESSEL Y, TALEB M, PLESTAN F. A novel adaptive-gain supertwisting sliding mode controller: Methodology and application[J]. Automatica, 2012, 48(5): 759-769.

基于四旋翼无人机的自主循迹方法

李港　孔德榕　方琴　孙明健

(哈尔滨工业大学(威海),山东·威海,264200)

摘要:无人机在电力巡检等领域有着巨大的发展潜力,在巡检中,需要无人机自动识别输电线缆,并沿着输电线缆自动飞行,要求无人机有准确的自动循迹算法。本文以四旋翼无人机为载体,设计了无人机自动循迹算法。首先对轨迹进行识别,提出了改进的 Otsu 算法进行路径图像分割阈值的自适应处理,完成了对图像噪声的滤除、目标轨迹修复和路径轨迹轮廓提取,规划并输出无人机循迹参数。然后建立了无人机控制系统,包括无人机平台、视觉识别系统、姿态调整系统、数据通信系统,进行了自动循迹实际飞行测试。经验证,本文设计的无人机系统能准确识别目标轨迹,成功实时纠正位置误差和角度误差,准确沿着直线和曲线路径轨迹进行自动循迹,轨迹平均误差为 0.03 m,角度平均误差为 2.08°。

关键词:无人机自主循迹;图像预处理;Otsu 算法;无人机控制系统

1　引　言

我国的高压输电基础设施较为完善,但部分输电线路处于偏远地区,长期暴露于恶劣自然环境中,导致输电线路出现腐蚀、导线散股断裂、铁塔绝缘子串部分脱落下垂以及螺母插销腐蚀等问题。在偏远地区进行人工巡检不仅效率低下,且检修效果难以保障。因此,设计具有自主循迹功能的无人机以辅助或代替人工进行巡检成为一个重要的研究方向。

在电力巡检等领域,四旋翼无人机有着运动灵活的优势,结合自主循迹功能,有效推动了电力巡检的智能化和无人化进程。王翔宇在 2021 年提出一种对电力线进行循迹的无人机技术,但该技术只是针对直线进行循迹,不包含曲线。Menéndez 等人在 2019 年针对无人机电力巡检过程,提出并建立传输线自主跟踪系统,能够分辨图像中的电力输电线,但其采用了多种变换方式,导致数据量大且对硬件设备要求高。Mehmet Sevi 等人于 2022 年利用 Anafi4K 无人机模型对模拟的铁路轨道进行循迹研究,但只进行了模拟检测,没有开展实机飞行实验。

本文主要针对极端场景下无人机执行自动巡检任务,研究了无人机自主循迹方法:① 提出了基于改进的 Otsu 算法的图像二值化处理算法,显著提高了复杂场景下轨迹的识别效果;② 开发了无人机自动循迹控制系统,包含无人机平台、视觉识别系统、数据通信系统、姿态调整系统;③ 进行了实机飞行验证,自动循迹飞行轨迹平均误差为 0.03 m,角度平均误差为 2.08°,实现了稳定精准循迹飞行。本文所搭建的无人机平台硬件选择如表 1 所示。

表 1　无人机平台的硬件选型

硬件名称	选　型	规格参数
电机	A2212 - 13	KV980
机架	F450	轴距 450 mm

硬件名称	选　型	规格参数
螺旋桨	9045	直径 9 in①、螺距 4.5 in
LiPo 电池	格式 ACE	3300 mAh、25 C
电子调速器	HOBBYWING20A	持续电流 20 A
飞行控制器	Pixhawk2.4.8	主频 168 MHz
遥控器	WFLY ET08、RF2065	频段 2.4 GHz、6 通道 PWM
视觉识别模块	OpenMV4	480 MHz CPU
控制算法模块	STM32F4	工频 168 MHz
光流激光模块	UP – T1 PLUS	输出频率 115 200

2　基于视觉识别系统的无人机循迹算法设计

2.1　基于改进 Otsu 阈值算法的轨迹图像处理

　　视觉识别系统中，机载 OpenMV 视觉模块的摄像头方向为垂直于无人机平面向下，基于探测到的路径轨迹进行无人机自动循迹。为提高路径轨迹识别的准确度与实时性，需要对机载摄像头获得的 RGB 图像进行加权平均灰度化预处理，压缩无关的色彩信息，减少图像的数据量。在实验室环境下模拟输电线路、铁路等轨迹，对路径轨迹的 RGB 图像进行预处理，得到的图像如图 1 所示。

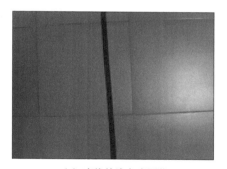

(a) 直线轨迹灰度图像　　　　　　　　　　　(b) 曲线轨迹灰度图像

图 1　轨迹灰度图像

　　在灰度图中，对比度以及特征更加突出，但是背景以及噪声没有被滤除，无法直接从灰度数字图像中提取目标。因此，需要进行图像二值化处理，使图像只呈现黑白两种颜色，进一步减少数字图像数据量的同时，提高数字图像的对比度，突出路径轨迹的信息，同时滤除部分背景和噪声干扰，有利于后续路线规划。阈值法是常用的图像二值化处理方法。

　　传统的固定阈值方法通常需要根据经验或特定场景进行手动调整，无法自动适应图像的内容和特性，而 Otsu 阈值算法可以根据图像自动确定最优阈值，适应性更强，尤其适合复杂场景中的图像处理需求。在灰度数字图像中，进行 Otsu 阈值算法的第一步是计算灰度数字

---

① 　1 英寸(in)＝25.4 毫米(mm)

图像的像素总数,如式(1)所示:

$$\text{sum} = hw = N_0 + N_1 \tag{1}$$

式中,sum——灰度数字图像的像素总数;

    h——灰度数字图像垂直像素数;

    w——灰度数字图像水平像素数;

    N_0——灰度数字图像中小于阈值 threshold 的像素数(前景像素数);

    N_1——灰度数字图像中大于阈值 threshold 的像素数(背景像素数)。

然后分别计算 N_0 以及 N_1 在整幅灰度数字图像中的占比,如式(2)、式(3)所示:

$$n_0 = \frac{N_0}{\text{sum}} \tag{2}$$

$$n_1 = \frac{N_1}{\text{sum}} = 1 - n_0 \tag{3}$$

式中,n_0——灰度数字图像中小于阈值 threshold 的像素数占图像总像素数比例;

    n_1——灰度数字图像中小于阈值 threshold 的像素数占图像总像素数比例。

对前景平均灰度、背景平均灰度以及灰度数字图像总的平均灰度进行计算,如式(4)~
式(6)所示:

$$\mu_0 = \sum_{i=0}^{\text{threshold}} i \times P_i \Big/ \sum_{i=0}^{\text{threshold}} P_i \tag{4}$$

$$\mu_1 = \sum_{i=\text{threshold}+1}^{256-1} i \times P_i \Big/ \sum_{i=\text{threshold}+1}^{256-1} P_i \tag{5}$$

$$\mu = n_0 \mu_0 + n_1 \mu_1 \tag{6}$$

式中,μ_0——灰度数字图像中小于阈值 threshold 的像素的平均灰度;

    μ_1——灰度数字图像中小于阈值 threshold 的像素的平均灰度;

    μ——灰度数字图像中像素的平均灰度;

    i——灰度数字图像中像素的灰度等级;

    P_i——灰度数字图像中对应灰度等级的像素数。

计算灰度数字图像的类间方差,如式(8)所示:

$$\sigma^2 = n_0 \, (\mu - \mu_0)^2 + n_1 \, (\mu - \mu_1)^2 \tag{7}$$

式中,σ^2——灰度数字图像中像素灰度的类间方差。

将式(6)带入到式(7),化简得式(8):

$$\sigma^2 = n_0 n_1 \, (\mu_1 - \mu_0)^2 \tag{8}$$

在程序中,令阈值 threshold 遍历 0 到 255 每一个灰度值,通过比较每次运算得出的类间方差 σ^2,得到最大类间方差 $\sigma^2_{\max}$,此时对应的阈值 threshold 即为最佳二值化阈值,按照最佳二值化阈值进行图像二值化处理能最小化背景与目标的二值化误分类概率。对灰度的曲线数字图像(见图 1)和无轨迹图像进行 Otsu 阈值运算并进行图像二值化处理,得到的结果如图 2 所示。

对比图 2 中不同轨迹下 Otsu 算法得到的二值化图像,在理想状态的曲线轨迹中,输出了正确的图像,但无人机飞行过程中会受到光线、复杂背景等环境干扰,此时 Otsu 算法输出了错误的阈值,导致图像二值化处理效果不理想,无法识别轨迹和地面。

因此,需要对 Otsu 阈值算法做进一步改进,针对 Otsu 阈值算法存在的问题,既不能使其对灰度数字图像运算处理后输出的阈值 threshold 过低,也不能过高,对 Otsu 阈值算法增加限幅处理,如式(9)所示:

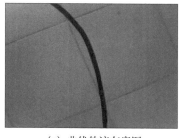
（a）曲线轨迹灰度图

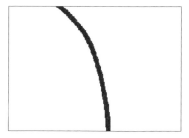
（b）Otsu算法处理后的曲线轨迹图(阈值87)

（c）直线轨迹灰度图

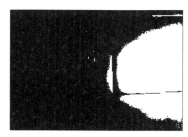
（d）Otsu算法处理后的直线轨迹图(阈值138)

（e）无轨迹灰度图

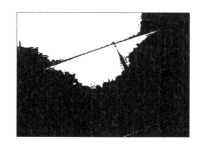
（f）Otsu算法处理后的无轨迹图(阈值138)

图 2　利用 Otsu 算法处理的二值化图

$$n\mathrm{threshold}=\begin{cases} 70, & \mathrm{threshold}>70 \\ 50, & \mathrm{threshold}<50 \\ \mathrm{threshold}, & 50\leqslant\mathrm{thereshold}\leqslant70 \end{cases} \tag{9}$$

对灰度的直线和曲线数字图像经改进后的 Otsu 阈值算法计算最大类间方差 $\sigma^2_{\max}$ 并输出此时的最佳阈值 $n\mathrm{threshold}$，利用该值对灰度数字图像进行图像二值化处理，得到的结果如图 3 所示。

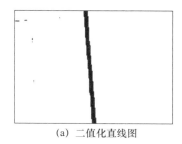
（a）二值化直线图

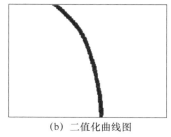
（b）二值化曲线图

（c）二值化无轨迹图

图 3　利用改进 Otsu 算法处理的二值化图

利用改进后的 Otsu 阈值算法进行图像二值化处理，限制阈值的输出后，避免阈值过高或者过低带来的不利影响，得到了有效路径轨迹信息，同时，滤除大量地面背景以及噪声干扰，为下一步的边缘检测打下基础。

得到路径轨迹图像后,需要对路径轨迹进行边缘检测,确定轨迹位置,以便下一步进行路径规划。对于路径轨迹边缘,通常针对其突变特性,利用微分算子进行边缘检测。Canny 算子具有双阈值的特点,可以更有效地检测出路径边缘信息。对图 3(a)和图 3(b)使用 Canny 算子进行边缘检测,设置阈值上界为 0.9,阈值下界为 0.5,所得结果如图 4 所示。

(a) 直线图像边缘检测　　　　　(b) 直线结果局部放大　　　　　(c) 曲线图像边缘检测

图 4　使用 Canny 算子进行边缘检测

由图 4 可以看出,对经过图像预处理的路径图像进行 Canny 算子边缘检测不仅可以滤除所有背景噪声,同时边缘信息保留相对完整,识别效果好,可以进行路径规划。

2.2　基于线性回归算法的无人机路径规划

获得含有有效路径轨迹信息的图像后,需要对无人机进行路径规划,控制无人机循迹飞行。利用基于最小二乘法的线性回归算法对边缘像素进行拟合,以输出无人机飞行目标路径引导线。

最小二乘法是基于最小化实际数据与拟合直线之间的误差平方和的数学优化建模技术。假设拟合直线为 $y=ax+b$,其中 a 是拟合直线的目标斜率,b 是拟合直线的目标截距。实际路径轨迹边缘像素数据与拟合直线之间垂直距离的误差平方和 S 如式(10)所示:

$$S = \sum_{i=1}^{n} (y_i - (ax_i + b))^2 \tag{10}$$

为最小化误差平方和 S,对目标斜率 a 和目标截距 b 求偏导并令偏导为 0,如式(11)与式(12)所示:

$$\frac{\partial S}{\partial a} = -2 \sum_{i=1}^{n} x_i(y_i - ax_i - b) = 0 \tag{11}$$

$$\frac{\partial S}{\partial b} = -2 \sum_{i=1}^{n} (y_i - ax_i - b) = 0 \tag{12}$$

通过代入路径轨迹像素数据解方程[式(11)与式(12)],可得误差平方和 S 最小时的目标斜率 a 和目标截距 b。矩阵计算过程如下,首先构建路径轨迹像素数据水平方向和垂直方向的位置矩阵如式(13)与式(14)所示:

$$\boldsymbol{X}^{\mathrm{T}} = \begin{bmatrix} x_1 & x_2 & x_3 & \cdots & x_n \\ 1 & 1 & 1 & \cdots & 1 \end{bmatrix} \tag{13}$$

$$\boldsymbol{y}^{\mathrm{T}} = \begin{bmatrix} y_1 & y_2 & y_3 & \cdots & y_n \end{bmatrix} \tag{14}$$

构建目标参数矩阵,如式(15)所示:

$$\boldsymbol{\beta} = \begin{bmatrix} a \\ b \end{bmatrix} \tag{15}$$

将式(13)~式(15)代入 $y=ax+b$ 可得式(16):

$$y = X\beta \tag{16}$$

因此可以解目标斜率 a 和目标截距 b 如式（17）所示：

$$\beta = (X^{\mathrm{T}}X)^{-1}X^{\mathrm{T}}y \tag{17}$$

进行基于最小二乘法的线性回归拟合，所得结果如图 5 所示。

 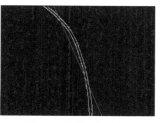

扫码查看彩图

（a）对直线轨迹拟合直线　　　　　（b）对曲线轨迹拟合直线

图 5　基于最小二乘法的线性回归

图 5 中白色的像素为边缘数据点，确认红色直线为拟合直线，拟合效果良好，符合路径轨迹的位置与斜率。得到图像的中点坐标和角度，进行下一步的无人机姿态调整与自动飞行。

3　无人机自动循迹控制系统设计

3.1　无人机整体控制系统

无人机自动循迹控制系统分为无人机平台、视觉识别系统、数据通信系统以及姿态调整系统 4 个部分。视觉识别系统中，OpenMV 获得轨迹图像并规划无人机飞行路径后，将路径信息传输至姿态调整系统。姿态调整系统的主要模块是 STM32，有三个主要功能：① 处理路径信息，并输出控制量至飞行控制器 Pixhawk 来控制无人机循迹飞行；② 控制无人机姿态调整，保证飞行过程中的稳定性；③ 构建数据通信系统，实现无人机与 PC 的通信，可以实时监控无人机飞行姿态与循迹效果。无人机自动循迹控制系统架构图如图 6 所示。

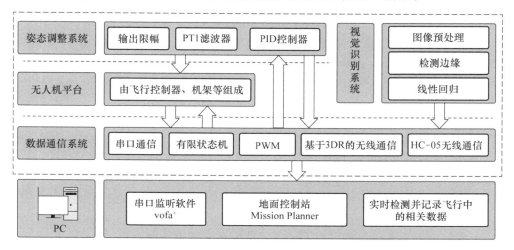

图 6　无人机自动循迹控制系统架构图

3.2　无人机自动循迹控制

无人机自动循迹飞行主要依靠在 STM32 上建立无人机的姿态调整系统。姿态调整系统 STM32 模块接收到视觉识别系统 OpenMV 模块的路径轨迹信息输出后，通过运算得到调节量输出，并将该调节量输入给飞行控制器 Pixhawk，控制无人机调整姿态，使其沿着轨迹路径进行自动循迹。其中无人机横滚方向的控制框图如图 7 所示。

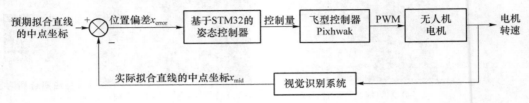

图 7　无人机横滚方向的控制框图

对偏航方向的调节与横滚方向同理，因此先建立横滚调整系统，偏航调整系统可依此建立。由于视觉识别系统对测试场地进行识别后，输出路径轨迹拟合线的 x_{mid} 和 θ 信息，姿态调整系统在接收到数据后首先计算位置误差 x_{error} 和角度偏差 θ_{error}，然后根据误差数据进行离散的 PID 运算，如式（18）所示：

$$u[k] = K_p e[k] + K_i \sum_{n=0}^{k} e[n] + K_d [e[k] - e[k-1]] \tag{18}$$

对输入 $e[k]$ 通过离散 PID 运算得到输出 $u[k]$。为避免输出的 PID 调节量过大，导致电机转速过快而姿态失控引起危险，需要对输出的 PID 调节量进行限幅处理，如式（19）所示：

$$\text{pidV}x\_value\_final = \begin{cases} \text{pidV}x\_value\_max, & \text{pidV}x\_value > \text{pidV}x\_value\_max \\ \text{pidV}x\_value\_min, & \text{pidV}x\_value < \text{pidV}x\_value\_min \\ \text{pidV}x\_value, & \text{pidV}x\_value\_min \leqslant \text{pidV}x\_value \leqslant \text{pidV}x\_value\_max \end{cases} \tag{19}$$

式中，pidVx_value_final——通过限幅运算后得到的 PID 输出值；

pidVx_value_max——无人机横滚方向的 PID 输出值上界；

pidVx_value_min——无人机横滚方向的 PID 输出值下界；

pidVx_value——根据位置误差 x_{error} 得到的横滚方向的 PID 输出值。

其中 pidVx_value_max 和 pidVx_value_min 需要在测试中不断调整。

为防止积分饱和，对 PID 输出中的积分输出进行限幅，如式（20）所示：

$$\text{pidV}x\_iout = \begin{cases} \text{pidV}x\_iout\_max, & \text{pidV}x\_iout > \text{pidV}x\_iout\_max \\ \text{pidV}x\_iout\_min, & \text{pidV}x\_iout < \text{pidV}x\_iout\_min \\ \text{pidV}x\_iout, & \text{pidV}x\_iout\_min \leqslant \text{pidV}x\_ieut \leqslant \text{pidV}x\_ieut\_max \end{cases} \tag{20}$$

式中，pidVx_iout_max——无人机横滚方向的 PID 积分输出值上界；

pidVx_iout_min——无人机横滚方向的 PID 积分输出值下界；

pidVx_iout——STM32 通过实时计算位置误差 x_{error} 以调整无人机横滚方向的 PID 积分输出值。

其中 pidVx_iout_max 和 pidVx_iout_min 需要在测试中不断调整。

同时，为避免过小的干扰引起不必要的控制响应，对误差进行阈值处理，如式（21）所示：

$$x_{error} = \begin{cases} 0, & x_{error\_min} < x_{error} < x_{error\_max} \\ x_{error}, & x_{error} \leqslant x_{error\_min} \text{ 或 } x_{error} \geqslant x_{error\_max} \end{cases} \tag{21}$$

式中，x_{error_max}——无人机横滚方向的误差阈值上界；

　　　x_{error_min}——无人机横滚方向的误差阈值下界。

其中 x_{error_max} 和 x_{error_min} 需要在测试中不断调整。

同时，建立数据通信系统，实现 PC 对无人机循迹效果与飞行姿态的实时监控。至此完成了无人机自动循迹控制系统设计，下一步将在实机平台上进行飞行测试与验证。

4　无人机自动循迹飞行验证

4.1　路径识别与规划验证

测试场地是如图 8 所示的具有直线和曲线的路径轨迹，对测试场地进行视觉识别系统的路径识别与规划验证。

将视觉识别系统与 PC 连接，在 OpenMV 的 IDE 验证视觉识别系统对测试场地的识别效果。在 MATLAB 中设置的参数经过平台和算法的移植后，经测试，重新设置部分参数见表 2。

图 8　测试场地

表 2　视觉系统算法移植后更新的部分参数

更改参数名称	更改前数值大小	更改后数值大小
腐蚀结构元素	7	1
膨胀结构元素	9	3
Canny 阈值下界	0.5	0.196
Canny 阈值上界	0.9	0.392

对测试场地的识别效果如图 9 所示。

（a）对直线的视觉识别

（b）对倾斜直线的视觉识别

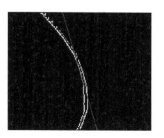

（c）对曲线的视觉识别

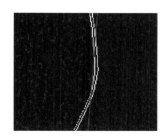

（d）识别其他方向的曲线

图 9　算法移植到 OpenMV 后的效果图

经测试,视觉识别系统能够滤除背景及噪声干扰,准确识别出路径轨迹边缘并且拟合出理想路径,同时在串口输出窗口中准确输出位置误差和角度误差等信息,方便下一步进行无人机自动循迹飞行。

4.2 无人机控制系统飞行验证

在实际飞行测试中,无人机以 1 m 的高度,15 cm/s 的前进速度对图 8 所示的测试场地进行多次飞行循迹测试,如图 10 所示。

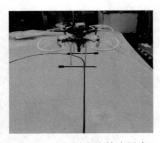 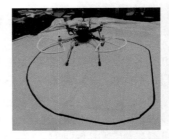

(a) 无人机对直线轨迹循迹   (b) 无人机对曲线轨迹进行循迹

图 10　无人机对测试场地进行循迹飞行

在实际测试中,受无人机抖动等因素影响,x_{error} 经常出现剧烈波动,这直接影响 PID 控制器的输出,导致无人机姿态调整表现出不稳定性,如图 11 所示。

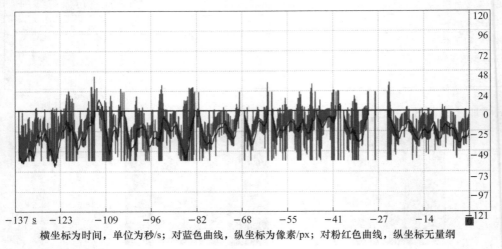

横坐标为时间,单位为秒/s;对蓝色曲线,纵坐标为像素/px;对粉红色曲线,纵坐标无量纲

图 11　x_{error}(蓝色)数据波动导致 PID 输出(粉色)波动严重

为抑制 x_{error} 的数据波动导致的 PID 控制器的输出抖动,采用一阶惯性滤波器,如式(22)所示。

$$y[k]=y[k-1]+T_s\times\left(\frac{x[k]-y[k-1]}{\tau}\right) \tag{22}$$

式中,$y[k-1]$——第 $k-1$ 个输出数据;

　　　$x[k]$——第 k 个输入数据;

　　　$y[k]$——第 k 个输出数据;

　　　T_s——采样周期(s);

　　　τ——时间常数(s)。

设置 T_s 的值为 0.001,τ 的值为 0.01,对 x_{error} 的数据输入进行滤波所得结果如图 12 所示。

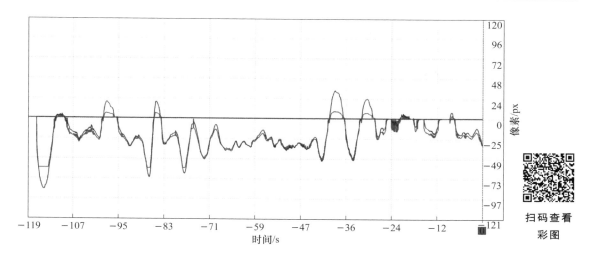

图 12 经过滤波器后的 x_{error}（绿色）及其 PID 输出（粉红色）

扫码查看
彩图

由图 12 可知，经过一阶惯性滤波器对输入数据进行滤波处理后，消除 x_{error} 的抖动，进而平滑 PID 控制器输出。

多次进行无人机自主循迹并调整 PID 控制器中 K_P、K_I、K_D 参数，最后设置横滚控制器中的 $K_P = 220$，$K_I = 5$，$K_D = 75\,000$，设置偏航控制器中的 $K_P = 900$，$K_I = 10$，$K_D = 30\,000$ 时，通过串口监听软件 vofa＋得到无人机对图 8 的测试路径轨迹的循迹误差数据，如图 13 所示。

由图 13(a)可得，x_{error} 绝对值最大为 35 像素，经统计计算，位置平均误差 $\overline{x}_{\text{error}}$ 为 3.47 px。计算得位置最大误差为 0.032 m，位置平均误差为 0.003 m。同时，大部分扰动在 1～2 s 内被调节抑制至零，横滚方向上飞行误差小，调节迅速。

由图 13(b)可得，无人机在 79% 的时间里 θ_{error} 绝对值最大为 6°，剩余时间中受扰动干扰 θ_{error} 绝对值最大为 28°，平均角度误差为 2.08°，大部分扰动在 1～2 s 内被调节抑制至零，偏航方向上飞行误差小，调节迅速。

5 结 论

针对多场景下替代人工巡检的问题，本文设计了具有自动循迹功能的四旋翼无人机系统。

进行了视觉识别系统算法的设计与应用。对路径轨迹图像进行了图像阈值分割的预处理。提出了改进的 Otsu 算法，解决了原算法处理图像时出现的受强光干扰问题和无路径轨迹图像误处理问题，完成了路径与背景的分离，利用基于最小二乘法的线性回归算法，实现了目标路径引导线的拟合，输出路径信息。建立了无人机控制系统，设计了视觉识别系统、姿态调整系统和数据通信系统，完成了无人机循迹控制和无人机各模块间通信。最后，对整个无人机控制系统进行调试与验证，无人机以 0.003 m 的位置平均误差和 2.08°平均角度误差实现了自动循迹功能。

参考文献

[1] 王翔宇. 基于视觉的四旋翼无人机电力线循迹技术研究[D]. 杭州：中国计量大学，2021.

[2] MENENDEZ O，PEREZ M，AUAT C F. Visual-based positioning of aerial maintenance platforms on overhead transmission lines[J]. Applied Sciences. 2019，9(1)：165.

[3] SEVI A. Rail tracking and detection with drone in gazebo environment[C]//Chiangrai：2022 International

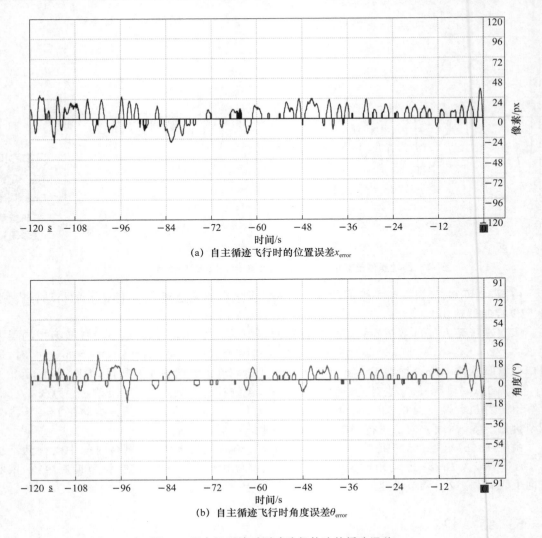

(a) 自主循迹飞行时的位置误差x_{error}

(b) 自主循迹飞行时角度误差θ_{error}

图 13　无人机系统对测试路径轨迹的循迹误差

Conference on Decision Aid Sciences and Applications（DASA），2022：1450-1454.

［4］肖汉，郭宝云，李彩林，等. 基于 OpenCL 的图像灰度化并行算法研究［J］. 江西师范大学学报（自然科学版），2020，44(5)：462-471.

［5］张小伟，包腾飞. 基于局部大津阈值与区域生长的坝面细小裂缝识别分割算法［J］. 水电能源科学，2022，40(2)：97-100.

［6］于新善，孟祥印，金腾飞，等. 基于改进 Canny 算法的物体边缘检测算法［J］. 激光与光电子学进展，2023，60(22)：221-230.

［7］曹玉波，李健，周琦祥，等. 一阶惯性数字化滤波算法研究及应用［J］. 吉林化工学院学报，2019，36(11)：50-52.

工程管理技术

航天电子单机电装生产数据采集系统建设

高辉　曹丙谦　温雪　宋琪

（山东航天电子技术研究所，山东·烟台，264670）

摘要： 为提升航天电子单机产品电子装联生产线生产设备过程数据的实时采集能力，本文进行了电装生产数据采集系统的建设实践，通过系统性地采集设备状态、采集历史数据、监控生产过程、控制工艺流程，建立生产数据实时可视化管理体系，形成端到端的、从设备到系统的全过程的数字化管理能力，实现设计和工艺改进、生产质量追溯、生产过程管理的科学化和数据化，助力生产效率提升，为精益化生产管理提供参考数据。

关键词： 航天电子单机；电子装联；生产数据采集；数据管理

1　项目背景和必要性

本单位为典型的航天电子单机产品研制单位，覆盖了星上电子单机的设计、生产、检验、测试、试验全链条。目前本单位在生产管理制造执行系统（MES）建设等方面已经取得一定成绩，但现有的 MES 尚不具备直接获取电装生产过程数据的能力，无法实时获取设备状态及生产过程数据，导致当前系统功能的发挥受到限制。电装数据采集存在的主要问题：生产过程数据无法自动获取，只能人工记录部分数据，效率低下，导致产品数据包信息不完整；设备及工序状态数据无法自动获取，不能有效预测设备及工具工作寿命，无法实时监控设备产能状态，车间排程受到限制；生产过程数据无法及时有效地反馈至产品设计、工艺设计、质量控制等环节，导致产品设计、工艺设计、质量控制等环节对产品生产过程数据响应速度慢，一定程度上影响了产品研制效率与质量。因此，有必要实现电装生产线生产过程数据的实时采集和管理，为精益化生产管理提供数据支撑。

2　建设目标和方向

通过电装生产线数据采集系统建立实时可视化管理体系，实现设备数据实时采集、物料状态实时可视化、相关设备状态实时可视化、订单完成进度实时可视化、生产质量状态实时可视化。打通工艺-生产的数字化信息链条，实现端到端的、从设备到系统的全过程的数字化管理。搭建一套严密安全的制程管理体系，实现生产设备管理和管控，实现生产流程步骤的强制管控。建立全制程的品质监管和追溯机制，贯通 SMT 中装配、组装的追踪能力。建立质量监管及预警机制，实现数据操作过程可追溯。

3　系统概述

电装生产线数据采集系统主要负责采集生产过程中的各种数据，涵盖了物料数据、环境数据、生产数据、设备数据、人员数据、防静电数据等,建立人、机、料、法、环全方位的电装生产数据管理生态圈。通过数据实时化、报表化、图表化帮助生产部门做好数据管理,通过反馈信息做出科学和有效的决策。系统界面如图 1 所示。

图 1   系统界面

系统软件架构方面采用 Spring MVC 框架,与其他系统采用 Restful/WCF 的方式集成,进行数据交互。数据缓存方面,使用 Redis 把实时数据存放在 NoSQL 高速缓存数据库中,存取效率比传统的关系型数据库高 50 倍以上。中间件数据处理结果使用 Redis 消息队列和中心服务器进行传输,防止处理结果因异常情况丢失。中间通信采用了心跳机制,用来确保系统运行正常,当发生异常时,守护进程会自动重启中间件,以确保系统的正常运行。网络连接方面使用千兆内核主交换机,主干网络采用六类屏蔽双绞网线,保障了网络传输的稳定性。

4   系统实施内容

整个生产线设备数据采集系统分三个阶段实施。

第一阶段:建立设备实时可视化管理体系,实现信息系统和人员、设备(工位、机器、智能工具等)、物料、环境的监控,实现数据实时采集、可追溯,能够初步建立工艺设备参数分析计算模型,导入产线 Andon 系统,提高产线处理问题的效率。

第二阶段:与 MES 数据实时集成,支撑数据包在系统内设备信息自动采集,形成质量监管和预警机制。数据采集系统接收来自 MES 的工单数据(工单编号、数量、产品编号等)、产品数据(图号、BOM 等)、工艺流程(编号、工艺名称、工步、设备编号、设备名称等),数据采集系统向 MES 反馈报工数据(工位、数量、工艺编号、时间)和过站数据(设备编号、工艺编号、产品唯一码、时间),实现产品生产过程的透明化、实时化,实现产品生产过程中大部分数据可视化、实时化,杜绝人工操作的质量盲区,最终由数据指导、改善产品生产过程。

第三阶段:通过进一步扩展硬件采集能力,实现标准工位设备与非标自动化设备的双向数据交互,实现生产数据包 80% 以上的数据自动填写,提升生产线智能化程度和质量管控水平。

数据采集系统重点在以下几个方面开展建设。

(1) 引入锡膏生命周期管理体制,替代传统人工存储、回温、搅拌的操作,实现锡膏物料存储、回温、搅拌自动化、智能化,数据可追溯。

(2) 引入锡膏工艺管控流程,即在启动全自动锡膏印刷机前,程序自动检查当前使用的锡膏的有效期、回温参数、搅拌参数、合金成分等,如有异常自动报警,并控制设备使其无法启动生产程序。同时,当锡膏印刷完毕后,实现自动监控锡膏暴露时间,如超过暴露时间,系统报警,并控制回流设备,管控此异常 PCB。

(3) 引入回流设备,实时监测系统硬件和软件,由批量管控焊接参数转变为单板管控焊接参数。

(4) 引入防静电强制管控流程,即操作者在设备、工位接收工单之前,必须确保自身、工位、设备的防静电达标,同时,在生产过程中也会全程监控防静电是否达标,杜绝因静电造成的产品隐患。

(5) 在硬件支持的前提下,引入智能工具(智能焊台、智能螺刀等)强制管控流程,监控和管控当前产品的生产参数,如焊台的温度、焊接时间等。

(6) 引入物料拉动系统,实现产线贴装设备、线边库、物流系统、物资库房的物料实时统一。

(7) 实现线边库信息化管理,整盘表面贴装器件缓存在线边库,实现物料信息实时管理。

(8) 引入车间设备运维管理模块,通过分析设备故障率和故障类型,提前预知设备状态,指导设备运维,减少设备故障停机率。

(9) 引入统计过程控制(SPC)管理模式,对生产设备关键质量参数进行监控,帮助质量和技术人员确认影响质量的关键问题所在。

(10) 通过数据采集系统分析元器件物料缺陷数据,筛选供应商及为供应商提供强有力的改善建议。

5　设备数据采集

(1) 本系统采用的生产设备数据采集方式主要有以下几种:

1) 可编程控制器(PLC)直接采集数据。

PLC 直接采集是针对不同种类的 PLC 设备对应的采集驱动,通过以太网连接 PLC 设备与采集驱动,采集各种所需的实时生产数据。之后由采集驱动完成数据协议转换,将数据发送给系统终端的接收方,并最终写入实时数据库。这种方式适用于运行中的生产线设备,能够以最少的传输环节、最快的采集速度实现高速采集的需求。

2) 直接读取文件实现数据采集。

对支持以 CSV、Excel 等文件格式导出数据的设备,可以直接解析文件内容存入数据采集数据库,实现此类设备的数据采集。

3）接口定制开发。

通过通信接口定制开发实现数据采集，数据采集系统采用统一的数据采集适配器软件，采用开放式插件结构，支持多种通信协议、规约的扩充；新协议不需要重新开发采集程序，只需要将新协议解析脚本完成后，"插入"到数据采集适配器软件中，即可完成现场数据向数据库中传输。

（2）数据采集频率方面，系统根据数据采集需求兼顾了效率和质量。

1）实时数据的采集。

实时数据是指时间戳与实时数据库所在服务器的当前系统时间一致时所产生的数据。数据采集系统首先能够保证对设备产生的数据进行实时采集、实时传输到数据库并在数据库实时刷新展示，保证生产环境下的数据实时监控和提前预警，减少不必要的损失。实时数据采集频率实现了毫秒级的采集。

2）历史数据的采集。

历史数据是指时间戳早于实时数据库所在服务器的当前系统时间所产生的数据。当由于某些原因导致实时数据未能成功传输到数据库时，这部分数据会以历史数据的形式补传到数据库中，数据采集系统对历史数据和实时数据分两路同时进行传输，在网络流量有限制的情况下，保证实时数据的优先传输。

3）数据采集和传输质量。

数据采集系统在对数据传输过程中严格保证数据质量，能够保证在毫秒级的采集频率下将所有采集的数据传输到数据库，保证 99.999 9％现场数据实时入库。所采用的数据库具备各种类型数据采集能力。支持 OPC、PLC、Modbus 协议，支持自定义协议的接口程序以服务方式在后台运行。在同一数据库服务器上可以运行多个实例，可以在网闸两侧成对部署，支持 TCP/IP 协议单比特回传模式，支持断点续传，并保证实时数据优先于续传历史数据。数据采集架构如图 2 所示。

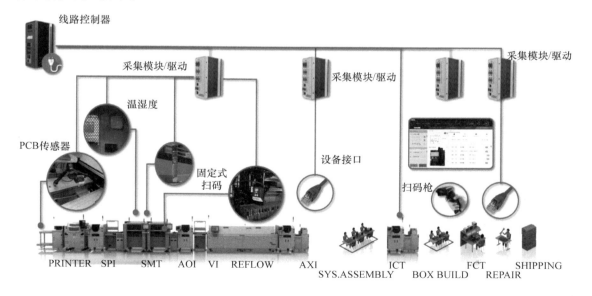

图 2　数据采集架构

6 数据管理与展现

电装生产线数据采集系统统一生产线数据管理架构,采用实时数据库接入和存储各生产线设备的实时数据,同时对这些数据进行实时处理和计算。

系统支持多种数据类型,除了常见的开关量、模拟量(Bool、UInt8、Int8、Char、UInt16、Int16、UInt32、Int32、Int64、Float16、Float32、Float64),还支持多种特殊的数据类型(Coor、String、Blob、Datetime、NamedType)。系统支持数据采集检测点的新增、修改、删除、恢复。删除的检测点可保留在检测点回收站中,可进行检测点及其历史数据的恢复。检测点管理支持创建、删除点表功能,以表为单位组织检测点。

数据查询方面,实现实时数据查询、快照数据查询及订阅。检测点数据查询支持查询单个检测点一段时间存储值、等间隔插值、统计值,以及多个检测点同一时刻断面数据。支持历史数据复杂查询,在指定时间段内,以多个检测点数据的组合条件为筛选条件,查询满足条件的结果集。实现了批量查询统计值,包括最大值、最小值、平均值、算术平均值、加权平均值、累计值等,以及极值发生的时间统计。

支持实时数据压缩和解压功能,实时数据库采用旋转门压缩算法和可行域压缩编码算法,可以将历史数据进行有效的压缩和过滤,极大节省存储空间;实时数据库提供被压缩数据的还原,并保证还原精度。

支持实时/历史数据库管理功能。支持手动、自动创建历史数据文件,提供数据恢复管理功能,支持热备份恢复和冷备份恢复,支持自动增量备份。实时数据库提供断网续传功能,即自动补写历史功能,保证在通信中断时原始数据不丢失;实时数据库支持手动补写历史,如新增设备检测点,可将它的历史数据一并补写进数据库,保证数据完整性。实时数据库支持历史数据的多点、批量、无序性写入,且补写历史的数量不受限制。

实时数据库具备健康管理功能,能够实时监视实时/历史数据库自身的资源占用情况(CPU、内存、IO 等),以及缓存使用率、归档速率等自身健康指标,供性能调优参考。实时数据库的日志文件个数不限,且支持日志内容加密。实时数据库通过统一的接口记录事件日志信息到本地文件系统,事件分级为消息、提示、故障、严重警告、严重故障等,可自动记录事件的时间、发生源、进程名,并支持日志分级管理,支持以关键字、时间过滤日志。

实时数据库服务器引擎采用高效的多线程共享体系架构,支持多用户并发,读写操作不再相互阻塞,极大提高了事务的并发处理能力;单个数据库读写操作可同时进行,查询和写入数据的速度均大于 200 万条/s。实时数据库内部集成了数据镜像处理技术,支持联机镜像功能,且镜像层级数不限;实时数据库支持检测点选择性镜像,极大提高了应用的灵活性;实时数据库的镜像服务支持透网闸传输。

生产数据采集系统提供独立的数据库管理软件,可远程对实时数据库的检测点信息、历史数据、存档文件、用户权限等方面进行设置;实时数据库提供可视化组态工具,可以完成图形界面设计、实时数据检测点标注、实时生产状况监视等功能;实时数据库提供支持 Matlab 和 LUA 高级计算引擎,可并行计算调度,能够进行数据的复杂计算与分析。

生产数据采集系统实现了多种编程语言的二次接口开发:C/C++ API 通过 C/C++编程接口来访问实时数据库,提供各个系统功能模块的二次接口开发功能;.NET SDK 提供.NET 开发语言与实时数据库的接口;JAVA SDK 提供 JAVA 开发语言与实时数据库的接口;Web API

提供.NET Flamework 框架下的统一编程接口。

数据展现方面,由实时数据库配套的监控组态平台完成,该平台以实时数据库为支撑,拥有功能强大的集成开发环境,具备丰富的元件仓库与高级控件,同时具备强大的趋势、报警及报表等功能。依托平台可快速构建数据分析及态势监控,实现 BI 与可视化的完美融合。平台可以完成图元设计、图形界面绘制、图形动画设计、关联实时数据标签点、浏览实时画面等工作。其优势特点包括零脚本二维界面交互设计、基于 HTML5 的一键式 Web 发布、高性能的报警管理与报警推送、便捷的报表趋势分析、支持跨平台部署、支持流程监控与故障报警的联动[1]。

7　结束语

本文结合本单位航天电子单机产品电子装联生产数据采集系统的建设和使用,以数字化管控和智能化生产为目标,与现有的 MES 以及 CAPP 等紧密集成,提升生产制造管理系统获取基础数据的能力,以实现设计和工艺改进、生产质量追溯、生产状态监控、生产计划排程的科学化和数据化为牵引,建设智能化的电装生产设备数据采集系统,对提升生产效能和质量有较大的帮助,为下一步实现电装全过程的数字化和透明化提供支撑,对航天电子行业的数字化电装生产线建设有一定的借鉴意义。

参考文献

[1] 郭磊,陈兴玉,张燕龙,等. 面向智能制造终端的车间生产数据采集与传输方法[J]. 机械与电子,2019,37(8):21-24.
[2] 吴湘莲,柯美鑫. 基于异构数据平台的生产设备数据采集系统改造研究[J]. 电子制作,2019,(21):61-63.

QC 小组在电动驱动头装配效率提升中的应用

王振鲁　刁奎斌　鞠福杨　刘丰林　代树政

(山东航天电子技术研究所,山东·烟台,26400)

摘要：QC 小组活动作为质量管理工作的重要方法,可以提高基础性的产品质量。在 QC 小组活动的指导下,所有人员都可以参与产品的质量管理工作中,提出相应的意见,促进企业核心竞争力的形成。QC 小组活动可以依据用户的需求、市场的发展以及员工的建议,演变为适应自身发展的质量管理理论。同时,QC 小组活动可以为企业积累相关经验,促进质量管理体系的完善,为单位战略的形成奠定基础。QC 小组活动的开展,不仅为单位的质量管理理论的发展提供指导,而且为国内同领域企业的质量管理提供经验。

电动驱动头属于本单位自主研发的精密机电产品,是武器装备能源管理、水处理等相关系统中重要的单机。产品结构复杂,对装配精度要求较高,且因装配生产任务时间紧张,亟须提升电动驱动头装配效率。QC 小组通过设定目标、原因分析、要因确认、制定对策、对策实施、效果检查、巩固措施等相关环节,实现了预定目标,满足了武器装备生产任务需求,同时固化了装配相关作业指导书,强化了精密机电产品装配质量管控。小组成员深受鼓舞,同时也坚定了继续开展 QC 活动以及提高精密机构产品装配作业整体质量水平的决心。

关键词：QC 小组;电动驱动头;装配效率;提升

1　概　述

1.1　"匠心智造"QC 小组介绍

"匠心智造"QC 小组于 2022 年 4 月成立,成员由管理人员、工艺人员及操作人员等组成,成员专业涉及机械、材料、自动化等多个学科领域,在熟练掌握领域内相关专业知识的同时,也具备较强的创新意识、攻关能力以及工程实践能力。QC 小组自成立以来,一直以"提升装配效率,规避质量风险"为导向,针对批产精密机构产品的流程梳理以及过程质量控制开展了系列活动,运用 PDCA 循环管理方法,不断优化生产流程、提升生产效率、提高产品质量,取得了多项成果。

1.2　电动驱动头产品介绍

电动驱动头属于本单位自主研发的精密机电产品,是武器装备能源管理、水处理等相关系统中重要的单机,具有 IP68 密封防护等级、良好的防腐保护层以及抗冲击、耐振动并适应高低温环境的优越性能。

电动驱动头的执行机构由壳体、就地控制装置、手动转动装置、转动指示牌、铭牌、位置调节装置、适配法兰及电连接器等组成,如图 1 所示。

电动驱动头内部传动系统采用由上至下的布局方式,即驱动电机布置在传动系统的上部,

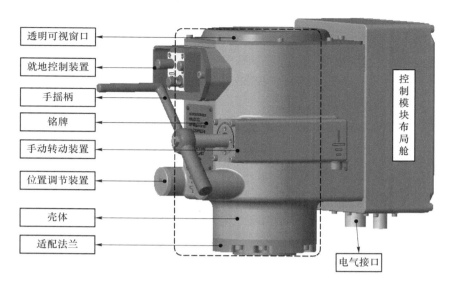

透明可视窗口
就地控制装置
手摇柄
铭牌
手动转动装置
位置调节装置
壳体
适配法兰
控制模块布局舱
电气接口

图 1 电动驱动头结构组成及外观

往下依次是减速器组件→输出轴组件→支撑轴承→适配法兰,机构内部布局如图 2 所示。

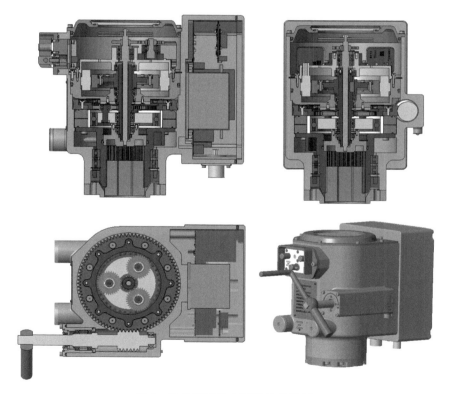

图 2 电动驱动头内部结构示意图

1.3 电动驱动头装配生产工艺特点

根据电动驱动头传动原理及结构特点,可分析出该产品加工、装配相关的工艺特点如下。

（1）产品传动设计齿轮、蜗轮蜗杆传动，传动零件加工精度较高。

（2）产品机构为精密传动，对装配精度要求较高。

机构传动的精度直接影响产品的性能，电动驱动头对内部传动机构的装配精度均提出了明确要求，如：三个行星轮的端面跳动、径向跳动均要求不大于 0.02 mm；轴承与挡圈轴向游隙不大于 0.02 mm；输出轴齿轮间传动间隙不大于 0.05 mm；电机转子支撑组件两端面平行度不大于 0.01 mm。

2　选题确认

电动驱动头是装备中使用的重要单机，对产品的交付时间节点要求较为苛刻，通过前期对相关装配人员的统计分析得出单人装配一台电动驱动头所用时间平均为 2.625 天，按照此装配节奏不能按时完成装配任务。

通过对生产过程突出问题的汇总分析以及同行业数据调查，分析得出：电动驱动头装配效率较低，满足不了产品交付时间节点要求。生产中心通过分析装配班组任务量、人员状态，结合电动驱动头的交付计划，明确提出要求单人装配单台电动驱动头时间不得超过 1 天。因此，"匠心智造"QC 小组确定了本次活动课题为"提高电动驱动头装配效率"。

3　设定目标

鉴于上述现状及要求，QC 小组将本次活动目标设定为单人装配单台电动驱动头产品用时不超过 1 天。

随后进行目标可行性分析，如图 3 所示。经过 01～04 批电动驱动头的零件加工及整机装配，积累了一定的生产经验。QC 小组人员素质不断提高，管理经验和技术力量逐步加强，在质量保证处于大纲的指导前提下，通过对工艺改进，加强对关键件、重要件及关键工序的控制，使产品的生产质量及效率提升有了保证，再加上各级领导对"匠心智造"QC 小组给予的关心和支持以及全体组员的努力，得出可以达到目标的结论。

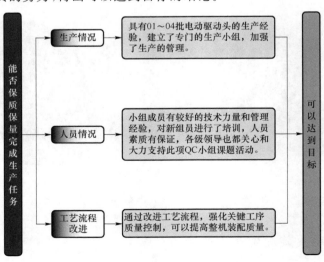

图 3　目标可行性分析

4 原因分析

目标确定后,QC 小组全体成员针对电动驱动头装配生产效率低的问题,应用头脑风暴法,从人、机、料、法、环、测 6 个方面对电动驱动头整机装配过程全要素进行了详细分析,经汇总归类,造成电动驱动头装配效率低的末端因素有 7 项,分别为人员培训不到位,人员技能不达标,人员操作方式不当,装配方法不规范,存放、运输过程不当,装配空间布置不合理,装配过程中测量方法不规范。

5 要因确认

5.1 人员培训不到位

QC 小组调阅了小组内部技能培训情况记录,结果显示,在举办的装配培训过程中,小组出勤率为 100%,考核通过率为 100%。同时,重点查看了培训内容,内容完全覆盖了精密零件加工、精密装配的方法和工艺要求。培训内容及时机均符合质量保障体系要求。确认结果此项为非要因。

5.2 人员技能不达标

QC 小组对相关装配人员的情况进行了调查统计,参加培训率为 100%,同类产品交检合格率均在 97% 以上,符合产品合格考核要求。同时,所有相关操作人员均通过了岗位培训和职业技能鉴定考试,具备岗位操作资格。因此,此项为非要因。

5.3 人员操作方式不当

QC 小组对相关装配人员的关键操作方式进行了现场查看,操作者的操作方式均符合工艺要求,尤其在关键操作环节,各位经验丰富的操作者均能规避风险点,娴熟操作。因此,此项目为非要因。

5.4 装配方法不规范

QC 小组对装配钳工的操作情况进行了现场跟踪,对过程发现的问题进行总结,发现每位操作员在操作手法上还不够统一规范,在关键操作环节还存在问题,导致产品性能不达标,反复拆装,最终影响了装配生产效率。因此,此要素被认定为要因。

5.5 存放、运输过程不当

QC 小组成员隋晓禹逐一确认、检查了电动驱动头各精密零件加工后的保存方法及工序间转运情况,精密零件均按工艺文件要求放置在吹塑模内且一件一模,转运过程采用专用包装箱,过程没有发生磕碰、相互挤压等问题。每批次转运均有相关人员签字确认产品状态。经QC 小组确认后,得出存放、运输过程不当使生产效率低是非要因。

5.6 装配空间布置不合理

QC 小组梳理了所有装配相关流程所用空间,发现零件清洗在环境楼,装配时每个人操作位置随意(装配不集中),装配位置与检验工位不在同一房间,周转过程容易造成产品损伤。这种工作布局,不能适应批量产品集中生产的管理要求,严重影响产品装配生产进度,应予以优化。因此,此因素为要因。

5.7 装配过程中测量方法不规范

QC 小组对电动驱动头装配过程中所涉及的测试检验项目进行了汇总,包括齿轮径向跳动误差测量、齿轮轴向跳动误差测量、齿轮啮合后齿轮副间隙的测量、接触精度的检验测量、蜗轮蜗杆传动侧隙的检验测量。具体如图 4、图 5、图 6、图 7 所示。

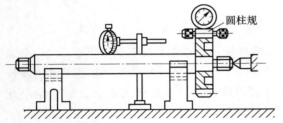

图 4 齿轮径向跳动误差检验方法示意图

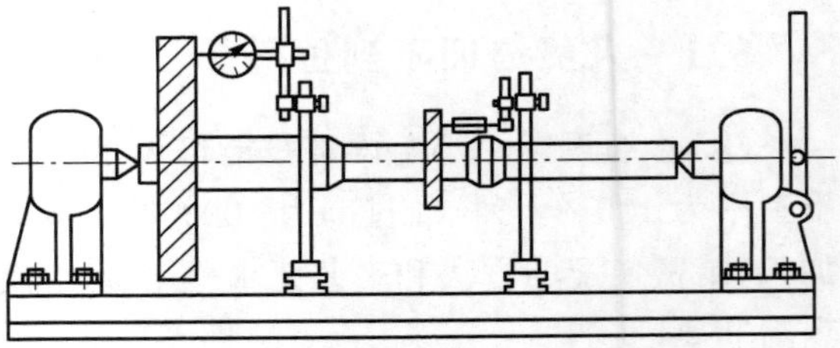

图 5 齿轮轴向跳动误差检验方法示意图

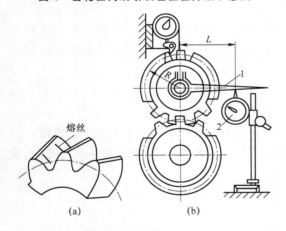

图 6 齿隙测量检验方法示意图

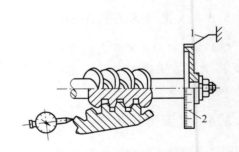

图 7 蜗轮蜗杆传动侧隙的检验方法

QC 小组对检验人员的过程中测量及执行依据进行了确认,依据正确,满足工艺要求。因此,此因素为非要因。

5.8 要因分析总结

经过 QC 小组全体成员对以上 7 项末端因素进行逐个确认分析,最终确定要因如图 8 所示。

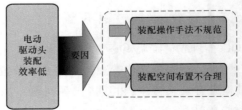

图 8 要因分析与确认

6 制定对策

通过对经济性、安全性、可操作性的综合考量,最终 QC 小组针对 2 个要因,分别制定了相应的方案,并制定了对策表,设定目标,明确了具体的措施、完成地点和时间、责任人,并予以推进。

6.1 关于装配操作手法不规范的对策

对策内容:规范装配方法及流程。

对策目标:操作流程统一、规范,装配过程无因装配问题反复拆卸;单人装配单台时间可控制在 1 天以内。

措施:① 明确整机装配流程,工艺流程进行图示化示意,便于操作识别;② 明确关键环节操作技巧及要求;③ 加强操作人员实操练习。

6.2 关于装配空间布置不合理的对策

对策内容:优化布局装配空间。

对策目标:装配空间固定、紧凑,工序间周转不需太多操作,提升过程装配效率。

对策措施:① 缩短零件清洗与整机装配空间距离;② 固定电动驱动头装配专用工位;③ 合理搭配操作与检验实施空间。

7 对策实施

7.1 规范装配方法及其流程

7.1.1 明确整机装配流程,将工艺流程进行图示化示意,便于操作识别

通过与操作者交流,QC 小组认为有必要将流程由文字叙述模式转向三维图示模式,可以让操作者更直观了解产品结构组成及其装配流程。工艺人员对产品结构进行了三维整理,如图 9、图 10、图 11 所示,并对整个流程进行三维展示,如图 12 所示。

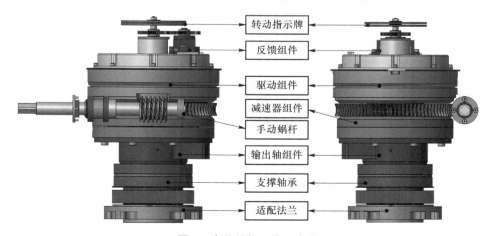

转动指示牌
反馈组件
驱动组件
减速器组件
手动蜗杆
输出轴组件
支撑轴承
适配法兰

图 9 产品结构三维示意图

图 10 产品结构爆炸图

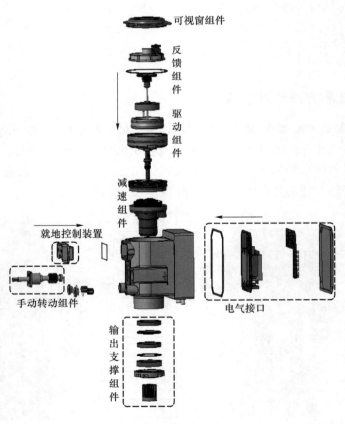

图 11 组件爆炸图

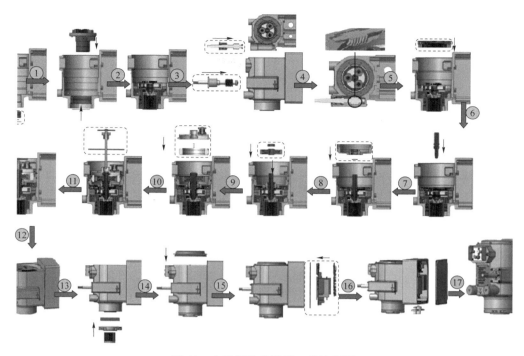

图 12　电动驱动头装配三维流程图

7.1.2　明确关键环节操作技巧及要求

根据产品结构特性,QC 小组对关键操作进行了梳理,并明确了具体的方法、技巧和要求。具体如图 13 所示。

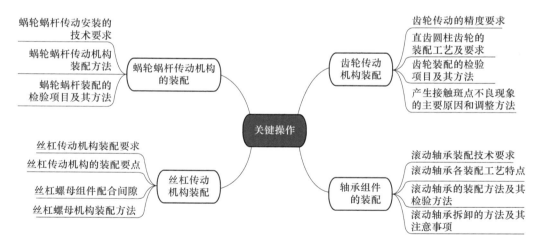

图 13　关键操作条目汇总

7.1.3　加强操作人员实操练习

结合上述工艺流程的规范及装配方法的固化,为操作者提供了样机进行装配训练,以提高生产效率。

7.1.4　实施效果

通过上述措施的实施,装配人员熟练且完全掌握了装配技能,单人单台平均装配用时降低

61%以上,装配效率大幅提升。

7.2   优化布局装配空间

7.2.1   具体实施

根据现状存在的问题,对装配相关的空间重新布局。布局过程中,坚持减少操作无效走动、提升过程装配效率原则。对清洗区、装配区统一进行了规划。如图14、图15所示。

7.2.2   实施效果

通过对装配空间的优化布局,明确了电动驱动头专用清洗区域、装配区域、装配过程检验数据。且区域间空间跨距小,整个装配环节不涉及转运,提高了装配过程效率。同时,通过专用区域的明确,保证了装配所用工装、工具及时到位,也为整条电动驱动头装配生产线的6S管理打下良好的硬件基础。

8   效果检查

8.1   目标完成情况

QC小组对巩固期中装配人员单人装配单台时间进行统计,均达到了目标,时间控制在1天以内,表明单台装配时间趋于稳定,小组目标达成。

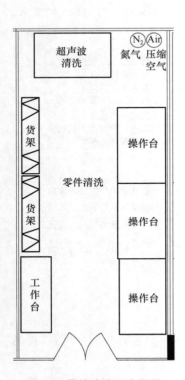

图 14   零件清洗区布局图

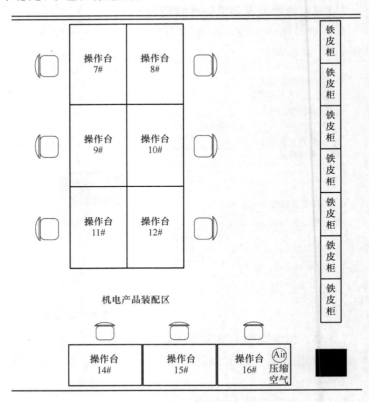

图 15   零件装配区布局图

8.2　生产任务完成情况

QC 小组对近一年电动驱动头装配任务完成情况进行统计,结果显示均按照计划完成,完成了上级下达的装配任务。

8.3　经济效益

本课题对项目成本控制、生产周期控制有极大的促进作用,与对策实施前相比,对策实施后平均成本降低 15.25％,平均生产效率提升 22.3％,为型号装备任务正常完成打下了坚实的基础,以更好地为我国军用武器装备保驾护航。

8.4　社会效益

通过开展电动驱动头生产效率提升工作,生产过程减少了返工次数,降低了生产质量成本及员工的劳动强度,可按节点保质保量完成交付任务,提升了本单位的质量信誉,使产品质量和研制能力受到用户的信任和好评,同时为我国关键单机国产化替代提供了有力的技术保障。

9　巩固措施

(1) 将本次生产中出现的问题进行统计分析用于指导后续批次的生产任务,为下一个 PDCA 循环做准备。

(2) 修编工艺文件,将工艺文件固化;修编调试说明,将调试说明固化,用于指导下批生产。

(3) 进一步对员工进行质量意识教育和业务培训,不断提高工作质量。

(4) QC 小组将继续开展活动,巩固已取得的成果。

10　总结和后续打算

QC 小组充分发挥集体智慧,做好产品梳理、方案制定、改进实施和总结评估工作,周密策划、认真落实,在提升产品质量、节约研制成本、保证研制进度方面取得实效,实现了电动驱动头生产效率提升的预定目标。

通过此次活动,QC 小组成员增长了 QC 知识,深刻体会到 QC 理论知识指导生产实践的强大功能,提升了小组成员解决问题的信心。

本次活动增强了 QC 小组成员的质量意识,建立起激励一线人员持续进行改进的机制,从根源上分析造成问题的原因,找到症结,制定有效措施,充分验证,实现合格率提升和稳定性控制的良性循环迭代。

在后续工作中,计划将电动驱动头总装、测试过程制作成可视化看板,进一步提升工作效能并作为装配经验总结和技巧传承的有效工具;将本次活动经验应用于帆板展开机构等空间机构产品装配及零件加工的不合格品解决过程,进一步提升产品质量,做到精益量化、持续改进。

商业航天部署热潮下相控阵天线产品及市场情况分析

邓向荣 曹大成 王翀

（山东航天电子技术研究所，山东·烟台，264003）

摘要： 据 2024 年 4 月世界经济论坛和麦肯锡公司联合报告《太空：推动全球经济增长 1.8 万亿美元的重要机遇》预测，太空经济将从 2023 年的 6300 亿美元增长到 2035 年的 1.8 万亿美元，年均增长率达到 9%，显著高于全球 GDP 增长速度。在太空政策框架支持、创新商业模式和资本追逐的协同作用下，全球商业航天市场呈现爆发式发展态势。面对美国星链等挑战，在国家政策、资本、市场的加持下，我国卫星互联网产业布局出现了国有企业主导、民营企业共同参与的协同格局，追求可靠性的同时实现成熟航天技术的低成本化。我国商业航天探索源自 2014 年，至今已历经十个年头的发展历程。我国在不同阶段适时调整政策，引导我国商业航天走出了一条独具特色的探索之路。截至目前，我国共布局了三大超万颗低轨卫星星座，即 GW、G60、鸿鹄—3，带动了卫星产业链上下游的需求爆发潮。而相控阵天线作为卫星通信组网的关键部件，在商业卫星和军事卫星应用领域前景巨大，是卫星互联网产业链的优秀布局赛道之一。新太空（NewSpace）从工作性能、成本等诸多方面对相控阵天线提出了新的要求，推动了相控阵天线产品升级。

关键词： 低轨卫星星座；商业航天；相控阵天线；降本增效

1 引 言

近年来，各国频繁发布支持商业航天发展的相关政策，为其发展创造了较为宽松的环境。随着太空发射产业的逐渐成熟，巨型火箭技术将逐渐普及，卫星发射成本将大幅降低，使发射大规模卫星成为可能；空间通信等技术持续创新，商业航天有望成为航空航天领域的重要增长点。此外，更广泛的投资群体正在参与太空投资，投资金额不断创新高，2021 年和 2022 年投资额达到历史最高水平，超过 700 亿美元。通信、定位、导航、定时以及地球观测（EO）服务等太空技术将是太空经济增长的主要动力。

2 中国商业航天市场概况

商业航天是指利用商业模式进行航天探索与开发，通过商业市场方式开展航天技术和服务研发、制造、发射、应用。我国商业航天正在迈入发展快车道，有望为新质生产力的培育壮大注入新动能。

2024 年，自商业航天被写入政府工作报告以来，各级政府纷纷出台政策为商业航天行业发展创造良好的营商环境，提供政府扶持基金。同时，在科技创新的有力支撑下，新技术、新制造模式不断涌现，商业航天沿着技术创新链推动产业创新，在太空互联网、人工智能、量子通信等领域不断突破，逐渐形成新质生产力。

依托于政策支持和科技发展,我国商业航天行业吸引资本纷纷入局。仅 2024 年上半年,商业航天事件就达 11 起,已披露融资金额达 44 亿元。

我国商业航天市场规模庞大,增速快。随着技术和产业的发展,逐渐从传统通、导、遥领域拓展至新兴应用领域,且卫星通信开始面向大众消费,其产业规模巨大。中商产业研究院发布的《新质生产力系列专题之中国商业航天产业链全景与机会洞察专题研究报告》显示,2019—2023 年,我国商业航天市场规模由 0.84 万亿元增长至 1.94 万亿元,年复合增长率高达 23.3%,2024 年市场规模有望增长至 2.34 万亿元,如图 1 所示。

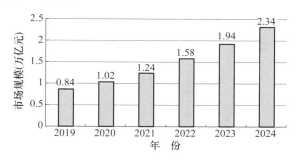

数据来源:中商产业研究院。

图 1　2019—2024 年我国商业航天市场规模

3　我国商业航天发展进程及政策梳理

自 2014 年 11 月《国务院关于创新重点领域投融资机制鼓励社会投资的指导意见》首次提出鼓励民间资本参与国家民用空间基础设施建设,鼓励民间资本研制、发射、运营商业遥感卫星,引导民间资本参与卫星导航地面应用系统建设至今,中国商业航天已历经 10 年发展,跨越了 4 个阶段(见表 1)。2024 年商业航天首次被写入政府工作报告,推动我国航天产业商业化进程的进一步加快。我国航天产业由国家主导向市场化阶段过渡,在政策推动下,我国商业航天产业发展迅速提速,且市场需求旺盛。企查查数据显示,我国现存航天、卫星类相关企业共计 21.47 万家,2023 年新增 5.14 万家,同比增长 42.84%。

根据《中国航天科技活动蓝皮书(2023)》,2023 年我国 26 次商业航天发射任务的成功率达 96%,全年商业卫星研制发射数量占卫星发射总量的 54%。

表 1　我国商业航天不同发展阶段国家扶持政策

商业航天发展阶段	时　间	家扶持政策	主要内容	部　门
初步探索阶段(2014—2016 年) 阶段特点:国家航天产业首次以政策文件形式向民间资本敞开大门。随着 2015 年"北京二号"的探索与实践,我国社会力量开始参与航天产业发展,迈出了商业航天的第一步	2013.10	《国家卫星导航产业中长期发展规划》	强调市场主导,政策推动	国务院
	2014.11	《关于创新重点领域投融资机制鼓励社会投资的指导意见》	鼓励民间资本研制、发射、运营商业遥感卫星	国务院
	2015.10	《国家民用空间基础设施中长期发展规划(2015—2025 年)》	支持、引导社会资本参与国家民用空间基础设施建设和应用开发	国家发展改革委、财政部等
	2016.12	《信息通信行业发展规划(2016—2020)》	建成较为完善的商业卫星通信服务体系	工业和信息化部

商业航天发展阶段	时　间	家扶持政策	主要内容	部　门
缓慢摸索阶段（2017—2019年） 阶段特点：这一阶段非市场化的商业航天发展受到体制内限制掣肘，商业航天公司采取国有资本主导、民间资本为辅的格局，自身只负责总体设计，绝大部分零部件采购，航天器发射等均受制于体制内单位的约束。当其中的竞争和摩擦达到一定程度时，对商业航天公司形成巨大的阻力和冲击，且国家未进一步对民营资本开放准入政策。另外，行业发展资本中风投资金占比较高，商业航天的国外投资巨头纷纷撤资，导致行业发展后劲不足，从业人员流失严重，大大阻碍了商业航天的发展	2017.12	《关于推动国防科技工业军民融合深度发展的意见》	制定国家卫星遥感数据政策，促进军民卫星资源和卫星数据共享	国务院
	2019.05	《关于促进商业运载火箭规范有序发展的通知》	引导商业航天规范有序发展，促进商业运载火箭技术创新	国防科工局、中央军委装备发展部
加速发展阶段（2020—2022年） 阶段特点：在国家及地方政府政策多重利好前提下，民营企业火箭多次成功发射、民营公司低轨卫星星座建设发展提速	2020.11	新基建新闻发布会	卫星互联网纳入新基建	国家发展改革委
	2021.03	《中华人民共和国国民经济和社会发展第十四个五年规划和2035远景目标纲要》	打造全球覆盖、高效运行的通信、导航、遥感空间基础设施体系，建设商业航天发射场	国务院
	2021.05	《关于促进微小卫星有序发展和加强安全管理的通知》	鼓励民营小卫星公司参与国家项目	国防科工局、中央军委装备发展部
	2022.01	《2021中国的航天》白皮书	扩大政府采购商业航天产品和服务范围，推动重大科研设施设备向商业航天企业开放共享	国务院

续表 1

商业航天发展阶段	时 间	家扶持政策	主要内容	部 门
高速发展阶段(2023 年末至今) 阶段特点:各级地方政府陆续出台商业航天发展行动计划和配套政策。商业航天企业(制造、发射、运营企业)、投资机构充分发挥主动性,商业航天良性、高质量发展。 从政策要点看,总体呈现"扶持促进、监管规范"两方面。其中,技术创新、星座组网、资金支持、应用场景开拓、产业集聚是各级地方政府的布局重点	2023.12	中央经济工作会议	将商业航天列为我国战略性新兴产业的重要领域,将给予更大的培育和支持力度	国务院
	2024.03	《政府工作报告》	首次将商业航天写入政府工作报告,被列为新兴三大经济增长引擎之一	国务院

4 商业航天背景下我国低轨卫星星座发展

4.1 我国低轨卫星星座部署现状

面对美国星链的挑战,在国家政策、资本、市场的加持下,我国卫星互联网产业布局出现了国有企业主导、民营企业共同参与的协同格局,在追求可靠性的同时实现国有企业成熟航天技术的低成本化。我国目前已经规划/立项在建的巨型低轨卫星星座如表 2 所列。

表 2　我国超万颗低轨卫星星座(截至 2024.6)

星 座	主导单位	星座规模	进 展
GW 星座 (星网工程)	中国卫星网络集团有限公司,国资委出资,于 2021 年 4 月成立于雄安新区,华为参与相关活动	12 992 颗,其中 500 km 以下极低轨道:GW - A59 子星座 6 080 颗; 1 145 km 近地轨道:GW - A2 子星座 6 912 颗; 频段:37.5 GHz～42.5 GHz; 47.2 GHz～51.4 GHz; 未来将推出手机直连卫星通信模式	源于 2018 年的"虹云工程""鸿雁星座"。2020 年 9 月,以代号 GW 向 ITU 递交星座计划。 2024 年 6 月,于海南商业航天发射场择机实现首发,计划 2035 年发射 12 992 颗星

续表 2

星　座	主导单位	星座规模	进　展
G60 全球多媒体卫星，又名"千帆星座"（Global Multimedia Satellite，GMS）	我国第二大低轨卫星星座，由上海市政府支持，中国科学院和格思航天共同研发，上海垣信卫星科技提供服务	15 000 颗卫星，卫星重 200 kg，轨道高度约 550 km；一期共 1 296 颗卫星	2019 年 11 月实现首发，产业基地格思航天 G60 卫星数字工厂于 2023 年投入使用。2024 年 8 月 6 日发射 18 颗卫星，计划近年发射并运行至少 108 颗卫星，实现首批卫星组网，至 2027 年实现年产卫星 300 颗。星座含三代卫星系统，采用全频段、多层多轨道部署模式。 1. 2025 年底，实现 648 颗星区域网络覆盖； 2. 2027 年底，实现 648 颗星全球网络覆盖； 3. 2030 年，实现 15 000 颗星手机直连业务
鸿鹄-3	上海蓝箭鸿擎科技有限公司	"鸿鹄-3"计划向 160 个近地轨道平面上发射 10 000 颗卫星	2024 年 5 月向 ITU 提交"HONGHU-3""提前公布资料"备案，公布星座发射计划

4.2　相控阵天线业态

4.2.1　我国三大低轨卫星星座空间段市场价值分析

低轨卫星星座产业链条长，空间大。一般来说，可分为空间段、地面段和用户端三大部分。

根据中商产业研究院分析师预测，受益于政策、科技发展、资金追捧等因素，2024 年我国商业航天市场规模将达到 2.34 万亿元。

2023 年，美国卫星发射总次数为 116 次，其中星链发射次数为 63 次，占比高达 50% 以上。我国总发射次数为 67 次，但低轨商业通信卫星发射仅 19 次，发射占比较低，约 28%。我国卫星生产模式采取"小批量""定制化"形式，批量化生产能力仍在发展阶段。自 2019 年以来，我国低轨通信卫星年均发射量为 38 颗，与未来低轨卫星星座建设预期的年产量达千颗级别以上的需求尚有较大差距。

根据未来宇航发布的《中国商业航天产业投资报告》和浙商证券研报，现阶段我国单颗卫星的平均造价预估在 3 000 万元，如表 3 所示，那么完成规模约 5 万颗星的低轨卫星星座，我国卫星制造市场总空间将高达 15 000 亿元（暂不考虑卫星折旧等）。假设卫星星座建设完成，但是依然需要迭代更新，五年后，每年仍需要发射约 10 000 颗卫星，对应市场空间高达 3 000 亿元。将来，若单星成本降至百万级别，短期看卫星制造市场也能达到千亿规模。

2022 年，据银河航天联合创始人、副总裁刘畅披露，银河航天单颗卫星研制成本已降至千万级别，未来有希望实现单星百万级别。浙江时空道宇通过模块化设计、柔性生产、智能制造等，压缩卫星生产周期，卫星研制成本大幅降低，目前可实现日产 1 颗卫星，成本下降约 45%。据长光卫星招股书披露，其二代卫星按照"载荷平台一体化"思路进行设计研制，可实现单颗亚米级卫星重量在 200 kg 级，批量化单颗卫星研制成本目标为不超过 5 000 万元。目前该公司第三代卫星重约 40 kg，单颗卫星成本为 800 万元；其最新研制的第四代亚米级卫星，重约 20 kg，实现批量化的单颗星制造成本可降至第三代成本的一半左右。

据 Morgan Stanley Research 估算,目前,星链卫星制造成本为 100 万美元/颗。2019 年底,Mask 和 SpaceX 首席运行官格温·肖特韦尔表示,单颗卫星成本降至 50 万美元以下,主要卫星版本为 V0.9、V1.0,重约 227 kg、260 kg。综合来看,重量为 200 kg 左右的单颗星链卫星成本折算成人民币约 350 万~700 万元,而国内同等重量级别的卫星成本约 1 000 万~3 000 万元,成本差距较大。国内低轨通信卫星成本预测见表 3。

表 3　国内低轨通信卫星成本预测

成本构成	目前成本	未来成本
材料	约 1 500 万元	700 万~800 万元
人工成本＋制造＋测试	约 1 500 万元	200 万~300 万元
合计	约 3 000 万元	1 000 万元及以下

数据来自银河航天、浙商证券研究所。

4.2.2　相控阵天线国内竞争格局

低轨卫星星座部署中,通信载荷价值量大、竞争激烈。相控阵天线是低轨卫星星座的最佳天线配置类型,主要实现卫星间通信以及卫星与地面终端之间的通信任务。大多数低轨卫星都配置相控阵天线。空间段中,每颗星链卫星配备 4 个相控阵天线,美国 Iridium Next 星座的每颗卫星均安装 3 块有源相控阵天线,OneWeb 为每颗卫星配备 4 个有源相控阵天线。

根据 QYRearch 调研团队最新报告《全球卫星通信相控阵天线市场报告 2024—2030》,预计 2030 年全球卫星通信相控阵天线市场规模将达到 99.7 亿美元,未来几年复合年均增长率(CAGR)为 60.9%。

根据艾瑞咨询分析数据,定制卫星中,平台和载荷成本分别占卫星成本的 50%。批量卫星中,平台和载荷的价值占比为 30%、70%。相控阵天线系统是有效载荷的核心,占载荷的50%,其关键组件-TR 组件约占相控阵天线总成本的 50%。根据此数据,若不计更新迭代,我国完成三大低轨通信卫星星座约 50 000 颗卫星部署任务,创造的相控阵天线产值预估约5 000 亿元规模。为实现组网要求,未来年产卫星需求量将从几十颗跃升至几千颗,则相控阵天线的年产值规模估计在数百亿元。

Ku 和 Ka 频段上星天线成熟企业较多,S/C 频段天线还没有大规模上星经验,部分企业做过地面验证。此外,成都天瑞星通科技有限公司除了 Ka、Ku 频段传统相控阵天线外,还在开发推出 E 频段相控阵汽车天线系统,未来可服务于汽车直连卫星。

4.2.3　国外主要相控阵天线未来布局(含 NASA 布局方向)

星载相控阵天线发展经历了三个代际。第一代低轨星载多波束相控阵天线工作在 L/S 等较低频段,窄带通信。1996 年后,第二代低轨星载多波束相控阵天线仍然工作在 L/S 等较低频段,但完成了光控相控阵天线的二维扫描能力验证,掌握了基于光控波束形成的多波束相控阵天线关键技术,光控阵天线进入实用阶段,此阶段的大型相控阵天线有铱星二代、全球星二代等。第三代自 2010 年算起,实现了相控阵天线高集成度设计和验证,但尚需突破有源无源芯片级集成设计和工艺,实现光控相控阵天线的微波光子高密度集成,如星链星座、OneWeb 星座。此阶段的低轨星载多波束相控阵天线主要工作在 Ku 和 Ka 频段,并有望朝着Q/V 等更高频段发展,OneWeb、Boeing、SpaceX、Telesat 等主要航天公司纷纷规划了下一代Q/V 频段低轨卫星星座计划。针对手机直连卫星特点,各国聚焦价值量极高的 S/C 频段天线。为适应灵活载荷技术和宽带通信体制的变化,针对新空间应用的低轨宽带通信卫星更多采用多端口放大器(Multi-Port Amplifier)技术、频率和极化可调射频技术、跳波束技术等,以提高卫星频率和功率灵活性。

第一、二、三代星载相控阵天线主要采用模拟波束形成技术,未来发展方向是数字波束形成技术,跳波束覆盖方式逐渐取代固定波束覆盖方式,相控阵天线朝着收发共口径、稀疏化、超材料方向发展,具备自适应抗干扰能力,同时避免干扰其他卫星。根据 NASA 官网信息,表 4 和图 2 总结了 NASA 相控阵天线研究方向和天线成熟发展路线。

表 4　NASA 相控阵天线研究方向(2018 年至今)

项目期限	开发相控阵天线	TRL(技术成熟度)
2018.04—2022.09	低成本、薄型毫米波相控阵天线的行列相控阵架构	4～5
2020.07—2022.06	具有两个同时可控波束的平板相控阵天线,利用 5G Ka 波段硅 RFIC 用于 6U 小型卫星与月球表面、网关和地球之间的 Tx/Rx 通信	3～5
2021.01—2023.08	用于月球土壤湿度传感的波束控制超表面天线	3～4
2023.05—2023.12	用于月球探测的商业规模阵列:通信和传感系统	4～6

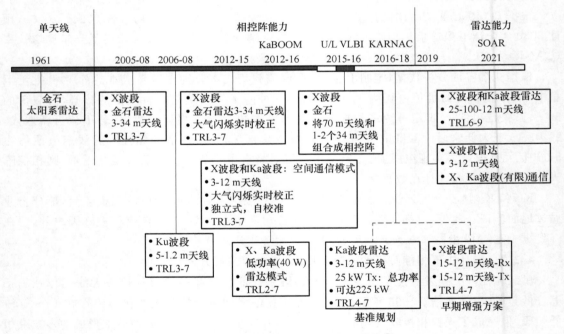

图 2　NASA 星上天线成熟能力发展路线[①]

到目前为止,星链卫星共开发了五种版本,分别为 V0.9(1.0%)、V1(28%)、V1.5 (48.7%)、V2.0Mini(22.4%)、V2,其中 V2 暂未发射。自 2019 年 11 月 V1 开始,Space X 为

---

① 信息来源:NASA 官网。

每颗星链卫星配置 4 个平面静态的相控阵天线（Phased Array）和 2 个曲面的抛物面天线（Parabolic Antennas），具体信息如表 5 所列。

星链、Lightspeed 等低轨卫星星座采用相控阵点波束，利用基于叠层封装（Package on Package，PoP）或新型瓦片式相控阵天线，实现灵活的网络覆盖。2021 年 7 月，欧洲量子通信卫星携带先进的相控阵天线和星上处理载荷，具备在轨可重构覆盖和灵活通信铰链。美国 DARPA 的 ACT 项目采用了基于可重构射频芯片 rfsoc 的软件定义射频的可重构多功能相控阵天线，可跨越 S 波段至 X 波段频率。洛克希德·马丁公司成功实现多波段、多任务（MBMM）天线的相控阵传输测试。随着技术的发展与成熟，可重构多功能相控阵天线可由目前的跨 2、3 波段，拓展为跨越覆盖 VHF、UHF、P、L、S、C、X、K、KU、KA 波段，满足所有射频任务需要的类型。

表 5　不同版本星链卫星具体信息汇总

版本		轨道高度/倾角/质量	发射时间	通信能力	相控阵天线技术
一代（无手机直连能力）	V0.9	550 km/53°/227 kg	2019.05	Ku/Ka 频段，无星间通信能力	Ku 频段相控阵天线采用由内向外逐渐稀疏阵列。它采用瓦片式构架，总体来说分为 4 层，包括天线面层，映射层，多工馈电层和波束形成层。波束形成部分使用仅包含移相器的 8 通道 8 波束多功能芯片，可以降低芯片成本、尺寸和功耗。V2.0Mini 配备了经改进的相控阵天线，通信能力是 V1.5 的 3～4 倍
	V1	550 km/53°/260 kg	2019.11—2021.05	Ku/Ka 频段，无星间通信能力	
	V1.5	540 km/53.22°/295 kg 560 km/97.6°/295 kg	2021.09—2023.07	Ku/Ka 频段，具备激光通信能力	
二代（可实现手机直连）	V2.0Mini	530 km/43°/800 kg	2023.02 至今	Ku/Ka/E 频段，具备激光通信能力和 E-band 回程能力	
	V2	1 250 kg	暂未发射	具备激光通信能力	

5　相控阵天线未来发展建议

综合来看，当前全球卫星通信正在由高轨道快速过渡到低轨道，高低轨融合互补。随着卫星研制、发射成本的降低，低轨卫星通信有望成为主流的网络覆盖方式。目前阶段，西方以星链为首的低轨卫星星座正在加紧进化，我国大型低轨卫星星座部署也在加速进行，全新的通信板块未来可期。建议在发展过程中关注以下问题。

首先，把握海外卫星互联网迭代与发展进度，确定未来正确的发展方向。对星链的关注重点应从初期融资项目的"卫星堆叠数量""频轨布局"等扩大至其 1.5 代与 2.0 代星间激光通信、手机直连等布局重点，乃至未来的汽车直连卫星。随着产业链的成熟，SpaceX 已实现盈利，且未来应用前景广泛，布局与发展拥有完善卫星互联网星座是未来的科技高地。

星链计划 2024 年实现一期 4 408 颗星部署，2027 年实现二期 7 518 颗星部署，第三阶段将 3 万颗卫星部署在 340～614 km 间的低地球轨道。截至 2024 年 6 月 30 日，星链累计发射 180 批、6 698 颗卫星，在轨 6 220 颗，占全球低轨卫星总量的 64％。我国 GW 和 G60 分别于 2024 年 6 月、8 月实现首发，预计 2035 年、2030 年完成 12 992 颗、15 000 颗星布局，而"鸿鹄-3"尚属申请阶段。与欧美国家相比，我国低轨星座发展严重滞后。如果按照预计部署进度，GW 和 G60 平均每年卫星研制、发射数量分别是 1 300 颗、2 500 颗，对应的相控阵天线市场需求量巨大，但国内实际技术条件、年度产能、发射能力等尚不足以满足上述发射数量要求。

其次，关注相控阵天线组件材料、结构的更新换代。满足手机直连卫星对通信组件的要求，须实现星端信号较大发射功率。目前主流方式是增大卫星相控阵天线面积，但这种方式存在着增加发射成本、影响太空观测等弊端。专家预测，未来以三代半导体（GaN）为代表的高功率射频器件可在同等天线面积上增加信号功率，若上星，可更好地实现手机直连效果。另外，某德国企业寻求天线新材料，利用液晶生产线组织规模生产电磁调控液晶相控阵天线，降低成本，产品适用于高、中、低轨卫星通信。近日，银河航天实现国内首批星载毫米波 AiP（Antenna In Package）瓦式多波束相控阵天线批量化研制，重量减轻 50％，结构剖面缩减至原来的 30％，性能、成本双优化。

再次，瞄准新空间、低空经济等新市场，拓展相控阵天线应用领域，积极延链、补链、强链，培育发展新动能，实现跨界升级。针对商业航天、低空经济等新质生产力发展需求，利用同源技术延伸，切入低空安防、公共安全领域市场，积极布局自动化探测机场跑道异物监测（FOD）等。

最后，关于相控阵天线研制生产的降本增效问题，参照 SpaceX 的发展模式，其成本大规模降低得益于四个环节，即降标、定型、量产、扩产。

Space 通过技术创新降低卫星成本，生产线采用原有特斯拉供应体系，从而建立较为完善的卫星供应链，又通过扩大产能，从而摊薄了研制成本和折旧费用，实现了产业的正向循环。在相控阵天线领域，采用消费电子化的思路和模式，用硅基芯片取代传统的氮化镓、砷化镓芯片，单通道成本由几千美元降至几十美元，从而使相控阵天线成本大幅下降。所以，在不影响器件可靠性的前提下，如何将高轨卫星元器件降标或采用消费级元器件，是降本的重要环节。

参考文献

[1] CHIAVACCI P. Some performance/cost considerations on the use of phased-array antennas in LEO satellite constellations[C]//18th AIAA International Communications Satellite Systems Conference and Exhibit, Collection of Technical Papers. Vol. 1（A00-25001 06-32）.

[2] LIANG G, GONG W B, YIUJin-pei, The design and implementation of sub-arrayed phased array antenna for LEO satellite[J]. Journal of Electronics and Information Technology, 2010, 32(6):1435-1440.

[3] 于立, 雷柳洁, 张凯, 等. 低轨星座多波束相控阵天线研究进展与发展趋势[J]. 空间电子技术, 2022, 19(6):1-11.

[4] 刘越, 黄印, 等. 星地融合网络相控阵天线应用研究进展[J]. 空间电子技术, 2023, 20(6):52-63.

[5] 刘科, 何磊. "星链"潜在军事应用能力分析研究[J]. 战术导弹技术, 2024(3):148-153.

[6] 孙耀华, 彭木根. 面向手机直连的低轨卫星通信：关键技术、发展现状与未来展望[J]. 电信科学, 2023, 39(2):25-36.

低空经济发展环境、产业链及关键技术

李欣

(山东航天电子技术研究所,山东·烟台,264000)

摘要:2024 年"低空经济"被首次写入政府工作报告,随后全国各地纷纷出台相关低空政策,带来低空经济技术发展升级热潮。本文旨在整理归纳低空经济发展史,国家及各地方相关政策,梳理低空经济发展环境及其产业价值,阐明低空经济产业链结构,重点指出低空经济涉及的关键技术,为低空经济产业发展提供借鉴,为相关单位低空经济技术发展提供参考。

关键词:低空经济产业链;通感一体;低空感知;组网

1 低空经济概述

1.1 低空经济的概念

"低空"指距离地面真高约为 100～3 000 m 的飞行高度。"低空经济"主要指以民用有人驾驶和无人驾驶航空器为主,以载人、载货及其他作业等多场景低空飞行活动为牵引,辐射带动相关领域融合发展的综合性经济形态。

2023 年 10 月,工业和信息化部等四部门发布的《绿色航空制造业发展纲要(2023—2035 年)》提出,利用 5G、北斗、低轨卫星互联网、ADS－B 等技术手段,开展星基通信导航监视应用,加强有人机和无人机融合运行研究验证,推进绿色航空服务监管数字化、智慧化,构建设施互联、信息互通的低空物联网络。在相关政策扶持驱动下,低空经济产业有望持续快速增长。低空经济形态全景如图 1 所示。

低空飞行器主要分为直升机、UAV(无人机)、eVTOL(电动垂直起降飞行器)三大类。从未来发展空间看,低空经济发展潜力和市场空间或达万亿级别,包含研发、制造、运营、服务等多环节,应用场景涵盖了民用、警用、军用等多个领域,可形成完整的产业链体系。

1.2 低空经济发展历程

世界范围内低空经济发展大致经历了三个阶段。

(1)应用探索阶段(18 世纪—2006 年),主要为萌芽阶段,代表案例为 18 世纪末法国热气球技术试验成功及其观光活动;应用起步阶段,标志性事件为 1980 年日本直升机农田作业;重要进展阶段,以 2006 年英国石油公司无人机海上油田监测为代表。

(2)规范化发展阶段(2006—2020 年)。2010 年后,美欧率先在无人机管理制度方面作出布局。2016 年美国推进无人机交通管理系统建设,发布商业用途小型无人机运营规则。欧洲提出 U－Space 概念,扩展了无人机管理权限。

(3)普及应用阶段(2021 年到现在)。空中租车、亚马逊 Prime Air 无人机送货,标志着低空经济的广泛应用和日常化。

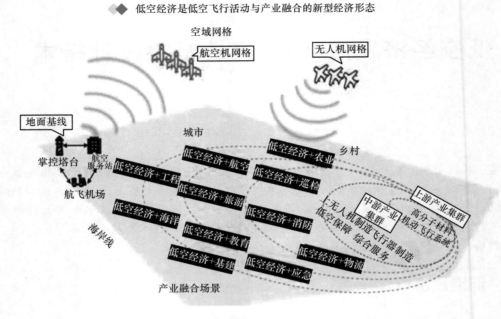

图 1　低空经济形态全景

1.3　发展现状及预期

2022 年我国低空经济市场规模约为 2.5 万亿元,全球市场规模约 10 万亿元。2022 年低空经济对国民经济的综合贡献值约为 4 000 亿元,预计 2023 年和 2024 年将达 4 633 亿元和 5 053 亿元。

中央在"十四五"规划《国家立体交通网络规划纲要》中明确,到 2035 年,国家支撑经济发展的商用和工业级无人机预期达到 2 600 万架,同期,无人机驾驶员也将增长到 63 万名。2035 年,中央对国家低空经济的产业规模预期为 6 万多亿元,2050 年,该预期将达到 60 万亿元。低空经济市场前景如图 2 所示。

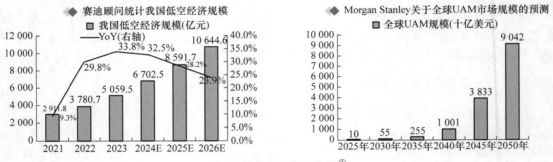

图 2　低空经济市场前景①

2　低空经济政策环境

2010 年"低空经济"被首次写入国家规划。此后,国家先后颁布了一系列政策法规。2021

---

① 资料来源:赛迪顾问、中国民航局、Morgan Stanley Reserch、平安证券研究所。

年《国家综合立体交通网规划纲要》首次将"低空经济"概念写入国家规划。2023 年中央经济工作会提出打造生物制造、商业航天、低空经济等若干战略性新兴产业。2024 年"低空经济"被首次写入政府工作报告(国家层面的低空经济政策梳理见表 1)。

低空经济作为新质生产力代表,已然成为新一轮科技革命和产业变革下国际竞争的新赛道。低空经济是新兴产业未来发展的重要方向。低空经济地方层面,2024 年初,多地区将"低空经济"写入地方政府工作报告(2024 年各地政府低空经济政策梳理见表 2)。

2024 年 8 月 16 日上海市政府印发《上海市低空经济产业高质量发展行动方案(2024—2027 年)》。《方案》预计 2027 年上海将形成低空经济产业创新、商业应用和运营服务高地,建成全国低空经济产业综合示范引领区,打造"天空之城",核心产业规模达 500 亿元以上。全面带动长三角地区"全国首批低空省际通航城市"建设。

表 1　低空经济国家政策①

国家层面低空经济政策梳理			
阶段	日期	文件/会议	主要内容
2010—2020 年概念提出和初步发展期	2010.11	国务院中央军委《关于深化我国低空空域管理改革的意见》	提出低空经济科学理论体系、法规标准体系、运行管理体系和服务保障体系。形成符合中国特色又符合低空空域管理规律的组织模式。并提出 2011 年试点阶段,2011 年至 2015 年推广阶段和 2016—2020 年的深化阶段
	2014.07	《低空空域使用管理规定(试行)(征求意见稿)》	对低空空域进行定义。提出空域管制、监视空域和报告空域及飞行航线分类、监视、报告空域的飞行计划,通航用户需向空军和民航局报备
	2016.05	国务院办公厅《关于促进通用航空业发展的指导意见》	提出发展目标:到 2025 年建成 500 个以上通用机场,基本实现地级及以上城市拥有通用机场或兼顾通用航空服务的运输机场等
	2018.09	民航局《低空飞行服务保障体系建设总体方案》	明确了全国低空飞行服务保障体系构成
	2019.05	民航局控管办《促进民用无人驾驶航空发展的指导意见(征求意见稿)》	提出以低空、隔离运行为起点,逐步积累实战经验和运行数据,不断提高国家面向国家、行业、社会及大众的航空服务能力、重点开展低空无人机公共航线划设和运行研究,组织开展 VTOL 及物流无人机试运行,为制定适航、飞标、空管运行规则提供标准依据
2021 年至今快速发展期	2022.01	民航局、发改委、交通运输部《"十四五"民用各航空发展规划》	提出运输和通用航空一体两翼,覆盖广泛、多元高效的航空服务体系,服务体系更加健全、货运网络更加完善。通用航空服务丰富多元化,无人机业务创新发展。到"十四五"末,运输机场 270 个,市地级行政中心 60 分钟到运输机场覆盖率 80%,通航国家数量 70 个
	2022.01	国务院《"十四五"现代综合交通运输体系发展规划》	提出推进空管体制改革,完善军民航空管联合运行机制,实施空域资源分类精细化管理、优化全国航路航线网、深化低空空域管理改革。探索通用航空与低空旅游、应急救援、警务航空等融合发展
	2022.01	国务院《"十四五"旅游业发展规划》	提出完善低空旅游等发展政策。在备选景区、城镇开展多种形式的低空旅游、强化安全监督,推动航用航空旅游示范工程和航空飞行营地建设
	2022.02	中共中央国务院《国家综合立体交通网规划纲要》	提出发展交通运输平台经济、枢纽经济、通道经济、低空经济。这是"低空经济"首次被写入国家规划
	2022.02	民航局《"十四五"通用航空发展专项规划》	提出发展规模实现新跃升,通用航空(含无人机)企业飞行总量,航空器执照等数量显著增加。保障能力取得新突破,力争低空空域改革取得实质性进展,推动低空空域分类划设,航路航线大幅拓展,在册通用机场布局合理
	2023.06	国务院、中央军委《无人驾驶航空器飞行管理暂行条例》	2024 年 1 月 1 日起,《无人驾驶航空器飞行管理暂行条例》正式施行,标志着我国无人机产业将进入"有法可依"的规范化发展新阶段

① 资料来源:各部门官网、前瞻产业研究院。

续表 1

国家层面低空经济政策梳理				
阶段	日期	文件/会议	主要内容
2021年至今快速发展期	2023.10	工信部等四部门《绿色航空制造业发展纲要（2023—035年）》	提出到 2025 年使用可持续航空燃料的国产民用飞机实现示范应用,电动垂直起降航空器(eVTOL)实现试点运行。到 2035 年,建成完整、先进、安全的绿色航空制造体系,新能源航空器成为发展主流,以无人化、电动化、智能化为技术特征的新型通用航空装备实现商业化、规模化应用
	2023.10	民航局《民用无人机驾驶航空器系统物流运行通用要求第1部分:海岛场景》	规定了应用于海岛场景从事物流的民用无人驾驶航空器系统运行的通用要求
	2023.11	国家空管委《中华人民共和国空域管理条例(征求意见稿)》	明确提出空域用户定义并提出空域用户权利、义务规范,标志着我国空域开放有了实质性突破
	2023.12	中央经济工作会议	将低空经济纳入战略新兴产业范畴,提出"打造生物制造、商业航天、低空经济等若干战略性新兴产业"
	2023.12	民航局《国家空域基础分类方法》	将我国空域划分为 A、B、C、D、E、F、G、W 等 7 类,其中:A～F 类为管制空域,G、W 为非管制空域
	2024.03	第十四届全国人民代表大会第二次会议	"低空经济"首次写入政府工作报告,政府工作报告提出"积极打造生物制造、商业航天、低空经济等新增长引擎"
	2024.03	《通用航空装备创新引用实施方案(2024—030)》	到 2027 年,航空应急救援、物流配送实现规模化应用、城市空中交通实现商业化运行,形成 20 个以上可复制、可推广的典型应用示范,打造一批低空经济应用示范基地,形成一批品牌产品。到 2030 年,以高端、智能、绿色化为特征的航空产业发展模式基本建立,支撑和保障"短途运输＋电动垂直起降"客运网络、"干-支-末"无人机配送网络,满足工农作业需求的低空生产作业网络安全高效运行

表 2　2024 年多地政府低空经济政策梳理①

地区	2024 年政府工作报告关于低空经济的表述
北京市	促进商业航天、低空经济等战略性新兴产业发展,开辟 6G 等未来产业新赛道
广东省	发展低空经济,支持深圳、广州、珠海建设通用航空产业综合示范区,打造大湾区低空经济产业高地
安徽省	抢占空天信息产业制高点,支持北斗、商业卫星发展吸引更多商业航天公司落户。加快合肥等低空经济产业高地建设,拓展低空产业和服务应用场景
四川省	加快发展低空经济,支持有人机、无人机、军用民用、国企民企一起上,支持成都、自贡等做大无人机产业集群,布局发展电动垂直起降飞行器。提质改造成都双流国际机场、加快建设乐山、德阳什邡通用机场等
湖南省	将用好全域低空空域管理改革成果,发展壮大低空经济,扣紧航空装备、北斗产业、商业航天、通用航空、海洋装备等发展,积极配合实施航空发动机和燃气轮机撬交鹦专项,打造世界一流的空天海洋产业集群
江西省	实施未来产业培训发展三年行动计划,努力在元宇宙、人工智能、新型显示、储能、低空经济等领域抢占先机
江苏省	加快发展心智生产力持续打造"51010"战略新兴产业集群,积极开展省级融合群试点,大力发展生物制造、智能中网、新能源、低空经济等新兴产业
陕西省	培训壮大战略性新兴产业,打造氢能、光子、低空经济、机器人等新增长点,前瞻布局人工智能、量子信息、生命科学等未来产业,大力发展研发设计、知识产权服务等生产性服务业,力争战略性新兴产业增加值增长 8%
重庆市	今年将实施未来产业和高成长产业发展行动,深化北斗规模应用及配套产业发展,开辟低空经济、生物制造等新赛道。加快无人机、高速高精工业机器人等项目建设,促进征集与零部件"双提升"
云南省	布局发展人工智能、生物制造、.卫星应用、低空经济、氢能及储能等未来产业,形成新质生产力
海南省	聚焦低空经济等新领域新赛道,加强政策引导,协同推进技术创新和产业化。商业航天发射场常态化发射,落地火箭链、卫星链项目 5～6 个。争取三亚新机场、东方机场选址获批
山东省	围绕新一代信息技术、高端装备、新能源新材料、现代医药、商业航天、低空经济等领域,新培训 10 个左右省级新兴产业集群
河南省	拓展商业航天、低空经济等领域,积极开辟新赛道,建设国家未来产业先导区。支持豫北航空经济协作区建设。启动郑州航空航天大学建设

---

① 资料来源:各地政府官网。

续表 2

地区	2024 年政府工作报告关于低空经济的表述
山西省	积极发展低空经济,建设通航机场,组件发展通航机队,拓展应用场景,推动通航全产业链发展,加快通航示范省建设
内蒙古自治区	建成呼和浩特新机场航站区、飞行区、稳步推进乌拉盖等通用机场建设。新材料、现代装配制造、生物医药、商业航天、低空经济等新兴产业要把握发展趋势,瞄准市场需求
辽宁省	着力推进新材料、航空航天、低空经济、机器人、生物医药和医疗装备、新能源汽车、集成电路装备等战略性新兴产业融合集群发展
福建省	加快发展新质生产力,培养低空经济等战略性新兴产业

3　低空经济产业链及应用场景

3.1　低空经济产业链

根据低空经济构成及其特点,其产业链可分为上、中、下游三个阶段。产业链上游主要包括研发、原材料与核心零部件领域,其中,研发包括各种工业软件,原材料包括钢材、铝合金、高分子材料等,零部件包括芯片、电池、电机等。中游核心产品包括无人机、航空器、高端装备、配套产品、低空保障与综合服务。产业链下游包括飞行审批、空域管控及低空经济与各种产业的融合,如低空物流、飞行驾照培训、医疗救护、低空旅游、航空摄影、空中巡查等。通过各地方政府出台的相关低空经济政策可见,科技进步将推动低空经济产业链不断完善,促进市场应用实现价值最大化。低空经济产业链如图 3 所示。

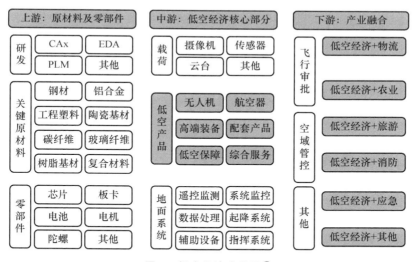

图 3　低空经济产业链①

3.2　低空经济应用场景

随着国家将低空经济提升到战略层面,政策和产业驱动下的"低空经济＋"应用场景加速落地。低空经济应用展现出独特价值和广阔发展前景,其主要应用场景归纳见表 3。

①　资料来源:前瞻产业研究院、平安证券研究所。

表 3　低空经济应用场景

序　号	场　景	内　容
1	快递物流	外卖即时配送,深圳、上海等地已落地 15 条无人机外卖配送航线,累计完成 16.7 万单;快递物流配送,紧急派送等小批量、高频次重量轻的配送件,适合无人机传递
2	地理测绘	建筑堆体测量、国土规划领域的交通和城市建设规划,土地确权、不动产登记等
3	城市管理	城市重大活动、赛事巡逻安保,城市重点区域巡逻,违建及施工现场巡查,刑事侦查
4	应急救援	灾情勘察、经济救援、应急通信
5	能源巡查	输/配电设备过热检测、变电设施全局建模巡检、清洁能源发电设施管理
6	交通巡检	道路设施异常巡检、交通疏导及指挥
7	农林植保	农田灌溉、农田监测、农林巡护、农作物搬运
8	载人无人机	城市空中交通、应急救援服务、观光旅游
9	卫星遥感	与卫星联合进行的协同遥感作业

4　低空经济技术需求

4.1　低空飞行监控

高精度、低时延、全天候感知技术和支撑无人机与无人机、无人机与地面间的蜂窝技术是实现有效、便捷监控飞行任务管理的基础,是亟须突破的主要技术挑战。

4.2　低空网络能力

构建一张低空立体连续覆盖的无线网络:因天线旁瓣多且杂、信噪比差且起伏不定,天线辐射存在零陷无信号区域等因素影响,无人机全程连续业务服务和不中断飞行操控较难保障。因此,构建一张低空立体连续覆盖的无线网络是低空经济高质量发展的基础,也是亟须攻克的关键技术。低空经济网络全景如图 6 所示。

5　低空经济网络架构及关键技术

5.1　低空网络系统总体架构

低空网络系统是依托蜂窝移动通信网络、物联网、云计算等基础设施,形成通信、感知、计算一体化的智能互联低空数字化服务体系,主要包含通信、感知、智算三个主要功能。

通信:满足低空无人机多样化的通信功能需求,基于基本通信能力增加身份标识认证能力。通信方式可能包括 5G/4G 和其他宽/窄带无线通信方式。对应急通信、航道控制等要求高可靠、低时延场景和对于高清视频传输、巡检监控等大带宽场景来说,5G 技术在速率、时延、覆盖等方面具有明显优势,可实现联网无人机高效可靠通信保障。3GPP TS22.125,TR 22.837 对无人机应用性能和无人机入侵检测有具体要求。

感知:利用无线信号实现对无人机等目标进行感知识别,具有目标测距、测角、测速、定位、追踪能力,满足置信度、精度、分辨率、时延、刷新率、漏检率、虚警率等指标要求。

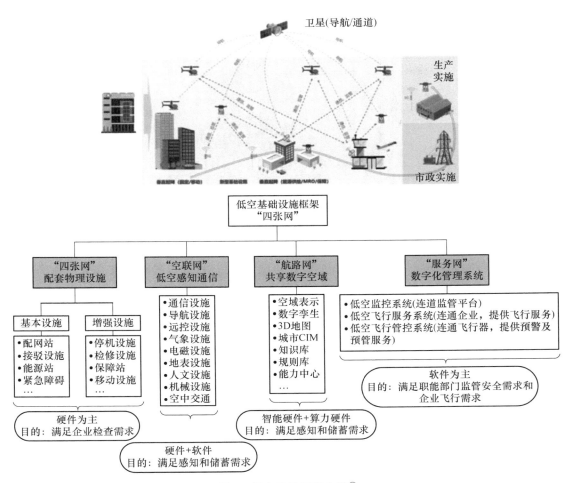

图 4　低空经济网络全景①

智算：全面数据处理和计算能力，实现低空网络系统智能化，实现基于图像、声音及相关数据的智能处理，以支持低空系统中业务预测、故障诊断和飞行决策等功能。

基于移动蜂窝的低空网络系统由航控系统、业务系统和感知系统三部分构成。航控系统负责无人机飞控，包括无人机身份信息、飞行位置信息上报，以及传输平台指令控制。业务系统负责无人机相关业务数据传输，如视频回传等。感知系统负责无人机位置、状态等信息感知。这三个逻辑系统可承载在系统基站的不同频率或系统制式上，可根据需求灵活调整与设置，可在通感一体化系统中共享物理资源。低空网络系统逻辑示意图如图 5 所示。

5.2　低空网络关键技术

5.2.1　通感一体的信道模型

感知信道模型和网络架构：3GPP 于 2023 年 12 月成立感知信道模型和网络架构研究项目。3GPP 低空信道模型仅定义了通信信道模型，未定义感知信道模型。感知信道建模考虑自收自发、目标性、通感性等特性。须面向通感一体化场景设计通感信道模型。该信道模型可

基于 3GPP 统计信道模型给予增强:引入确定性信道多径分量。构建一种基于混合方法的通感一体化信道模型,即该信道模型将传播环境中与目标相关联的多经信道通过确定性方法建模,与目标非相关的多径信道通过统计性方法建模。

图 5　低空网络系统逻辑示意图[①]

通感一体波形和帧结构设计:作为 4G/5G 通信波形,正交频分复用波形(OFDM)具有抗衰老能力强、频谱利用率高、抗码间干扰能力强的优势,可保证良好通信速率传输。作为感知波形,OFDM 具有测距、测速、测角等基本感知能力。设计感知性能波形时,线性调频波形(LFM)是雷达中常用的脉冲压缩波形,通过在雷达波形中嵌入通信信息来实现通信能力。基于该机制的可达通信速率与感知性能折中关系须进一步研究。通感波形设计如图 6 所示。

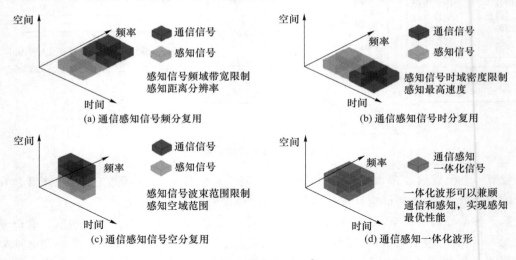

图 6　通感波形设计[①]

5.2.2　低空感知模式

低空感知模式可分为单站感知模式、双站感知模式和端网协作感知模式三种类型。

单站感知:自发自收。在模拟区域采用收发天线隔离、射频干扰消除等技术,配合数字域的自干扰消除技术消除基站自干扰,实现单站低空感知。双站感知:A 发 B 收或反之。须时间和频率同步。通过链路时延取平均消除同步误差影响。Schmidl&Cox(S&C)算法进行频率同步。优点是兼容终端,降低感知系统复杂性,具有可扩展性。端网协作感知:须基站与被感知物体具备直射径(LOS),保持视距,采用优化算法进行补偿和纠错,精心规划部署锚点终

---

①　资料来源:通感一体低空网络白皮书。

端与基站位置,提升感知性能。

组网感知干扰分析:低空组网环境下,感知接收机会受到多种类型的站间干扰影响,可通过技术手段消除其干扰,如时频域资源划分、智能天线波束调控、功率控制、相干处理、上行用户调度等软硬件结合干扰消除策略减少组网站间干扰。

5.2.3　组网相关关键技术

组网下高可靠目标检测:多扇区航迹的关联和融合、多站联合坐标解算、跨站目标移动性管理。精准目标识别:挖掘有效的目标特征、模型与数据双驱动、多站融合目标识别。空地网络协同:须减少地面网络和对空网络间相互干扰。低空网络通信保障:低空通信业务精准识别、低空通信业务保障、低空网络站址密度。空联网技术:U2X,含 A2A(无人设备间通信)、A2G(无人设备间与地面不借助蜂窝移动网通信),实现自主避障、非法无人机检测、移动障碍物识别以及起飞和着陆点的通信。无人机防撞系统:空域栅格化、飞航安全、通过互联网技术进行主动通信、碰撞预警、飞行告警、智能路线规划。低空航控平台:气象处理服务、空域处理服务、情报处理服务、飞行计划处理、事件信息处理和综合计算服务等。

通过此网络架构和关键技术模块的有机组合,可为低空无人机提供高效、安全可靠飞行管理和控制方案,为未来低空领域应用提供可靠的技术支撑。

6　总　结

低空经济的研究工作涉及政策法规、技术水平和社会生活的方方面面,本文仅对其发展环境、产业链及关键技术进行了概述。低空经济的优势在于立体,核心是飞行器和各种产业形态的融合,延伸拓展"低空＋应用""低空＋服务"产业链。低空经济的网络总体架构含应用层(为第三方行业用户提供低空经济信息服务)和功能层(通信:业务传输,飞行控制和身份识别认证;感知:利用无线信号实现对目标无人机或环境的主动感知等;智算:实现基于图像、声音及相关数据信息的智能信息处理、业务预测、故障诊断、飞行决策等功能)。低空经济关键技术包括通感一体的信道模型研究、低空信息网络设计、低空信息网络感知模式、低空和地面网络协同、低空信息网络通信保障技术等,其中无人机碰撞系统和航控平台是保障基础。低空经济以低空信息网络为契机,引领产业合作,驱动创新应用,推动低空数字产业链成熟,推动合作、创新及共赢低空生态圈。

参考文献

［1］中商产业研究院.2024 年山东省重点产业规划布局分析［R/OL］.［2024-04-12］.https://www.163.com/dy/article/IVIK6194051481OF.html.

［2］中商产业研究院.2023 年中国低空经济产业链图谱研究分析［R/OL］.(2023-12-18).https://www.seccw.com/index.php/Index/search/k/低空经济.html.

［3］2023—2029 年中国低空经济行业市场运营态势及发展前景研判报告［R/OL］.https://www.chyxx.com/research/1149043.html.

［4］3GPP. Uncrewed aerial system(UAS) support in3GPP(Release 19):TS 22.125 V19.1.0-2023［S/OL］. Valbonne:3GPP suport office,2023.

［5］PENG W, ZHI L D. A multi-objective quantum — inspired seagull optimization algorithm based on decomposition for unmmanned aerial vehicle path planning［J］.IEEE Access,2022,10:110497-110511.

［6］国务院,中央军委.无人驾驶航空器飞行管理暂行条例［国令第 761 号］［EB/OL］.(2023-06-28).https://www.gov.cn/zhengce/zhengceku/202306/content_6888800.htm.

中国民航飞行员心理健康的 **meta** 分析

陈伟恒　术守喜

（山东航空学院飞行学院，山东·滨州，256603）

摘要： 随着现代民航科技的发展，由航空器硬件导致的事故逐渐减少，人的因素逐渐成为事故的关键因素，为了探究近年来民航飞行员心理健康变化情况，选取"SCL－90量表"和"民航飞行员"为主要条件，通过在不同文献库中对相关研究的文献收集筛选，最终共得到13篇运用 SCL－90量表评估民航飞行员心理健康的文章，运用 SPSSAU 平台对 SCL－90总得分进行 Meta 分析。通过对有关文献的分析发现民航飞行员 SCL－90量表得分与普通常模大体得分差异不大，但在民航飞行员各因子中恐怖、偏执、强迫和敌对这四项得分略低于普通常模，这说明民航飞行员心理健康水平高于常人。不同年代的飞行员心理健康水平也有所不同，人际敏感、恐怖、强迫和精神病在不同时期波动较大，年代效应显著。通过对这些方面的评估分析，航空公司能够更好地了解近年来飞行员的心理状况，并掌握其在飞行过程中的绩效与安全风险。航空公司应加强对飞行员相关素质的培训，使其具备良好的心理素质，并能有效应对飞行中所面临的种种困难。

关键词： 民航飞行员；心理健康；meta 分析；SCL－90量表

1　引　言

心理健康对民航飞行员的影响是一个重要而复杂的议题。飞行员的心理健康与飞行安全密切相关，心理状态是否良好直接关系到飞行员的职业表现和飞机飞行安全。德国之翼空难的发生为民航人员敲响了警钟，因而对飞行人员进行正规的、系统化的心理咨询和评估成为目前航空运行安全与人因工程面临的一个重大问题。

张隆强通过统计调查发现，在我国某航空公司 2002 年之后十几年的各类医学停飞中，由于精神心理问题导致停飞的人数排在第二位。飞行员积极健康的心理行为对其产生至关重要的作用，而不良的心理行为往往是诱发其发生的重要原因。对于心理健康检查多以量表进行评测，如自评量表（SAS）、抑郁自评量表（SDS）、抑郁—焦虑—压力自评量表（DASS－21）、耶鲁—布朗强迫症量表（Y－BOCS）和抑郁症状自测量表（SCL－90）等。

2　研究背景

Meta 分析又称元分析，是一种系统性综合研究方法，是将多项独立研究结合在一起的系统集成研究方法，旨在提升研究结果的可靠性，并广泛应用于医学、心理学、教育等社会科学领域。在研究飞行员心理健康的问题上，纵观已有文献，汪磊在品质—状态双层次的基础上构建民航飞行员心理健康评价体系，并通过心理质量、心理状态等多维度对其进行了测评，为我国飞行人员的心理健康评价提供了理论基础。王泉川采用德尔菲专家咨询的方法，对民航飞行人员的心理能力进行了初步的评价,并对其进行了分类,进一步阐明了民航飞行员心理胜任力的标准。邓丽芳和罗渝川等学者采用横断历史和 Meta 分析的方法探究飞行员心理健康随年代的变化,诸多学者都是将军航和民航飞行员一同进行探讨或者只对军航飞行员进行研究,而未对民航飞行员进行单独分析。因此,本研究采用 Meta 分析,对已有研究民航飞行员心理健康的文献进行分析研究。

当前,我国民航飞行人员的心理健康研究还存在诸多不足,主要表现在以下几个方面。① 研究的范围比较局限,专家学者只是对某个航空公司或者某个地区的飞行员心理状况进行调查分析,如张婷仅对某部直升机飞行员进行调查研究。② 一些研究基本上都是在某个时期或者某个时间段进行的,并未分析社会变化对飞行员心理健康状况的影响,如邓丽芳对中国飞行员在 2001—2010 年的研究进行了分析。鉴于此现状,综合我国相关学者在国内期刊上发表的有关民航飞行员心理健康的相关文章,本文采用 SCL-90 量表对我国民航飞行员心理健康状况进行 Meta 分析,研究我国民航飞行员心理健康水平的变化情况。

3　研究方法

3.1　文献收集

本文主要研究我国民航飞行员心理健康,文献来自中国知网数据库、维普数据库、万方数据库以及 Web of Science 等资源库的检索。为了减少主观错误,两名独立研究者分别以"飞行员心理"和"SCL-90"为关键词进行检索,对有疑问的文献再经由第三方进行判断,经过筛查排除,共得到相关文献 13 篇,未找到相关的国外文献。

包含飞行员心理和 SCL-90 的初始文献共 13 篇,通过以下标准进行排除。① 研究人员不是民航飞行员。② 调查资料不完整,缺乏样本大小、平均值等有关资料。③ 使用相同数据发表多篇文章。④ SCL-90 量表 9 个因子未全部呈现。⑤ 未找到原文。

两名独立研究人员通过纽卡斯尔－渥太华量表(NOS 量表)对 13 篇文献进行质量分析,量表包括研究对象的选择、组间可比性和结局测量三大块,下辖 8 个项目的方法评价研究,满分共 9 分,大于 6 分的为中高质量文献。对得分不同的文献通过与第三方研究人员讨论达成一致,最终得到中高质量文献 11 篇。

3.2　数据收集

参考相关文献并结合本研究的目标,总结并整理了从各个数据库中搜集到的与民航飞行人员心理健康相关的文献,并对每一项研究名称、样本数(n)、平均数(M)、标准偏差(SD)等指标进行了统计分析,其中,研究名称以第一作者加发表年份组成。在收集到的 13 个研究中,样本量最多的是 Dongyan(2005),有 623 人;最少的是 Huzhi(2016),有 31 人;平均值最大的是 Baijing(2010),平均值为 1.84;最小的是 Dongyan(2005),平均值为 1.2;标准差最大的是 Baijing(2010),标准差为 0.57,波动幅度最大;最小的是 Daikun(2012),标准差为 0.22,波动幅度最小,如表 1 所列(本表中的样本量仅含实验组,不包括对照组)。

表 1　我国民航飞行员心理健康文献收集情况

研究人员	样本量(n)	平均值(M)	标准差(SD)
Lijing 2004	81	1.54	0.4
Dongyan 2005	623	1.2	0.32
Liangchaohui 2006	81	1.39	0.34
Yvheqing 2006	94	1.27	0.28
Zhongjiayin 2009	200	1.18	0.24
Zhangwenguang 2009	208	1.4	0.39
Baijing 2010	168	1.84	0.57
Gaoyang 2011	36	1.27	0.28
Daikun 2012	286	1.54	0.22
Jiyuanjie 2016	72	1.55	0.35
Huzhi 2016	31	1.28	0.29
Wangjuan 2020	187	1.5	0.49
Yangling 2021	81	1.49	0.54

3.3　统计学方法

使用 Excel 2021 对数据进行收集整理,用 SPSSAU 数据分析平台对收集的数据进行森林图绘制、异质性分析和发表偏移分析。当异质性 I^2 分别为 0%、≥25%、≥50%、≥75%时,分别为无异质性、轻度异质性、中度异质性和高度异质性。当 I^2 为轻度异质性及以下时,采用固定效应模型;反之,采用随机效应模型。

4　研究结果与分析

4.1　发表偏移分析

如图 1 所示,从发表偏移的漏斗图来看,13 项研究大体均匀分布于漏斗图中线两侧,显示良好的对称性,发表偏移较小,其整体研究质量适中,适合纳入本次的 meta 分析。

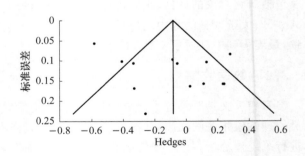

图 1　纳入研究发表偏移检验的漏斗图

4.2　Meta 分析合并效应量结果

通过对 13 篇文献的漏斗图发表偏移分析得出结论,13 篇文献不存在发表偏移,均可进行 Meta 分析。将 13 篇文献用 SPSSAU 数据分析平台对 SCL – 90 得分进行分析,最后得出异质性检验结果为 $I^2 = 90.08\%$,说明具有高异质性,所以运用随机效应模型进行分析。合并效应量的结果如表 2 所列,共含有样本 7 078 个,其中,权重最大的是 Dongyan 2005,权重为 8.691%;最小的是 Huzhi 2016,权重为 6.027%。合并 Hedges 效应量 MD[95%]为 −0.082[−0.255,

0.091]，其样本量既包含实验组（民航飞行员）的数量，也包含对照组（人口常模）的数量。

表 2　合并效应量

研究人员	样本量（n）	Hedges 效应量	95％下限	95％上限	权重（％）
Lijing 2004	162	0.239	−0.070	0.548	7.289
Dongyan 2005	1 347	−0.583	−0.693	−0.474	8.691
Liangchaohui 2006	162	0.245	−0.064	0.554	7.288
Yvheqing 2006	1 482	−0.334	−0.544	−0.125	8.098
Zhongjiayin 2009	400	−0.408	−0.606	−0.210	8.178
Zhangwenguang 2009	416	−0.084	−0.276	0.109	8.218
Baijing 2010	347	−0.054	−0.265	0.157	8.088
Gaoyang 2011	1 424	−0.330	−0.661	0.001	7.096
Daikun 2012	572	0.280	0.115	0.444	8.398
Jiyuanjie 2016	150	0.029	−0.291	0.349	7.191
Huzhi 2016	80	−0.257	−0.708	0.195	6.027
Wangjuan 2020	374	0.130	−0.073	0.333	8.143
Yangling 2021	162	0.114	−0.195	0.422	7.296
合并效应	7 078	−0.082	−0.255	0.091	—

可视化森林图如图 2 所示，森林图左侧为研究名称，异质性检验和合并效应统计检验等信息。中间部分展示效应量及置信区间，方块菱形为权重大小，表示该研究的贡献情况，样本量的大小会影响权重；中间虚线为参照对比线，其对应着合并效应值；菱形表示合并效应量结果，权重决定该研究对合并效应量的影响。右侧展示效应量及其置信区间的具体数据，并且展示各研究权重信息等。Dongyan 2005 权重最大为 8.69％，Hedges 效应量 MD [95％]为 −0.58 [−0.69，−0.47]，跨度最小；Huzhi 2016 权重最小为 6.03％，Hedges 效应量 MD [95％]为 −0.26 [−0.71，0.19]，跨度最大。

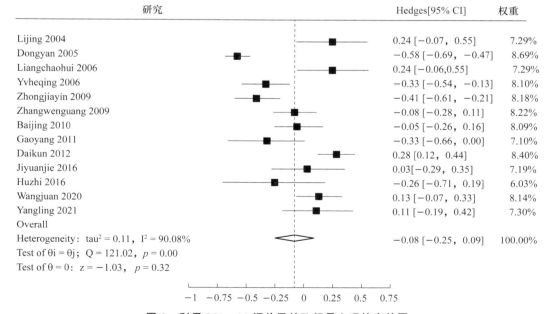

图 2　利用 SCL − 90 评价民航飞行员心理的森林图

5 讨 论

5.1 民航飞行员 SCL - 90 得分与一般成人比较

在图 2 中通过 Z 检验 $p > 0.05$,飞行员 SCL - 90 的总得分与一般成人无显著差异,但通过对 13 篇文献的 SCL - 90 各因子得分与普通常模相比较发现,有六项研究高于普通常模的得分。对于 SCL - 90 量表中各因子与普通常模相比,大多数研究的相关因子得分也是在普通常模上下,浮动基本不大。民航飞行员各因子中恐怖、偏执、强迫和敌对略低于普通常模,这说明民航飞行员心理健康水平高于常人,这与以往研究结果相同。仅 Baijing 2010 此研究各项因子相对高于普通常模与其他研究,这可能与此研究的对象和研究干预等其他条件有关。

5.2 民航飞行员心理健康随时代的变化

本次研究收集的文献跨度为 17 年,人际敏感、恐怖、强迫和精神病在不同时期波动较大,年代效应显著,其他 5 个因子随年代的变化不大。在 2014 年以前,国家对于招飞的心理选择并没有统一的标准和要求,各个航空公司是否采用或者采用什么体系来进行心理测试,都没有统一的规范,即使是同一公司内的各个分子公司,在这方面的做法也不尽相同。从 2015 年开始,中国民用航空总局出台了一项新的招飞制度,即在招生过程中,民航部门将对录取考生的心理健康状况进行全面评估,并将其纳入招飞单位的考核范围。这也可能导致 2015 年之后的民航飞行员心理状况较为稳定。

随着科技的发展,现代化民用航空器自动化程度大大提高,近年来的空难多数是由人为因素导致,飞行员在每次飞行前必须充分了解飞行任务、航线、机组成员和自身条件等其他可能影响飞行安全的因素。尤其是随着民航业不景气,飞行员可能面临更多的压力和焦虑,因为他们需要应对各种不确定因素,包括健康风险、航班取消或调整、旅客的情绪波动等。此外,担心自身或家人的健康问题也可能加重飞行员的焦虑情绪,这可能导致人际敏感、恐怖、强迫和精神病出现波动。

6 结 论

本文运用 meta 分析的方法,将检索到的 13 篇文献进一步分析与探讨,发现民航飞行员心理健康水平各因子略高于常人,SCL - 90 总分差异不显著,对于不同文献研究的差异可能受年代和被研究飞行员自身的其他因素的影响。通过对这些方面的评估分析,航空公司可以更好地了解近年来飞行员的心理状态的变化情况,以及他们在飞行中的表现和安全风险。航空公司可以加强对飞行员有关方面的训练,有助于确保飞行员在心理健康方面适应飞行工作,并能够有效地处理在飞行过程中遇到的各种挑战。SCL - 90 量表通过对多个项目综合分析,评估飞行员在紧急情况下的反应能力。飞行员需要长时间保持高度的注意力和专注力,以确保飞行安全。尽管 SCL - 90 在许多方面具有广泛应用,但它仍然应该作为评估的一部分,而不是作为唯一的诊断工具。在解释结果时,应该结合其他临床信息和评估工具,以确保更全面、准确的心理健康评估。

参考文献

[1] 张隆强.飞行员心理健康与工作压力和应对方式[J].科技资讯,2016,14(18):124-125.

[2] 汪磊,邹颖,张梦茜,等.基于品质—状态双层次模型的民航飞行员心理健康评价指标体系构建[J].南京航空航天大学学报(社会科学版),2023,25(4):96-104.

[3] 王泉川,徐开俊,刘鼎一,等.我国民航飞行员心理胜任力评价指标体系构建[J].人类工效学,2023,29(6):78-82.

[4] 邓丽芳.近10年来中国飞行员心理健康状况的元分析[J].心理科学,2013,36(1):228-233.

[5] 罗渝川,高婧蕾,景朋,等.1996—2019年我国飞行员的心理健康元分析[J].人类工效学,2022,28(2):5-10,16.

[6] 曾宪涛,刘慧,陈曦,等.Meta分析系列之四:观察性研究的质量评价工具[J].中国循证心血管医学杂志,2012,4(4):297-299.

[7] 李静,梁朝辉,杨仕云,等.81名民航飞行员心理控制倾向及其对心理健康的影响[J].中国全科医学,2004,7(17):1228-1229.

[8] 董燕,施承孙,周晓梅,等.飞行人员心理健康状况和个性特征分析[J].中国行为医学科学,2005,14(8):757-758.

[9] 梁朝晖,阮福金,李静.待遇改革对民航飞行员心理健康的影响[J].华南预防医学,2006,32(3):16-18.

[10] 于和青,焦志安.民航飞行员的个性心理特征研究[J].山东精神医学,2006,19(2):113-115.

[11] 钟佳音.飞行人员心理健康状况与影响因素的调查研究[J].吉林医学,2009,30(5):394-395.

[12] 张文广,郑曙峰,蒋一平,等.飞行员吸烟情况及吸烟者心理健康状况调查[J].中国误诊学杂志,2009,9(11):2765-2766.

[13] 白菁,李娜,陆铮,等.人文疗养护理对飞行员心理和社会功能的影响[J].解放军护理杂志,2010,27(9):656-659.

[14] 高扬,李华明,王雅萱.基于16PF的民航飞行员人格特征及心理健康研究[J].中国安全科学学报,2011,21(4):13-19.

[15] 戴琨.航线飞行特质人格和航线飞行工作情境人格对飞行员心理健康的影响[J].实用预防医学,2012,19(10):1456-1459.

[16] 籍元婕,王真真,杨璇,等.事故后飞行员心理健康状况动态研究[J].心理科学,2016,39(6):1514-1518.

[17] 胡智.飞行员的心理健康现状及其影响因素分析[J].中国卫生产业,2016,13(25):51-53.

[18] 王鹃.对某航空公司飞行员心理健康状况调查分析[J].心理月刊,2020,15(7):29-30.

[19] 杨伶,赵荣甫,王临生,等.新冠疫情下民航机组成员的心理健康调查分析[J].心理学进展,2021,11(12):2862-2867.

[20] 姜霞,谭珍科,聂应军.运动锻炼对产妇抑郁干预效果的Meta分析[J].武汉体育学院学报,2021,55(8):71-78.

[21] 金华,吴文源,张明园.中国正常人SCL-90评定结果的初步分析[J].中国神经精神疾病杂志,1986(5):260-263.

[22] 孟豫,李海燕,罗渝川.中国民航飞行员心理选拔的现状与建议[J].科技创新导报,2015,12(19):247.

航空航天紧固件生产管理中生产节拍的优化策略与探索

邓兴智　李喜志　孙靖贻

(东方蓝天钛金科技有限公司,山东·烟台,264003)

摘要: 本文探讨了航空航天紧固件生产管理中生产节拍的优化策略与探索。随着航空航天行业的发展,对紧固件的需求不断增加,其生产管理面临着严峻的挑战。本文首先分析了当前紧固件生产过程中存在的节拍问题,包括生产效率低、资源浪费严重等。接着,提出了基于精益生产和六西格玛管理工具的优化策略,通过对生产流程的细致分析,识别出关键瓶颈,并制定相应的改进措施。此外,本文还结合实际案例,提出了在某航空航天企业实施这些策略后的预计达成效果,包括生产周期缩短、成本降低和客户满意度提高。最后,本文总结了优化生产节拍的重要性,并对未来研究方向提出了建议,旨在为航空航天紧固件生产管理提供理论支持与实践参考。

关键词: 航空航天;紧固件;生产管理;生产节拍

1 概　述

1.1 研究背景与意义

航空航天行业作为高技术、高投入的领域,对产品质量和生产效率有极高的要求。在这一背景下,紧固件作为航空航天设备的重要组成部分,其生产管理的有效性直接影响到整条生产线的运作效率和产品的安全性。随着航空航天行业的快速发展,紧固件的需求逐渐增加,生产管理中的挑战也愈加明显。因此,优化紧固件的生产节拍,提升生产效率,降低生产成本,已成为行业内亟待解决的重要课题。

在国内外的研究中,关于生产节拍的优化策略逐渐受到重视,许多学者通过对生产流程的分析、建模和仿真,探讨了影响生产节拍的各种因素,并提出了相应的优化策略。然而,针对航空航天紧固件生产管理的具体情况,相关研究仍然较为稀缺。结合航空航天行业的特点,深入探讨紧固件生产节拍的优化策略,具有重要的理论价值和实际意义。

本文旨在通过分析航空航天紧固件的生产特点,探讨影响生产节拍的关键因素,构建优化模型以实现生产节拍的有效优化。研究成果将为航空航天紧固件的生产管理提供新的思路和方法,推动行业的持续发展。

1.2 国内外研究现状综述

近年来,国内外对航空航天紧固件生产管理的研究逐渐增多,主要集中在生产效率提升、节拍优化和质量控制等方面。

国外在紧固件生产管理领域的研究起步较早,许多先进的生产管理理论和方法已被提出并应用于实践,例如,欧美国家的学者在生产节拍方面的研究强调了精益生产和敏捷制造的重要性。精益生产理论通过消除浪费和优化流程,显著提高了生产效率。在此基础上,敏捷制造则关注快速响应市场需求变化,确保生产灵活性。此外,利用先进的数据分析技术,国外企业开始将大数据和人工智能算法应用于生产节拍的预测和优化。

国内在航空航天紧固件生产管理的研究相对较晚,近年来随着航空航天产业的发展,相关研究逐渐受到重视。研究者们在紧固件生产管理中引入了多种优化技术,如仿真与建模、算法优化等。国内一些企业通过实施全面质量管理(TQM)和六西格玛(Six Sigma)等方法,提升了生产流程的稳定性和产品的合格率。同时,随着智能制造的推进,越来越多的企业开始探索数字化转型,利用物联网和云计算技术对生产过程进行实时监控和数据分析。

尽管国内外在紧固件生产管理领域的研究取得了一定成果,但仍存在一些不足之处,部分研究缺乏系统性,未能全面考虑多种因素的综合影响。同时,国内在实际应用中的案例较少,导致理论与实践脱节。因此,针对航空航天紧固件生产管理中的生产节拍优化策略的深入研究显得尤为重要,通过结合国内外的研究成果与实际案例,能够为紧固件生产管理提供更加有效的理论支持与实践指导。

1.3　研究内容与方法概述

本文旨在优化航空航天紧固件生产管理中的生产节拍,通过对现有生产流程进行系统分析,提出具有实用性的优化策略。研究内容主要包括以下几个方面。

首先,分析航空航天紧固件的生产特点及其对生产节拍的影响。通过调研不同类型的紧固件在航空航天领域的应用情况,探讨其生产流程的复杂性和特定要求,从而明确优化生产节拍的重要性。

其次,识别影响生产节拍的关键因素。通过对现有生产流程的深入剖析,结合理论与实际案例,确定影响生产节拍的主要因素,如设备性能、生产工艺、人员素质及管理水平等。根据量化分析的方法,对每个因素评估其对生产节拍的具体影响,并针对问题提出改进建议,实现生产节拍的提升。

最后,基于研究结果,得出结论,并提出未来研究的建议与方向。这些内容将为航空航天紧固件生产管理提供理论支持和实践指导,推动相关领域的进一步发展。

2　航空航天紧固件生产管理理论基础

2.1　航空航天紧固件特点

航空航天紧固件在运行过程中承受极端的温度、压力和振动,因此,紧固件不仅要具备良好的力学性能,还需在极端环境下保持稳定性和耐用性。航空航天紧固件的应用特点反映了该领域对材料性能、设计精度及管理规范的高要求,推动了相关技术的发展与创新。

在早期航空航天领域,由于国家多种型号任务处于研制开发阶段,紧固件产品多以小批量多品种形式生产,各紧固件生产厂家多围绕通用模具制造,在生产组织方面为避免质量问题,多采用事后检验和人工挑拣等方式进行质量控制。但随着商业航天、民用航空批量生产,各大主机厂对产品质量严格要求的同时,更加关注产品成本,部分产品也由小批量生产进入大批量生产,这也需要各紧固件制造商调整生产组织模式,降低成本,以适应市场环境的变化。

2.2　生产节拍的基本概念及其重要性

生产节拍的基本概念可以从几个方面进行理解。首先,生产节拍是指在生产过程中完成一个单位产品所需的时间,是衡量生产效率的重要指标。它不仅反映了生产线的整体运作效率,也直接影响到生产计划的制定、资源的分配以及产品的交付周期。在航空航天紧固件生产中,生产节拍的优化显得尤为重要,这不仅关乎企业的成本控制,还关系到产品的质量和交付的及时性。其次,生产节拍是由生产能力、工艺流程和设备利用率等多种因素共同决定的。它与生产线的布局、工序的安排以及人力资源的配置密切相关。通过合理的生产节拍管理,可以有效降低生产过程中的等待时间和不必要的资源浪费,从而提高整体生产效率。

生产节拍的重要性还体现在其对企业竞争力的提升上。在市场需求快速变化的背景下,企业需要具备快速响应市场的能力。通过优化生产节拍,企业能够更灵活地调整生产计划,快速适应市场变化,满足客户需求。

综上所述,生产节拍在航空航天紧固件生产中不仅是一个技术指标,更是企业提升竞争力和市场响应能力的重要因素。优化生产节拍的策略和方法将直接影响到企业的生产效率、成本控制和客户满意度,这使对生产节拍的深入研究和探索具有重要的理论和现实意义。

2.3　生产管理中的关键因素分析

生产管理的有效性直接影响航空航天紧固件的生产效率和质量,在这一领域,多个关键因素相互作用,决定着生产过程的顺畅与否,以下是对几个关键因素的分析。

资源配置是影响生产管理效率的重要因素之一。航空航天紧固件的生产通常需要高精度的设备和专业的技术人员,因此,合理配置生产资源,确保设备的高效运行和人员的专业培训,是提升生产管理水平的基础。

生产流程的设计与优化同样至关重要。复杂的生产流程可能导致时间浪费和资源浪费,在紧固件的生产中,流程的每个环节都需要精心设计,以确保操作的有效性,例如,某企业在紧固件的加工过程中,通过贯彻精益生产理念,简化加工环节,减少不必要的搬运和等待时间,最终实现了生产效率的提升。

质量管理体系的建立与实施也是不容忽视的关键因素。航空航天产品对质量的要求极高,任何微小的缺陷都可能导致严重的后果,因此,企业需建立科学的质量管理体系,通过持续监控和改进,确保生产过程中各个环节的质量。

信息技术的应用在现代生产管理中越来越重要。信息技术的引入不仅提高了数据处理的效率,也增强了决策的科学性。通过实时监控生产数据,管理者可以快速识别生产中的瓶颈并及时调整。

同时,团队合作与沟通机制的建设也是提升生产管理的重要因素。在航空航天紧固件的生产中,各部门之间的协作至关重要,良好的沟通能有效减少误解和错误,提高工作效率。例如通过定期召开跨部门协调会议,既促进了信息共享和人员沟通,也提升了生产管理的整体效率。

综上所述,资源配置、生产流程设计、质量管理、信息技术应用以及团队合作等因素在航空航天紧固件的生产管理中相互影响,形成了一个完整的管理体系。针对这些关键因素进行深入分析和优化,将为提升生产效率和产品质量提供有力支持。

3 紧固件生产节拍优化策略

3.1 影响生产节拍的因素分析

生产节拍是生产管理中的重要指标,它直接影响生产效率和资源利用率。在航空航天紧固件的生产过程中,多种因素会对生产节拍产生显著影响。这些因素可以分为内部因素和外部因素。

内部因素包括设备能力、生产工艺、人员素质和生产计划等。其中,设备能力是影响生产节拍的核心要素,现代航空航天紧固件生产需要高精度的设备,如数控机床和自动化生产线,这些设备的性能、稳定性及其维护保养直接影响到生产节拍。生产工艺的成熟度及生产所需BOM的完整度,会使生产过程中因缺少物料、技术质量问题等造成生产停滞,对生产节拍起着至关重要的作用。此外,操作人员的技能水平和经验也会影响生产的顺利进行,技术熟练的工人能够更快地完成任务,提高生产节拍。

外部因素则包括市场需求、供应链管理和政策法规等。市场需求的波动会直接影响生产节拍。在航空航天领域,紧固件的需求通常与项目进度紧密相关。例如,当某一大型航空项目加速推进时,生产节拍需要相应提高,以满足生产的需求。供应链管理的效率同样对生产节拍有重要影响。原材料的及时供应、物流的高效性都会影响生产的连续性,进而影响节拍。政策法规也会在一定程度上影响企业的生产计划,尤其是在质量标准和安全规范方面,企业需确保在符合规定的前提下进行生产。

为了全面理解影响生产节拍的因素,企业需要建立系统的分析框架,通过数据收集和分析,识别并优化关键因素。这种方法不仅能提升生产节拍,还能增强企业的整体竞争力。

3.2 优化模型构建与算法设计

在紧固件生产节拍的优化过程中,模型构建与算法设计是实现生产效率提升的关键环节。通过系统的分析和设计,能够有效识别和解决生产过程中各类资源的配置问题,从而优化生产节拍。模型的构建通常包括以下几个步骤,如图1所示。

图 1　生产节拍模型构建

首先,确立优化目标。生产节拍的优化目标通常包括提高生产效率、降低生产成本和缩短交货周期等。这些目标需要在模型中进行明确表述,以便后续算法的设计与实施。

其次,进行决策变量的确定。决策变量是影响生产节拍的主要因素,包括生产线的布局、设备的选择、工艺参数的设置、人员的安排等。

接下来,构建约束条件。约束条件通常包括生产能力限制、资源可用性、交货期的要求等。在实际案例中,某企业在进行节拍优化时,发现原有的设备性能不足以支撑新的生产节拍目标,因此需要在模型中引入设备升级或新增设备的约束。

在模型构建完成后,选择合适的算法进行求解。常用的优化算法包括线性规划、整数规划、遗传算法等。以遗传算法为例,其具有自适应性强、全局搜索能力强的特点,适合用于解决复杂的生产调度问题。在具体应用中,遗传算法通过对初始种群的选择、交叉、变异等操作,逐步逼近最优解。

最后,模型的验证与调整是不可忽视的环节。通过对模型进行实际生产数据的反馈和分析,进而不断调整模型参数和算法策略,使其更加符合实际生产情况,这一过程有助于企业在未来的生产管理中持续保持高效的生产节拍。

3.3　某企业紧固件生产线优化策划

该企业主要从事航空航天领域紧固件的研发和制造,面临着市场需求变化快、生产周期紧等挑战。为了应对这些问题,企业决定对生产线进行全面优化。通过对影响生产节拍因素的分析,针对设备能力、生产工艺、人员素质和生产计划等实施一系列优化策略,例如,优先进行航空航天紧固件产品市场需求分析,对未来需求量大的型号规格进行生产工艺验证,完善加工流程及工艺 BOM,通过一系列验证固化加工参数、工装模具信息,评估瓶颈工序,设定需求数量指定生产计划,设定生产节拍,按照生产节拍保证每日每月的生产需求。

在现有的生产管理模式下,生产线的生产过程主要采用工序加工完成后统一送检的模式,检验完成后进行下一道工序然后不断循环,如图 2 所示,此类生产模式极其不稳定,更适用于小批量多品种,模具相对通用,且对一线工人技能水平要求高,与批量生产相比产量较低,且存在较多的设备故障和人力资源浪费,生产时间和过程质量不可控。通过对影响生产节拍的因素进行详细分析,企业识别出的主要问题包括设备利用率不足、工序衔接不畅和人力配置不合理等。

图 2　现有生产节拍图示

针对以上问题,企业需要充分分析产品结构,针对不同产品建立合适的生产模式,并依据客户需求建立合理的节拍优化模型,如图 3 所示。

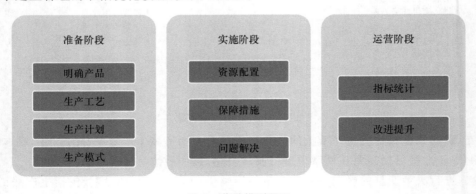

图 3　节拍模型图示

在准备阶段,首先通过对企业产品结构的分析,寻找到企业生产占比量大,且加工方法类似的产品进行成组合并,针对此类产品进行工艺方面的优化改进,同时认真做好生产交付计划,综合确认产品指标后,围绕工艺、效率、成本等要求建立生产模式,确认生产节拍。

在实施过程中,企业依据生产节拍进行人员、设备以及其他相应资源的调配,以达到相关指标要求。同时,在模式建立之初,为确保生产过程满足需求,建立了相应的保障措施,并针对过程中存在的问题进行积极回应。另外,企业对设备进行了升级,引入先进的自动化设备,提升了设备的运行效率,减少不必要的等待时间。在人力资源配置方面,企业根据生产需求合理调整员工的工作岗位,确保每个工序都有足够的人员支持。

经过一段时间的优化实践,生产线进入正常运营阶段,工作团队及时对过程数据进行统计分析,在整个产品生产过程中,不断制定和调整操作手册,确保过程稳定;同时,为确保企业利润或能够承接更多订单,需要不断对生产线进行各类调整,从而实现生产节拍的改进提升。

通过这一案例,企业成功展示了在航空航天紧固件生产管理中,通过系统性的优化策略,能够有效提升生产效率和市场竞争力。此案例为其他企业提供了宝贵的参考,证明了生产节拍优化在提升企业整体效率中的重要作用。

4 结论与展望

4.1 研究成果总结

本文通过对航空航天紧固件生产管理中的生产节拍进行系统分析,提出了一系列优化策略,取得了显著的研究成果。首先,明确了紧固件在航空航天领域中的应用特点,强调了其对安全性和可靠性的高要求。这一背景为后续的生产节拍优化提供了理论基础。

在对生产节拍的基本概念及其重要性进行深入探讨后,分析了影响生产节拍的各种因素,包括设备性能、工艺流程、人员素质和供应链管理等。这些因素的综合作用决定了生产效率和产品质量,推动了对节拍优化的需求。

优化模型的构建与算法设计成为本研究的核心环节。基于对影响因素的深入分析,构建了多维度的优化模型,采用先进的算法进行求解。这一过程结合了实际生产中的数据,使模型具备了良好的适用性和可操作性。

综上所述,本文不仅为航空航天紧固件的生产管理提供了理论支持,并且在实践中已开展相关实际应用。研究成果为行业发展奠定了基础,推动了生产管理的科学化与现代化。

4.2 未来研究方向探讨

未来研究方向应聚焦于航空航天紧固件生产管理领域中的科技创新与智能化转型。随着工业4.0的推进,智能制造成为提升生产效率的重要手段。未来的研究可着重于引入先进的自动化设备和智能算法,通过物联网(IoT)技术实现生产过程的实时监控与数据分析。这将有助于快速调整生产节拍,提升敏捷制造能力,适应多样化的市场需求。

此外,基于大数据分析的决策支持系统的开发也是未来研究的一个重要方向。通过对生产过程中积累的大量数据进行深入挖掘,能够识别出影响生产节拍的潜在因素,进而进行预判与优化。这种数据驱动的方法将使生产管理更加科学化、精准化。

在材料研究方面,探索新型高性能材料的应用将是提升紧固件性能的重要途径。未来的研究可以集中在新材料的研发及其在生产过程中的适应性分析,以满足航空航天对紧固件在强度、耐腐蚀性和轻量化等方面的更高要求。

　　最后,跨学科的协同研究也将为航空航天紧固件生产管理带来新的视角。结合工程学、管理学、材料科学等多学科知识,形成综合性的研究框架,将推动紧固件生产管理的理论与实践创新。在这些领域的深入探讨与实践,将为航空航天紧固件的生产管理提供更为广阔的视野与解决方案。

参考文献

[1] 张强,李伟.航空航天紧固件生产管理中的节拍优化研究[J].航空制造技术,2020,(5):25-30.

[2] 王芳,赵磊.基于精益生产的航空航天紧固件生产节拍优化策略[J].现代制造工程,2021(12):15-20.

[3] 李明,王磊.智能制造背景下航空航天紧固件生产效率提升研究[J].计算机集成制造系统,2022,28(3):123-130.

[4] 周杰,孙华.基于大数据的航空航天紧固件生产节拍优化研究[J].工业工程,2023,26(1):34-40.

[5] 李敏,徐强.基于数字化转型的航空航天紧固件生产节拍优化研究[J].制造业自动化,2023,42(5):60-67.

航天航空紧固件原材料价格走势分析及供应链规划

连业江

(东方蓝天钛金科技有限公司,山东·烟台,2640003)

摘要: 随着航空航天高端紧固件的市场竞争加剧,客户对紧固件产品的交期和价格提出了更高的要求。为满足客户的需求,需要在原材料端持续压低价格,且应保障物料充足。近年来,国产和进口原材料的价格和交期均出现了较大的波动,对紧固件产业的成本和交付都产生了较大的冲击。航空航天高端紧固件的生产厂家对材料的价格和供应链控制也越来越重视。

关键词: 航空航天紧固件;价格走势;供应链规划

1 引　言

航空航天高端紧固件生产使用的主要金属材料包括钛合金、高温合金及不锈钢材料。材料价格主要受直接原料价格、能源价格、制造费用影响,主要以直接材料价格和能源价格为主,以抚顺特钢的高温合金材料为例,直接原料和能源成本占生产成本的80%~90%。本文对航天航空高端紧固件用的国产和进口金属原材料2024年价格及近3年的价格走势进行分析。

2 金属材料的原料及能源价格变动情况

航空航天高端紧固件生产使用的材料主要为钛合金、高温合金及不锈钢材料。涉及的主要原料包括镍(Ni)、铁(Fe)、钴(Co)、钒(V)、钼(Mo)、钛(Ti)等,能源主要包括电力和天然气等。

(1) 2024年上半年,Ni、Co、V、Ti、Mo等材料的价格较为稳定,其中Ni、Co、V、Ti的2024年上半年均价较2023年下跌了16%~18%,Mo的价格也下跌了接近9%。Al的价格仍在上涨,2024年上半年均价较2023年上涨近6%。

2024年上半年各月,紧固件产品各主要原料价格变动情况如表1所列。

表1　2024年上半年主要原料价格　　　　　单位:元/千克

金属原料	2023年均值	1月	2月	3月	4月	5月	6月
Ni	171	129	138	131	144	154	136
Fe	916元/t	1 032元/t	928元/t	796元/t	890元/t	908元/t	841元/t
Co	268	220	219	226	211	230	218
V	1 500	1 250	1 250	1 250	1 250	1 250	1 250
Mo	525	465	470	458	495	500	480
Ti	62	49	51.5	51.5	52.5	51	49.5
Al	18.7	18.9	18.8	19.4	20.5	21.2	20.1

2024 年上半年,紧固件产品各主要原料价格走势如图 1～图 7 所示。

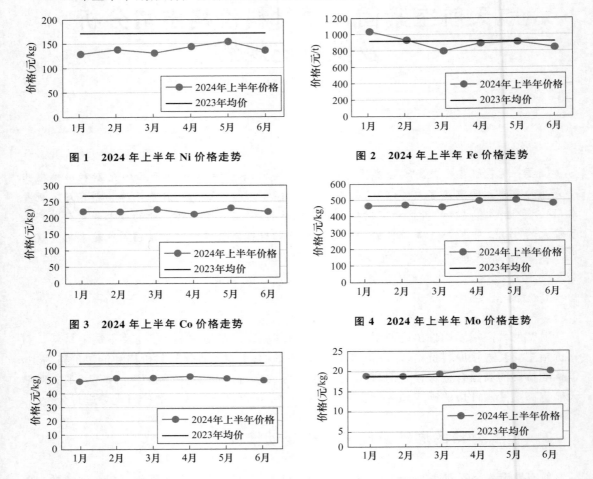

图 1　2024 年上半年 Ni 价格走势

图 2　2024 年上半年 Fe 价格走势

图 3　2024 年上半年 Co 价格走势

图 4　2024 年上半年 Mo 价格走势

图 5　2024 年上半年 Ti 价格走势

图 6　2024 年上半年 Al 价格走势

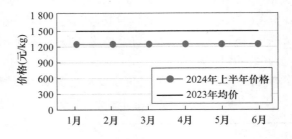

图 7　2024 年上半年 V 价格走势

(2) 2021—2024 年紧固件产品金属原料价格变动情况如表 2 所列。

表 2　2021—2024 年紧固件产品金属原料价格　　　　　　　　单位:元/千克

金属原料	2021 年	2022 年	2023 年均值	2024 年上半年
Ni	148	199	171	139
Fe	917 元/t	832 元/t	916 元/t	899 元/t
Co	408	421	268	221

金属原料	2021 年	2022 年	2023 年均值	2024 年上半年
V	1 415	2 063	1 500	1 250
Mo	354	400	525	478
Ti	75	80	62	51

2021—2024 年,紧固件产品各主要原料价格走势如图 8~图 10 所示。

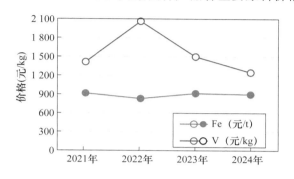

图 8　2021—2024 年 Fe、V 价格走势　　　　图 9　2021—2024 年 Ni、Ti 价格走势

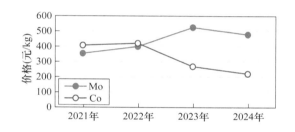

图 10　2021—2024 年 Ni、Ti 价格走势

从表 2 可以看出,Ni、Co、V、Ti 的价格已回落至 2021 年的价格以下,目前只有 Mo 的价格仍在高位未回落。

（3）天然气价格变动情况。

2024 年上半年天然气价格较为稳定,略低于 2023 年的均价,近两年来,能源价格逐渐趋于平缓,如表 3 所列。

表 3　2021—2024 年天然气价格变动情况　　　　　　　单位:元/t

年份	1 月	2 月	3 月	4 月	5 月	6 月	7 月	8 月	9 月	10 月	11 月	12 月
2021	4 400	2 900	3 800	3 100	3 630	3 500	5 150	5 730	5 500	7 300	7 000	4 750
2022	3 600	8 280	7 350	7 150	6 550	5 950	5 950	5 900	6 900	5 700	4 700	6 600
2023	6 150	6 160	4 310	4 380	3 750	3 900	4 080	3 877	4 400	5 106	5 667	5 803
2024	5 306	3 965	3 975	4 241	4 346	4 317						

2021—2024 年天然气价格走势如图 11 和图 12 所示。

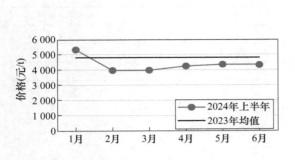

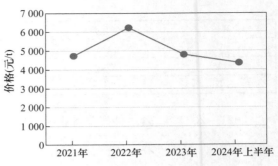

图 11　2024 年上半年天然气价格走势　　　　图 12　2021 年至 2024 年上半年天然气价格走势

3　国产材料的售价变动情况

2024 年,航空航天紧固件的金属原材料市场主要有以下变化:

(1) 各航空航天设计院所在持续推进原材料国产化的项目进度,各材料生产商可提供的材料种类均在增长,生产商的可选择性增加;

(2) 受市场行情影响,各主要钢厂的订单数量不足,各钢厂的市场竞争也较为激烈,有了一定的议价空间;

(3) 受金属材料原料和能源价格下降的影响,金属材料价格出现了小幅下降的趋势。

受上述变化的影响,2024 年上半年国产黑色金属及高温合金材料的价格出现了价格降低的趋势;铝合金材料受铝价上涨的影响,价格仍在高位。

4　进口材料的价格变动情况

2024 年上半年,Carpenter 等美国钢厂的订单饱和,Ti – 6Al – 4V 的交期超过 9 个月,高温合金材料的交期超过 1 年。受供需关系紧张的影响,进口材料对中国的售价居高不下,上半年未出现降低的趋势,仍处在高位。2021 年至 2024 年上半年主要进口材料的价格如图 13 所示。

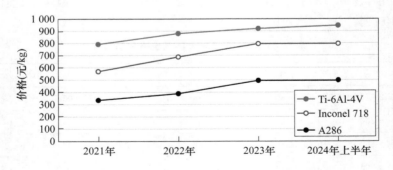

图 13　2021 年至 2024 年上半年主要进口材料的价格走势

2024 年上半年高温合金的价格是 2021 年价格的 1.4～1.5 倍,部分小规格的紧俏物资甚至接近 2021 年价格的 2 倍;钛合金价格较 2021 年也有接近 20% 的涨幅。

5 2024 年下半年及 2025 年材料价格预测

5.1 航空航天高端紧固件的国产金属材料

除铝合金外,2024 年下半年及 2025 年钢类材料、高温合金材料、钛合金材料预计将维持 2024 年上半年的价格水平,或者略有降低。

5.2 航空航天高端紧固件的进口金属材料

近年来,进口材料价格持续上涨,2024 年下半年及 2025 年价格走势暂无法判断,可能持续保持高位。

6 紧固件生产物资的供应链规划

自 2023 年以来,航空航天紧固件市场的竞争异常激烈,产品的价格逐年下降,利润空间被严重压缩,但原材料价格未出现下降趋势,甚至持续维持在高位。同时,受同行竞争的影响,客户端要求的交期也越来越短。为加强成本管控和缩短生产周期,航天航空紧固件企业应在原材料的供应链端应加强整合和备料,充分防范价格风险。可采取的措施如下:

(1)实施战略储备或采购,通过集采模式降低采购价格,分批次交付,分批结算,同时保障交付的稳定性;

(2)搭建行业内的调拨平台,加强各企业间的资源调拨,提高材料的周转率,有效降低各企业的原材料库存积压,提高材料的周转效率;

(3)借助行业内优势供应商,整合各紧固件企业的需求,通过供应商进行集中储备和分销,解决小批量多品种导致的需求量少、库存积压的问题,有效控制库存总量。

7 结束语

随着科技的快速发展,航空航天紧固件的高附加值阶段已经过去,成本和交期的控制已成为紧固件厂家的重要关注点,降本提速成为行业竞争和生存的核心能力。控制好原材料的价格和供应链稳定,将成为航空航天紧固件生产商抢占市场、稳定客户的重要手段,也是航空航天走向市场化的必然历程。

浅析航空航天紧固件供应链管理环节

王福丽

(东方蓝天钛金科技有限公司,山东·烟台,264003)

摘要：紧固件在航空航天领域中扮演着至关重要的角色,其供应链管理的复杂性直接影响到整个系统的性能和安全性。航空航天行业对紧固件的需求具有高度的特殊性,其供应链管理不仅要满足高质量标准,还需应对复杂的生产和物流挑战。传统的航空航天紧固件供应链管理方式在采购、库存、物流、检验等方面存在一定的问题,使航空航天紧固件供应链管理效率低下。本文深入探讨了航空航天紧固件供应链的管理现状、主要挑战及优化策略。首先,从需求波动、供应商管理、成本控制和法规与标准4个方面叙述了航空航天紧固件供应链当前面临的挑战;然后,从航空航天紧固件原材料市场动态分析对采购供应管理的影响、国内外航空航天紧固件的采购渠道与生产效率之间的关系、航空航天紧固件信息化库存管理、生产制造、物流管理和质量管理与检验等方面提出了航空航天紧固件供应链的关键环节;最后,从供应链协同、采用先进技术、优化采购供应管理、优化库存管理、提升质量管理和生产效率优化6个方面给出了建议。实践证明,为了提升供应链的整体效率和响应能力,加强供应链协同、采用先进技术、建立供应商伙伴关系、优化库存管理和提升质量管理可以显著提高供应链的整体效率和响应能力。面对挑战,持续改进和创新是实现供应链高效运作的关键。

关键词：航空航天;紧固件;供应链管理;优化策略;挑战

1 引　言

航空航天行业对紧固件的需求具有高度的特殊性,其供应链管理不仅要满足高质量标准,还需应对复杂的生产和物流挑战。紧固件在航空航天器中的重要性不言而喻,因此有效的供应链管理对于确保产品质量、降低成本以及提高生产效率至关重要。本文探讨了航空航天紧固件供应链的关键环节、面临的挑战以及优化策略,以期为相关领域的实践和研究提供参考。

2 航空航天紧固件供应链面临的挑战

2.1 需求波动

航空航天项目的需求波动较大,如何应对这些波动并保持供应链的稳定性是一大挑战。需求预测的不准确可能导致生产计划和库存管理的问题。

2.2 供应商管理

选择和管理供应商至关重要,不稳定的供应商或质量问题可能导致生产延误和成本增加。需要不断监控供应商的质量控制和交货能力,确保其稳定性。

2.3　成本控制

高成本的原材料和复杂的生产工艺增加了整体成本,如何在保证质量的前提下控制成本,是供应链管理中的关键难题,需要通过优化供应链各环节来降低成本。

2.4　法规与标准

航空航天行业受到严格的法规和标准约束,供应链管理必须遵循这些规定,确保紧固件符合所有要求。法规与标准的多样性和变化增加了管理的复杂性。

3　航空航天紧固件供应链的关键环节

3.1　航空航天紧固件原材料市场动态分析对采购供应管理的影响

航空航天紧固件的原材料市场具有高度的特殊性和不确定性,市场动态的变化直接影响到采购和供应管理的效率和稳定性。了解这些动态并分析其对采购供应管理的影响,对航空航天企业的战略决策至关重要。市场动态包括原材料价格波动、供需关系变化、政策法规调整等。原材料价格的波动受市场需求、生产成本和国际贸易等因素影响,原材料的供给与需求关系变化能够影响市场供应和价格,政策和行业标准的调整也会影响原材料的供应和采购成本。这些因素对原材料市场的供给和需求产生影响,从而影响采购供应管理。

3.1.1　原材料的采购

原材料市场动态对采购供应管理有着深远的影响。紧固件的原材料通常要求高强度和高可靠性。航空航天紧固件主要使用的原材料包括高强度合金、钛合金、镍合金等。这些材料的市场动态受多种因素影响:首先,在全球供应链方面,原材料的供应链复杂,涉及全球供应商和制造商;在市场需求方面,航空航天行业对原材料的需求不断增长,推动市场价格波动;在生产成本方面,生产这些高性能材料的成本高昂,亦对市场价格产生影响;采购环节包括供应商选择、合同管理和质量检测。供应商选择能够评估供应商的生产能力和质量保证能力;合同管理能够明确质量标准、交货时间、价格等条款;质量检测实现对原材料进行严格的质量检验,确保其符合行业标准。

3.1.2　采购成本的变化

原材料市场动态直接影响采购成本,从价格波动因素考虑,价格的波动可能导致采购成本的不稳定,采购成本增加可能影响整体生产成本和利润率。从供应短缺因素考虑,市场需求增加或供应缓慢可能导致原材料短缺,推高采购成本。

3.1.3　供应链的稳定性

市场动态对供应链稳定性有重要影响,从供应链风险角度来看,价格波动和供应链短缺增加了供应链风险,需要企业制定应急预案。从供应商管理角度来看,供应商可能因为市场动态的变化而面临不稳定,影响供应的可靠性。

3.1.4　采购策略的调整

原材料市场动态要求采购策略的灵活调整,通过多元化采购渠道和供应商,减少市场动态带来的风险,可以考虑签订长期合同锁定价格,减少价格波动带来的影响,此外,优化库存管理策略,能够应对市场波动和供应短缺。

总之,原材料市场动态对航空航天紧固件的采购供应管理具有深远的影响。通过分析市场动态,制定优化采购策略和供应链管理措施,企业可以有效应对市场变化,提高采购效率和供应链稳定性。未来,企业需要根据市场变化不断调整采购策略,以实现最佳的采购管理效果。

3.2　国内外航空航天紧固件用物资的采购渠道与生产效率之间的关系

在航空航天行业,紧固件作为关键组件,其使用物资采购渠道的选择直接影响生产效率。航空航天行业对紧固件的要求极高,采购渠道的选择在确保产品质量和生产效率方面发挥着重要作用。不同的采购渠道会影响供应链的稳定性、成本控制以及生产效率。因此,研究紧固件采购渠道与生产效率之间的关系具有重要的实践意义。

3.2.1　采购渠道对供应链稳定性的影响

不同的采购渠道对供应链的稳定性有不同的影响:对于国内采购,通常较为稳定,交货周期短,但可能面临国内市场的波动和资源限制;对于国际采购,可能面临较长的交货周期和较高的物流风险,但能够获取更多的供应选择和技术支持。

3.2.2　采购渠道对成本控制的影响

采购渠道的选择直接影响成本控制。对于国内采购,减少了运输成本和关税,但可能面临较高的原材料成本。对于国际采购,可以通过全球采购降低原材料成本,但需考虑运输成本和国际关税。

3.2.3　采购渠道对生产计划的影响

采购渠道对生产计划的影响体现在稳定性和灵活性两方面。稳定性主要体现在稳定的采购渠道可以减少生产计划的波动;灵活性主要体现在国际采购可以提供更多选择,但可能需要更复杂的生产计划协调。

总之,国内外航空航天紧固件的采购渠道选择对生产效率有显著影响。通过优化采购渠道、加强供应链管理和利用技术创新,可以显著提高生产效率和降低生产成本。未来,企业应根据实际需求和市场变化,灵活调整采购策略,以实现最佳的生产效益。

3.3　航空航天紧固件信息化库存管理

航空航天行业对紧固件的需求具有高度特殊性,这些紧固件不仅在质量上要求严格,而且在库存管理上也需要高效的策略。传统的库存管理方法难以满足现代航空航天制造的复杂需求,信息化库存管理应运而生,以期提高库存管理的准确性和效率。

3.3.1　企业资源计划(ERP)系统

ERP 系统整合了企业内部的各种信息资源,包括库存数据、采购订单、生产计划等,其主要功能包括:实时数据更新、自动化管理和数据分析。实时数据更新负责提供实时的库存信息,支持决策制定;自动化管理负责自动生成采购订单和库存信息,减少人工干预;数据分析负责通过数据分析预测需求和优化库存水平。

3.3.2　大数据分析

大数据分析通过对海量数据的分析,提供更为精准的库存管理决策支持,其应用包括需求预测、库存优化和趋势分析。需求预测负责分析历史数据和市场趋势,预测未来需求;库存优化负责通过算法优化库存水平,减少库存成本和缺货风险;趋势分析负责识别库存管理中的潜在问题,提供改进建议。

总之，信息化库存管理在航空航天紧固件管理中发挥着重要作用。通过应用 ERP 系统和大数据分析，可以显著提升库存管理的准确性和效率。面对技术、数据安全和成本等挑战，需要制定科学的实施策略，持续改进管理措施，以实现信息化管理的最佳效果。

3.4 生产制造

生产制造环节涉及紧固件的加工和装配，主要管理要点包括制造工艺、质量控制和生产计划。首先，采用先进的制造技术，提高生产效率和质量；其次，建立严格的质量控制体系，包括过程控制和最终检验；最后，科学安排生产流程，减少生产周期和库存成本。

3.5 物流管理

物流管理涉及紧固件的仓储和运输，关键措施包括库存管理、运输安排和供应链协调。首先，优化库存水平，避免库存过多或不足；其次，选择合适的运输方式和路线，确保及时、安全送达；最后，与供应商和客户进行有效沟通，确保物流信息准确。

3.6 质量管理与检验

质量管理是确保紧固件符合高标准要求的关键环节，主要包括质量标准、检测设备和检验流程。首先，制定符合航空航天行业的质量规范；其次，配备先进的检测设备，对紧固件进行全面测试；最后，建立详细的检验流程，确保每个紧固件都经过严格检查。

4 建 议

4.1 供应链协同

加强供应链各环节的协同，建立高效的沟通机制。通过信息共享和协调，减少中间环节，提高供应链的整体效率，例如，可以采用信息系统实时跟踪订单和库存状态。

4.2 采用先进技术

利用先进技术提高供应链管理的效率，例如，大数据分析可以用于需求预测，物联网技术可以实现生产和物流环节的实时监控，人工智能可优化生产计划和库存管理。

4.3 优化采购供应管理

建立灵活的采购策略以应对市场动态，选择多个供应商和采购渠道来分散风险，利用价格预测和采购工具进行价格管理，降低成本波动。强化供应链风险管理，定期评估供应链风险，识别潜在问题。制定应急预案，快速响应市场波动和供应中断。

优化库存管理以应对市场波动，设置安全库存水平，缓解供应短缺带来的影响。采用智能库存管理系统，实时监控库存状态，优化库存水平。

定期评估供应商的表现和稳定性，确保供应链的可靠性。与关键供应商建立长期合作关系，通过合同和认证确保其质量和交货能力。定期进行供应商绩效评估，及时解决潜在问题，增强供应链的稳定性和可靠性，共同应对市场动态带来的挑战。

4.4　优化库存管理

优化库存管理,减少库存成本。采用现代库存管理系统,如供应链管理软件(SCM)和企业资源计划系统,实时监控库存水平,自动调整采购和生产计划,减少库存积压和资金占用。明确信息化管理的目标,如提高库存周转率、降低库存成本等;选择适合企业实际情况的技术平台和工具;制定详细的实施计划,包括项目时间表、资源分配和风险管理等。

信息化库存管理不是一成不变的,需要不断改进和优化。措施包括定期评估系统性能和库存管理效果;建立反馈机制,收集用户意见和建议;关注技术的发展,及时更新和升级系统。

系统集成是实现信息化管理的关键,确保不同系统之间的兼容性和数据一致性,建立完善的数据管理机制,确保数据的准确性和安全性,对员工进行系统操作培训,提高系统使用的效率和效果。

4.5　提升质量管理

加强质量管理体系建设,确保紧固件的质量符合高标准。定期进行质量审计和评估,持续改进生产工艺和质量控制措施,提高产品的可靠性和安全性。

4.6　生产效率优化

选择合适的采购渠道可以提高生产效率,结合国内外采购渠道,优化供应链,建立长期合作关系,减少供应链中断风险。通过加强供应链管理,提升生产效率。首先,利用信息系统提高采购和供应链管理的透明度;其次,定期评估供应商绩效,确保其可靠性和交货能力;再次,识别和管理供应链风险,确保生产过程的顺畅;最后,根据市场需求和生产计划动态调整采购渠道。

利用技术支持和创新提升生产效率。采用自动化采购系统,提升采购效率。

5　结　论

航空航天紧固件的供应链管理涉及多个环节,每个环节的优化都对整体供应链效能有着重要影响。通过加强供应链协同、采用先进技术、建立供应商伙伴关系、优化库存管理和提升质量管理,可以显著提高供应链的整体效率和响应能力。面对挑战,持续改进和创新是实现供应链高效运作的关键。

参考文献

[1] 刘静.基于 kit 配送的航空紧固件供应链管理研究[J].财讯,2021,26:155-157.

[2] 杨斌.基于 Kit 配送的航空紧固件供应链集成服务[J].中国战略性新兴产业,2021,4:79-82.

[3] 林全.航空紧固件企业基于供应链的协同制造模式的研究与应用[D].重庆:重庆大学,2015.

[4] 周文彬.供应链管理环境下的航空紧固件库存控制[J].经营者,2021,35(7):28-29.

[5] 刘政,丁保扬,郝薇,等.耗材供应链管理模式问题及对策质性研究[J].中国医院,2024,2:28.

[6] 崔亚军,徐全基.工程物资采购与供应链的风险管理研究[J].云南水力发电,2024,40:105-108.